U0302689

21世纪高等学校规划教材 | 计算机应用

数据库系统原理与应用

——基于SQL Server 2008

王瑞金　主编
段会川　副主编

清华大学出版社
北京

内容简介

本书系统地介绍了数据库系统理论及应用和开发技术与方法。全书分三篇15章，第一篇为“数据库系统原理”，由第1章至第5章组成，主要讲述数据管理技术的发展、数据模型、关系数据库理论、关系规范化、数据库系统设计等内容；第二篇为“SQL Server 2008关系数据库管理系统”，由第6章至第11章组成，主要介绍SQL Server 2008的数据操纵、Transact-SQL程序设计、SQL Server的数据库安全、控制、维护等方面的内容；第三篇为“基于C＃.NET的数据库应用系统开发”，由第12章至第15章组成，介绍利用C＃开发数据库应用系统的基本方法和技术，包括Visual Studio 2008开发环境和流程、C＃编程基础、VS 2008中的数据库开发技术以及进销存管理系统开发实例等内容。

本书可作为高等学校信息管理与信息系统、电子商务、计算机等相关专业数据库课程的教材，也可供从事数据库系统开发和应用的人员参考。

图书在版编目(CIP)数据

数据库系统原理与应用：基于SQL Server 2008/王瑞金主编.--北京：清华大学出版社，2014(2024.9重印)

21世纪高等学校规划教材·计算机应用

ISBN 978-7-302-33927-4

Ⅰ.①数… Ⅱ.①王… Ⅲ.①关系数据库系统－高等学校－教材 Ⅳ.①TP311.13

中国版本图书馆CIP数据核字(2013)第220402号

责任编辑：闫红梅　赵晓宁
封面设计：傅瑞学
责任校对：焦丽丽
责任印制：宋　林

出版发行：清华大学出版社
网　　址：https://www.tup.com.cn，https://www.wqxuetang.com
地　　址：北京清华大学学研大厦A座　　**邮　　编**：100084
社 总 机：010-83470000　　**邮　　购**：010-62786544
投稿与读者服务：010-62776969，c-service@tup.tsinghua.edu.cn
质量反馈：010-62772015，zhiliang@tup.tsinghua.edu.cn
课件下载：https://www.tup.com.cn，010-83470236
印 装 者：北京建宏印刷有限公司
经　　销：全国新华书店
开　　本：185mm×260mm　　**印　　张**：22　　**字　　数**：527千字
版　　次：2014年1月第1版　　**印　　次**：2024年9月第10次印刷
印　　数：5501～5600
定　　价：39.00元

产品编号：049071-02

出版说明

随着我国改革开放的进一步深化，高等教育也得到了快速发展，各地高校紧密结合地方经济建设发展需要，科学运用市场调节机制，加大了使用信息科学等现代科学技术提升、改造传统学科专业的投入力度，通过教育改革合理调整和配置了教育资源，优化了传统学科专业，积极为地方经济建设输送人才，为我国经济社会的快速、健康和可持续发展以及高等教育自身的改革发展做出了巨大贡献。但是，高等教育质量还需要进一步提高以适应经济社会发展的需要，不少高校的专业设置和结构不尽合理，教师队伍整体素质亟待提高，人才培养模式、教学内容和方法需要进一步转变，学生的实践能力和创新精神亟待加强。

教育部一直十分重视高等教育质量工作。2007 年 1 月，教育部下发了《关于实施高等学校本科教学质量与教学改革工程的意见》，计划实施“高等学校本科教学质量与教学改革工程（简称‘质量工程’）”，通过专业结构调整、课程教材建设、实践教学改革、教学团队建设等多项内容，进一步深化高等学校教学改革，提高人才培养的能力和水平，更好地满足经济社会发展对高素质人才的需要。在贯彻和落实教育部“质量工程”的过程中，各地高校发挥师资力量强、办学经验丰富、教学资源充裕等优势，对其特色专业及特色课程（群）加以规划、整理和总结，更新教学内容、改革课程体系，建设了一大批内容新、体系新、方法新、手段新的特色课程。在此基础上，经教育部相关教学指导委员会专家的指导和建议，清华大学出版社在多个领域精选各高校的特色课程，分别规划出版系列教材，以配合“质量工程”的实施，满足各高校教学质量和教学改革的需要。

为了深入贯彻落实教育部《关于加强高等学校本科教学工作，提高教学质量的若干意见》精神，紧密配合教育部已经启动的“高等学校教学质量与教学改革工程精品课程建设工作”，在有关专家、教授的倡议和有关部门的大力支持下，我们组织并成立了“清华大学出版社教材编审委员会”（以下简称“编委会”），旨在配合教育部制定精品课程教材的出版规划，讨论并实施精品课程教材的编写与出版工作。“编委会”成员皆来自全国各类高等学校教学与科研第一线的骨干教师，其中许多教师为各校相关院、系主管教学的院长或系主任。

按照教育部的要求，“编委会”一致认为，精品课程的建设工作从开始就要坚持高标准、严要求，处于一个比较高的起点上；精品课程教材应该能够反映各高校教学改革与课程建设的需要，要有特色风格、有创新性（新体系、新内容、新手段、新思路，教材的内容体系有较高的科学创新、技术创新和理念创新的含量）、先进性（对原有的学科体系有实质性的改革和发展，顺应并符合 21 世纪教学发展的规律，代表并引领课程发展的趋势和方向）、示范性（教材所体现的课程体系具有较广泛的辐射性和示范性）和一定的前瞻性。教材由个人申报或各校推荐（通过所在高校的“编委会”成员推荐），经“编委会”认真评审，最后由清华大学出版社审定出版。

目前，针对计算机类和电子信息类相关专业成立了两个“编委会”，即“清华大学出版社计算机教材编审委员会”和“清华大学出版社电子信息教材编审委员会”。推出的特色精品教材包括：

（1）21世纪高等学校规划教材·计算机应用——高等学校各类专业，特别是非计算机专业的计算机应用类教材。

（2）21世纪高等学校规划教材·计算机科学与技术——高等学校计算机相关专业的教材。

（3）21世纪高等学校规划教材·电子信息——高等学校电子信息相关专业的教材。

（4）21世纪高等学校规划教材·软件工程——高等学校软件工程相关专业的教材。

（5）21世纪高等学校规划教材·信息管理与信息系统。

（6）21世纪高等学校规划教材·财经管理与应用。

（7）21世纪高等学校规划教材·电子商务。

（8）21世纪高等学校规划教材·物联网。

清华大学出版社经过三十多年的努力，在教材尤其是计算机和电子信息类专业教材出版方面树立了权威品牌，为我国的高等教育事业做出了重要贡献。清华版教材形成了技术准确、内容严谨的独特风格，这种风格将延续并反映在特色精品教材的建设中。

清华大学出版社教材编审委员会

联系人：魏江江

E-mail：weijj@tup.tsinghua.edu.cn

前　言

随着信息技术的发展，各类工程或管理实践已经演变成信息技术支持下的活动。从MRPII（制造资源规划）、ERP（企业资源规划）、BPR（业务流程重组），到MES（制造执行系统）、SCM（供应链管理）、CRM（客户关系管理）、EC（电子商务）、AI（人工智能）等概莫能外。基于信息技术的管理系统已经成了各行各业有效运行的基础，信息技术的教育自然也就成了各学科教育中的一项重要内容。数据库技术是构建信息系统的核心技术之一，也是信息技术领域发展最快的技术。数据库技术的教学内容随着技术的演化而不断更新变化，从早期的dBase、FoxBase、FoxPro、Visual FoxPro，到目前的SQL Server、Oracle等，一直是信息技术教学中的重点内容。

本书的编写力求理论与实践的结合，使之能够适应管理类及信息技术类各相关专业数据库技术应用的教学需求。

首先，实现数据库技术的原理、应用与开发的相结合。教材开篇利用一定的篇幅讲解数据库原理的主要内容，为随后内容的学习奠定理论基础。着重应用的数据库管理系统部分选用目前最为流行的Microsoft公司的SQL Server 2008，达到学以致用。由于SQL Server 2008是运行于后台的数据库引擎，使学习者无法体验依托SQL Server 2008开发系统的过程。而目前多数教材也舍弃了客户端开发知识的讲解。本教材选择目前广泛流行的.NET作为系统开发平台系统讲解数据库应用系统的开发，这样可使学生在学习过程中能够运用联机和程序两种方式实现数据库的操作，从而全面学习数据库系统应用开发方面的知识。

其次，合理安排教学内容与次序。由于本书涉及知识内容广泛，因此，根据教学对象和专业特点，在内容上作了适当取舍，以期在有限的时间内达到最好的教学效果。在内容的安排上，兼顾教与学、理论与实践并重协调的原则，对内容进行了模块组合。具体教学实践中，教学人员可根据自己特定要求灵活安排和掌握。

通过本书的学习，读者不仅可以系统地掌握数据库技术的基础理论、设计方法，还可以系统地掌握现代数据库应用系统的开发技术。全书共分为三篇：

第一篇为“数据库系统原理”，由第1章至第5章组成，主要讲述数据管理技术的发展、数据模型、关系数据库理论、关系规范化、数据库系统设计等内容。重点在于数据库的基本概念、原理、方法等核心内容和关系数据库的知识，旨在为后续内容的学习奠定一定的理论基础。

第二篇为“SQL Server 2008关系数据库管理系统”，由第6章至第11章组成。主要介绍SQL Server 2008的功能特点及其管理工具的使用、Transact-SQL的数据操纵和程序设计、SQL Server的数据库安全、控制、维护等方面的内容。SQL Server 2008是基于网络环境下的分布式数据库管理系统，功能强大，内容丰富，本教材只是选取最核心和常用的内容予以介绍。

第三篇为“基于C#.NET的数据库应用系统开发”，由第12章至第15章组成。该篇基于 MS Visual Studio 2008 开发环境，介绍利用 C＃开发数据库应用系统的基本方法和技术，包括 Visual Studio 2008 开发环境和流程、C＃编程基础、VS 2008 中的数据库开发技术以及进销存管理系统开发实例等内容。

本书由王瑞金任主编，段会川任副主编，第一篇由王瑞金（山东大学）和曹青青（山东大学）编写，第二篇由王瑞金和李洁（山东大学）编写，第三篇由段会川（山东师范大学）和崔行臣（山东广播电视大学）编写，全书由王瑞金统稿。

在编著本书的过程中，参阅了国内外大量文献，在此对撰写这些文献的专家和学者致以诚挚的谢意，如有疏漏，敬请文献的作者谅解。清华大学出版社的广大员工高效率的辛勤工作也为本书的出版提供了可靠保障，在此谨致谢忱。

鉴于作者水平有限，错误或不当之处在所难免，恳请专家和读者批评指正。

本书第三篇实例程序代码可从网站（http://219.218.118.131/sjk）下载。

编　者

2013 年 8 月

目录

第一篇　数据库系统原理

第二篇　MS SQL Server 2008 关系数据库管理系统

第一篇

数据库系统原理

本篇主要讲解数据库系统的基本概念、基础知识和数据库设计理论，由第 1 章至第 5 章组成。

第 1 章数据库基本概念，介绍数据管理技术的发展、数据库技术产生和发展的背景、数据库系统的组成、数据库系统三级模式体系结构等内容。

第 2 章数据模型，介绍数据描述的三个层次、数据模型的三要素、概念模型 E-R 图和关系模型的基本概念。

第 3 章关系数据模型，介绍关系模型的数据结构、关系的完整性及关系操作等内容，详细讲解了关系代数的各种运算。

第 4 章关系数据库规范化理论，主要包括函数依赖和范式，既是关系数据库的重要理论基础，也是数据库设计的有力工具。

第 5 章数据库系统设计，介绍数据库设计的理论、方法和步骤，详细讲解数据库设计各阶段的目标、方法和标志成果。

第1章 数据库基本概念

【本章简介】

本章从数据管理的基本概念出发，探讨数据管理技术及其发展、数据库技术的优点、数据库系统的结构、数据库三级模式结构、数据库管理系统的功能等内容。

【学习目标】

- 了解数据管理技术的发展及各阶段特点；
- 理解数据库系统三级模式和二级映像的意义；
- 明确数据库系统的构成及数据库管理系统的功能。

1.1 信息、数据与数据库

计算机发明的最初目的是进行科学计算，涉及的是类型单一但计算复杂的数据。随着计算机技术的发展和应用的深入，计算机的作用由单纯的数学计算转向复杂的数据处理，从数据中提炼信息，为人们的行为提供决策依据，计算机的数据处理技术也逐渐增强、完善。因此，在介绍数据库基本概念之前，首先介绍数据和信息的基本知识。

1.1.1 信息与数据

信息是人类社会最重要的战略资源之一。20 世纪 40 年代后期建立起来的信息科学，已经对科学的发展产生了广泛而深远的影响。

信息源于物质与物质的运动，但又不同于一般的物质，信息可以脱离物质而被传递和交换。信息是可以被其他物体识别、获取和利用的。信息可以理解为元知识，获得信息就意味着获得知识。

“信息”作为科学术语是由哈特莱(R. V. Hartley)于 1928 年在《信息传输》一文中开始使用。之后，随着不同学科的发展，对信息的定义也不尽相同。我们认为，信息是指数据经过加工处理后所获取的有用知识，或是说人们从数据中所得到的对客观事物的了解。

信息一般通过数据形式来表现，或者说数据是信息的具体表现形式，信息是数据有意义的表现。

数据是对客观事物的记录，是对客观事物的性质、状态以及相互关系等进行记载的物理符号或物理符号的组合。它是可识别的、抽象的。它不仅指狭义上的数字，还可以是文字、图形、声音等，也是客观事物的属性、数量、位置及其相互关系等的抽象表示。

数据的概念包括两个方面：数据内容和数据形式。数据内容是指所描述客观事物的具体特征，即数据的“值”；数据形式是指数据内容存储在媒体上的具体形式，即数据的“类型”。

数据经过处理后，其表现形式仍是数据。处理数据的目的是为了便于更好地解释数据。只有经过解释，数据才有意义，才能成为信息。因此，信息是经过加工以后，并对客观世界产生影响的数据。可用多种不同的数据形式表示同一信息，而信息并不随数据形式的变化而变化。例如，“今年是 2013 年”，其中的数据可以改变为汉语形式“二〇一三”。

信息与数据既有联系又有区别。数据是信息的载体，而信息是数据的内涵。信息是加载在数据之上，对数据作具有含义的解释。数据是符号，是物理性的，信息是对数据进行加工处理后所得到的并对决策产生影响的数据，是逻辑性的；数据是信息的表现形式，信息是数据的有意义的表示。只有数据对实体行为产生影响才能成为信息，数据只有经过解释才有意义，才能成为信息。

1.1.2 数据管理与数据库

人们收集并抽取一个应用所需要的大量数据之后，应将其保存起来以供进一步加工处理，进一步抽取有用信息。数据处理是指从某些已知的数据出发，推导加工出一些新的数据。在数据处理中，通常计算比较简单，而数据管理比较复杂。数据管理是指数据的收集、整理、组织、存储、维护、检索、传送等操作。这些操作是数据处理业务的基本环节，而且也是任何数据处理业务中必不可少的共有部分。

数据处理的目的是从大量的数据中，按照应用的需要，根据数据自身的规律及其相互联系，通过分析、归纳、推理等科学方法，利用计算机技术，提取有效的信息资源，为进一步分析、管理、决策提供依据。

在人们实际业务处理中经常需要处理大量数据，这些数据需要长期保存，一般不是某个用户专有的，而是被许多用户共享，如银行业务、图书馆业务、飞机订票业务等所处理的数据都具有这样的特点。过去人们把数据存放在文件柜里，现在人们借助计算机和数据库技术科学地保存和管理大量的复杂数据，以便能方便而充分地利用这些信息资源。

所谓数据库，是指长期储存在计算机内、有组织、可共享的数据集合。数据库中的数据按一定的数据模型组织、描述和储存，具有较小的冗余度、较高的数据独立性和易扩展性，并可为各种用户共享。

伴随着计算机技术的不断发展，数据管理及时地运用了这一先进的技术手段，使数据管理的效率大大提高，也促使数据管理的技术得到很大发展。从 20 世纪 60 年代末，数据管理的研究极大地促进了计算机应用向各行各业的渗透，同时，数据管理技术也成为计算机科学技术中最为活跃和应用最为广泛的研究领域。

1.2 数据管理技术及其发展

数据库技术是应数据管理任务的需要而产生的，是随着数据管理功能需求不断增加而发展的。数据管理技术经历了人工管理、文件系统和数据库系统三个阶段。这三个阶段的特点及其比较如表 1-1 所示。

表 1-1 数据管理技术三个阶段的特点及其比较

		人工管理阶段	文件系统阶段	数据库系统阶段
背景	应用背景	科学计算	科学计算、管理	大规模管理
	硬件背景	无直接存取存储设备	磁盘、磁鼓	大容量磁盘
	软件背景	没有操作系统	文件系统	数据库管理系统
	处理方式	批处理	联机实时处理、批处理	联机实时处理、分布处理、批处理
特点	数据的管理者	用户(程序员)	文件系统	数据库管理系统
	数据面向的对象	某一应用程序	某一应用	现实世界
	数据的共享程度	无共享,冗余度极大	共享性差,冗余度大	共享性高,冗余度小
	数据的独立性	不独立,完全依赖程序	独立性差	具有高度的物理独立性和逻辑独立性
	数据的结构化	无结构	记录内有结构,整体无结构	整体结构化,用数据模型描述
	数据控制能力	应用程序自己控制	应用程序自己控制	由数据管理系统提供数据安全性、完整性、并发控制和恢复能力

1.2.1 人工管理阶段

在 20 世纪 50 年代中期以前,计算机主要用于科学计算。当时的硬件状况是,外存只有纸带、卡片、磁带,没有磁盘等直接存取的存储设备。软件状况是,没有操作系统,没有管理数据的软件。数据处理的方式基本上是批处理。这时期的数据管理呈现以下特点:

(1) 数据不保存。当时计算机主要用于科学计算,一般不需要将数据长期保存,当要计算某一题目时,将需要的数据输入,用完清除。

(2) 数据由应用程序管理。应用程序既要设计数据的逻辑结构,还要设计物理结构,包括存储结构、存取方法以及输入方式等。数据没有相应的软件系统管理。

(3) 数据不共享。一般一组数据附属于一个应用程序,无法被其他程序利用。当多个应用程序涉及某些相同数据时,程序与程序之间会有大量的重复数据,称为数据冗余。

(4) 数据不具独立性。由于数据由应用程序管理,当数据的逻辑结构或物理结构发生变化后,需对应用程序作相应修改,使得数据的独立性很差。

1.2.2 文件系统管理阶段

20 世纪 50 年代后期到 60 年代中期,随着数据量的增加,数据的存储、检索和维护等成为迫切需要解决的问题,数据结构和数据管理技术迅速发展起来。此时,计算机硬件方面有了磁盘、磁鼓等直接存取的外部存储设备;而软件出现了操作系统和高级语言。操作系统中有了专门进行数据管理的软件,称为文件系统。处理方式上不仅有了批处理,而且能够联机实时处理。

在文件管理阶段,文件系统为应用程序和数据之间提供了一个公共接口,使应用程序采用统一的存取方法来操作数据，应用程序和数据之间不再是直接的对应关系。这一时期的数据管理的优点是：

(1) 数据可以长期保存。数据以“文件”的形式可以长期保存在外部存储设备中。

(2) 数据由文件系统管理。文件系统把数据组织成相互独立的数据文件，利用按文件名访问、按记录进行存取的管理技术，可以对文件进行修改、插入和删除的操作。

(3) 数据具有一定的独立性。程序与数据之间具有“设备独立性”，即程序只需用文件名就可以访问数据，不必关心数据的物理位置，由文件系统提供存取方式。

此时，文件系统也明显地存在以下缺点：

(1) 编程不方便。程序员必须对所用文件的逻辑结构和物理结构(文件中包含多少个字段，每个字段的数据类型，采用何种存储结构，如链表或数组等)有清楚的了解。文件系统只能提供打开、关闭、读、写等几个低级的文件操作命令，而文件的查询、修改、排序等处理都必须在应用程序中通过编程实现。

(2) 数据冗余量大。一个文件基本上对应于一个应用程序，当不同的应用程序具有部分相同的数据时，必须建立各自的数据文件，而不能共享相同的数据，因此数据的冗余度大，浪费存储空间。同时由于相同数据的重复存储，各自管理，容易造成数据的不一致性，给数据的修改和维护带来了困难。

(3) 数据独立性差。虽然数据与程序之间有了一定的独立性，但就文件系统而言，应用程序依赖于文件的结构。文件和记录的结构通常是应用程序的一部分，文件结构的每一次修改，都要对应用程序进行相应的修改，所以文件系统的数据独立性差。

(4) 不支持并发访问。文件系统一般不支持多个应用程序对同一数据文件的并发访问，当一个程序正查询某一些数据，而另一程序正在修改数据时，有可能不一致、甚至错误。

(5) 数据缺少统一管理。在数据的结构、编码、表示格式、命名以及输出格式等方面不容易做到规范化、标准化。在数据的安全和保密方面也难以采取有效措施。

1.2.3 数据库系统阶段

20世纪60年代以来，计算机用于管理的规模越来越大，应用越来越广泛，数据量急剧增大，对数据共享的要求越来越迫切；同时，大容量磁盘已经出现，联机实时处理业务增多；软件价格在系统中的比重日益上升，硬件价格大幅下降，编制和维护应用软件所需成本相对增加。在这种情况下，为了解决多用户、多应用共享数据的需求，使数据为尽可能多的应用程序服务，数据库技术应运而生，出现了统一管理数据的专门软件系统——数据库管理系统(DataBase Management System，DBMS)。

数据库技术的出现主要是为了克服文件管理系统在管理数据上的诸多缺陷，满足人们对数据管理的需求。与文件系统相比，应用程序不再直接访问数据文件，而是通过数据库管理系统来访问数据；数据文件也不再被应用程序管理，而由数据库管理系统统一管理。

数据库阶段的数据管理特点是：

(1) 数据结构化。数据结构化是数据库与文件系统的根本区别。在文件系统中，相互独立的文件的内部(即记录的结构)是有结构的，但从整个系统来说，数据在整体上是没有结构的。即记录内部有了结构，但记录间没有联系。在数据库系统中实现了整体数据的结构化，数据不再是针对某个应用，而是面向全组织，在整体上服从一定的结构形式。同时在数据库系统中存取数据的方式也很灵活，可以存取数据库中某个数据项、一组数据项、一个记录或一组记录，而在文件系统中数据存取的最小单位是记录。

(2) 较高的数据独立性。用户能以简单的逻辑结构操作数据而无需考虑数据的物理结构。数据库的结构分成用户的局部逻辑结构、数据库的整体逻辑结构和物理结构三级(这部分的详细内容见 1.3.2 节)。用户(应用程序或终端用户)的数据和外存中的数据之间转换由数据库管理系统实现。

(3) 数据共享。在数据库系统中，数据不再仅仅服务于某个程序或用户，而成为若干程序或用户的共享资源，由数据库管理系统统一管理与控制。在数据库中，由 DBMS 完成诸如打开、关闭、读、写等文件的低级操作，应用程序不必关心数据存储和其他实现的细节，可以在更高的抽象级别上访问数据。文件结构由 DBMS 修改，从而减少应用程序的维护工作量，提高数据的独立性。使用 DBMS 统一管理数据，可以合理组织数据，减少冗余，可以更好地贯彻规范化和标准化，有利于数据的转换和更大范围内的共享。DBMS 具有适合于不同用户的多种界面，保证并发访问时的数据一致性，增进数据安全性和在故障情况下数据的恢复等功能。同时，它也保证了数据在语义一致性上的完整性约束。

(4) 方便的用户接口。用户可以使用查询语句或终端命令操作数据库，也可以用程序方式(如用 Delphi、Visual C、Visual Basic、Java 等高级语言和数据库语言联合编制的程序)操作数据库。

(5) 较强的数据控制能力。并发控制能力，对程序的并发操作加以控制，防止数据库被破坏；恢复能力，系统有能力在数据库被破坏或数据不可靠时，把数据库恢复到最近某个正确的状态；完整性能力，保证数据库中数据完整；安全性能力，保证数据库中数据安全。

1.3　数据库系统

数据库系统是指在计算机系统中引入数据库后的系统，它在整个计算机系统中的地位如图 1-1 所示。

1.3.1　数据库系统的构成

数据库系统是由支持数据库运行的硬件、数据库、数据库管理系统、应用软件、数据库管理员和用户组成。

1. 数据库

数据库是长期存储在计算机存储介质上，有一定组织形式、可共享的数据集合。针对应用的具体需要收集并抽取大量数据，经过加工处理后保存在数据库中。数据库中的数据按一定的数据模型组织、描述和存储，具有较小的冗余度、较高的数据独立性和易扩展性，并为各种用户共享。

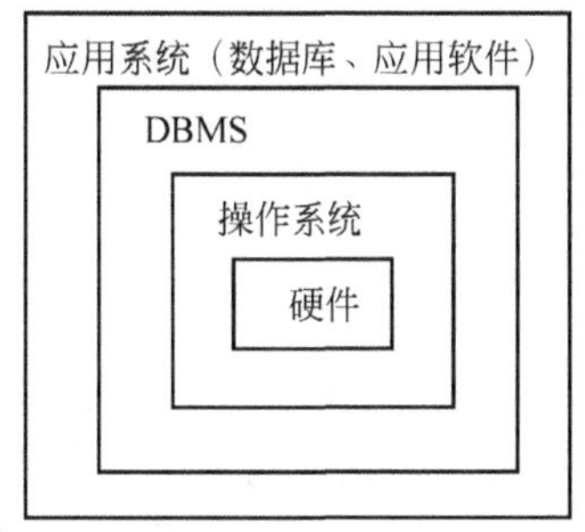

图 1-1　数据库系统组成示意图

数据库中的数据由数据库管理系统进行统一管理和控制，用户对数据库进行的各种操作都是通过数据库管理系统实现的。

2. 支持数据库运行的硬件

硬件是数据库依赖存在的物理设备,包括计算机主机和其他外部设备等。数据库系统对硬件资源有较高的要求,要有较大的内存,用以存放系统程序、应用程序和开辟用户工作区及系统缓冲区;而对外部存储器更有特殊要求,一般应配备高速度、大容量的直接存取存储设备(磁盘、光盘等)。

3. 数据库管理系统

数据库管理系统是介于用户和操作系统之间的数据管理软件,属于系统软件,如 Oracle 公司的 Oracle、Microsoft 公司的 SQL Server、IBM 公司的 DB2、Sybase 公司的 Sybase 以及开源的 MySQL 等。

数据库管理系统为数据库的建立、运行和维护提供了统一的管理和控制。用户通过数据库管理系统定义数据和操纵数据,由它保证数据的安全性、完整性、并发操作及发生故障后的系统恢复。

数据库管理系统是数据库系统的核心,其功能的强弱是衡量数据库系统性能优劣的主要指标。

4. 应用程序

应用程序是指为特定应用环境开发的数据库应用系统。一个数据库应用可分为客户端应用程序和服务端应用程序两类。服务端应用程序运行在数据库服务器上,是真正存储和操纵数据的,它接受用户程序的请求,对数据进行不同的操作。客户端应用程序运行在客户端计算机上,实现用户的业务逻辑,通过客户端应用程序界面,用户可以发出不同的请求给服务器端,由服务端程序完成各种各样的操作。一般情况下,客户端和服务器端的程序通过标准 SQL 语言通信。

客户端应用程序根据使用者的不同,可以分成两类:一类是供数据库管理员使用,提供强大的图形界面和命令以便管理员最大程度的维护数据库的运转;另一类为程序开发人员使用,提供一整套完整的用户接口让开发人员通过程序实现操纵数据的目的,这些程序最终将提交给用户使用,即通常所讲的应用程序。

数据库应用程序主要完成用户的业务逻辑,被安装在用户的计算机上。应用程序和数据库管理系统一起完成用户的业务处理。在这个应用中,数据库管理系统负责数据的管理,提供数据共享功能,因此多个应用程序可以同时使用同一个数据库。应用程序使用数据库是通过 DBMS 实现的。

5. 数据库管理员(DataBase Administrator,DBA)

数据库的建立、使用和维护工作等只靠一个 DBMS 远远不够,还要有专门的人员来完成。

大型数据库通常由专业人员设计,还要配上专职数据库管理员(DBA)。DBA 是控制数据整体结构的一组人员,负责数据库系统(DataBase System,DBS)的正常运行,承担创建、监控和维护数据库结构的责任。他们的具体职责包括:

(1) 决定数据库中存放哪些信息及其结构特点。

(2) 决定数据库的存储结构和存取策略,以获取较高的存取效率和存储空间利用率。

(3) 决定各个用户对数据库的存取权限、数据的保密级别和完整性约束条件。

(4) 监视数据库系统的运行情况,及时处理运行过程中出现的问题。

(5) 监视系统的空间利用率、处理效率等性能指标,不断改进数据库设计。

(6) 定期对数据库进行重组织,以提高因大量数据的编辑操作而影响的系统性能。

6. 用户

按照应用数据库系统的方式不同,可以分为数据库开发人员和终端用户。数据库开发人员包括系统分析员、数据库设计人员和应用程序员。

1) 系统分析员

系统分析员负责应用系统的需求分析和规范说明,要和终端用户及 DBA 相配合,确定系统的软硬件配置,并参与数据库系统的概要设计。

2) 数据库设计人员

数据库设计人员负责数据库中数据的确定、数据库各级模式的设计。数据库设计人员必须参加用户需求调查和系统分析,然后进行数据库设计。在很多情况下,数据库设计人员就由 DBA 担任。

3) 应用程序员

应用程序员负责设计和编写程序模块,并进行调试和安装。

4) 终端用户

终端用户是指通过应用系统的用户接口使用数据库的人员。

1.3.2 数据库体系结构

为了有效地组织和管理数据,提高数据库的逻辑独立性和物理独立性,人们为数据库设计了一个严谨的体系结构,包括三级模式(外模式、模式和内模式)和两个映射(外模式—模式映射和模式—内模式映射)。美国国家标准化组织/标准规划与需求委员会(ANSI/SPARC)数据库管理系统研究小组于 1975 年提出了标准化的建议,将数据库体系结构分为三级:面向用户或应用程序员的用户级(外部级)、面向建立和维护数据库人员的概念级和面向系统程序员的物理级(内部级)。用户级对应外模式,概念级对应模式,物理级对应内模式,使不同级别的用户对数据库形成不同的视图。所谓视图是指观察、认识和理解数据的范围、角度和方法,即视图就是数据库在用户"眼中"的反映。显然,不同层次(级别)用户所"看到"的数据库是不相同的。数据库系统的体系结构如图 1-2 所示。

1. 模式

模式(Schema)又称概念模式或逻辑模式,对应于概念级。它是由数据库设计者综合所有用户的数据,按照统一的观点构造的全局逻辑结构,是对数据库中全部数据的逻辑结构和特征的总体描述,是所有用户的全局视图。

模式是数据库系统结构的中间层,既不涉及数据的物理存储细节和硬件环境,又与具体的应用程序无关。一个数据库只有一个模式。定义模式时不仅要定义数据的逻辑结构,如数据记录由哪些数据项构成,数据项的名称、类型等,还要定义数据之间的联系。数据库管理系统提供数据定义语言(Data Definition Language,DDL)来描述和定义数据库结构。描述模式的数据定义语言称为模式 DDL。

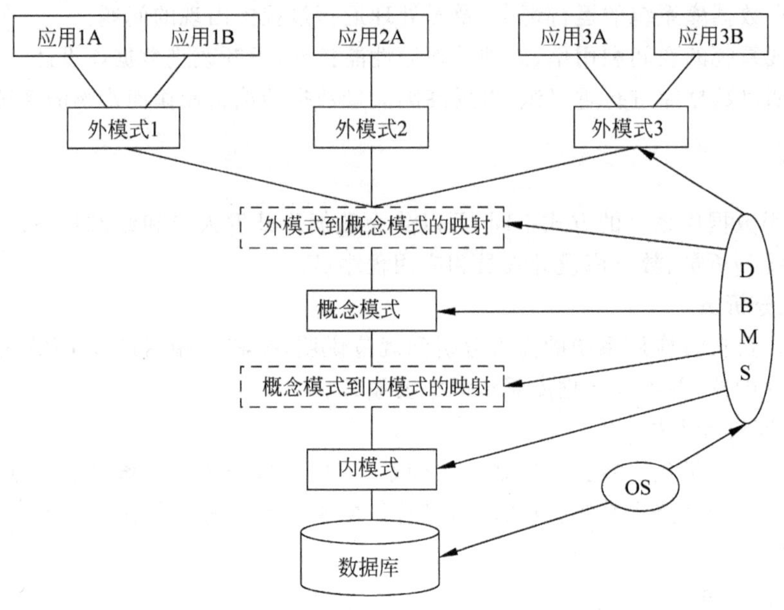

图 1-2 数据库系统的系统结构

2. 内模式

内模式(Internal Schema)又称存储模式,对应于物理级。它是数据库中全体数据的内部表示或底层描述,是数据库最低一级的逻辑描述,描述了数据在存储介质上的存储方式和物理结构,对应着实际存储在外存储介质上的数据库。例如,记录的存储方式是顺序存储还是按照 B 树结构存储;数据是否压缩存储,是否加密等。

一个数据库只有一个内模式。内模式由内模式描述语言(内模式 DDL)来描述、定义。

3. 外模式

外模式(External Schema,Subschema)又称子模式或用户模式,对应于用户级。它是数据库用户(包括程序员和终端用户)所看到和使用的局部数据的逻辑结构和特征的描述,是数据库的用户视图。

外模式是从模式中导出的一个子集,一个数据库可以有多个外模式。针对不同用户需求,其外模式可以是不同的。用户可以通过外模式描述语言(外模式 DDL)来描述、定义对应于用户的数据记录(外模式),也可以利用数据操纵语言对这些数据记录进行操作。

三种模式体现了对数据库的三种不同的观点。模式表示概念级数据库,体现了对数据库的总体观;内模式表示物理级的数据库,体现了对数据库的存储观;外模式表示用户级数据库,体现了对数据库的用户观。

4. 二级映射

数据库系统的三级模式是数据在三个级别上的抽象，使用户能够逻辑、抽象地处理数据而不必关心数据在计算机中的物理表示和存储。实际上，对于一个数据库系统而言，只有物理级数据库是客观存在的，概念级数据库只是物理数据库的一种逻辑的、抽象的描述（即模式），用户级数据库则是用户与数据库的接口，它是概念级数据库的一个子集（外模式）。

为了能够在内部实现这三个抽象层次的联系和转换，数据库管理系统在这三级模式之间提供了两层映射：外模式—模式映射，模式—内模式映射。

1）外模式—模式映射

外模式—模式映射定义了该外模式与模式之间的对应关系。这些映射定义通常包含在各自外模式的描述中。

当模式改变时（如增加新的属性、改变属性的数据类型时），只要改变其映射，就可以使外模式保持不变，对应的应用程序也可保持不变（因为应用程序是依据外模式编写的），从而保证了数据与应用程序的逻辑独立性。

2）模式—内模式映射

模式—内模式映射定义了数据库全局逻辑结构与存储结构之间的对应关系。例如，说明记录和字段在内部是如何表示的。该映射定义通常包含在模式描述中。当数据的存储结构发生变化时，只需改变模式—内模式映射，就能保持模式不变，因此应用程序也可以保持不变，从而保证了数据与应用程序的物理独立性。

正是通过这两级映射，将用户对数据库的逻辑操作最终转换成对数据库的物理操作。在这一过程中，用户不必关心数据库全局，更不必关心物理数据库，用户面对的只是外模式，因此换来了用户操作和使用数据库的方便。这两种映射转换是由数据库管理系统实现的，将用户对数据库的操作从用户级转换到物理级去执行。同时也正是通过这两级映射，大大提高了数据与应用程序之间的独立性，使得数据的定义和描述可以从应用程序中分离出来，简化了程序的编制，减少程序的维护和修改。

1.4 数据库管理系统

数据库管理系统是数据库系统的核心，是为建立、使用和维护数据库而配置的软件。本节着重介绍 DBMS 的工作模式和主要功能。

1.4.1 数据库管理系统的工作模式

DBMS 的工作示意图如图 1-3 所示。

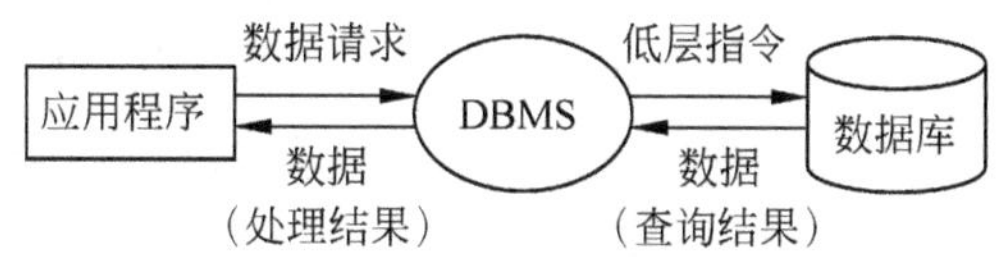

图 1-3 DBMS 工作模式

DBMS的工作过程如下：

首先，DBMS接受应用程序的数据请求和处理请求；然后将用户的数据请求（高级指令）转换成复杂的机器代码（低层指令），实现对数据库的操作；再从对数据库的操作中接受查询结果，对查询结果进行处理（格式转换），最后将处理结果返回给用户。

用户对数据库的操作，是由DBMS把操作通过应用程序带到系统的用户级、概念级，导向物理级，进而通过操作系统操纵存储器中的数据。DBMS的主要目标是使数据作为一种可管理的资源来处理。

1.4.2 数据库管理系统的主要功能

一般而言，数据库管理系统应该具有以下功能。

1. 数据库定义功能

DBMS为数据库的建立提供了数据定义语言（DDL）。用户使用DDL定义数据库的三级结构、两级映射，定义数据的完整性约束、保密限制等内容。以关系数据库的标准语言SQL为例，其DDL语言一般设置有CREATE TABLE，ALTER TABLE，DROP TABLE等，可分别供用户建立、修改或删除关系数据库的表结构。

2. 数据库操纵功能

DBMS提供数据操纵语言（Data Manipulation Language，DML）实现对数据库查询、插入、修改、删除等基本操作。以SQL语言为例，其查询语句的一般格式为SELECT…FROM…WHERE，这种语句可包含多种子句，灵活多变，使用十分方便。

DML通常分为两类：一类是嵌入主语言中DML，如嵌入Delphi、Visual Basic、Visual C、COBOL等高级语言中，这类DML一般本身不能独立使用，称为宿主型语言；另一类是交互式命令语言，语法简单，可独立使用，称为自含型语言。

目前的DBMS提供的DML一般都可以通过上述两种方式使用。

3. 数据库控制和管理功能

DBMS一般也提供数据控制语言（Data Control Language，DCL），以便让用户根据需要控制和管理数据库系统。DBMS提供了数据库运行过程中的控制管理程序，包括系统初始化程序、文件读写与维护程序、存取路径管理程序、缓冲区管理程序、安全性控制程序、并发控制程序、事务管理程序及运行日志管理程序等。它们在数据库运行过程中监视数据库的操作，管理数据库资源，处理多用户的并发操作。

一个设计优良的DBMS应该具有友好的用户界面、比较完备的操作功能、较高的运行效率、清晰的系统结构和良好的开放性等特点。所谓开放性，是指数据库设计人员能够方便地将自己开发的工具模块加入到DBMS中，这些新加进模块能够与DBMS紧密结合，一起运行。DBMS开放性特点为建立规模较大的软件开发环境或应用系统提供了极大的方便，也使DBMS更具适应性、灵活性、可扩充性。

习题 1

1. 概念解释

(1) 数据；数据库；数据库管理系统；数据库系统。
(2) DDL；DML。
(3) 模式；外模式；内模式；二级映射关系。
(4) 数据库独立性。

2. 简答题

(1) 人工管理阶段的特点。
(2) 文件管理阶段的特点。
(3) 数据库系统管理阶段的特点。
(4) 数据库管理系统的主要功能。
(5) DBA 的职责。
(6) 数据库三级模式体系结构。

第2章 数据模型

【本章简介】

本章在第1章的基础上对数据模型进行深入的介绍，内容包括信息描述的三个世界、数据模型的概念、数据模型的三要素、概念模型、关系模型等知识。

【学习目标】

- 理解数据模型三要素的内涵；
- 掌握利用E-R图设计概念模型的方法；
- 了解关系模型的基本概念。

2.1 信息描述

现实世界是存在于人脑之外的客观世界，是数据库系统操作处理的对象。用数据来描述、解释现实世界，运用数据库技术处理客观事物及其相互关系，需要采取相应的方法和手段进行描述，进而实现最终的操作处理。

计算机信息处理的对象是现实生活中的客观事物，在对客观事物实施处理的过程中，首先要经历了解、熟悉的过程，从观测中抽象出大量描述客观事物的信息，再对这些信息进行整理、分类和规范，进而将规范化的信息数据化，最终由数据库系统存储、处理。

在数据处理中，数据描述将涉及不同的范畴。从事物的特性到计算机中的具体表示，涉及了三个层次，经历了两次抽象和转换，如图2-1所示。

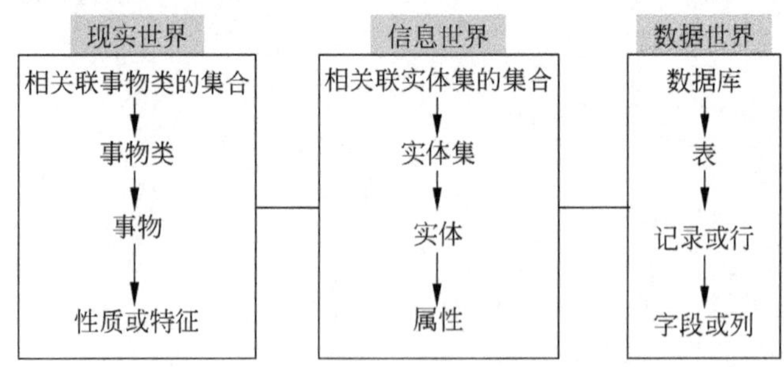

图2-1 数据描述的三个层次

2.1.1 现实世界

现实世界即存在于人脑之外的客观世界，客观事物及其相互关系就出于现实世界。客观事物可以用对象和性质来描述。

2.1.2 信息世界

信息世界就是现实世界在人们头脑中的反映，又称观念世界。客观事物在信息世界中称为实体，反映事物间关系的是实体模型或概念模型。现实世界是物质的，相对而言，信息世界是抽象的。

在信息世界中，通常会用到以下基本概念。

1. 实体

现实世界中的客观事物在信息世界中称为实体(Entity)。实体可以是具体的人、事、物，也可以是抽象的概念或联系，如一个教师、一个学生、一门课、学生的一次选课、教师与系的工作关系等都是实体。

2. 属性

实体所具有的某一特性称为属性(Attribute)。一个实体可以由若干个属性来刻画。例如，学生实体可以由学号、姓名、性别、出生年月、所在院系等属性组成。再如，(20061202304，张勇，男，1988/7，工商系)这些属性组合起来表征了一个学生。

属性有型和值之分。属性型就是属性名及其取值类型，属性值就是属性在其值域中所取的具体值。学生实体中姓名属性，“姓名”和取值字符类型就是其型，而“张勇”则是其值。

3. 实体标识符

能够唯一标识一个实体的属性集称为实体标识符(Identifier)，也称为键或码，如学号是学生实体的键。

4. 域

属性的取值范围称为该属性的域(Domain)。例如，学号的域为11位整数，姓名的域为字符串集合，性别的域为{男，女}等。

5. 实体型

具有相同属性的实体必然具有共同的特征和性质。用实体名及其属性名集合来抽象和刻画同类实体，即实体的结构描述，称为实体型(Entity Type)。例如，学生(学号，姓名，性别，出生年份，所在院系)就是一个实体型。

6. 实体集

同型实体的集合称为实体集(Entity Set)。例如，某个班的全体学生就是一个实体集。

7. 联系

在现实世界中，事物是相互联系的，这种联系必然要在数据库中有所反映。建立概念模型的一个主要任务就是要确定实体之间的联系。

联系(Relationship)就是实体之间的相互关系，包括实体内部的联系和实体之间的联系。实体内部的联系通常指的是组成实体的各属性之间的联系。实体之间的联系通常是指不同实体集之间的联系。

2.1.3 数据世界

数据世界就是信息世界中的信息数据化后对应的产物。现实世界中的客观事物及其联系，在数据世界中以数据模型描述。相对于信息世界，数据世界是量化的、物化的。

信息世界中的实体抽象为数据世界中的数据，将被存储在计算机中。在数据世界，常用到的有以下概念。

1. 字段

对应于属性的数据称为字段(Field)，也称为数据项。字段的命名往往和属性名相同，如学生会有学号、姓名、性别、出生日期、班级等字段。

2. 记录

对应于每个实体的数据称为记录(Record)，如一个学生(20110101，李聪，男，1993-03-11，201101，01，0006)为一个记录。

3. 表

对应于实体集的数据称为表(Table)，如所有学生的记录组成了一个学生表。

总之，客观事物是信息之源，是设计、建立数据库的出发点，也是使用数据库的最后归宿。概念模型和数据模型是对客观事物及其相互关系的两种抽象描述，实现了信息处理三个层次的对应转换，而数据模型是数据库系统的核心和基础。

2.2 概念模型

概念模型用于对信息世界建模，是现实世界到信息世界的第一层抽象。从图 2-1 可以看出，概念模型是现实世界到数据世界的一个中间层次。

在数据库系统的开发过程中，概念模型作为与用户进行交流的语言，成为数据库设计人员进行数据库设计的有力工具。因此概念模型具有较强的语义表达能力，能够方便、直接地表达应用中的各种语义知识，便于用户理解。

2.2.1 概念模型的基本概念

概念模型是对信息世界建模，所以概念模型应该能够方便、准确地表示上述信息世界中的常用概念。概念模型的表示方法很多，其中最为著名和常用的是 P. P. S. Chen 于 1976 年提出的实体-联系方法（Entity-Relationship Approach）。该方法用 E-R 图来描述现实世界的概念模型，E-R 方法也称为 E-R 模型。

实体-联系（E-R）模型基于对现实世界的这样一种认识：世界由一组称为实体的基本对象及这些对象间的联系组成。E-R 模型是一种语义模型，模型的语义方面主要体现在模型力图去表达数据的意义。E-R 模型在将现实世界事实的含义和相互关联映射到概念模式方面非常有用，因此许多数据库设计工具都利用了 E-R 模型的概念。

E-R 数据模型所采用的三个主要概念是实体、属性和实体联系。

1. 实体

实体是现实世界中可区别于其他对象的“事件”或“物体”。例如，学校里的每个学生都是一个实体。每个实体有一组性质，其中一部分性质的取值可以唯一地标识实体。例如，一个学生会有一个学号 sno 属性可以唯一地标识这个学生，如 sno 的值 20110101 唯一地标识了班里名叫李聪的学生。以此类推，成绩也可以被看成实体，而学生学号 sno 和课程号 cno 一起唯一标识了某个学生某个课程的成绩。实体可以是实实在在的，如人或物体；也可以是抽象的，如成绩、课程或概念。

实体集是具有相同类型及共享相同性质（或属性）的实体集合。例如，学校里所有学生的集合可被定义为实体集 student。类似的，实体集 score 表示学校所有学生所有课程成绩的集合。组成实体集的各实体成为实体集的外延。因此，所有学生是 student 实体集的外延。

2. 属性

实体通过一组属性来表示。属性是实体集中每个成员具有的描述性性质。一个实体往往有多个属性，这些属性之间是有关系的，它们构成该实体的属性集合。如果一个属性或几个属性的子集合能够唯一标识整个属性集合，则称该属性子集为属性集合的标识符或键。实体的属性集合可能会存在多个键，每一个键都可以称为候选键。但一个属性集只能存在一个唯一标识。因此，一旦某个候选键被选作为唯一标识，就称其为该属性集的主键（或主码）。如果一个实体的某个属性集合本身不是给定实体的键，但是是另一实体的键，则称其为外键。外键描述了两个实体之间的联系。

例如，实体集 student 可能具有属性 sno、sname、sgender、sbirthday、sclassno、dno 和 mno；每个实体的所有属性都有一个值。例如，对于某个特定的 student 实体，它的 sno 的值为 20110101，sname 的值为李聪，sgender 的值为男，sbirthday 的值为 1993-03-11，sclassno 的值为 201101，dno 的值为 01，mno 的值为 0006。

sno 属性用来唯一标识学生，因为可能存在具有相同名字、性别、出生日期和班级的学生，因此 sno 及包含 sno 的集合都可以被称为候选键，最终选定 sno 作为唯一标识，则 sno 为该属性集的主键。dno 本身并不是 student 实体的键，但却是另一实体 department 的键，则称 dno 为 student 实体的外键，它表示了 student 实体与 department 实体之间的联系。

因此，数据库包括一组实体集，每个实体集中包括一些相同类型的实体。图 2-2 显示了教学管理数据库中的实体集 student。

20110101 李聪 男 1993-03-11 201101 01 0006
20110102 李玲 女 1994-05-12 201101 01 0006
20120103 孙进 男 1994-07-18 201201 02 0001
20120101 张蓉 女 1993-09-11 201201 02 0001
⋮

图 2-2 实体集 student

当实体在某个属性上没有值时使用 NULL(空)值。NULL 值可以表示“不可用”，即该实体的这个属性值不存在；也可以表示属性未知。

3. 实体联系

常见的实体联系可以有三种，如图 2-3 所示。

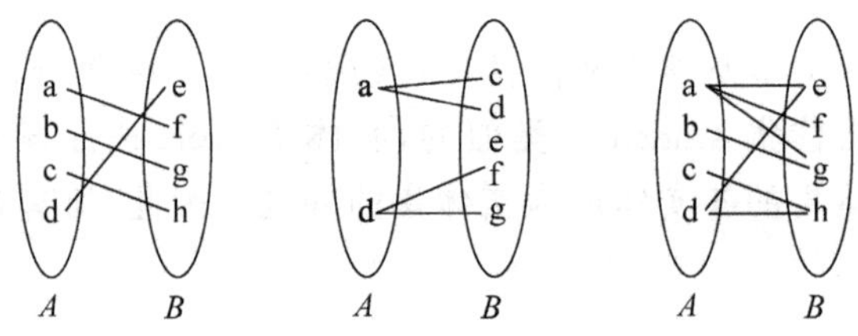

图 2-3 不同实体集实体之间的联系

1) 一对一联系(1∶1)

如果对于实体集 A 中的每一个实体，实体集 B 中至多有一个(也可以没有)实体与之联系；反之亦然，则称实体集 A 与实体集 B 具有一对一联系，记为 1∶1。

例如，学校里面，一个班级只有一个班长，而一个班长只在一个班中任职，则班级与班长之间具有一对一联系。

2) 一对多联系(1∶n)

如果对于实体集 A 中的每一个实体，实体集 B 中有 n 个实体($n\geqslant 0$)与之联系；反之，对于实体集 B 中的每一个实体，实体集 A 中至多只有一个实体与之联系，则称实体集 A 与实体集 B 有一对多联系，记为 1∶n。

例如，一个班级中有若干名学生，而每个学生只在一个班级中学习，则班级与学生之间具有一对多联系。

3) 多对多联系(m∶n)

如果对于实体集 A 中的每一个实体，实体集 B 中有 n 个实体($n\geqslant 0$)与之联系；反之，对于实体集 B 中的每一个实体，实体集 A 中有 m 个实体($m\geqslant 0$)与之联系，则称实体集 A 与实体集 B 具有多对多联系，记为 m∶n。

例如，一门课程同时有若干个学生选修，而一个学生可以同时选修多门课程，则课程与学生之间具有多对多联系。

实际上，一对一联系是一对多联系的特例，而一对多联系又是多对多联系的特例。

一般地，两个以上的实体型之间也存在着一对一、一对多、多对多联系。

若实体集 $E_1, E_2, \cdots, E_n$ 存在联系，对于实体集 E_j（$1 \leqslant j \leqslant n$，且 $j \neq i$）中给定的实体，最多只和 E_i 中的一个实体相联系，则称 E_i 与 E_j 之间的联系是一对多的。

2.2.2　概念模型的表示方法

E-R 图提供了表示实体型、属性和联系的方法：

- 实体型：用矩形表示，矩形框内写明实体名。
- 属性：用椭圆形表示，并用无向边将其与相应的实体连接起来。
- 联系：用菱形表示，菱形框内写明联系名，并用无向边分别与有关实体连接起来，同时在无向边旁标上联系的类型（1∶1，1∶n 或 m∶n）。需要注意的是，如果一个联系具有属性，则这些属性也要用无向边与这个联系连接起来。

对应图 2-3 的两个实体集之间的三种联系的 E-R 模型如图 2-4 所示。

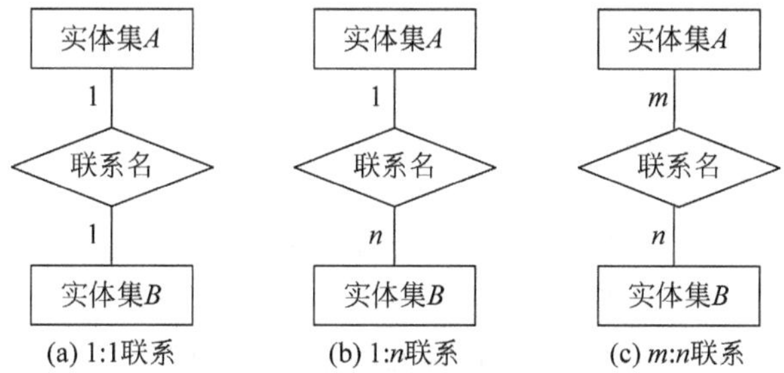

图 2-4　两个实体集之间的三类联系

图 2-5 给出了三个实体集之间 1∶n 和 n∶m 联系的实例。对于课程、教师与参考书三个实体集，如果一门课程可以有若干个教师讲授，使用若干本参考书，而每一个教师只讲授一门课程，每一本参考书只供一门课程使用，则课程与教师、参考书之间的联系是一对多的，如图 2-5(a)所示。

又如，有三个实体集：供应商、项目、零件，一个供应商可以供给多个项目多种零件，而每个项目可以使用多个供应商供应的零件，每种零件可由不同供应商供给，由此看出供应商、项目、零件三者之间是多对多的联系，如图 2-5(b)所示。

同一个实体集内的各实体之间也可以存在一对一、一对多、多对多的联系。例如，职工实体集内部具有领导与被领导的联系，即某一职工"领导"若干名职工，而一个职工仅被另外一个职工直接领导，因此这是一对多的联系，如图 2-6 所示。

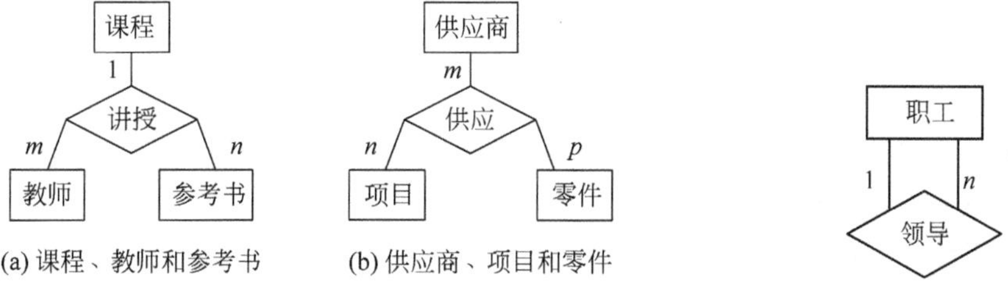

图 2-5　三个实体集之间联系的 E-R 图

图 2-6　实体集内部一对多联系

【例 2-1】 教师工作系统的概念模型如图 2-7 所示。

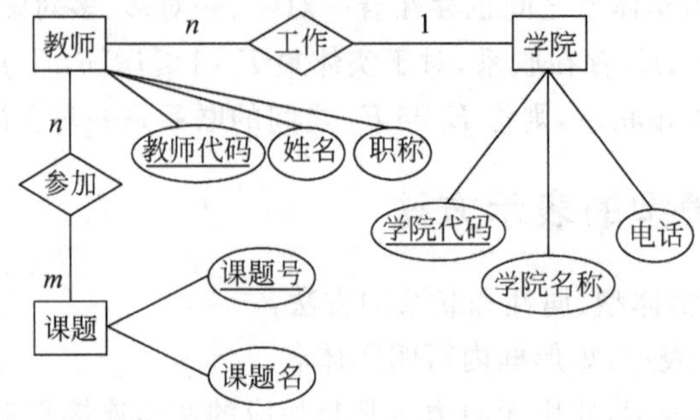

图 2-7 教师工作 E-R 图

【例 2-2】 学生选课系统的概念模型。

假设数据库有以下信息。

- 学生：学号、姓名、性别、年龄、选修课程名、学院编号。
- 课程：编号、课程名、开课单位、任课教师号。
- 教师：教师号、姓名、性别、职称、讲授课程编号、所属学院。
- 学院：学院名称、学院编号。

上述实体中存在如下联系：

- 一个学生可选修多门课程，一门课程可被多个学生选修；
- 一个教师可讲授多门课程，一门课程可由多个教师讲授；
- 一个学院可有多个教师，一个教师只能属于一个学院。

则学生选课局部 E-R 图如图 2-8 所示，教师任课局部 E-R 图如图 2-9 所示。

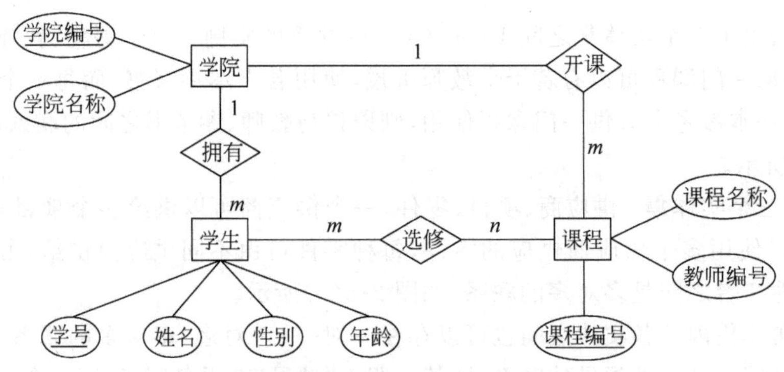

图 2-8 学生选课的局部 E-R 图

合并的全局 E-R 图如图 2-10 所示。

【例 2-3】 某工厂物资入库管理系统的概念模型。

物资管理涉及的实体如下所示。

- 供方单位：属性有单位号、单位名、地址、联系人、邮政编码。
- 物资：属性有物资代码、名称、规格、备注。
- 库存：属性有入库号、日期、货位、数量。
- 合同：属性有合同号、数量、金额、备注。

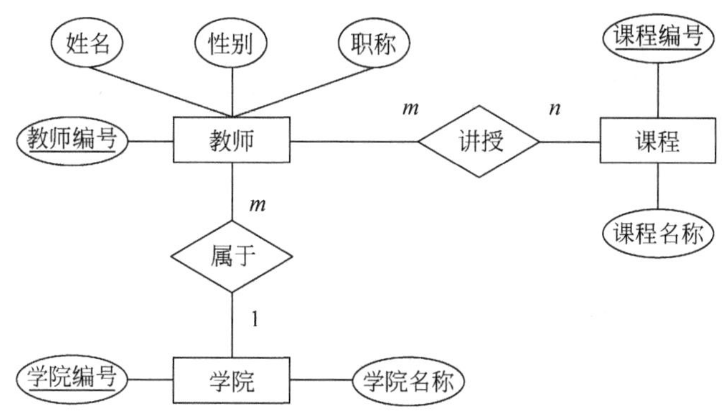

图 2-9 教师任课的局部 E-R 图

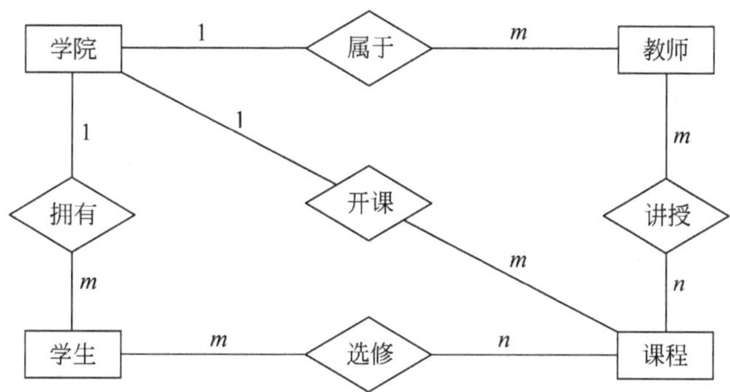

图 2-10 合并的全局 E-R 图(属性略)

- 结算：属性有结算编号、用途、金额、经手人。

这些实体间的联系如下所示。

- 入库：一种物资可以分多次入库，所以是 1∶n 联系。
- 验收：一份合同订购的物资可以分多次验收，所以是 1∶n 联系。
- 购进：一次购进的物资可以经多次结算，而一次结算可以承办多次购进的物资，所以是多对多的联系。其属性为入库号、结算编号、数量、金额。
- 付款：也是多对多的联系。其属性是结算编号、合同号、数量、金额。
- 订货：这是一个数量超过两个的不同类型实体之间的联系。在订货业务中，一种物资可由多家供应，产生多笔合同；反之，一个供应单位可以供应多种物资，产生多笔合同，所以在图中用 m∶n∶k 的结构来表示。其属性为物资代码、单位号、合同号、数量、单价。

该工厂的物资入库管理 E-R 图如图 2-11 和图 2-12 所示。

【例 2-4】 工厂管理系统的概念模型。

数据库存储以下信息：

- 一个厂内有多个车间，每个车间有车间号、车间主任姓名、地址和电话；
- 一个车间有多个工人，每个工人有职工号、姓名、年龄、性别和工种；
- 一个车间生产多种产品，产品有产品号和价格；
- 一个车间生产多种零件，一个零件也可能为多个车间制造。零件有零件号、重量和价格；

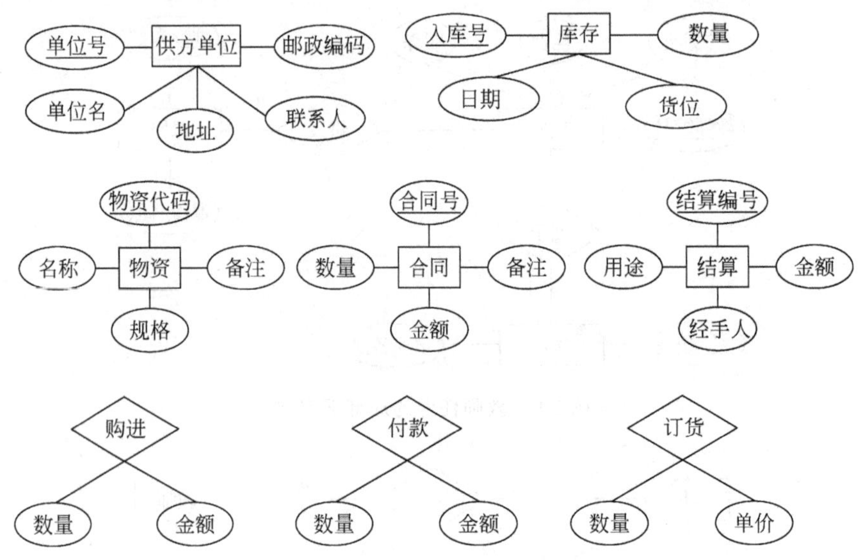

图 2-11 实体和联系的 E-R 图

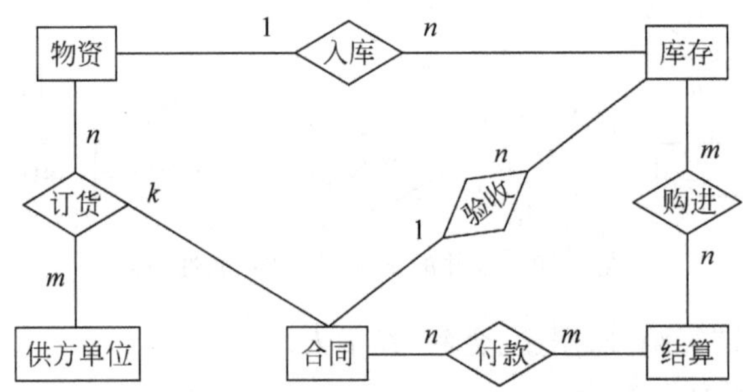

图 2-12 工厂物资入库管理 E-R 图

- 一个产品由多种零件组成，一种零件也可装配出多种产品；
- 产品与零件均存入仓库中；
- 厂内有多个仓库，仓库有仓库号、仓库主任姓名和电话。

各实体的属性为：

- 工厂：厂名、厂长姓名。
- 车间：车间号、车间主任姓名、地址、电话。
- 工人：职工号、姓名、年龄、性别、工种。
- 仓库：仓库号、仓库主任姓名、电话。
- 零件：零件号、重量、价格。
- 产品：产品号、价格。

该系统的 E-R 图如图 2-13 所示。

【例 2-5】 银行储蓄业务管理系统的概念模型。

数据库中涉及储户、存款、取款等信息。储蓄业务主要是存款、取款业务，可设计如图 2-14 所示的 E-R 图。

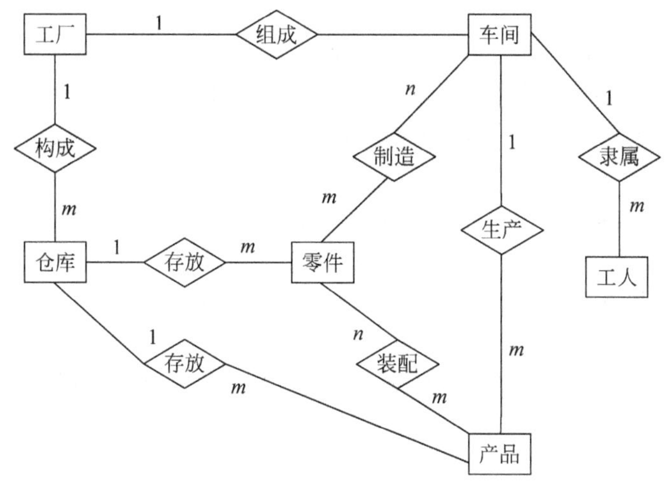

图 2-13 工厂管理系统 E-R 图(属性略)

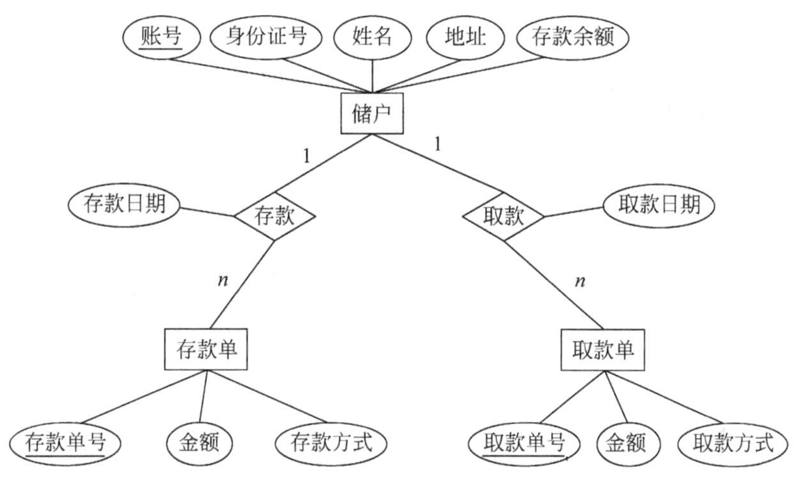

图 2-14 银行储蓄业务 E-R 图

2.3 数据模型和关系模型

数据模型是直接面向数据库的逻辑结构,是对现实世界的第二层抽象。数据库系统均是基于某种数据模型的,数据模型是数据库系统的核心和基础。因此,了解数据模型的概念是学习数据库的基础。

2.3.1 数据模型概述

数据库是某个企业、组织或部门所涉及的数据的集合,不仅要反映数据本身的内容,而且要反映数据之间的联系。由于计算机不能直接处理现实世界中的具体事物,所以人们必须事先把具体事物转换成计算机能够处理的数据。在数据库中用数据模型这个工具来抽象、表示和处理现实世界中的数据和信息。

数据模型应满足三方面要求：一是能比较真实地模拟现实世界；二是容易为人所理解；三是便于在计算机上实现。一种数据模型要很好地满足这些方面的要求是很困难的。在数据库系统中针对不同的使用对象和应用目的，应采用不同的数据模型。

数据模型由数据结构、数据操作和完整性约束三个基本的要素组成。其中，数据结构最具代表性。

从文件系统中，可以看到一个简单数据模型的基本框架。数据结构包括了文件、记录、字段等概念；数据操作包括打开、关闭、读、写等文件操作；完整性约束表现在字段有类型和长度的定义。当然这个简单的数据模型没有描述数据间的联系。

数据模型从概念上描述了系统的静态特征、动态特征和约束条件。静态特征是指数据的基本结构、数据间的联系；动态特征是指定义在数据上的操作；约束条件主要是完整性约束。

1. 数据结构

数据结构是所研究的对象类型的集合。这些对象是数据库的组成成分，包括两类，一类是与数据类型、内容、性质有关的对象；另一类是与数据之间联系有关的对象。

数据结构是刻画一个数据模型性质最重要的方面，是对系统静态特性的描述。在数据库系统中，人们通常按照其数据结构的类型来命名数据模型。例如，层次结构、网状结构和关系结构的数据模型分别命名为层次模型、网状模型和关系模型。

2. 数据操作

数据操作是指对数据库中各种对象的实例允许执行的操作的集合，包括操作及有关的操作规则。数据库主要有检索和更新（包括插入、删除、修改）两大类操作。数据模型必须定义这些操作的确切含义、操作符号、操作规则以及实现操作的语言。数据操作是对系统动态特征的描述。

3. 完整性约束

完整性约束是一组完整性规则的集合。完整性规则是给定的数据模型中数据及其联系所具有的制约和依存规则，用以限定符合数据模型的数据库状态以及状态的变化，以保证数据的正确、有效和相容。

数据模型应该反映和规定本数据模型必须遵守的基本的通用的完整性约束条件。此外，数据模型还应该提供定义完整性约束条件的机制，以反映具体应用所涉及的数据必须遵守的特定的语义约束条件。例如，年龄不能取负值，学生累计成绩不得有三门以上不及格等。

2.3.2 关系模型概述

关系模型是目前最重要的一种数据模型。关系数据库系统采用关系模型作为数据的组织方式。关系数据库应用数学方法来处理数据库中的数据。最早将这类方法用于数据处理的是1962年CODASYL发表的“信息代数”。系统、严格地提出关系模型的是美国IBM公司的E. F. Codd。1970年E. F. Codd在美国计算机学会会刊*Communication of the ACM*上发表的题为*A Relational Model of Data for Shared Data Banks*的论文，开创了数据库系统的新纪元。以后，他连续发表了多篇论文，奠定了关系数据库的理论基础。由于E. F.

Codd 的杰出工作，他于 1981 年获得 ACM 图灵奖。

20 世纪 80 年代以来，计算机厂商新推出的数据库管理系统几乎都支持关系模型，非关系系统的产品也大都加上了关系接口。数据库领域当前的研究工作也都是以关系方法为基础。

1. 关系数据模型的数据结构

关系模型与以往的模型不同，其数据结构单一，是建立在严格的数学概念基础上的。在关系模型中，实体以及实体之间的各种联系都用关系来表示。在用户观点下，关系模型中数据的逻辑结构是一张二维表，由行和列组成。现在以教工登记表(如表 2-1 所示)为例，介绍关系模型中的一些术语。

表 2-1 关系模型的数据结构

职工号	姓名	出生日期	性别	学院	电话
100001	章文	1968.10	男	管理学院	88231234
100022	王芳	1954.2	女	外语学院	85661233
100030	宋晖	1973.4	男	文学院	82234567
⋮	⋮	⋮	⋮	⋮	⋮

- 关系：一个关系对应通常说的一张表，如表 2-1 中的这张教工登记表。
- 元组：表中的一行即一个元组。
- 属性：表中的一列即一个属性，给每一个属性起一个名称即属性名。例如，表 2-1 有 6 列，对应 6 个属性(职工号，姓名，出生日期，性别，学院，电话)。
- 主键(码)：表中的某个属性组，它可以唯一确定一个元组。例如，表 2-1 中的职工号，可以唯一确定一个教职工，也就成为此关系的主键(码)。
- 域：属性的取值范围。例如，人的出生日期应在公历日期规定的范围内，性别的域是(男，女)，学院的域是一个学校所有院系名的集合。
- 分量：元组中的一个属性值。
- 关系模式：对关系的描述称为关系模式，一般表示为：

关系名(属性 1，属性 2，…，属性 n)

例如，上面的关系可描述为：

教职工(职工号，姓名，出生日期，性别，学院，电话)

在关系模型中，实体以及实体间的联系都是用关系来表示的。例如，教师、课程、教师与课程之间的多对多联系在关系模型中可以如下表示：

教职工(职工号，姓名，出生日期，性别，学院，电话)
课程(课程号，课程名，学分)
讲授课程(职工号，课程号)

【例 2-6】 工程管理系统的 E-R 图及关系模型表示。

该企业有多个下属单位，每一单位有多个职工，一个职工仅隶属于一个单位，且一个职工仅在一个工程中工作，但一个工程中有很多职工参加工作，有多个供应商为各个工程供应不同设备。

① 满足要求的 E-R 图如图 2-15 所示。

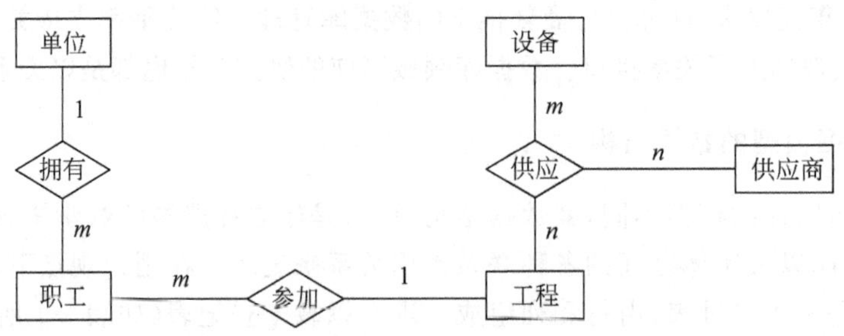

图 2-15 工程管理系统 E-R 图(属性略)

各实体的属性如下：

单位：单位代码、单位名、电话。

职工：职工编号、姓名、性别。

设备：设备编号、设备名称、产地。

供应商：供应商编号、姓名、电话。

工程：工程代码、工程名、地点。

② 转换后的关系模式如下：

单位(单位代码,单位名称,电话)
职工(职工编号,姓名,性别)
设备(设备编号,设备名称,产地)
供应商(供应商编号,姓名,电话)
工程(工程代码,工程名,地点)
供应(供应商编号,工程代码,设备编号,数量)

关系模型要求关系必须是规范化的,即要求关系必须满足一定的规范条件。这些规范条件中最基本的一条就是关系的每一个分量必须是一个不可再分的数据项,也就是说,不允许表中还有表。如表 2-2 所示,工资和扣除是可再分的数据项,工资又分为基本工资、工龄工资和职务工资,扣除又分为房租和水电。因此,表 2-2 中的表就不符合关系模型的要求。

表 2-2 不符合关系模型的表示例

职工号	姓名	职称	工资			扣除		实发
			基本	工龄	职务	房租	水电	
100012	王能	讲师	765	10	200	60	40	875
⋮	⋮	⋮	⋮	⋮	⋮	⋮	⋮	⋮

2. 关系数据模型的操纵与完整性约束

关系模型给出了关系操作的能力。关系数据模型的操作主要包括选择、投影、连接、除、并、交、差等查询操作和插入、删除、修改操作两大部分。为了维护数据库中数据与现实世界的一致性,这些操作必须满足关系的完整性约束条件。关系的完整性约束条件包括实体完整性、参照完整性和用户定义的完整性三大类。其具体含义将在后面的有关章节中进行介绍。

关系模型中的数据操作是集合操作，操作对象和操作结果都是关系，即若干元组的集合，而不像非关系模型中那样是单记录的操作方式；另一方面，关系模型把存取路径向用户隐蔽起来，实现了非过程化的操作。用户只需指出“做什么”，而不必详细说明“怎么做”，从而大大地提高了数据的独立性和用户的生产率。

3. 关系数据模型的优缺点

关系数据模型具有下列优点：

(1) 关系模型与非关系模型不同，是建立在严格的数学理论基础上的。

(2) 关系模型的概念单一。无论实体还是实体之间的联系都用关系表示。对数据的检索结果也是关系。所以其数据结构简单、清晰，用户易懂易用。

(3) 关系模型的存取路径对用户透明，从而具有更高的数据独立性、更好的安全保密性，也简化了程序员的工作和数据库的开发工作。

所以，关系数据模型诞生以后发展迅速，深受用户的喜爱。目前应用中的 DBMS 基本上都是基于关系模型的。

关系数据模型最主要的缺点是，由于存取路径对用户透明，查询效率往往不如非关系数据模型高。因此为了提高性能，必须对用户的查询请求进行优化。

习题 2

1. 概念解释

(1) 名词解释：实体、实体型、实体集、属性、键。

(2) 数据模型三要素。

(3) 关系模型。

2. 简答题

(1) 两个实体集间的联系有哪几种？请为每一种联系举出一个实例。

(2) 简述概念模型(E-R 图)的表示方法。

(3) 关系模型的优缺点。

3. 设计题

设某商业集团数据库有三个实体集。

- “商品”实体集：属性有商品号、商品名、规格、单价。
- “商店”实体集：属性有商店号、商店名、地址。
- “供应商”实体集：属性有供应商编号、供应商名、地址。

供应商与商品之间存在“供应”联系，每个供应商可供应多种商品，每种商品可向多个供应商订购，每个供应商供应每种商品有个月供应量；商店与商品间存在“销售”联系，每个商店可销售多种商品，每种商品可在多个商店销售，每个商品销售每种商品有个月计划数。

试画出反映上述问题的 E-R 图，并将其转换成关系模型。

第3章 关系数据模型

【本章简介】

在第 2 章对关系模型概要介绍的基础上，本章详细介绍关系模型，内容涉及关系模型定义的域、笛卡儿积、关系等概念，涉及关系操作的并、交、叉、投影、连接、选择、除等关系代数运算，涉及关系完整性约束的实体完整性、参照完整性、用户自定义完整性等方面的知识。

【学习目标】

- 理解关系模型的形式化定义；
- 掌握关系代数的各种运算，能够利用关系运算实现各类查询；
- 掌握完整性约束的定义及语义，能够熟练分析和设计关系模式的各类约束。

3.1 关系模型及其定义

前面介绍过数据模型由三个基本的要素组成：数据结构、数据操作、完整性约束，因此，关系模型也就由关系数据结构、关系操作集合和关系完整性约束三部分组成。

3.1.1 关系数据结构

关系模型的数据结构非常单一。在关系模型中，现实世界的实体以及实体间的各种联系均用关系来表示。在用户看来，关系模型中数据的逻辑结构是一个二维表。

关系模型建立在集合代数理论的基础上，下面从集合论角度给出关系数据结构的形式化定义。

1. 关系的形式化定义

1) 关系

在介绍“关系”这个概念之前，先来看一下“域”和“笛卡儿积”这两个概念。

定义 3.1 域(Domain)是一组具有相同数据类型的值的集合。例如，整数、实数、介于某个取值范围的整数、指定长度的字符串集合、{“男”，“女”}、介于某个取值范围的日期等。

定义 3.2 给定一组域 $D_1,D_2,\cdots,D_n$，这些域中可以有相同的。$D_1,D_2,\cdots,D_n$ 的笛卡儿积为：

$$D_1 \times D_2 \times \cdots \times D_n = \{(d_1,d_2,\cdots,d_n) \mid d_i \in D_i, i=1,2,\cdots,n\}$$

其中：

- 每一个元素$(d_1,d_2,\cdots,d_n)$叫做一个 n 元组(n-tuple)或简称元组；
- 元素中的每一个值 d_i 叫做一个分量(Component)；
- 若 $D_i(i=1,2,\cdots,n)$ 为有限集，其基数(Cardinal number)为 $m_i(i=1,2,\cdots,n)$，则

$D_1\times D_2\times\cdots\times D_n$的基数$M$ 为 $M=\prod_{i=1}^{n}m_i$。

【例 3-1】 假定有两个域 D_1和 D_2，分别为学生集合和课程集合：

$$D_1=\{林芳,孙维\},\quad D_2=\{英语,数学,计算机\}$$

则其笛卡儿积：

$$D_1\times D_2=\{(林芳,英语),(林芳,数学),(林芳,计算机),(孙维,英语),(孙维,数学),(孙维,计算机)\}$$

该笛卡儿积的基数为 $2\times3=6$，即 $D_1\times D_2$ 一共有 6 个元组。这 6 个元组可列成一张二维表(如表 3-1 所示)，它代表学生和课程之间所有可能的组合。

表 3-1　$D_1\times D_2$笛卡儿积的二维表形式

学　　生	课　　程	学　　生	课　　程
林芳	英语	孙维	英语
林芳	数学	孙维	数学
林芳	计算机	孙维	计算机

实际上，上述这 6 个元组在现实中不都是有意义的。所以一般来说，只有笛卡儿积中的子集能反映现实世界，是有实际意义的。现在定义“关系”这个概念。

定义 3.3 $D_1\times D_2\times\cdots\times D_n$的子集叫做在域 $D_1,D_2,\cdots,D_n$上的关系(Relation)，表示为：

$$R(D_1,D_2,\cdots,D_n)$$

其中，R 表示关系名，n 表示关系的目或度(Degree)。

关系的成员为元组，即笛卡儿积的子集的元素$(d_1,d_2,\cdots,d_n)$，其中的 d_i 为元组的第 i 个分量。

关系中的每个元素是关系中的元组，通常用 t 表示。

当 $n=1$ 时，称该关系为单元关系(Unary relation)。

当 $n=2$ 时，称该关系为二元关系(Binary relation)。

既然关系是笛卡儿积的有限子集，则关系也是一个二维表，表的每行对于一个元组，每列对应一个域。

由于域可以相同，为了加以区别，必须对每列起一个名字，称为属性(Attribute)。

n 目关系必有 n 个属性。

【例 3-2】 例 3-1 中的笛卡儿积 $D_1\times D_2$ 表示学生和课程之间所有可能的组合，而在某个学期里这些学生正在选修的课程则是 $D_1\times D_2$ 的一个子集。例如：

$$R=\{(林芳,英语),(林芳,计算机),(孙维,数学)\}$$

这就是一个关系，代表学生正在学习某些课程，如表 3-2 所示。

与此类似，可以再定义成绩集合 $D_3=\{83,88,87\}$，建立笛卡儿积 $D_1\times D_2\times D_3$，并从中选取由学生、课程、成绩构成的元组，建立学生、课程、成绩关系 R，且以二维表形式给出，如

表 3-3 所示。

表 3-2 学生选修课程关系 *R*

学 生	课 程
林芳	英语
林芳	计算机
孙维	数学

表 3-3 学生课程成绩关系 *R*

学 生	课 程	成 绩
林芳	英语	83
林芳	计算机	88
孙维	数学	83

2) 关系的键

在关系数据库中,键(也称关键字或码)是关系模型的一个重要概念。

若关系中的某一属性组的值能唯一地标识一个元组,则称该属性组为候选键(Candidate key),又称候选关键字或候选码。在一个关系中可以有多个候选键。

当一个关系有多个候选键时,可以选定其中一个为主键(Primary key),又称主关键字或主码。每个关系都有且仅有一个主键。

例 3-2 中的学生选修课程关系中,无论"学生"或"课程"都无法单独唯一标识一个元组,必须同时标识,所以该关系的候选键是一个全键。如果再加入一个"学号"属性,则"学号"和"课程"属性可以作为候选键。

如果某个属性不是所在关系的候选键而是其他关系的候选键,则称该属性为外键(Foreign key),也称外部关键字或外码。

【例 3-3】 假设有职工关系和部门关系分别为:

职工(<u>职工编号</u>,姓名,部门编号,性别,出生日期)
部门(<u>部门编号</u>,部门名称,部门经理)

职工关系的主键是职工编号,部门关系的主键是部门编号。在职工关系中部门编号是它的外键。

更确切地说,将部门编号作为外键放在职工关系中,实现两个关系之间的联系。在关系数据库中,表与表之间的联系就是通过公共属性实现的。这个公共属性是一个表的主键同时是另一个表的外键,这是关系数据库的特点。

3) 关系的性质

关系可以有三种类型:基本表(又称基本关系或基表)、查询表和视图表。

基本表是实际存在的表,是实际存储数据的逻辑表示。查询表是查询结果对应的表。视图表是由基本表或其他视图表导出的表,是虚表,不对应实际存储的数据。

虽然可以将关系看成二维表,但是不是所有二维表都是关系。一个基本关系必须具有以下性质:

(1) 列是同质的(Homogeneous),即每一列中的分量是同一类型的数据,来自同一个域。

(2) 不同的列可以有相同的域,但必须有不同的名字(属性名)。

(3) 行和列的排列次序是无关紧要的。

(4) 每个分量都是不可再分的数据项。

(5) 关系中的各行是不同的,即任意两个元组不能完全相同。

2. 关系模式

在数据模型中有"型"(Type)和"值"(Value)的概念。型是指对某一类型数据的结构和属性的说明,值是型的一个具体赋值。例如,学生记录定义为(学号,姓名,性别,出生日期,班级,院部,专业)这样的记录型,而(20110101,李聪,男,1993-03-11,201101,01,0006)则是该记录型的一个记录值。关系数据库中,关系模式是型,关系是值,关系模式是对关系的描述。

下面介绍关系模式的形式化定义。

定义 3.4 关系的描述称为关系模式(Relation Schema)。它可以形式化地表示为:

$$R(U,D,\mathrm{DOM},F)$$

其中:

- R 为关系名;
- U 为组成该关系的属性名集合;
- D 为属性组 U 中属性所来自的域;
- DOM 属性向域的映像集合;
- F 为属性间的数据依赖关系集合。

属性间的数据依赖关系将在第 4 章中讨论,本章中的关系模式仅涉及关系名、属性名、域名、属性与域之间的映像关系。

关系模式通常可以简记为

$$R(U) \quad \text{或} \quad R(A_1,A_2,\cdots,A_n)$$

其中,R 为关系名,$A_1,A_2,\cdots,A_n$ 为属性名。而域名及属性向域的映像常常直接说明为属性的类型和长度。

【例 3-4】 把图 2-7 教师工作的 E-R 图转换为关系模式。

该 E-R 图包含三个实体:"教师",属性有教师代码、姓名、职称;"学院",属性有学院代码、学院名称、电话;"课题",属性有课题号、课题名。两个联系:学院和教师之间有 1∶n 联系;教师与课题之间有 m∶n 联系。

把 E-R 图转换成以下关系模式:

教师(<u>教师代码</u>,姓名,职称)
学院(<u>学院代码</u>,学院名称,电话)
课题(<u>课题号</u>,课题名)
工作(<u>教师代码</u>,学院代码)
参加(<u>教师代码,课题号</u>)

关系是关系模式在某一时刻的状态或内容。关系模式是静态的、稳定的,而关系是动态的、随时间不断变化的,因为关系操作在不断地更新数据库中的数据。关系模式和关系往往统称为关系,通过上下文加以区别。

3.1.2 关系操作概述

关系模型给出了关系操作的能力,但不对具体关系数据库系统给出具体的语法要求。

关系操作是通过关系语言来实现的。关系模型的数据操纵语言表达能力和功能都很强，而且语言灵活方便。主要表现在如下三点：

(1) 非过程化语言，用户只要提出“干什么”，而无须指出“怎么干”。

(2) 兼有定义和控制功能，而且可以独立使用，不依赖于主语言。

(3) 存取方式是面向集合的，提供用户的不是一个记录，而是一个记录集。

关系模型中常用的关系操作包括选择(Select)、投影(Project)、连接(Join)、除(Divide)、并(Union)、交(Intersection)、差(Difference)等查询(Query)操作和插入(Insert)、删除(Delete)、修改(Update)等更新操作两大部分。查询的表达能力是其中最主要的部分。

关系操纵的基础是关系运算。关系运算可以归为两种，关系代数和关系演算。关系代数运算是把关系当作集合，对它施加各种集合运算(如两个集合的并、差、交)和关系运算所特有的投影、选择、求商、连接等运算。关系演算用谓词演算于关系运算中。关系演算又可分元组关系演算和域关系演算。关系代数、元组关系演算和域关系演算三种语言在表达能力上是完全等价的。

关系代数、元组关系演算和域关系演算均是抽象的查询语言，这些抽象的语言与具体的DBMS中实现的实际语言并不完全一样。但它们能用作评估实际系统中查询语言能力的标准或基础；实际的查询语言除了提供关系代数或关系演算的功能外，还提供了许多附加功能，如集函数、关系赋值、算术运算等。

关系语言是一种高度非过程化的语言，用户不必请求DBA为其建立特殊的存取路径，存取路径的选择由DBMS的优化机制来完成，此外，用户不必求助于循环结构就可以完成数据操作。

另外，还有一种介于关系代数和关系演算之间的语言SQL(Structured Query Language)。SQL不仅具有丰富的查询功能，而且具有数据定义和数据控制功能，是集DDL、DML和DCL于一体的关系数据语言。它充分体现了关系数据语言的特点和优点，是关系数据库的标准语言。

因此，关系数据语言可以分为三类，如图3-1所示。

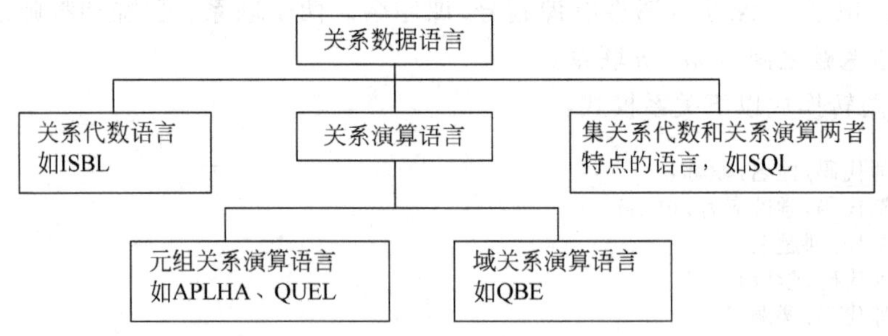

图3-1 关系数据语言分类图

这些关系数据语言的共同特点是，语言具有完备的表达能力，是非过程化的集合操作语言，功能强，能够嵌入高级语言中使用。

3.1.3 关系的完整性

在数据库中，数据的完整性是指保证数据正确性的特征。数据完整性是一种语义概念，它包括以下两个方面：

(1) 与现实世界中应用需求的数据的相容性和正确性。

(2) 数据库内数据之间的相容性和正确性。

例如,学生的学号必须是唯一的,性别只能是“男”或“女”,学生所选的课程必须是已经开设的课程等。因此,数据库是否具有数据完整性特征关系到数据库系统能否真实地反映现实世界的情况。

数据完整性由完整性规则定义,而关系模型的完整性规则是对关系的某种约束条件。在关系模型中,一般将数据完整性分为三类,即实体完整性、参照完整性和用户定义的完整性。其中,实体完整性和参照完整性是关系模型必须满足的完整性约束条件,是系统级的约束,被称为是关系的两个不变性,应该由关系系统自动支持;而用户定义的完整性的主要内容是限制属性取值的域完整性,这属于应用级的约束。数据库管理系统应该提供对这些数据完整性的支持。

1. 实体完整性

实体完整性(Entity Integrity)规则,若属性 A 是基本关系 R 的主属性,则属性 A 不能取空值。

例如,在关系“教师(教师代码,姓名,职称)”中,“教师代码”属性为主键,则该属性不能取空值。在关系“教师—课题(教师代码,课题号)”中,“教师代码”和“课题号”是主键,这两个属性的值都不能为空。

空值(NULL)不是0,不是空字符串,不是空格,空值表示没有值或“不知道”、“无意义”的值,是不确定的值。关系模型中每一个元组都对应客观存在的一个实体,如一个教师代码唯一确定了一位教师,如果表中存在没有代码的教师数据,则该教师一定不属于正常管理范围的教师,甚至是一个不存在的人。

关系模型必须遵守实体完整性规则的原因:一个基本表通常对应现实世界的一个实体集,而现实世界中的实体是可以区分的,即它们具有某种唯一性标识。在关系模型中以主键作为唯一性标识,如果主键中的属性即主属性取空值,就说明存在某个不可标识的实体,即存在不可区分的实体,这与现实世界不符,因此这个规则称为实体完整性。

2. 参照完整性

参照完整性(Referential Integrity)也称引用完整性。现实世界中的实体之间往往存在着某种联系,在关系模型中,实体以及实体之间的联系都是用关系来表示的,这样就自然产生关系与关系之间的引用。参照完整性就是描述实体之间的引用规则的。

【例 3-5】 教师实体与课题实体可以用下面的关系表示,其中主键用下划线标识。

教师(教师代码,姓名,性别,课题号)
课题(课题号,课题名)

这两个关系存在着属性引用,即“教师”关系中的“课题号”引用了“课题”关系中的主键“课题号”。显然,“教师”关系中的“课题号”的值必须是确实存在的课题的课题号,即在“课题”关系中要有该课题。“教师”关系中的“课题号”的取值参照了“课题”关系中的“课题号”的取值。

这种一个关系中某个属性的取值受到另一个关系中某个属性取值范围约束的特性就是参照完整性。

【例 3-6】 学生、课程、学生与课程之间的多对多联系可用如下三个关系表示：

学生(学号,姓名,性别,出生日期,班级号,院部号,专业号)
课程(课程号,课程名,学分)
选课(学号,课程号,成绩)

"选课"关系中的"学号"引用了"学生"关系中的主键"学号","课程号"引用了"课程"关系中的主键"课程号"。在"学生"关系中必须有这个学生,"课程"中必须有这门课,即"选课"关系中的这两个属性的取值需要参照"课程"关系和"学生"关系相应属性的取值。

不仅两个或两个以上的关系间可以存在引用关系,同一关系内部属性间也可能存在引用关系。

【例 3-7】 有如下关系：

教师(教师代码,姓名,性别,系主任)

在这个关系中,"系主任"属性表示该教师所在系的领导的教师代码,这个属性引用了本关系中"教师代码"属性,即"系主任"必须是确实存在的一个教师。

(1) 外键的形式化定义。

定义 3.5 设 F 是基本关系 R 的一个或一组属性,但不是关系 R 的键。如果 F 与基本关系 S 的主键 K_s 相对应,则称 F 是基本关系 R 的**外键**。

基本关系 R 称为参照关系(Referencing Relation)。

基本关系 S 称为被参照关系(Referenced Relation) 或目标关系 (Target Relation)。

说明：

- 关系 R 和 S 不一定是不同的关系；
- 目标关系 S 的主键 K_s 和参照关系的外键 F 必须定义在同一个(或一组)域上,外键并不一定要与相应的主键同名；
- 当外键与相应的主键属于不同关系时,往往取相同的名字,以便于识别。

在例 3-5 中,"教师"关系中的"课题号"属性与"课题"关系中的主键"课题号"对应,所以"课题号"是"教师"关系的外键。这里,"教师"关系是参照关系,"课题"关系是被参照关系。

同理在例 3-6 中,"选课"关系中的"学号"、"课程号"是外键,所以"选课"关系是参照关系,而"学生"关系和"课程"关系是被参照关系。

在例 3-7 中,"系主任"属性与本身所在关系中的主键"教师代码"相对应,所以,"系主任"是外键,"教师"关系既是参照关系又是被参照关系。

参照完整性规则就是定义外键与主键之间的引用规则。

(2) 参照完整性规则。

若属性(或属性组)F 是基本关系 R 的外键,它与基本关系 S 的主键 K_s 相对应(基本关系 R 和 S 不一定是不同的关系),则对于 R 中每个元组在 F 上的值必须为：

- 或取空值(F 的每个属性值均为空值)；
- 或等于 S 中某个元组的主键值。

例如,对于例 3-5 中"教师"关系中每个元组的"课题号"属性只能取：

① 空值，表示该教师尚未申请到课题。

② 非空值，这时该值必须是“课题”关系中某个元组的“课题号”值，表示该教师不可能申请到一个不存在的课题。

上述两类完整性规则是关系模型必须满足的规则，应该由系统自动支持。

3. 用户定义的完整性

用户定义的完整性(**User-defined Integrity**)也称域完整性或语义完整性。不同的关系数据库系统根据其应用环境的不同，往往还需要一些特殊的约束条件，用户定义的完整性就是针对某一具体关系数据库的约束条件。它反映某一具体应用所涉及的数据必须满足的语义要求。关系模型应提供定义和检验这类完整性的机制，以便系统用统一的方法处理，而不要由应用程序承担这一功能。

【例 3-8】 有如下关系：

课程(课程号,课程名,学分)

规定：“课程名”属性必须取唯一值且不能取空值，“学分”属性只能取值{1,2,3,4}。

3.2 关系代数

关系模型源于数学，关系是由元组构成的集合，可以通过关系的运算来表达查询要求，而关系代数恰恰是关系操纵语言的一种传统的表示方式，是一种抽象的查询语言。

3.2.1 关系查询语言和关系运算

关系数据库的数据操纵语言(DML)的语句分成查询语句和更新语句两大类。查询语句用于描述用户的各类检索要求；更新语句用于描述用户的插入、修改和删除等操作。

1. 关系查询语言的分类

关系查询语言根据其理论基础的不同分为两大类：

(1) 关系代数语言：查询操作是以集合操作为基础的运算。

(2) 关系演算语言：查询操作是以谓词演算为基础的运算。

关系查询语言属于非过程化语言，编程时只需指出需要什么信息，不必给出具体的操作步骤，即只要指出“干什么”，不必指出“怎么干”。

各类关系查询语言均属于“非过程性”语言，但其“非过程性”的强弱程度不一样。关系代数语言的非过程性较弱，在查询表达式中必须指出操作的先后顺序；关系演算语言的非过程性较强，操作顺序仅限于量词的顺序。

2. 关系代数运算的分类

关系代数的运算对象是关系，运算结果也是关系。与一般的运算一样，运算对象、运算符和运算结果是关系代数的三大要素。

关系代数的运算可分为两大类：

(1) 传统的集合运算。这类运算完全把关系看成是元组的集合。传统的集合运算包括集合的广义笛卡儿积运算、并运算、交运算和差运算。

(2) 专门的关系运算。这类运算除了把关系看成是元组的集合外，还通过运算表达了查询的要求。专门的关系运算包括选择运算、投影运算、连接运算和除运算。

关系代数中的运算符可以分为 4 类，如表 3-4 所示。

表 3-4 关系运算符

	运算符	含义
集合运算符	$\cup$ $\cap$ $-$ $+$	并 交 差 广义笛卡儿积
专门的关系运算符	σ π $\bowtie$ $\div$	选择 投影 连接 除
比较运算符	$>$ $<$ $=$ $\neq$ $\leqslant$ $\geqslant$	大于 小于 等于 不等于 小于等于 大于等于
逻辑运算符	$\neg$ $\wedge$ $\vee$	非 与 或

(1) 集合运算符：将关系看成元组的集合，运算是从关系的"水平"方向即行的角度来进行。

(2) 专门的关系运算符：不仅涉及行而且涉及列。

(3) 比较运算符：辅助专门的关系运算符进行操作。

(4) 逻辑运算符：辅助专门的关系运算符进行操作。

3.2.2 传统的关系运算

传统的集合运算是二目运算。设关系 R 和 S 均为 n 目关系(即有 n 个属性)，且相应的属性值取自同一个值域，则可以定义三种运算：并运算($\cup$)、交运算($\cap$)和差运算($-$)。

1. 并运算(Union)

关系 R 与关系 S 的并记为：

$$R \cup S = \{t \mid t \in R \vee t \in S\}$$

其结果仍是 n 目关系，由属于 R 或属于 S 的元组组成，如图 3-2(a)所示。

R

A	B	C
a_1	b_1	c_1
a_1	b_2	c_2
a_2	b_2	c_1

S

A	B	C
a_1	b_2	c_2
a_1	b_3	c_2
a_2	b_2	c_1

$R \cup S$

A	B	C
a_1	b_1	c_1
a_1	b_2	c_2
a_2	b_2	c_1
a_1	b_3	c_2

(a)

$R-S$

A	B	C
a_1	b_1	c_1

(b)

$R \cap S$

A	B	C
a_1	b_2	c_2
a_2	b_2	c_1

(c)

图 3-2 并运算、差运算、交运算示意图

2. 差运算(Difference)

关系 R 与关系 S 的差记为:

$$R - S = \{t \mid t \in R \land t \notin S\}$$

其结果仍为 n 目关系,由属于 R 而不属于 S 的所有元组组成,如图 3-2(b)所示。

3. 交运算(Intersection)

关系 R 与关系 S 的交记为:

$$R \cap S = \{t \mid t \in R \land t \in S\}$$

其结果仍是 n 目关系,由属于 R 并且也属于 S 的元组组成,如图 3-2(c)所示。

关系的交可以用差来表示:

$$R \cap S = R - (R - S)$$

4. 广义笛卡儿积

广义笛卡儿积(Extended Cartesian Product)不要求参加运算的两个关系具有相同的目。两个分别为 n 目和 m 目的关系 R 和关系 S 的广义笛卡儿积是一个$(m+n)$列的元组的集合。元组的前 n 列是关系 R 的一个元组,后 m 列是关系 S 的一个元组。若 R 有 k_1 个元组,S 有 k_2 个元组,则关系 R 和关系 S 的广义笛卡儿积有 $k_1 \times k_2$ 个元组。记为:

$$R \times S = \{\widehat{t_r t_s} \mid t_r \in R \land t_s \in S\}$$

$\widehat{t_r t_s}$ 表示由两个元组 t_r 和 t_s 有序连接而成的一个元组。

任取元组 t_r 和 t_s,当且仅当 t_r 属于R 且 t_s 属于S,t_r 和 t_s 的有序连接为$R \times S$ 的一个元组。

实际操作时,可从 R 的第一个元组开始,依次与 S 的每一个元组组合,然后对 R 的下一个元组进行同样的操作,直至 R 的最后一个元组也进行同样的操作为止,这样既可得到 $R \times S$ 的全部元组,如图 3-3 所示。

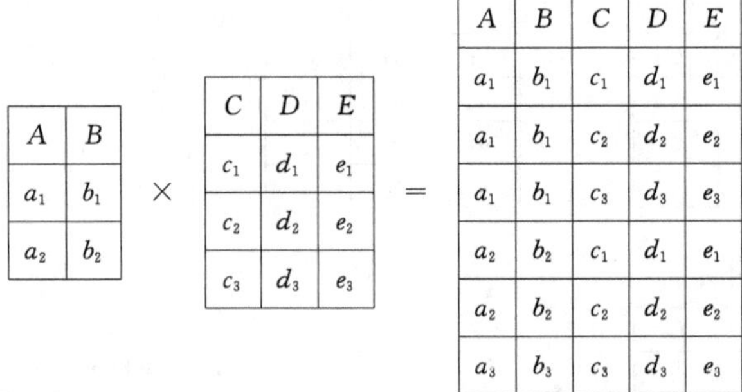

图 3-3 广义笛卡儿积示意

3.2.3 专门的关系运算

专门的关系运算包括选择、投影、连接和除操作，其中前两个为一目运算，后两个为二目运算。

1. 选择（Selection）

选择又称为限制（Restriction），从指定的关系中选择某些元组形成一个新的关系，被选择的元组要满足指定的逻辑条件。记作：

$$\sigma F(R) = \{t \mid t \in R \wedge F(t) = \text{'真'}\}$$

其中 σ 是选择运算符；R 是关系名；t 是元组；F 是一个逻辑表达式，取逻辑“真”值或“假”值。

逻辑表达式 F 由逻辑运算符“¬、∧、∨”连接各比较表达式组成。比较表达式的基本形式是：$X\theta Y$。其中，θ 是比较运算符，X、Y 是属性名、常量或简单函数；属性名也可以用它的序号来代替。

选择运算实际上是从关系 R 中选取使逻辑表达式 F 为真的元组。这是从行的角度进行的运算。

【例 3-9】 设教学管理数据库（JXGL）有如图 3-4 所示的三个关系：

- student(sno, sname, sgender, sbirthdate, sclassno, dname)。

其中，sno 为学号；sname 为姓名；sgender 为性别；sbirthdate 为出生日期；sclassno 为所属班级；dname 为所属学院。

- course(cno, cname, ccredit, csemester, ctype)。

其中，cno 为课程编号；cname 为课程名；ccredit 为学分；csemester 为开课学期；ctype 为课程性质。

- score(sno, cno, qscore, fscore)。

其中，sno 为学号；cno 为课程编号；qscore 为平时成绩；fscore 为期末成绩。

(1) 选择(查询)“管理学院”班学生的信息的关系代数表达式为：

$$\sigma_{\text{dname='管理学院'}}(\text{student}) \quad 或 \quad \sigma_{6=\text{'管理学院'}}(\text{student})$$

其中，6 是“所属学院”属性的序号。

sno	sname	sgender	sbirthdate	sclassno	dname
20110101	李聪	男	1993-03-11	01	管理学院
20110102	李玲	女	1994-05-12	01	管理学院
20120301	张蓉	女	1993-09-11	01	信息学院
20120302	李汉	男	1995-07-25	01	信息学院
20120303	赵昕	女	1994-03-05	02	信息学院

(a) student 关系

cno	cname	ccredit	csemester	ctype
C001	高等数学	4	1	必修
C002	管理学	3	1	必修
C003	数据库原理与应用	3	2	必修

(b) course 关系

sno	cno	qscore	fscore
20110101	C001	86	88
20110101	C002	67	56
20110102	C001	87	78
20110102	C003	97	89
20120101	C001	86	82
20120101	C002	67	64
20120102	C001	87	85
20120102	C002	97	93
20120102	C003	76	86

(c) score 关系

图 3-4 学生、课程以及选课三个关系

(2) 查询“女”学生的信息

$$\sigma_{\text{sgender}=\text{'女'}}(\text{student}) \quad 或 \quad \sigma_{3=\text{'女'}}(\text{student})$$

查询结果如图 3-5 所示。

sno	sname	sgender	sbirthdate	sclassno	dname
20110101	李聪	男	1993-03-11	01	管理学院
20110102	李玲	女	1994-05-12	01	管理学院

(a) 选择“管理学院”学生的结果

sno	sname	sgender	sbirthdate	sclassno	dno
20110102	李玲	女	1994-05-12	01	管理学院
20120101	张蓉	女	1993-09-11	01	信息学院
20120103	赵昕	女	1994-03-05	02	信息学院

(b) 查询女学生的结果

图 3-5 选择结果

2. 投影(Projection)

关系 R 上的投影是从 R 中选择出若干属性列组成新的关系。记作：

$$\pi_A(R) = \{t[A] \mid t \in R\}$$

其中，π 是投影运算符；R 是关系名；A 为 R 中被投影的属性列；$t[A]$表示 t 元组中相应于属性(组)A 的分量。

投影操作主要是从列的角度进行运算。

【例 3-10】 查询学生的姓名和所在学院，即求 student 关系在学生姓名和所属学院两个属性上的投影。

$$\pi_{\text{sname,dname}}(\text{student}) \quad 或 \quad \pi_{2,6}(\text{student})$$

查询结果如图 3-6(a)所示。投影之后不仅取消了原关系中的某些列，而且还可能取消某些元组(避免重复行)。

【例 3-11】 查询 student 关系中有哪些学院。

$$\pi_{\text{dname}}(\text{student})$$

查询结果如图 3-6(b)所示。student 关系原来有 7 个元组，而投影结果取消了重复的元祖。

sname	dname
李聪	管理学院
李玲	管理学院
张蓉	信息学院
李汉	信息学院
赵昕	信息学院

(a) 查询学生姓名和所属学院的结果

dname
管理学院
信息学院

(b) 查询学院的结果

图 3-6 投影运算的结果

3. 连接(Join)

连接运算用来连接相互之间有联系的两个关系，从而产生一个新的关系。这个连接过程由连接属性来实现。一般情况下，这个连接属性是出现在不同关系中的语义相同的属性。被连接的两个关系通常是具有一对多联系的父子关系。

连接也称为 θ 连接，记作：

$$R \underset{A\theta B}{\bowtie} S = \{\widehat{t_r t_s} \mid t_r \in R \land t_s \in S \land t_r[A]\theta t_s[B]\}$$

其中，A 和 B 分别是关系 R 和关系 S 上可比的属性组，θ 是比较运算符(>，≥，<，≤，=，<>或≠)。

连接运算从 R 和 S 的广义笛卡儿积 $R\times S$ 中选择(R 关系)在 A 属性组上的值与(S 关系)在 B 属性组上的值满足比较运算符 θ 的元组。

连接运算中最重要也是最常见的连接有两个：一是等值连接(Equijoin)；二是自然连接(Natural join)。

(1) θ 为=的连接运算称为等值连接，是从关系 R 与 S 的广义笛卡儿积中选取 A、B 属性值相等的那些元组，即：

$$R \underset{A=B}{\bowtie} S = \{\widehat{t_r t_s} \mid t_r \in R \land t_s \in S \land t_r[A] = t_s[B]\}$$

(2) 自然连接是一种特殊的连接，要求两个关系中进行比较的分量必须是相同的属性组，并且在结果中去掉重复的属性列。即若关系 R 和 S 具有相同的属性组 B，则自然连接可记为：

$$R \bowtie S = \{\widehat{t_r t_s} \mid t_r \in R \land t_s \in S \land t_r[B] = t_s[B]\}$$

一般的连接操作是从行的角度进行运算，自然连接还需要取消重复列，所以是同时从行和列的角度进行运算。

自然连接与等值连接的区别：

- 自然连接要求相等的分量必须有共同的属性名，等值连接则不要求。
- 自然连接要求把重复的属性去掉，等值连接则不要求。

【例 3-12】 对图 3-4 所示的 student 和 score 关系，分别进行等值连接和自然连接运算。

等值连接运算如下：

$$\text{student} \underset{\text{student.sno=score.sno}}{\bowtie} \text{score}$$

自然连接运算如下：

$$\text{student} \bowtie \text{score}$$

等值连接的结果如图 3-7(a)所示，自然连接结果如图 3-7(b)所示。

student. sno	sname	sgender	sbirthdate	sclassno	dname	sc. sno	cno	qscore	fscore
20110101	李聪	男	1993-03-11	01	管理学院	20110101	C001	86	88
20110101	李聪	男	1993-03-11	01	管理学院	20110101	C002	67	56
20110102	李玲	女	1994-05-12	01	管理学院	20110102	C001	87	78
20110102	李玲	女	1994-05-12	01	管理学院	20110102	C003	97	89
20120101	张蓉	女	1993-09-11	01	信息学院	20120101	C001	86	82
20120101	张蓉	女	1993-09-11	01	信息学院	20120101	C002	67	64
20120102	李汉	男	1995-07-25	01	信息学院	20120102	C001	87	85
20120102	李汉	男	1995-07-25	01	信息学院	20120102	C002	97	93
20120102	赵昕	女	1994-03-05	02	信息学院	20120103	C003	76	86

(a) 等值连接结果

student. sno	sname	sgender	sbirthdate	sclassno	dname	cno	qscore	fscore
20110101	李聪	男	1993-03-11	01	管理学院	C001	86	88
20110101	李聪	男	1993-03-11	01	管理学院	C002	67	56
20110102	李玲	女	1994-05-12	01	管理学院	C001	87	78
20110102	李玲	女	1994-05-12	01	管理学院	C003	97	89
20120101	张蓉	女	1993-09-11	01	信息学院	C001	86	82
20120101	张蓉	女	1993-09-11	01	信息学院	C002	67	64
20120102	李汉	男	1995-07-25	01	信息学院	C001	87	85
20120102	李汉	男	1995-07-25	01	信息学院	C002	97	93
20120102	赵昕	女	1994-03-05	02	信息学院	C003	76	86

(b) 自然连接结果

图 3-7 连接运算

4. 除(Division)

1) 象集(Image Set)

给定一个关系 $R(X,Z)$，X 和 Z 为属性组。当 $t[X]=x$ 时，x 在 R 中的象集(Image Set)为：

$$Z_x = \{t[Z] \mid t \in R, t[X] = x\}$$

其中 $t[Z]$和 $t[X]$分别表示关系 R 中的元组 t 在属性组 Z 和 X 上的分量的集合。

【例 3-13】 假设有一个学生关系(专业，班级，学号，姓名，性别)，其中有一个元组值为：

```
(信息管理,2012,2012001,刘宏,男)
```

现有属性组 X={专业，班级}，属性组 Y={学号，姓名，性别}，则上式中的 $t[X]$的一个值为：

```
X = (信息管理,2012)
```

此时，Y_x 为 $t[X]=x$=(信息管理，2012)时所有 $t[Y]$的值，即“信息管理”专业 2012 班全体学生的“学号、姓名、性别”信息表。

【例 3-14】 对于图 3-4 所示的 score 关系，如果设 X={sno}，Y={cno，qscore，fscore}，则当 X 取 20110101 时，其象集为：

$$Y_x = \{(C001,86,88),(C002,67,52)\}$$

当 X 取 20110102 时，其象集为：

$$Y_x = \{(C001,87,78),(C004,97,89)\}$$

2) 除法的一般形式

给定关系 $R(X,Y)$和 $S(Y,Z)$，其中 X,Y,Z 为属性组。R 中的 Y 与 S 中的 Y 可以有不同的属性名，但必须出自相同的域集。R 与 S 的除运算得到一个新的关系 $P(X)$，P 是 R 中满足下列条件的元组在 X 属性列上的投影：元组在 X 上分量值 x 的象集 Y_x 包含 S 在 Y 上投影的集合。

$$R \div S = \{t_r[X] \mid t_r \in R \wedge \pi_Y(S) \subseteq Y_x\}$$

其中 Y_x 是 x 在 R 中的象集，$x=t_r[X]$

除操作是同时从行和列角度进行运算。

【例 3-15】 图 3-8 中给出了一个除运算的示例。

R

A	B	C
a_1	b_1	c_2
a_2	b_3	c_7
a_3	b_4	c_6
a_1	b_2	c_3
a_4	b_6	c_6
a_2	b_2	c_3
a_1	b_2	c_1

S

B	C	D
b_1	c_2	d_1
b_2	c_1	d_1
b_2	c_3	d_2

$R \div S$

A
a_1

图 3-8 除运算的结果

分析：

- 首先，找出 $R\div S$ 的结果属性，即只属于 R 而不属于 S 的属性。属性 A 是属于关系 R 而不属于关系 S。
- 其次，找出元组在属性 A 上的所有不同分量值。A 可以取 4 个值$\{a_1,a_2,a_3,a_4\}$。
- 第三，找出属性 A 的各分量值的象集：

a_1 的象集为 $\{(b_1,c_2),(b_2,c_3),(b_2,c_1)\}$

a_2 的象集为 $\{(b_3,c_7),(b_2,c_3)\}$

a_3 的象集为 $\{(b_4,c_6)\}$

a_4 的象集为 $\{(b_6,c_6)\}$

- 第四，找出关系 S 在属性$\{B,C\}$上的投影：

$$\{(b_1,c_2),(b_2,c_1),(b_2,c_3)\}$$

- 最后比较，看关系 R 中哪个分量值的象集包含 S 在(B,C)上的投影集合，只有 a_1 的象集包含了 S 在(B,C)属性组上的投影，所以：

$$R\div S=\{a_1\}$$

【例 3-16】 图 3-9(a)中表示学生学习成绩 SC 关系，图 3-9(b)表示课程条件 CG 关系，SG÷CG 的结果表示满足课程成绩条件(高等数学和数据结构成绩同时为优)的学生情况关系，其结果见图 3-9(c)。

sname	ssex	cname	sdept	grade
张兰	女	高等数学	信管系	良
张兰	女	数据结构	信管系	优
王小惠	女	高等数学	工商系	优
王小惠	女	管理信息系统	工商系	优
李力	男	高等数据	信管系	中
王小惠	女	数据结构	工商系	优
李力	男	计算机网络	信管系	良

(a) 学生学习成绩 SC 关系

cname	grade
高等数学	优
数据结构	优

(b) 课程条件 CG 关系

sname	sex	sdept
王小惠	女	工商系

(c) SC÷CG 关系

图 3-9 除运算结果

分析：

- 首先，找出在 SC÷CG 运算过程中只属于 SC 而不属于 CG 的属性：sname，ssex，sdept；
- 找出元组在属性{sname，ssex，sdept}上的所有不同分量值：

{(张兰，女，信管系)，(王小惠，女，工商系)，(李力，男，信管系)}；

- 第三，找出各分量值的象集：

(张兰，女，信管系)的象集为{(高等数学，良)，(数据结构，优)}
(王小惠，女，工商系)的象集为{(高等数学，优)，(管理信息系统，优)，(数据结构，优)}
(李力，男，信管系)的象集为{(高等数学，中)，(计算机网络，良)}

- 第四，找出关系 CG 在属性 cname，grade 上的投影：

{(高等数学，优)，(数据结构，优)}

- 只有(王小惠，女，工商系)的象集包含了 CG 在属性{cname，grade}上的投影，所以：

SC ÷ CG = {王小惠，女，工商系}

3.2.4 关系运算应用实例

在关系代数运算中，把有上述基本运算经过有限次复合的式子称为关系代数表达式。这种表达式的运算结果仍是一个关系，可以用这种表达式表示各种数据查询操作。

下面以图 3-4 中的学生、课程和选课关系为对象，给出一些关系运算的综合举例。

【例 3-17】 查询选修 C001 课程的学生的学号和总成绩。

$$\pi_{sno,fscore}(\sigma_{cno='C001'}(score))$$

分析：首先在 score 关系中执行选择操作，找出所有课程号是 C001 的元组，然后再对 score 执行投影操作，在所有 C001 号课程中找出对应的学号和总成绩。

【例 3-18】 查询选修课程号是 C001 或 C004 的学生学号。

$$\pi_{sno}(\sigma_{cno='C001' \vee cno='C004'}(score))$$

【例 3-19】 查询“管理学院”选修 C001 课程的学生的姓名和总成绩。

$$\pi_{sname,fscore}(\sigma_{cno='C001'}(score) \bowtie \sigma_{dname='管理学院'}(student))$$

分析：这个查询涉及关系 score 和 student，现对 score 作选择运算找出所有 C001 号课程的元组，再对 student 作选择运算找出所有管理学院的学生，这两个运算结果再作自然连接运算，在此基础上作投影运算得出结果。

【例 3-20】 查询选修了至少一门第 2 学期课程的学生的姓名和所属学院。

$$\pi_{sname,dname}(\sigma_{csemester=2}(course) \bowtie score \bowtie student)$$

分析：这个查询涉及三个关系。首先对 course 作选择操作找出第 2 学期开设的课程号，这个结果与 score 和 student 作自然连接运算，在此结果上投影得出结果。

【例 3-21】 查询不选修 C002 课的学生姓名和性别。

$$\pi_{sname,sgender}(student) - \pi_{sname,sgender}(\sigma_{cno='C002'}(student \bowtie score))$$

分析：这里用到了集合差运算。先求出全体学生的姓名和性别，再求出选修 C002 课程的学生姓名和性别，最后执行两个集合的差操作。

【例 3-22】 查询选修所有课程的学生的学号和姓名。

$$\pi_{sno,sname}[student \bowtie (\pi_{sno,cno}(score) \div \pi_{cno}(course)]$$

分析：学生选课情况用投影运算 $\pi_{sno,cno}(score)$得出；全部课程用投影运算 $\pi_{cno}(course)$得出；选修所有课程的学生情况用除法运算得到学号集($\pi_{sno,cno}(score) \div \pi_{cno}(course)$)；从 sno 求学生的 sname，可以用自然连接和投影运算组合得出。

3.3　关系系统

前面讨论了关系模型的三个基本要素：关系数据结构、关系操作和关系的数据完整性约束。

关系系统和关系模型是两个密切相关而又不同的概念。支持关系模型的系统称为关系系统，这种说法很笼统，因为关系模型中并非每一部分都是同等重要的，不能苛刻要求完全支持关系模型的系统才称为关系系统。因此，应给出一个关系系统的最小要求以及分类的定义。

3.3.1　关系系统的定义

一个系统可定义为关系系统，当且仅当它：

(1) 支持关系数据库。即从用户观点看，数据库是由表构成的，并且只有表这种结构。

(2) 支持选择、投影和(自然)连接运算，对这些运算不必要求定义任何物理存取路径。

一个系统仅支持关系数据库而没有选择、投影和连接运算功能的，不能称为关系系统。

一个系统虽然支持这三种运算，但要求定义物理存取路径，如要求用户建立索引才能按索引字段检索记录，也不能称为关系系统。

当然，并不要求关系系统的选择、投影、连接运算和关系代数中的相应运算完全一样，而只要求有等价的这三种运算功能就行。

下面对关系系统的定义作几点解释：

(1) 关系系统除了要支持关系数据结构外，还必须支持选择、投影、连接运算。

因为不支持这三种关系运算的系统，用户使用仍不方便，不能提高用户的生产率，而提高用户生产率正是关系系统主要目标之一。

(2) 三种运算不能依赖于物理存取路径。

因为依赖物理存取路径来实现关系运算就降低或丧失了数据的物理独立性。不依赖物理存取路径来实现关系运算就要求关系系统自动地选择存取路径。为此，系统要进行查询优化，以获得较好的性能。这正是关系系统实施的关键技术。

(3) 要求关系系统支持这三种最主要的运算，而不是关系代数的全部运算功能。因为它们是最有用的运算功能，能解决绝大部分的实际问题。

3.3.2　关系系统的分类

这里的关系系统定义是关系系统的最小要求，许多实际系统都不同程度地超过了这些要求。

按照 E. F. Codd 的思想，可以把关系系统分类，如图 3-10 所示。

图中的圆表示关系数据模型。每个圆分为三部分，分别表示关系模型的三个组成部分：结构 S(Structure)、完整性 I(Integrity)、数据操纵 M(Manipulation)。图中阴影部分表示各类系统支持模型的程度。

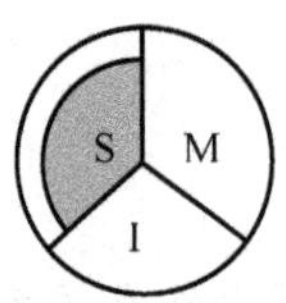

(a) 表式系统

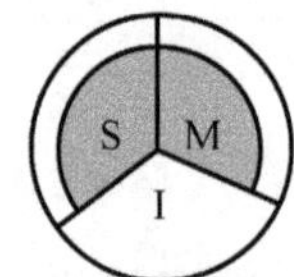

(b) 最小关系系统

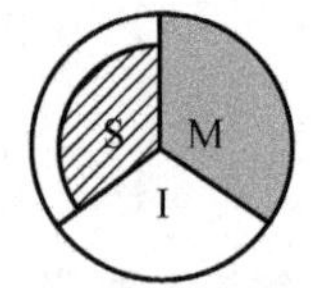

(c) 关系完备的系统

(d) 全关系系统

图 3-10 关系系统的分类

1. 表式系统

这类系统仅支持关系(即表)数据结构,不支持集合级的操作。表式系统不能算关系系统。倒排表列(Inverted List)系统就属于这一类。

2. 最小关系系统

它们仅支持关系数据结构和三种关系操作。许多微机关系数据库系统如 FoxPro 就属于这一类。

3. 关系完备的系统

这类系统支持关系数据结构和所有的关系代数操作(功能上与关系代数等价)。

4. 全关系系统

这类系统支持关系模型的所有特征。即不仅是关系上完备的而且支持数据结构中域的概念,支持实体完整性和参照完整性。目前,许多系统已经接近或达到了这个目标,DB2、Oracle、SQL Server、Sybase 等许多系统属于这一类。

习题 3

1. 概念解释

(1) 关系;元组;分量。
(2) 候选键;主键;全键;主属性;非主属性;外键。
(3) 关系模式。
(4) 实体完整性规则;参照完整性规则。

2. 简答题

(1) 简述关系的性质。
(2) 笛卡儿积、等值连接、自然连接三者之间有什么区别?
(3) 试给出各类关系系统的定义:最小关系系统;关系完备系统;全关系型关系系统。

3. 设计题

(1) 设有关系 R 和 S：

R

X	Y	Z
3	6	7
2	5	7
7	2	3
4	4	3

S

X	Y	Z
3	4	5
7	2	3

计算：$R \cup S$，$R - S$，$R \cap S$，$R \times S$，$\pi_{3,2}(S)$，$\sigma_{Y<5}(R)$，$R \underset{R.X=S.X}{\bowtie} S$，$R \bowtie S$

(2) 利用教材中图 3-4 所给的三个关系，完成如下关系代数表达式：

① 查询“信息学院”学生的选课情况，列出学号、姓名、课程号和总成绩。

② 查询“计算机网络”课程的考试情况，列出学生姓名、所属学院和总成绩。

③ 查询考试成绩高于 90 分的学生的姓名、课程名和总成绩。

④ 查询至少选修了学号为 20120103 学生所选的全部课程的学生的学号和姓名。

第4章 关系数据库规范化理论

【本章简介】

本章讨论关系模式的规范化理论。首先，介绍关系模式设计不当可能引起的数据冗余、插入异常、删除异常等问题；然后，介绍关系模式属性之间的函数依赖；最后，介绍范式的概念以及关系模式规范化的方法。

【学习目标】

- 理解函数依赖及范式的概念；
- 学会分析关系模式中存在的函数依赖；
- 掌握关系模式规范化的基本方法。

4.1 关系模式规范化的必要性

前3章介绍了数据库系统的一般概念和关系数据库的基本理论等内容。但是还有一个很重要的知识尚未涉及，那就是数据库设计的问题，确切地讲是数据库的逻辑设计问题。例如，针对一个具体问题，如何构造一个适合的数据库模式？应该构造几个关系？每个关系由哪些属性组成？

由于关系模型有严格的数学理论基础，并且可以向别的数据模型转换，因此，人们就以关系模型为背景来讨论这个问题，形成了数据库逻辑设计的一个有力工具——关系数据库的规范化理论。规范化理论虽然是以关系模型为背景，但是它对于一般的数据库逻辑设计同样具有理论上的意义。

通常，一个关系是由赋予它元组的语义来确定的，元组语义实质上是一个 n 目谓词（n 是属性集中属性的个数）。凡使该 n 目谓词为真的笛卡儿积中的元素的全体就构成了该关系模式的关系。现实世界随着时间在不断地变化，因而在不同的时刻，关系模式的关系也会有所变化。但是，现实世界的许多已知事实限定了关系模式的所有可能的关系必须满足一定的完整性约束条件。这些约束或者通过对属性取值范围的限定，如学生课程的考试成绩取值应在0～100之间，或通过属性值间的相互关联反映出来。后者称为数据依赖，它是数据模式设计的关键。

在第3章已经讲过关系模式的定义，在此仅把关系模式看作是一个三元组：

$$R(U,F)$$

当且仅当 U 上的一个关系 r 满足 F 时，r 称为关系模式 $R(U,F)$ 的一个关系。

关系，作为一张二维表，对它有一个最起码的要求：每一个分量必须是不可分的数据项。满足了这个条件的关系模式就属于第一范式(1NF)。

在模式设计中，一个“不好”的模式会引起数据冗余、插入删除异常等问题，因此就需要分析问题产生的原因，从而找出设计一个“好”的关系模式的办法来。

首先，先非形式化地讨论数据依赖的概念。数据依赖是通过一个关系中属性间值的相等与否体现出来的数据间的相互关系，是现实世界属性间相互联系的抽象，是数据内在的性质，是语义的体现。现在人们已经提出了多种类型的数据依赖，其中最重要的是函数依赖(Functional Dependency，FD)和多值依赖(Multivalued Dependency，MVD)。

函数依赖普遍存在于现实生活中。例如，描述一个学生的关系，可以有学号(sno)、姓名(sname)、学院(dname)等几个属性。由于一个学号只对应一个学生，一个学生只在一个学院。因而，当“学号”值确定之后，姓名及其院部编号的值也就被唯一地确定了。属性间的这种依赖关系类似于数学中的函数。可以说 sno 函数决定 sname 和 dname，或者说 sname 和 dname 函数依赖于 sno，记为 sno→sname，sno→dname。现在建立一个描述学生的关系模式，其属性包括学号(sno)、学院(dname)、院长(ddean)、课程名(cname)和最终成绩(fscore)，则单一的关系模式为：

$$\text{student}(U,F)$$

$$U=\{\text{sno},\text{sname},\text{dname},\text{ddean},\text{cname},\text{fscore}\}$$

现实世界的已知事实告诉我们如下事实：

- 一个学院有若干学生，但一个学生只属于一个学院；
- 一个学院只有一名院长；
- 一个学生可以选修多门课程，每门课程有若干学生选修；
- 每个学生所学的每门课程都有一个成绩。

从上述事实可以得到属性组 U 上的函数依赖集 F：

$$F=\{\text{sno}\rightarrow\text{dname},\text{sno}\rightarrow\text{sname},\text{dname}\rightarrow\text{ddean},(\text{sno},\text{cname})\rightarrow\text{fscore}\}$$

关系模式 student(U,F)中存在如下三个问题：

(1) 如果一个学院刚成立，尚无学生，那么就无法把这个学院及其院长的信息存入数据库。这称做插入异常。

(2) 如果某个学院的学生全部毕业了，在删除该院学生信息的同时，把这个学院及其院长的信息也丢掉了，这称做删除异常。

(3) 数据冗余和更新问题。例如，每一个院长的姓名重复出现，重复次数至少要与该院学生人数相同。这样，一方面浪费存储空间；另一方面当更新数据库中的数据时，系统要付出很大的代价来维护数据库的完整性。又如，某院长更换后，系统必须逐一修改与该院学生有关的每一个元组。

从上面的例子可以看出，student 关系模式不是一个好的关系模式。“好”的关系模式不会发生插入异常、删除异常、更新异常，数据冗余应尽可能少。那么，什么样的关系模式是最佳的？标准是什么？如何改造一个不好的关系模式？这正是本章所要讨论的内容。

4.2 函数依赖

4.2.1 函数依赖的定义

1. 函数依赖

在数据库中，属性值之间会发生联系。例如，每个学生只有一个姓名，每个学生学一门课程只能有一个最终成绩等。这类联系，称为函数依赖，其形式定义如下。

定义 4.1 设 $R(U)$是属性集 U 上的关系模式。X,Y 是 U 的子集。若对于 $R(U)$的任意一个可能的关系 r，r 中不可能存在两个元组在 X 上的属性值相等，而在 Y 上的属性值不等，则称“X 函数确定 Y”或“Y 函数依赖于 X”，记作 $X \rightarrow Y$。

说明：

(1) 函数依赖不是指关系模式 R 的某个或某些关系实例满足的约束条件，而是指 R 的所有关系实例均要满足的约束条件。

(2) 函数依赖是语义范畴的概念。只能根据数据的语义来确定函数依赖。例如，“姓名→年龄”这个函数依赖只有在没有同名人的条件下成立。

(3) 数据库设计者可以对现实世界作强制的规定。例如，规定不允许同名人出现，函数依赖“姓名→年龄”成立。所插入的元组必须满足规定的函数依赖，若发现有同名人存在，则拒绝装入该元组。

(4) X 称为这个函数依赖的决定属性集(Determinant)。若 $X \rightarrow Y$，$Y \rightarrow X$，则记作 $X \leftrightarrow Y$。若 Y 函数不依赖于 X，则记作 $X \nrightarrow Y$。

2. 平凡函数依赖与非平凡函数依赖

定义 4.2 在关系模式 $R(U)$中，对于 U 的子集 X 和 Y，如果 $X \rightarrow Y$，但 $Y \notin X$，则称 $X \rightarrow Y$ 是非平凡的函数依赖；若 $X \rightarrow Y$，但 $Y \subseteq X$，则称 $X \rightarrow Y$ 是平凡的函数依赖。

在关系 SC(sno，cno，fscore)中存在如下函数依赖：

- 非平凡函数依赖为(sno，cno)→fscore；
- 平凡函数依赖为(sno，cno)→sno，(sno，cno)→cno。

对于任一关系模式，平凡函数依赖都是必然成立的，它不反映新的语义，因此若不特别声明，总是讨论非平凡函数依赖。

3. 完全函数依赖与部分函数依赖

定义 4.3 在关系模式 $R(U)$中，如果 $X \rightarrow Y$，并且对于 X 的任何一个真子集 X'，都有 $X' \nrightarrow Y$，则称 Y 完全函数依赖于 X，记作 $X \xrightarrow{f} Y$。若 $X \rightarrow Y$，但 Y 不完全函数依赖于 X，则称 Y 部分函数依赖于 X，记作 $X \xrightarrow{p} Y$。

在关系 SC(sno，cno，fscore)中，由于 sno $\nrightarrow$ fscore，cno $\nrightarrow$ fscore，因此(sno，cno)$\xrightarrow{f}$fscore。

4. 传递函数依赖

定义 4.4 在关系模式 $R(U)$中,如果 $X \to Y, Y \to Z$,且 $Y \notin X, Y \nrightarrow X$,则称 Z 传递函数依赖于 X,记作 $X \xrightarrow{t} Z$。

注意:如果 $Y \to X$,即 $X \leftrightarrow Y$,则 Z 直接依赖于 X。

4.2.2 函数依赖的 Armstrong 公理*

在介绍 Armstrong 公理系统之前,先给出逻辑蕴含和 F 闭包的概念。

1. 逻辑蕴含

给定一个关系模式,只考虑给定的函数依赖是不够的,必须找出在该关系模式上成立的其他函数依赖。下面首先介绍逻辑蕴含的概念。

定义 4.5 设 F 是关系模式 $R(U)$的函数依赖集合,由 F 出发,可以证明其他某些函数依赖也成立,我们称这些函数依赖被 F 逻辑蕴含。

例如,设 $F=\{A \to B, B \to C\}$,则函数依赖 $A \to C$ 被 F 逻辑蕴含,记作 $F| = A \to C$。即函数依赖集 F 逻辑蕴含函数依赖 $A \to C$。

2. F 的闭包 F^+

对于一个关系模式,如何由已知的函数依赖集合 F,找出 F 逻辑蕴含的所有函数依赖呢?这就是下面要讨论的问题。

F 的闭包 F^+:设 F 为一个函数依赖集,F 的闭包是指 F 逻辑蕴含的所有函数依赖集合。F 的闭包记作 F^+。

例如,给定关系模式 $R(A,B,C,G,H,I)$,函数依赖集合 $F=\{A \to B, A \to C, CG \to H, CG \to I, B \to H\}$。可以证明函数依赖 $A \to H$ 被 F 逻辑蕴含。

设有元组 s 和 t,满足 $s[A]=t[A]$,根据函数依赖的定义,由已知的 $A \to B$,可以推出 $s[B]=t[B]$。又根据函数依赖 $B \to H$,可以有 $s[H]=t[H]$。因此,已经证明对任意的两个元组 s 和 t,只要有 $s[A]=t[A]$,就有 $s[H]=t[H]$。所以,函数依赖 $A \to H$ 被 F 逻辑蕴含。

计算 F 的闭包 F^+,可以由函数依赖的定义直接计算,如上面的示例。但是,当 F 很大时,计算的过程会很长。为了从已知的函数依赖推导出其他函数依赖,Armstrong 提出了一套推理规则,称为 Armstrong 公理,通过反复使用这些规则,可以找出给定 F 的闭包 F^+。其推理规则可归结为自反律(Reflexivity)、增广律(Augmentation)和传递律(Transitivity)。

3. Armstrong 公理

设 U 为属性集合,F 为 U 上的一组函数依赖,对于关系模式 $R(U,F)$,X、Y、Z 为属性 U 的子集,有下列推理规则:

A1:自反律(Reflexivity)。

若 $Y \subseteq X \subseteq U$,则 $X \to Y$ 为 F 所蕴含。

A2:增广律(Augmentation)。

若 $X \to Y$ 为 F 所蕴含，且 Z 是 U 的子集，则 $XZ \to YZ$ 为 F 所蕴含。式中 XZ 和 YZ 是 $X \cup Z$ 和 $Y \cup Z$ 的简写。

A3：传递律(Transitivity)。

若 $X \to Y$、$Y \to Z$ 为 F 所蕴含，则 $X \to Z$ 为 F 所蕴含。

由自反律所得到的函数依赖都是平凡的函数依赖，自反律的使用并不依赖于 F，而只依赖于属性集 U。

Armstrong 公理是有效的和完备的。可以利用该公理系统推导 F 的闭包 F^+。由于利用 Armstrong 公理直接计算 F^+ 很麻烦。根据 A1，A2，A3 这三条推理规则还可以得到其他规则，用于简化计算 F^+ 的工作。如下面扩展的三条推理规则：

- 合并规则：由 $X \to Y, X \to Z$，有 $X \to YZ$。
- 伪传递规则：由 $X \to Y, WY \to Z$，有 $XW \to Z$。
- 分解规则：由 $X \to YZ$，则有 $X \to Z, X \to Y$。

Armstrong 公理可以有多种表示形式。例如，增广律 A2 可以用合并规则代替。又如，用自反律 A1、传递律 A3 和合并规则可推导出增广律 A2。

证明：$XZ \to X$（A1：自反律）

$X \to Y$(给定条件)

$XZ \to Y$(A3：传递律)

$XZ \to Z$(A1：自反律)

$XZ \to YZ$（合并规则）

4. 属性集的闭包

原则上讲，对于一个关系模式 $R(U,F)$，根据已知的函数依赖 F，反复使用前面的规则，可以计算函数依赖集合 F 的闭包 F^+。但是，利用推理规则求出其全部的函数依赖 F^+ 是非常困难的，而且也没有必要。因此，可以计算闭包的子集，即选择一个属性子集，判断该属性子集函数能决定哪些属性，这就是利用属性集闭包的概念。

1）属性集闭包的定义

定义 4.6 设 U 是关系模式 R 的属性集，X 是 U 的子集，F 是 R 上的函数依赖集，则所有用公理从 F 推出的函数依赖 $X \to A$ 中，A 的属性集合称为 X 的属性闭包，记为 X^+。即 $X^+ = \{A \mid X \to A\}$。

2）计算属性集闭包 X^+ 的算法

输入：X, F

输出：X^+

迭代算法的步骤：

(1) 选取 X^+ 的初始值为 X，即 $X^+ = \{X\}$。

(2) 计算 X^+，$X^+ = \{X \cup Z\}$，其中 Z 要满足如下条件：

$Y \subseteq X^+$，且 F 中存在一函数依赖 $Y \to Z$。实际上就是以 X^+ 中的属性子集作为函数依赖的决定因素，在 F 中搜索函数依赖集，找到函数依赖的被决定属性 Z 放到 X^+ 中。

(3) 判断：如果 X^+ 没有变化或 X^+ 等于 U，则 X^+ 就是所求的结果，算法终止。否则转(2)。

因为 U 是有限集，所以上述迭代过程经过有限步骤之后就会终止。

【例 4-1】 已知关系模式 $R(U,F)$，$U=\{A,B,C,D,E,G\}$，$F=\{AB\to C, D\to EG, C\to A, BE\to C, BC\to D, AC\to B, CE\to AG\}$，求$(BD)^+$。

求解步骤如下：

① $(BD)^+=\{BD\}$；

② 计算$(BD)^+$，在 F 中扫描函数依赖，其左边为 B，D 或 BD 的函数依赖，得到一个 $D\to EG$。所以，$(BD)^+=\{BDEG\}$。

③ 计算$(BD)^+$，在 F 中查找左部为 $BDEG$ 的所有函数依赖，有两个：$D\to EG$ 和 $BE\to C$。所以$(BD)^+=\{(BD)\cup EGC\}=\{BCDEG\}$。

④ 计算$(BD)^+$，在 F 中查找左部为 $BCDEG$ 子集的函数依赖，除去已经找过的以外，还有三个新的函数依赖：$C\to A$，$BC\to D$，$CE\to AG$。得到$(BD)^+=\{(BD)\cup ADG\}=\{ABCDEG\}$。

⑤ 判断$(BD)^+=U$，算法结束。得到$(BD)^+=\{ABCDEG\}$。

说明：上面说明(B,D)是该关系模式的唯一候选键。

5. Armstrong 公理系统的有效性和完备性

(1) Armstrong 公理系统的有效性指的是：由 F 出发根据 Armstrong 公理系统推导出来的每一个函数依赖一定是 F 所逻辑蕴含的函数依赖。

(2) Armstrong 公理系统的完备性指的是：对于 F 所逻辑蕴含的每一函数依赖，必定可以由 F 出发根据 Armstrong 公理系统推导出来。

4.2.3 键及候选键

键的概念在第 3 章已作过介绍，在此给出另外表述形式的定义。

定义 4.7 设 K 为 $R<U,F>$ 中的属性或属性组合，若 $X \xrightarrow{f} U$，则 K 为 R 的候选键(Candidate Key，候选键)，简称键或码。若候选键多于一个，则选定其中的一个作为主键(Primary Key，主码)。

包含在任何一个候选键中的属性，叫做主属性(Prime Attribute)。不包含在任何候选键中的属性称为非主属性(Non-prime Attribute)或非键属性(Non-key Attribute)。最简单的情况，单个属性是键。最极端的情况，整个属性组是键，称为全键(All Key)。

定义 4.8 关系模式 R 中属性或属性组 X 并非 R 的键，但 X 是另一个关系模式的键，则称 X 是 R 的外键(Foreign Key)。

例如，设有关系模式 score(sno，cno，fscore)和 student(sno，sname，sbirthdate)，其中 sno 不是 score 的键，但 sno 是 student 的键，则 sno 是 score 的外键。

主键与外键提供了一个表示关系间联系的手段，如关系模式 student 与关系模式 score 就是通过 sno 联系在一起的。

4.3 规范化与范式

关系数据库中的关系是要满足一定要求的，根据满足要求的不同程度将关系划分为不同的范式。满足最低要求的叫第一范式，简称 1NF。在第一范式的基础上满足进一步要求的为第二范式，简称 2NF。其余以此类推，分别为 3NF、BCNF、4NF 和 5NF。把范式这个概念理解成符合某一种级别的关系模式的集合，则 R 为第 n 范式就可以写成 $R \in n\text{NF}$。

对于各种范式之间的联系有 $5\text{NF} \subset 4\text{NF} \subset \text{BCNF} \subset 3\text{NF} \subset 2\text{NF} \subset 1\text{NF}$ 成立。

E. F. Codd 在范式的领域做了开创性的工作，他于 1971—1972 年间系统地提出了 1NF、2NF、3NF 的概念；1974 年，Boyce 和 Codd 提出了 BCNF；1976 年，Fagin 提出了 4NF；后来，有关学者提出了 5NF。在函数依赖的范畴内，BCNF 为最高范式。在实际应用中，关系模式规范化到 BCNF 基本上就能满足要求，所以本教程只讲解函数依赖范畴内的规范化问题。

一个低一级范式的关系模式，通过模式分解可以转换为若干个高一级范式的关系模式的集合，这种过程叫做规范化(Normalization)。

4.3.1 第一范式(1NF)

定义 4.9 如果关系模式 R 的每个关系 r 的属性值都是不可分的原子项，那么称 R 是第一范式(First Normal Form，1NF)的模式。

满足 1NF 的关系称为规范化的关系，否则称为非规范化的关系。关系数据库研究的关系都是规范化的关系。1NF 是关系模式应具备的最起码的条件。但是满足第一范式的关系模式并不一定是一个好的关系模式。

4.3.2 第二范式(2NF)

即使关系模式是 1NF，但仍可能存在不受欢迎的冗余和异常现象。因此需把关系模式作进一步的规范化。

设关系模式 SDC(sno，sname，dname，ddean，cno，score)。其中，sno 为学号；sname 为学生姓名；dname 为所属学院；ddean 为院长；cno 为课程号；score 为成绩。

关系模式 SDC 的主键为(sno，cno)，为第一范式，但其存在以下几个问题：

(1) 插入异常：假若要插入一个学生的信息(“20120105”，“张力”)，该生还未选课，因为 Cno 是主属性，因此该学生的信息无法插入 SDC。

(2) 删除异常：假定某个学生本来只选修了一门课程，现在因身体不适，他连此课程也不选修了。因课程号是主属性，此操作将导致该学生的信息都要删除。

(3) 数据冗余度大：如果一个学生选修了 10 门课程，那么 sname、dname 和 ddean 的值就要重复存储 10 次。

(4) 修改复杂：例如学生转院，在修改此学生元组的 dname 值的同时，还可能需要修改 ddean。如果这个学生选修了 n 门课，则必须无遗漏地修改 n 个元组中全部 dname、ddean 信息。

要解决上述问题，需对 SDC 做进一步的规范化。首先分析该关系模式中的数据依赖：

$$(\text{sno}, \text{cno}) \xrightarrow{f} \text{score}$$

$$\text{sno} \rightarrow \text{sname}, \text{dname}, \text{ddean}, (\text{sno}, \text{cno}) \xrightarrow{p} \text{sname}, \text{dname}, \text{ddean}$$

关系模式 SDC 中非主属性 sname，dname，ddean 部分函数依赖于键(sno，cno)，由此，我们提出第二范式的定义。

定义 4.10　若 $R\in 1NF$，且每一个非主属性完全函数依赖于键，则 $R\in 2NF$。

为了消除这些部分函数依赖，可以把 SDC 分解为两个关系模式：

```
SC(sno,cno,score)
SD(sno,sname,dname,ddean)
```

显然，分解后的关系模式的非主属性都完全函数依赖于键了，上述问题得到了一定程度的解决。

4.3.3　第三范式(3NF)

4.3.2 节得到的满足 2NF 要求的两个范式中，SD(sno，sname，dname，ddean) 仍存在与上面相类似的问题，读者自行分析。

SD 中属性间存在如下依赖关系：

sno→sname，dname，ddean

dname $\nrightarrow$ sno，dname→ddean，sno $\xrightarrow{t}$ Ddean

可以发现，关系模式 SD 中存在非主属性对键的传递依赖。

定义 4.11　关系模式 $R(U,F)$中若不存在这样的键 X、属性组 Y 及非主属性 $Z(Z\notin Y)$，使得 $X\rightarrow Y$，$Y\nrightarrow X$，$Y\rightarrow Z$ 成立，则称 $R(U,F)\in 3NF$。

由定义可知，SD 不属于 3NF，解决的办法同样是将 SD 分解，消除传递依赖。

```
SS(sno,sname,dname)
DD(dname,ddean)
```

分解后的关系模式 SS 与 DD 中不再存在传递依赖，都是 3NF。

4.3.4　Boyce-Codd 范式(BCNF)

BCNF(Boyce Codd Normal Form)是由 Boyce 与 Codd 提出的，通常也被认为是增强的第三范式，有时也称为扩充的第三范式。

定义 4.12　设关系模式 $R(U,F)\in 1NF$，如果对于 R 的每个函数依赖 $X\rightarrow Y$，若 Y 不属于 X，则 X 必含有候选键，那么 $R\in BCNF$。

若 $R\in BCNF$，则由定义可以得到下面的性质：

(1) 所有非主属性对每一个键都是完全函数依赖。

(2) 所有的主属性对每一个不包含它的键，也是完全函数依赖。

(3) 没有任何属性完全函数依赖于非键的任何一组属性。

如果 $R\in BCNF$，由定义可知，R 中不存在任何属性对键的传递依赖和部分依赖，所以 $R\in 3NF$。但是，若 $R\in 3NF$，则 R 不一定是 BCNF。

【例 4-2】　关系模式 SCR(S,C,R)中，S 表示学生，C 表示课程，R 表示名次。每个学生每门课程都有一定的名次，每门课程中每一名次只有一个学生。由语义可得到下面的函数依赖：

$$(S,C)\rightarrow R,(C,R)\rightarrow S$$

显然(S,C)与(C,R)都是候选键。这两个候选键各由两个属性组成，而且相交。此关系模式中显然没有属性对键的传递依赖或部分依赖，所以 SCR∈3NF，同时 SCR∈BCNF。

【例 4-3】 在关系模式 STC(S,T,C)中，S 表示学生，T 表示教师，C 表示课程。

每一教师只教一门课，每门课由若干教师教。某一学生选定某门课，就确定了一个固定的教师。某个学生选修某个教师的课就确定了所选课的名称，则：

$$(S,C) \rightarrow T,(S,T) \rightarrow C,T \rightarrow C$$

STC∈3NF，(S,C)和(S,T)都可以作为候选键，S、T、C 都是主属性。但 STC∉BCNF，因为 $T \rightarrow C$，T 是决定属性集，但不是候选键。

非 BCNF 关系模式，仍然存在不合适的地方。非 BCNF 的关系模式也可以通过分解规范化为 BCNF。例如 STC 可分解为二个关系模式：

$$\mathrm{SC}(S,C) \in \mathrm{BCNF}, \quad \mathrm{TC}(T,C) \in \mathrm{BCNF}$$

3NF 和 BCNF 是以函数依赖为基础的关系模式规范化程度的度量标准。如果一个关系数据库的所有关系模式都属于 BCNF，那么在函数依赖范畴内，它已达到了最高的规范化程度，已消除了插入和删除的异常。

习题 4

1. 概念解释

(1) 函数依赖；部分函数依赖；完全函数依赖；传递依赖；候选键；主键；外键。

(2) 范式；1NF；2NF；3NF；BCNF。

2. 关系模式分析与规范化

(1) 将下述关系规范化到第三范式。

描述超市销售信息的关系模式 R(会员编号，会员姓名，购货单号，商品编码，商品名称，单价，数量，购货日期)，其数据依赖为 F={会员编号→会员姓名，购货单号→(购货日期，会员编号)，商品编码→(商品名称，单价)，(商品编码，购货单号)→数量}。

(2) 建立一个包含“学院、学生、班级、学会”等信息的关系数据库。

- 学生的属性有学号、姓名、出生日期、学院名称、班号、宿舍区。
- 班级的属性有班号、专业名称、学院名称、人数、入校日期。
- 学院的属性有学院编号、学院名称、办公地点、员工人数。
- 学会的属性有学会名称、成立年份、地点、会员数。

有关语义如下：

- 一个院有若干专业，每个专业每年只招一个班，每个班有若干学生；
- 一个院的学生住在同一宿舍区；
- 每个学生可参加若干学会，每个学会有若干学生。学生参加某学会有一个入会年份。

要求：

① 请给出关系模式，并指出各关系的主键、外键。

② 分析每个关系模式的函数依赖集，指出其中的传递函数依赖和部分函数依赖。

③ 给出的关系模式如果不属于 3NF，请规范化到 3NF。

第5章 数据库系统设计

【本章简介】

本章介绍数据库系统设计的知识，内容包括数据库设计的理论、方法和步骤，以及需求分析、概念设计、逻辑设计、物理设计、数据库实施与维护等各阶段的目标、方法和工具。

【学习目标】

- 培养数据库设计的科学思维与意识；
- 掌握数据库设计各阶段的基本方法；
- 能够运用所学知识设计实际的数据库系统。

5.1 数据库设计概述

在计算机应用领域内，常常把基于数据库的各类系统统称为数据库应用系统。数据库应用系统以数据库为核心，在数据库管理系统的支持下，进行各类业务数据的收集、整理、存储、检索、更新、统计等操作。广义上讲，数据库设计是指数据库及其应用系统的设计，而从狭义上讲，仅指设计数据库，即设计数据库的各级模式并建立数据库。本章主要讲述狭义数据库的设计。

数据库设计(DataBase Design，DBD)是指对于一个给定的应用环境，构造最优的数据库模式，建立数据库及其应用系统，使之能够有效地存储和管理数据，满足各种用户的应用需求(信息要求和处理要求)。也就是把现实世界中的数据，根据各种应用处理的要求，加以合理地组织，满足硬件和操作系统的特性，利用已有的 DBMS 来建立能够实现系统目标的数据库。

数据库设计是建立数据库及其应用系统的技术，是信息系统开发和建设中的核心技术。数据库设计也是数据库在应用领域的主要研究课题。

5.1.1 数据库系统设计的内容

数据库设计包括数据库的结构设计、数据库的行为设计和数据库的物理模式设计三方面的内容。

1. 数据库的结构设计

数据库的结构设计是指根据给定的应用环境，进行数据库的模式和子模式的设计。即先将现实世界中的事物、事物间的联系用E-R图表示，再将各个局部E-R图汇总，得出数据库的概念结构模型，最后将概念结构模型转化为数据库的逻辑结构模型。

数据库模式是各应用程序共享的结构，是静态的、稳定的，一经形成通常情况下是不轻易改变的，所以结构设计又称为静态模型设计。

2. 数据库的行为设计

数据库的行为设计是指确定数据库用户的行为和动作，也就是用户对数据库的操作，这些要通过应用程序来实现，所以数据库的行为设计就是应用程序的设计。设计中首先要将现实世界中的数据及应用情况用数据流程图和数据字典表示，并详细描述其中的数据操作要求(即操作对象、方法、频度和实时性要求)，进而得出系统的功能模块结构和数据库的子模式。

用户的行为总是使数据库的内容发生变化，所以行为设计是动态的，行为设计又称为动态模型设计。

3. 数据库的物理模式设计

根据数据库结构的动态特性(即数据库应用处理要求)，在选定的DBMS环境下，把数据库的逻辑结构模型加以物理实现，从而得出数据库的存储模式和存取方法。

在数据库设计中，需将数据库的结构设计和行为设计结合起来，相互参照，同步进行，才能较好地达到设计目标。

5.1.2 数据库设计的基本方法

数据库设计可在两种不同的环境下进行。一种环境是数据库管理系统及其所依赖的计算机软硬件都未确定，在这种条件下进行数据库设计，首先根据单位或部门对数据库应用的种种要求，设计数据库，根据设计的结果再对软硬件提出要求，选择理想的数据库管理系统，最后完成数据库数据的装入工作；另一种情况是计算机系统已经确定，在该计算机系统中所配置的数据库管理系统也已确定，数据库设计是根据所提供的数据库管理系统对一个单位或一个部门的数据进行组织和构造，最后，将数据装入数据库。本章所讨论的数据库设计是在数据库管理系统已经确定的条件下进行的。

由于信息结构复杂，应用环境多样，在相当长的一段时期内数据库设计主要采用直观设计法(也称手工试凑法)。使用这种方法与设计人员的经验和水平有直接关系，数据库设计成为一种技艺而不是工程技术，缺乏科学理论和工程方法的支持，工程的质量难以保证，常常是数据库运行一段时间后又发现各种不同程度的问题，增加了系统维护的代价。

为了改变这种情况，1978年10月，来自三十多个国家的数据库专家在美国新奥尔良(New Orleans)市专门讨论了数据库设计问题，他们运用软件工程的思想和方法，提出了数据库设计的规范，这就是著名的新奥尔良法，它是目前公认的比较完整和权威的一种规范设计法。新奥尔良法将数据库设计分成4个阶段：需求分析(分析用户需求)、概念设计(信息分析和定义)、逻辑设计(设计实现)和物理设计(物理数据库设计)。其后，S. B. Yao等人又对此方法进行扩充，将数据库设计分为需求分析、模式构成、模式汇总、模式重构、模式分析和物理数据库设计等6个步骤。另外，I. R. Palmer则主张把数据库设计当成一步接一步的过程，并采用一些辅助手段实现每一过程。

由此可见，常用的规范设计方法大多起源于新奥尔良法，强调在一定的理论方法指导下和计算机辅助工具支持下，通过迭代和逐步求精的过程得到规范化的数据库模式和应用系统的功能。

数据库工作者和数据库厂商一直在研究和开发数据库设计工具。经过十多年的努力，数据库设计工具已经实用化和产品化。例如，Oracle 公司推出的 Design 2000、Sybase 公司推出的 PowerDesigner、IBM 公司推出的 ROSE 和 Microsoft 公司推出的 Visio 等都是较为流行的数据库设计工具软件。这些工具软件可以自动地或辅助设计人员完成数据库设计过程中的很多任务。人们已经越来越认识到自动数据库设计工具的重要性，特别是大型数据库的设计需要自动设计工具的支持。

5.1.3 数据库系统设计的基本步骤

数据库应用系统的开发是一项软件工程，但又有自己的特点，所以称为数据库工程。类似软件工程的生存周期的概念，把数据库应用系统从开始规划、分析、设计、实现、投入运行后的维护到最后被新的系统取代而停止使用的整个期间称为数据库系统的生命周期。对数据库系统生命周期的划分，目前尚无统一的标准。一般分为 7 个阶段，即规划、需求分析、概念结构设计、逻辑结构设计、数据库物理设计、数据库实施和运行维护阶段，如图 5-1 所示。

1. 规划阶段

进行建立数据库的必要性及可行性分析，确定数据库系统在组织中和信息系统中的地位以及各个数据库之间的关系。

2. 需求分析阶段

需求分析是整个数据库设计过程的基础，要收集数据库所有用户的信息内容和处理要求，并加以规格化和分析。需求分析是比较费时、比较复杂的一步，也是非常重要的一步，它决定了以后各步设计的速度与质量。需求分析做得不好，可能会导致整个数据库设计返工重做。在分析用户需求时，要确保用户目标的一致性。

用户的具体需求如下：

(1) 信息需求。用户将从数据库中获得信息的内容、性质。由信息需求导出数据库需求，即在数据库中存储哪些数据。

(2) 处理需求。用户要完成什么处理功能，对某种处理要求的响应时间，处理的方式是批处理还是联机处理。

(3) 安全性和完整性需求。

3. 概念结构设计阶段

概念结构设计是整个数据库设计的关键，通过对用户需求进行综合、归纳和抽象，形成一个独立于具体计算机和 DBMS 的概念模型。概念模型目前常用 E-R 图来描述。

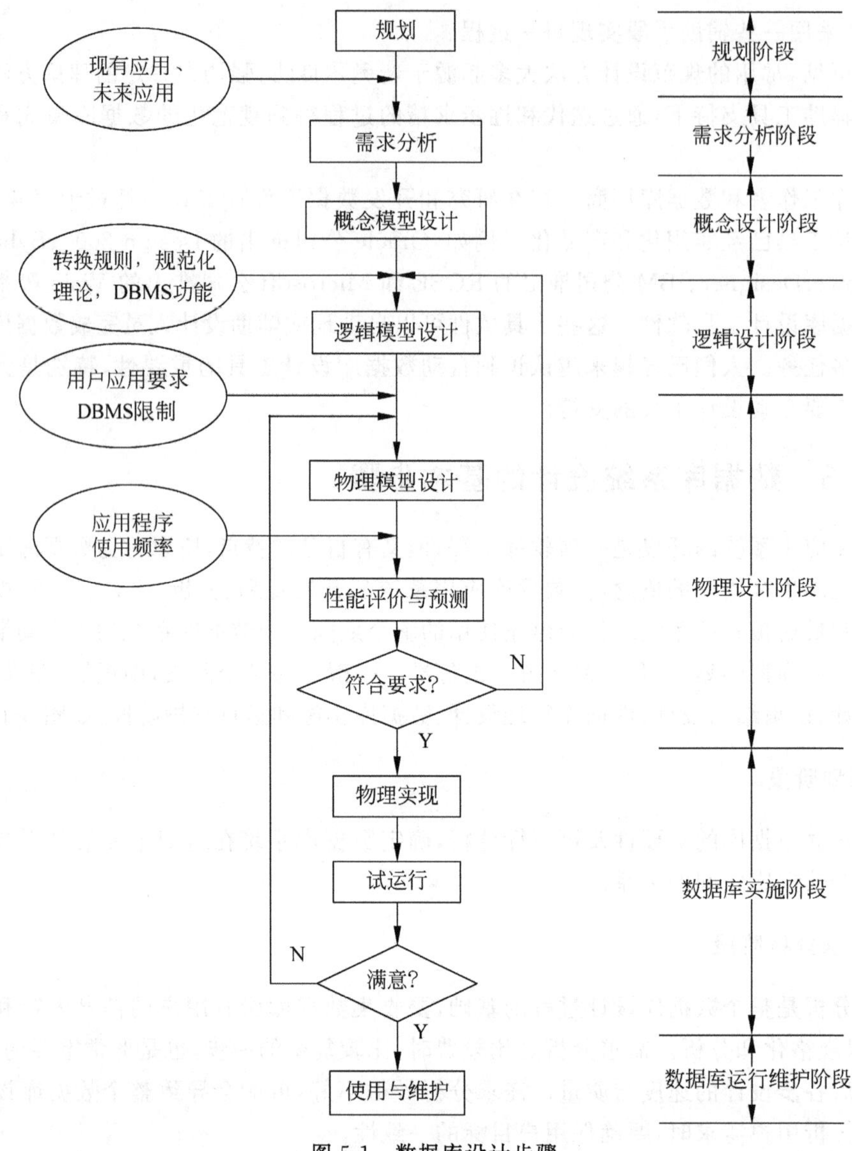

图 5-1 数据库设计步骤

4. 逻辑结构设计阶段

将概念模型转换为某个 DBMS 所支持的数据模型，并将其性能进行优化。由于目前 DBMS 多为关系型的，逻辑结构一般为关系模式的集合。

5. 数据库物理设计阶段

为逻辑数据模型选取一个最适合应用环境的物理结构，包括数据存储结构和存取方法。

6. 数据库实施阶段

设计人员运用 DBMS 提供的数据定义语言和其他宿主语言，根据数据库的逻辑设计和物理设计的结果建立数据库、编制与调试应用程序，组织数据入库并进行系统试运行。

7. 数据库运行维护阶段

这一阶段主要是收集和记录系统实际运行的情况，用来评价数据库系统的性能。数据库在运行中，必须保持数据库的完整性，有效地处理数据故障和进行数据库恢复。

在运行和维护阶段，可能要对数据库结构进行修改或扩充。只要数据库尚存在，就要不断进行评价、调整、修改、直至完全重新设计为止。

设计一个完善的数据库应用系统是不可能一蹴而就的，往往是上述7个阶段的不断反复。

需要指出的是，这个设计步骤既是数据库设计的过程，也包括了数据库应用系统的设计过程。在设计过程中把数据库的设计和对数据库中数据处理的设计紧密结合起来，将这两个方面的需求分析、抽象、设计、实现在各个阶段同时进行，相互参照，相互补充，以完善两方面的设计。事实上，如果不了解应用环境对数据的处理要求，或没有考虑如何去实现这些处理要求，是不可能设计一个良好的数据库结构的。按照这个原则，表5-1概括地描述了设计过程的各个阶段。

表5-1　数据库结构设计阶段

设计阶段	设计描述	
	数　据	处　理
需求分析	数据字典、全系统中数据项、数据流、数据存储的描述	数据流程图和判定表（判定树）、数据字典中处理过程的描述
概念结构设计	概念模型（E-R图）	系统说明书包括①新系统要求、方案和概图；②反映新系统信息流的数据流程图
逻辑结构设计	某种数据模型（关系模型）	系统结构图（模块结构）
物理设计	存储安排、方法选择、存取路径建立	模块设计、IPO表
实施阶段	编写模式、装入数据、数据库试运行	程序编码、编译联结、测试
运行维护	性能监测、转储/恢复；数据库重组和重构	新旧系统转换、运行、维护（修正性、适应性、改善性维护）

对于表5-1的有关处理特性的设计描述，主要讨论关于数据特性的描述以及如何在整个设计过程中参照处理特性的设计来完善数据模型设计等问题。

5.2 数据库规划

数据库规划对于数据库系统，特别是大型数据库系统的建设是十分必要的。规划的好坏将直接影响到整个系统的成功与否，对企业组织的信息化进程产生深远的影响。

规划阶段必须完成下列任务：确定系统的范围，确定开发工作所需的资源（人员、硬件和软件），估计软件开发的成本，确定项目进度。

在数据库设计的规划阶段主要进行建立数据库的必要性及可行性分析，确定数据库系统在组织中和信息系统中的地位，以及各个数据库之间的联系。

随着数据库技术的发展与普及，各个行业在计算机应用中都会提出建立数据库的要求。但是，数据库技术对技术人员和管理人员的水平、数据采集和管理活动规范化以及最终用户的计算机素质都有较高的要求。同样地，数据库技术对于计算机系统的软、硬件要求也较高，至少要有足够的内、外存容量和DBMS软件。在确定要采用数据库技术之前，对上述因素必须作全面的分析和权衡。

在确定要建立数据库系统之后，接着就要确定这个系统与该组织其他部分的关系。这时，要分析企业的基本业务功能，确定数据库支持的范围，是建立一个综合的数据库，还是建立若干个专门的数据库。在实际操作中，可以建立一个支持组织全部活动的包罗万象的综合数据库，也可以建立若干个范围不同的公用或专用数据库。前者难度较大，效率也不高；后者分散、灵巧，必要时可通过连接操作将两个库文件连接起来，数据的全范围共享可利用数据库上层的应用系统来实现。

数据库规划工作完成以后，应写出详尽的可行性分析报告和数据库系统规划纲要，内容包括信息范围、信息来源、人力资源、设备资源、软件及支持工具资源，还有开发成本估算、开发进度计划、现行系统向新系统过渡计划等。

这些资料应送交决策部门的领导，由他们主持有数据库技术人员、信息部门负责人、应用部门负责人和技术人员以及行政领导参加的审查会，并对系统分析报告和数据库规划纲要作出评价。如果评审结果认为该系统可行，各有关部门应给予大力支持，并保证系统开发所需的人力、财力和设备，以便开发工作的顺利进行。

5.3 需求分析

最初应用的数据库都比较简单，规模也很小，因此设计者的精力集中到对数据库物理参数(如物理大小、访问方法)的优化上。这种情况下，设计一个数据库所需要的信息常由一些简单的统计数据组成(如使用频率、数据量等)。今天，数据库应用非常广泛，非常复杂，整个企业的系统可以在同一个数据库上运行。此时，为了支持所有用户的运行，数据库设计就变得异常复杂。要是没有对信息进行充分的事先分析，这种设计将很难取得成功。因此，需求分析工作就被置于数据库设计过程的前沿。

需求分析阶段应该对系统的整个应用情况作全面、详细的调查，确定企业组织的目标，收集支持系统总的设计目标的基础数据和对这些数据的要求，确定用户的需求，并把这些要求写成用户和数据库设计者都能够接受的文档。

需求分析中调查分析的方法很多，通常的办法是对不同层次的企业管理人员进行个人访问，内容包括业务处理和企业组织中的各种数据。访问的结果应该包括数据的流程、过程之间的接口以及访问者和职员两方面对流程和接口语义上的核对说明和结论。某些特殊的目标和数据库的要求，应该从企业组织中的最高层机构得到。

设计人员还应该了解系统将来要发生的变化，收集未来应用所涉及的数据，充分考虑到系统可能的扩充和变动，使系统设计更符合未来发展的趋向、并且易于改动，以减少系统维护的代价。

5.3.1 需求分析的步骤

进行需求分析首先是调查清楚用户的实际要求，与用户达成共识，然后分析与表达这些需求。

1. 调查用户需求

调查用户需求的具体步骤是：

(1) 了解现实世界的组织机构情况。需要弄清所设计的数据库系统与哪些部门相关，这些部门以及下属各个单位的联系和职责是什么，分析之后画出用户的业务流程图。

(2) 了解相关部门的业务活动情况。包括了解各部门需要输入和使用什么数据；在部门中是如何加工处理这些数据的；各部门需要输出什么信息；输出到什么部门；输出数据的格式是什么。这部分内容是调查的重点，用数据流程图形式表述出数据的流向和对数据所进行的处理。

(3) 在熟悉业务活动的基础上，协助用户明确对新系统的各种要求，包括信息要求、处理要求、完全性与完整性要求，这是调查的又一个重点，调查之后产生数据字典。

(4) 确定新系统的边界。对上述结果进行初步分析，确定哪些功能现在就由计算机完成；哪些功能将来准备让计算机完成；哪些功能或活动由人工完成。由计算机完成的功能就是新系统应该实现的功能。

2. 调查方法

在调查过程中，可以根据不同的问题和条件，使用不同的调查方法。常用的调查方法有：

(1) 跟班作业。通过亲身参加业务工作来了解业务活动的情况。这种方法可以比较准确地理解用户的需求，但比较耗费时间。

(2) 开调查会。通过与用户座谈来了解业务活动情况及用户需求。座谈时，参加者之间可以相互启发。

(3) 请专人介绍。

(4) 询问。对某些调查中的问题，可以找专人询问。

(5) 设计调查表请用户填写。如果调查表设计得合理，这种方法很有效，也易于为用户接受。

(6) 查阅记录。查阅与原系统有关的数据记录。

做需求调查时，往往需要同时采用上述多种方法。但无论使用何种调查方法，都必须有用户的积极参与和配合。

5.3.2 需求分析的方法

调查了解了用户的需求以后，还需要进一步分析和表达用户的需求。用户参加数据库设计是数据库应用系统设计的特点，是数据库设计理论不可分割的一部分。在数据需求分析阶段，任何调查研究没有用户的积极参加是寸步难行的，设计人员应和用户取得共同的语言，帮助不熟悉计算机的用户建立数据库环境下的共同概念，所以这个过程中不同背景的人员之间互相了解与沟通是至关重要的，同时方法也很重要。

在众多的分析方法中结构化分析(Structured Analysis，SA)方法是一种简单实用的方法。SA方法从最上层的系统组织机构入手，采用自顶向下、逐层分解的方式分析系统。SA方法用数据流程图(Data Flow Diagram，DFD)表达数据和处理过程的关系。在SA方法中,处理过程的处理逻辑常常借助判定表或判定树来描述。系统中的数据则借助数据字典(Data Dictionary,DD)来描述。

对用户需求进行分析与表达后,必须提交给用户,征得用户的认可。

图 5-2 描述了需求分析的过程。

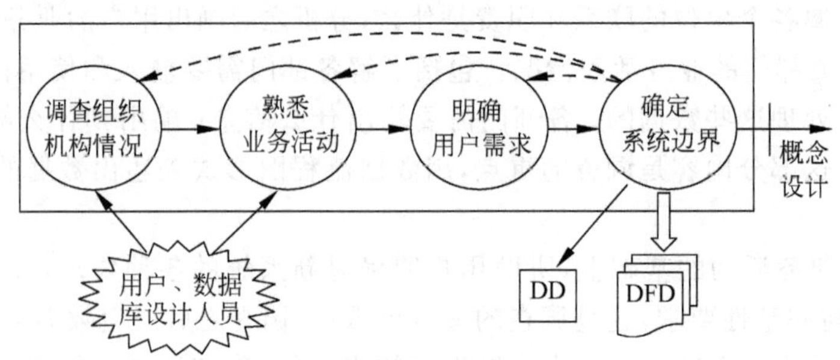

图 5-2 需求分析过程

5.4 概念结构设计

将需求分析阶段所识别的用户需求抽象为概念模型的过程就是概念结构设计。它是整个数据库设计的关键,其设计目标是:

(1) 准确描述应用领域的信息模式,支持用户的各种应用。

(2) 既易于转换为逻辑数据库模式,又容易为用户理解。

概念结构独立于计算机硬件结构,独立于任何 DBMS,不能直接用于数据库的实现。但是,这种独立性非常重要,原因如下:

(1) 概念结构设计的过程是彻底理解应用领域的信息结构、语义、信息的相互联系和各种约束的过程。这个过程应该独立于任何 DBMS。不然,特定 DBMS 的局限性将给概念结构设计带来不应有的影响。

(2) 概念模型是数据库内容的静态描述。我们希望,当选择不同的 DBMS 或改变逻辑与物理设计阶段的设计决策时,不需要改变概念结构。

(3) 概念模型的正确理解对于用户和应用程序设计者是非常关键的。独立于 DBMS 的高级数据模型比特定的 DBMS 的数据模型更一般化,具有更强的表达能力。使用这种数据模型进行概念结构设计能有助于正确理解概念数据库模式。

(4) 不含具体的 DBMS 所附加的技术细节,更容易为用户所理解,因而才有可能准确地反映用户的信息需求;才能更直观易懂,有利于数据库设计者、用户和系统分析员之间的信息交流。

5.4.1 概念结构的特点及设计方法

在需求分析阶段所得到的应用需求应该首先抽象为信息世界的结构,才能更好地、更准确地用某一 DBMS 实现这些需求。

1. 特点

概念结构的主要特点如下：

(1) 具有很强的表达能力，能真实、充分地反映现实世界，包括事物和事物之间的联系及各种约束，能满足用户对数据的处理要求。是对现实世界的一个真实描述。

(2) 易于理解，从而可以用它和不熟悉计算机的用户交换意见，用户的积极参与是数据库设计成功的关键。

(3) 易于更改，当应用环境和应用要求改变时，容易对概念模型修改和扩充。

(4) 易于向关系、网状、层次等各种数据模型转换。

概念结构是各种数据模型的共同基础，它比数据模型更独立于机器、更抽象，从而更加稳定。描述概念模型的有力工具是 E-R 模型，下面将用 E-R 模型来描述概念结构。

2. 设计方法

设计概念结构通常有 4 类方法：

(1) 自顶向下。即首先定义全局概念结构的框架，然后逐步细化，如图 5-3(a)所示。

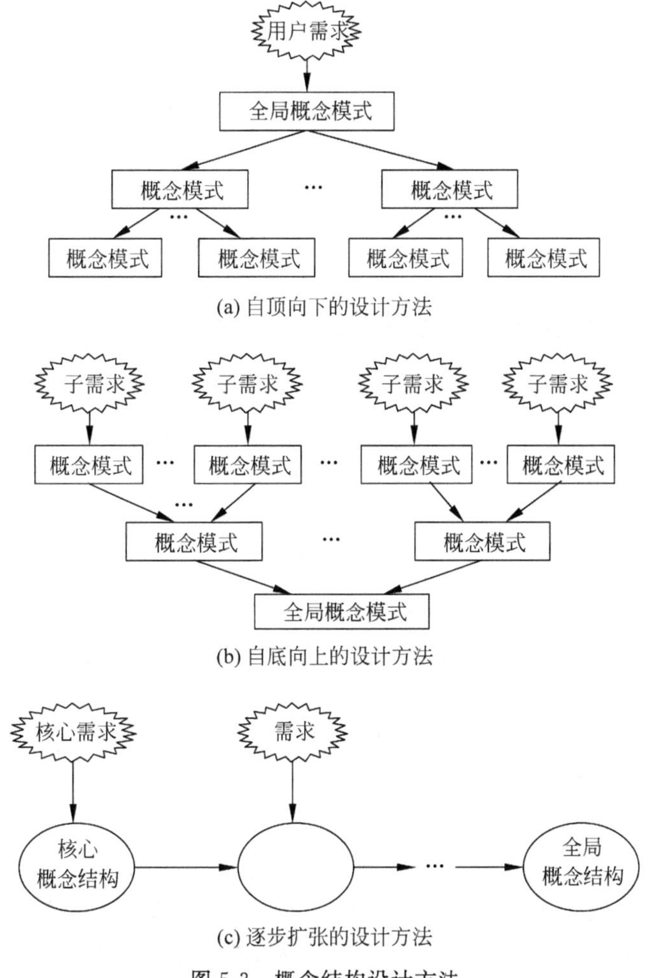

图 5-3 概念结构设计方法

(2) 自底向上。即首先定义各局部应用的概念结构，然后将它们集成起来，得到全局概念结构，如图5-3(b)所示。

(3) 逐步扩张。首先定义最重要的核心概念结构，然后向外扩充，以滚雪球的方式逐步生成其他概念结构，直至总体概念结构，如图5-3(c)所示。

(4) 混合策略。即将自顶向下和自底向上相结合，用自顶向下策略设计一个全局概念结构的框架，以它为骨架集成由自底向上策略中设计的各局部概念结构。

3. 自底向上的设计方法

最经常采用的策略是自底向上方法。即自顶向下地进行需求分析，然后再自底向上地设计概念结构。在此只介绍自底向上设计概念结构的方法，它通常分为两步，如图5-4所示。

(1) 进行数据抽象，设计局部E-R模型，即设计用户视图。

(2) 集成各局部E-R模型，形成全局E-R模型，即视图的集成。

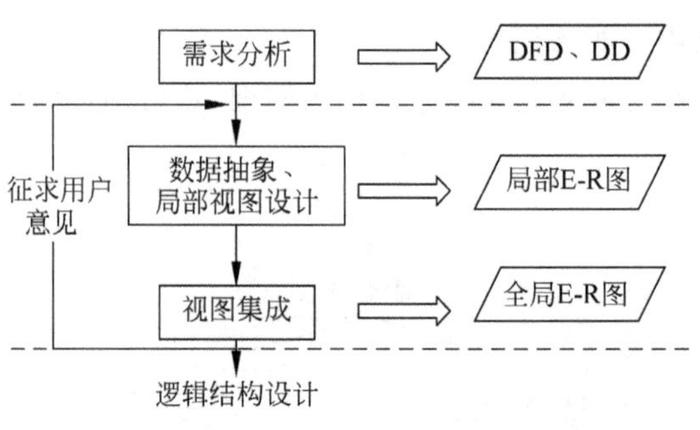

图5-4 概念结构设计步骤

5.4.2 数据抽象与局部视图设计

概念结构是对现实世界的一种抽象。所谓抽象是对实际的人、物、事或概念进行人为处理，抽取人们关心的共同特性，忽略非本质的细节，并把这些特性用各种概念精确地加以描述，这些概念组成了某种模型。

1. 数据抽象

抽象有两种形式，一种是系统状态的抽象，即抽象对象；另一种是系统转换的抽象，即抽象运算。在数据库设计中，需要涉及到抽象对象和抽象概念。概念结构设计的目的就是要定义抽象对象的关系结构。

一个数据库一般不是由独立的对象组成的，对象之间是有联系的，因此数据抽象的形式有3种。

1) 分类

分类(Classification)定义某一类概念作为现实世界中一组对象的类型，将一组具有某些共同特性和行为的对象抽象为一个实体型。它抽象了对象值和型之间的is member of的语义。例如，在教学管理中，“李明”是一名学生，表示“李明”是学生中的一员，他具有学生们共同的特性和行为：在某个班学习，选修某些课程等。

2）聚集

聚集(Aggregation)的数学意义就是笛卡儿积的概念。聚集定义某一类型的组成成分，抽象了对象内部类型和成分之间 is part of 的语义。在 E-R 模型中若干属性的聚集组成了实体型，就是这种抽象，例如，学号、姓名、性别、年龄、系别等可以抽象为学生实体的属性，其中学号是标识学生实体的主码，如图 5-5 所示。

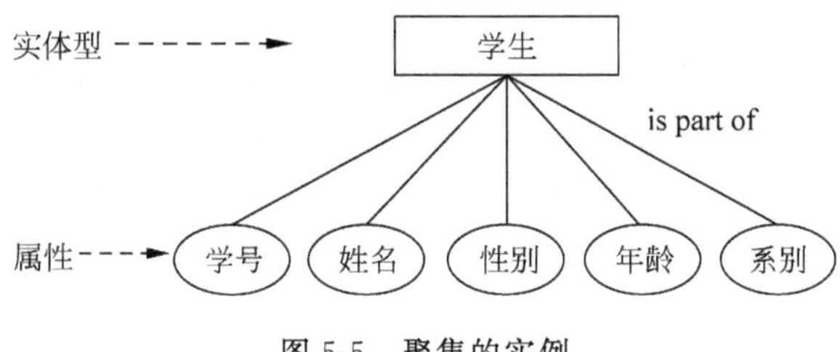

图 5-5 聚集的实例

3）概括

概括(Generalization)定义类型之间的一种子集联系。它抽象了类型之间的 is subset of 的语义。例如，学生是一个实体型，本科生、研究生也是实体型，本科生、研究生均是学生的子集，则把学生称为超类(Superclass)，本科生、研究生称为学生的子类(Subclass)，如图 5-6 所示。

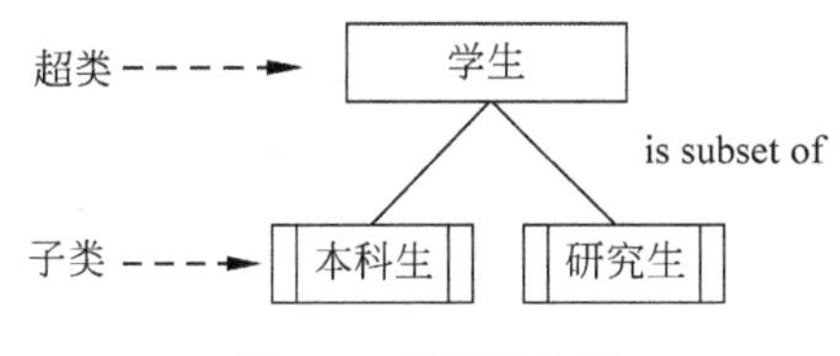

图 5-6 概括的实例

概括有一个很重要的性质：继承性。子类继承超类上定义的所有抽象。这样，本科生、研究生继承了学生类型的属性。当然，子类可以增加自己的某些特殊属性。

2. 局部视图设计

概念结构设计的第一步就是利用上面介绍的抽象机制对需求分析阶段收集到的数据进行分类、聚集，形成实体、实体的属性，标识实体的键，确定实体之间的联系类型(1∶1，1∶n，m∶n)，设计局部 E-R 图。具体做法如下。

1）选择局部应用

根据某个系统的具体情况，在多层的数据流程图中选择一个适当层次的数据流程图，作为设计局部 E-R 图的出发点。让这组图中每一部分对应一个局部应用。

由于高层的数据流程图只能反映系统的概貌，而中层的数据流程图能较好地反映系统中各局部应用的子系统组成，因此人们往往以中层数据流程图作为设计局部 E-R 图的依据。

2）逐一设计局部 E-R 图

选择局部应用之后，就要对每个局部应用逐一设计局部 E-R 图，亦称局部 E-R 图。

在前面选好的某一层次的数据流程图中，每个局部应用都对应了一组数据流程图，局部应用涉及的数据都已经收集在数据字典中了。现在就是要将这些数据从数据字典中抽取出来，参照数据流程图，标定局部应用中的实体、实体的属性、标识实体的码，确定实体之间的联系及其类型。

事实上，在现实世界中具体的应用环境常常对实体和属性已经作了大体的自然的划分。在数据字典中，“数据结构”、“数据流”和“数据存储”都是若干属性有意义的聚合，就体现了这种划分。可以先从这些内容出发定义 E-R 图，然后再进行必要的调整。在调整中遵循的一条原则是：

为了简化 E-R 图的处置，现实世界的事物能作为属性对待的，尽量作为属性对待。实体与属性之间并没有形式上可以截然划分的界限，但可以给出两条准则：

(1) 实体具有描述信息，而属性没有。即属性必须是不可分的数据项，不能再由另一些属性组成。

(2) 属性不能与其他实体具有联系，联系只能发生在实体之间。

凡满足上述两条准则的事物，一般均可作为属性对待。

例如，学生是一个实体，学号、姓名、性别、年龄、学院等是学生实体的属性，学院只表示学生属于哪个学院，不涉及学院的具体情况，换句话说，没有需要进一步描述的特性，即是不可分的数据项，则根据原则(1)可以作为学生实体的属性。如果考虑一个学院的学院编号、学院名称、院长、联系方式、办公地点等，则学院应看作一个实体，如图 5-7 所示。

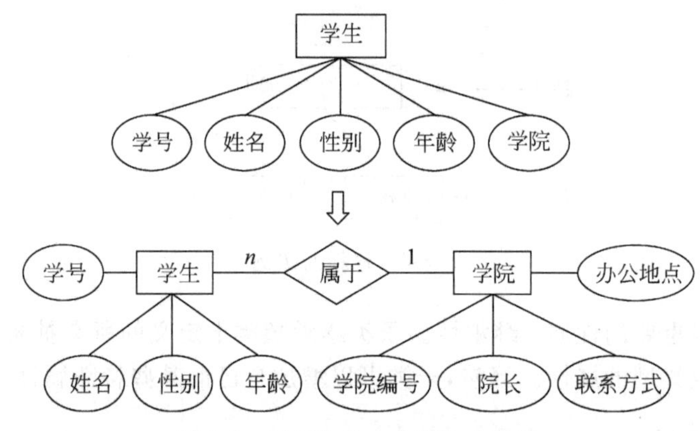

图 5-7　系别作为一个属性或实体

再如，在医院中，一个病人只能住在一个病房，病房号可以作为病人实体的一个属性。但如果病房还要与医生实体发生联系，即一个医生负责几个病房的病人的医疗工作，则病房根据准则(2)应作为一个实体，如图 5-8 所示。

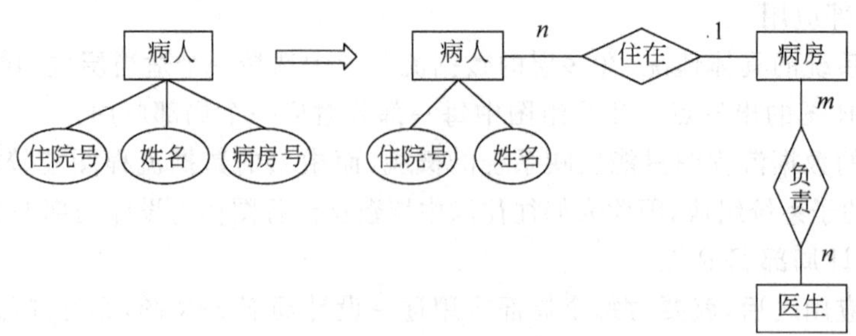

图 5-8　病房作为属性或一个实体

此外，可能会遇到这样的情况，同一数据项，由于环境和要求的不同，有时作为属性，有时则作为实体，此时必须根据实际情况而定。一般情况下，凡能作为属性对待的，应尽量作为属性，以简化 E-R 图的处理。

5.4.3 视图的集成

局部 E-R 模型设计完成之后，下一步就是集成各局部 E-R 模型，形成全局 E-R 模型，即视图的集成。视图集成的方法有两种：

(1) 多元集成法，一次性将多个局部 E-R 图合并为一个全局 E-R 图，如图 5-9(a)所示。

(2) 二元集成法，首先集成两个重要的局部视图，以后用累加的方法逐步将一个新的视图集成进来，如图 5-9(b)所示。

在实际应用中，可以根据系统复杂性选择哪一种方案。一般采用逐步集成的方法，如果局部视图比较简单，可以采用多元集成法。一般情况下，采用二元集成法，即每次只综合两个视图，这样可降低难度。

无论使用哪一种方法，视图集成均分成两个步骤，如图 5-10 所示。

(1) 合并。消除各局部 E-R 图之间的冲突，将各局部 E-R 图合并起来生成初步 E-R 图。

(2) 优化。消除不必要的冗余，生成基本 E-R 图。

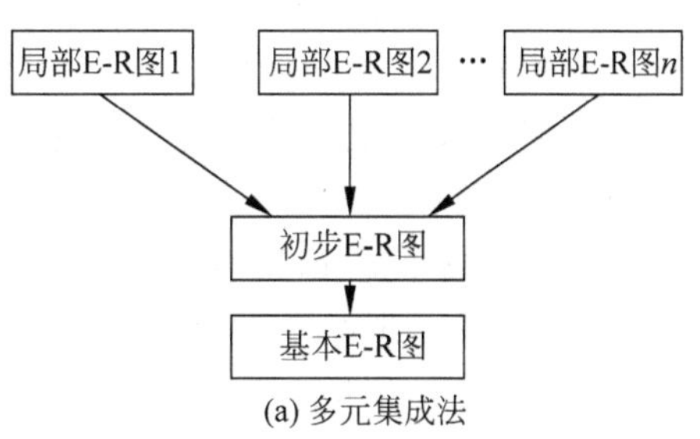

(a) 多元集成法

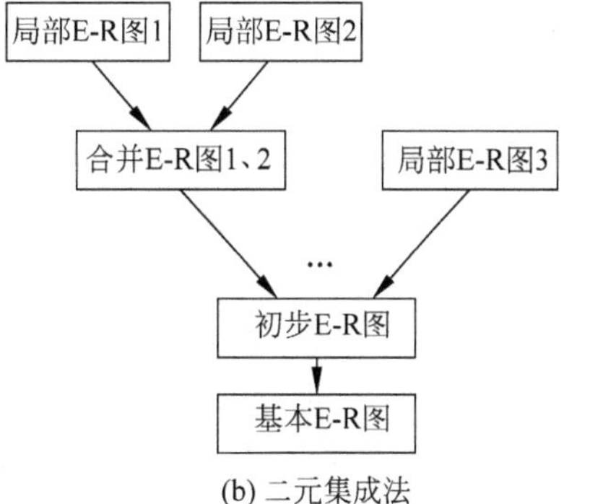

(b) 二元集成法

图 5-9 视图集成的两种方式

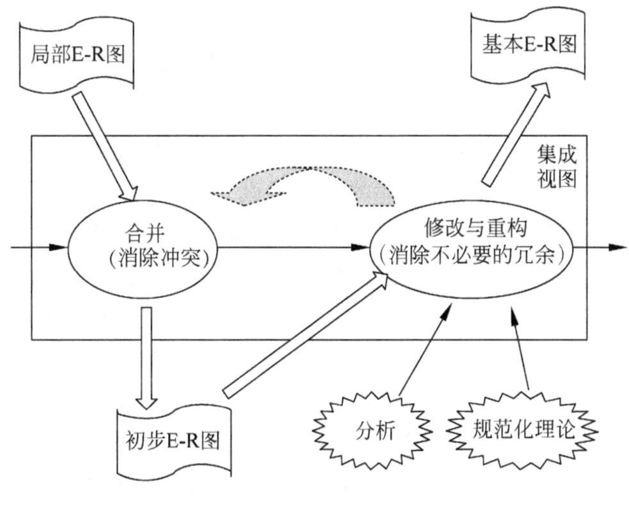

图 5-10 视图集成

1. 合并局部 E-R 图,生成初步 E-R 图

各个局部应用所面向的问题不同,且通常是由不同的设计人员进行局部视图设计,这样就导致各个局部 E-R 图之间必定会存在许多不一致的地方,称为冲突。因此合并局部 E-R 图时并不能简单地将各个局部 E-R 图画到一起,而是必须着力消除各个局部 E-R 图中的不一致,以形成一个能为全系统中所有用户共同理解和接受的统一的概念模型。合理消除各局部 E-R 图的冲突是合并局部 E-R 图的主要工作与关键所在。

各局部 E-R 图之间的冲突主要有三类:属性冲突、命名冲突和结构冲突。

1) 属性冲突

(1) 属性域冲突,即属性值的类型、取值范围或取值集合不同。例如,零件号,有的部门把它定义为整数,有的部门把它定义为字符型。不同的部门对零件号的编码也不同。又如,年龄,某些部门以出生日期形式表示职工的年龄,而另一些部门用整数表示职工的年龄。

(2) 属性取值单位冲突。例如,零件的重量,有的以公斤为单位,有的以斤为单位,有的以克为单位。

属性冲突属于用户业务上的约定,必须与用户协商后解决。

2) 命名冲突

命名不一致可能发生在实体名、属性名或联系名之间,其中属性的命名冲突更为常见。

(1) 同名异义,即不同意义的对象在不同的局部应用中具有相同的名字。例如,“单位”在某些部门表示为人员所在的部门,而在某些部门可能表示物品的重量、长度等属性。

(2) 异名同义,即同一意义的对象在不同的局部应用中具有不同的名字。例如,对科研项目,财务科称为项目,科研处称为课题,生产管理处称为工程。

命名冲突可能发生在实体、联系一级上,也可能发生在属性一级上。其中属性的命名冲突更为常见。处理命名冲突通常也像处理属性冲突一样,通过讨论、协商等行政手段加以解决。

3) 结构冲突

(1) 同一对象在不同应用中具有不同的抽象。例如,职工在某一局部应用中被当作实体,而在另一局部应用中则被当作属性。

解决结构冲突的方法通常是把属性变换为实体或把实体变换为属性,使同一对象具有相同的抽象,但变换时仍要遵循前面讲述的两个准则。

(2) 同一实体在不同局部 E-R 图中所包含的属性个数和属性排列次序不完全相同。

这是很常见的一类冲突,原因是不同的局部应用关心的是该实体的不同侧面。解决方法是使该实体的属性取各局部 E-R 图中属性的并集,再适当调整属性的次序。

(3) 实体间的联系在不同的局部 E-R 图中为不同的类型,如实体 E_1 与 E_2 在一个局部 E-R 图中是多对多联系,在另一个局部 E-R 图中是一对多联系;又如在一个局部 E-R 图中 E_1 与 E_2 发生联系,而在另一个局部 E-R 图中 E_1,E_2,E_3 三者之间有联系。

解决方法是根据应用的语义对实体联系的类型进行综合或调整。

【例 5-1】 如图 5-11 所示,零件与产品之间存在多对多的联系——“构成”。产品、零件与供应商三者之间还存在多对多的联系——“供应”,这两个联系互相不能包含,在合并两个局部 E-R 图时就应把它们综合起来。

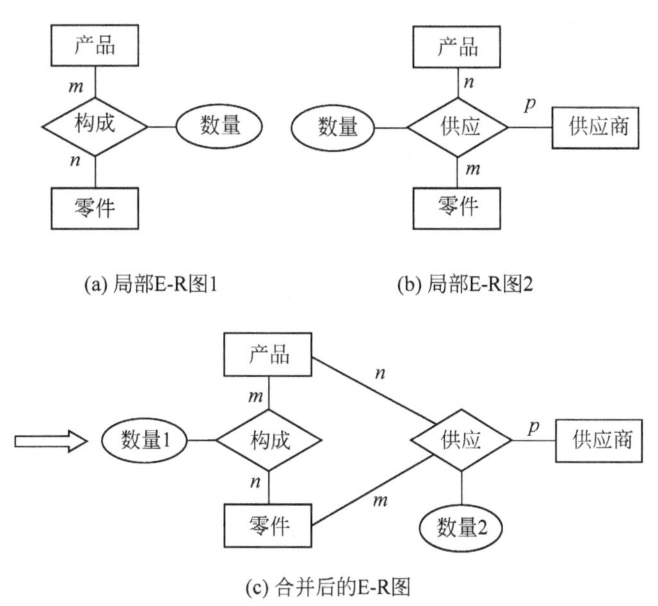

图 5-11 局部 E-R 图的合并

2. 消除不必要的冗余，设计基本 E-R 图

所谓冗余，在这里指冗余的数据和实体之间冗余的联系。冗余的数据是指可由基本的数据导出的数据，冗余的联系是由其他的联系导出的联系。在上面消除冲突合并后得到的初步 E-R 图中，可能存在冗余的数据或冗余的联系。冗余的存在容易破坏数据库的完整性，给数据库的维护增加困难，应该消除。消除了冗余的初步 E-R 图称为基本 E-R 图。

消除冗余主要采用分析方法，即以数据字典和数据流程图为依据，根据数据字典中关于数据项之间逻辑关系的说明来消除冗余。如图 5-12 所示，$Q_3=Q_1\times Q_2$，$Q_4=\sum Q_5$。所以 Q_3 和 Q_4 是冗余数据，可以消去。并且由于 Q_3 消去，产品与材料间 $m:n$ 的冗余联系也应消去。

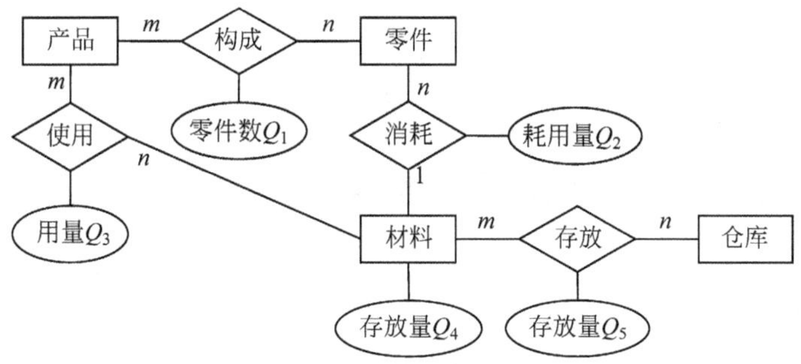

图 5-12 消除冗余

并不是所有的冗余数据与冗余联系都必须加以消除，有时为了提高效率，不得不以冗余信息作为代价。因此在设计数据库概念结构时，哪些冗余信息必须消除，哪些冗余信息允许存在，需要根据用户的整体需求来确定。如果人为地保留了一些冗余数据，则应把数据字典

中数据关联的说明作为完整性约束条件。

例如，若物资部门经常要查询各种材料的库存量，如果每次都要查询每个仓库中此种材料的库存，再对它们求和，查询效率就太低了。所以应保留 Q_4，同时把 $Q_4=Q_5$ 定义为 Q_4 的完整性约束条件。每当 Q_5 修改后，就触发该完整性检查例程，对 Q_4 作相应的修改。

除分析方法外，还可以用规范化理论来消除冗余。在规范化理论中，函数依赖的概念提供了消除冗余联系的形式化工具。

5.5 逻辑结构设计

概念结构设计阶段得到的 E-R 模型是用户的模型，是独立于任何一种数据模型，独立于任何一个具体的 DBMS 的信息结构。为了建立用户所要求的数据库，需要把上述概念模型转换为某个具体的 DBMS 所支持的数据模型。数据库逻辑结构设计的任务就是将概念结构设计阶段设计好的基本 E-R 图转换为与选用的 DBMS 产品所支持的数据模型相符合的逻辑结构。从此开始便进入了“实现设计”阶段，需要考虑到具体的 DBMS 的性能、具体的数据模型特点。

从理论上讲，设计逻辑结构应该选择最适于相应概念结构的数据模型，然后对支持这种数据模型的各种 DBMS 进行比较，从中选出最合适的 DBMS。但实际情况往往是已给定了某种 DBMS，设计人员没有选择的余地。目前 DBMS 产品一般支持关系、网状、层次三种模型中的某一种，对某一种数据模型，各个机器系统又有许多不同的限制，提供不同的环境与工具。当前设计的数据库应用系统都普遍采用支持关系数据模型的 RDBMS。所以本章只介绍 E-R 图向关系数据模型的转换原则与方法，其设计步骤一般分为以下三步(如图 5-13 所示)。

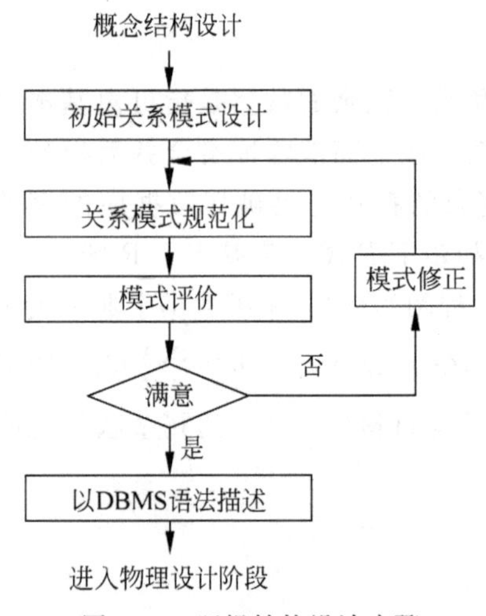

图 5-13 逻辑结构设计步骤

(1) 概念模型向关系模型的转换，即初始关系模式设置。

(2) 关系模式规范化。

(3) 模式的评价与优化。

5.5.1 概念模型向关系模型的转换

E-R 图向关系模型的转换要解决的问题是如何将实体和实体间的联系转换为关系模式，如何确定这些关系模式的属性和主键。

关系模型的逻辑结构是一组关系模式的集合。E-R 图则是由实体、实体的属性和实体之间的联系三个要素组成的。所以将 E-R 图转换为关系模型实际上就是要将实体、实体的属性和实体之间的联系转换为关系模式，这种转换一般遵循如下原则：

(1) 一个实体转换为一个关系模式，实体的属性就是关系的属性，实体的主键就是关系模式的主键。

(2) 一个联系转换为一个关系模式,与该联系相连的各实体的主键以及联系的属性均转换为该关系模式的属性。该关系模式的主键有三种情况:

① 如果联系为 1∶1,则每个实体的主键都是关系模式的候选键。

② 如果联系为 1∶n,则 n 端实体的主键是关系模式的主键。

③ 如果联系为 n∶m,则各实体主键的组合是关系模式的主键。

(3) 具有相同主键的关系模式可合并。例如,表示 1∶1 联系的关系模式可以合并到任意一端实体的关系模式中;表示 1∶n 联系的关系模式可以合并到 n 端实体的关系模式中。

【例 5-2】 教务管理系统的基本 E-R 图如图 5-14 所示。

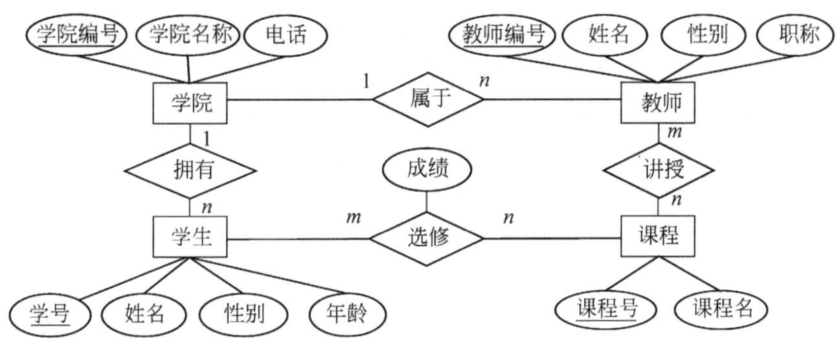

图 5-14　教务管理系统的基本 E-R 图

现将上述 E-R 图转换为关系模型,其中,有下划线的属性表示是主键。

(1) 把每一个实体转换为一个关系模式。

首先分析各实体的属性,从中确定其主键,然后分别用关系模式表示。图 5-14 中 4 个实体分别转换成 4 个关系模式:

学生(学号,姓名,性别,年龄)
课程(课程号,课程名)
教师(教师编号,姓名,性别,职称)
学院(学院编号,学院名称,电话)

(2) 把每一个联系转换为关系模式,得到 4 个关系模式:

属于(教师编号,学院编号)
讲授(教师编号,课程号)
选修(学号,课程号,成绩)
拥有(学号,学院编号)

(3) 关系模式合并,其最终结果为:

学生(学号,姓名,性别,年龄,学院编号)
课程(课程号,课程名)
教师(教师号,姓名,性别,职称,学院编号)
学院(学院编号,学院名称,电话)
讲授(教师号,课程号)
选修(学号,课程号,成绩)

5.5.2 关系模式规范化

数据库逻辑设计的结果不是唯一的。为了进一步提高数据库应用系统的性能,还应该根据应用需要适当地修改、调整数据模型的结构,这就是数据模型的优化。关系数据模型的优化通常以规范化理论为指导。规范化的目的是减少乃至消除关系模式中存在的各种异常,改善完整性、一致性和存储效率。规范化过程可分为两个步骤。

1. 确定范式级别

规范级别取决于两个因素,一是归纳出来的数据依赖的种类;二是实际应用的需要。这里,主要从数据依赖的种类出发来讨论规范级别问题。

首先考察数据依赖集合。在仅考虑函数依赖时,3NF 或 BCNF 是适宜的标准,如还包括多值依赖时,应达到 4NF。由于多值依赖语义的复杂性、非直观性,一般使用的并不多。实际应用中一般规范化到 3NF 即能满足要求。因此需考查关系模式的函数依赖关系,确定范式等级,逐一分析各关系模式,考查是否存在部分函数依赖、传递函数依赖等,确定它们分别属于第几范式。

2. 实施规范化处理

确定规范级别之后,利用第 4 章的算法,逐一考察关系模式,判断它们是否满足规范要求。若不符合上一步所确定的规范级别,则利用相应的规范算法将关系模式规范化。

必须注意的是,并不是规范化程度越高的关系就越优。例如,当查询经常涉及两个或多个关系模式的属性时,系统经常进行连接运算。连接运算的代价是相当高的,可以说关系模型低效的主要原因就是连接运算引起的。这时可以考虑将这几个关系合并为一个关系。因此在这种情况下,第二范式甚至第一范式也许是合适的。

又如,非 BCNF 的关系模式虽然从理论上分析会存在不同程度的更新异常或冗余,但如果在实际应用中对此关系模式只是查询,并不执行更新操作,就不会产生实际影响,所以对于一个具体应用来说,到底规范化到什么程度,需要权衡响应时间和潜在问题两者的利弊决定。

规范化理论为数据库设计人员判断关系模式的优劣提供了理论标准,可用来预测模式可能出现的问题,使数据库设计工作有了严格的理论基础。

5.5.3 模式的评价与优化

关系模式的规范化不是目的而是手段,数据库设计的目的是最终满足应用需求。因此,为了进一步提高数据库应用系统的性能,还应该对规范化后产生的关系模式进行评价、改进,经过反复多次的尝试和比较,最后得到优化的关系模式。

1. 模式评价

模式评价的目的是检查所设计的数据库模式是否完全满足用户的功能要求,是否具有较高的效率,并确定需要加以改进的部分。模式评价主要包括功能和性能两个方面。

1) 功能评价

功能评价指对照需求分析的结果，检查规范化后的关系模式集合是否支持用户所有的应用要求。关系模式必须包括用户可能访问的所有属性。在涉及多个关系模式的应用中，应确保连接后不丢失信息。如果发现有的应用不被支持，或不完全被支持，则应该改进关系模式。发生这种问题的原因可能是在逻辑设计阶段，也可能是在需求分析或概念设计阶段。是哪个阶段的问题就返回到哪个阶段去，因此有可能对前两个阶段再进行评审，解决存在的问题。

在功能评价的过程中，可能会发现冗余的关系模式或属性，这时应对它们加以区分，搞清楚它们是为未来发展预留的，还是某种错误造成的，比如名字混淆。如果属于错误处置，进行改正即可，而如果这种冗余来源于前两个设计阶段，则也要返回重新进行评审。

2) 性能评价

对于目前得到的数据库模式，由于缺乏物理设计所提供的数量测量标准和相应的评价手段，所以性能评价是比较困难的，只能对实际性能进行估计，包括逻辑记录的存取数、传送量以及物理设计算法的模型等。

美国密执安大学的 T. Teorey 和 J. Fry 于 1980 年提出的逻辑记录访问(Logical Record Access，LRA)方法是一种常用的模式性能评价方法。LRA 方法对网状模型和层次模型较为实用，对于关系模型的查询也能起一定的估算作用。

2. 模式改进

根据模式评价的结果，对已生成的模式进行改进。改进的方式依赖于导致改进的原因，如果因为需求分析、概念设计的疏漏导致某些应用不能得到支持，则应相应增加新的关系模式或属性；如果因为性能考虑而要求修正，则可采用合并、分解或选用另外结构的方式进行。

1) 合并

如果有若干个关系模式具有相同的主码，并且对这些关系模式的处理主要是查询操作，而且经常是多关系的查询，那么可对这些关系模式按照组合使用频率进行合并。

这样，便可以减少连接操作而提高查询效率。

2) 分解

为了提高数据操作的效率和存储空间的利用率，最常用和最重要的模式优化方法就是分解，根据应用的不同要求，可以对关系模式进行垂直分解和水平分解。

水平分解是把(基本)关系的元组分为若干子集合，定义每个子集合为一个子关系，以提高系统的效率。对于经常进行大量数据的分类条件查询的关系，可进行水平分解，这样可以减少应用系统每次查询需要访问的记录数，从而提高了查询性能。例如，有学生关系(学号，姓名，类别，…)，其中类别包括大专生、本科生和研究生。如果多数查询一次只涉及其中的一类学生，就应该把整个学生关系水平分割为大专生、本科生和研究生 3 个关系。

垂直分解是把关系模式的属性分解为若干子集合，形成若干子关系模式。垂直分解的原则是把经常一起使用的属性分解出来，形成一个子关系模式。

例如，有教师关系(教师编号，姓名，性别，年龄，职称，工资，岗位津贴，住址，电话)，如果经常查询的仅是前 6 项，而后 3 项很少使用，则可以将教师关系进行垂直分割，得到两个教师关系：

教师关系 1(<u>教师编号</u>,姓名,性别,年龄,职称,工资)
教师关系 2(<u>教师编号</u>,岗位津贴,住址,电话)

这样，便减少了查询的数据传递量，提高了查询速度。

垂直分解可以提高某些事务的效率，但也可能使另一些事务不得不执行连接操作，从而降低了效率。因此，是否进行垂直分解取决于分解后关系上的所有事务的总效率是否得到了提高。垂直分解需要确保无损连接性和保持函数依赖，即保证分解后的关系具有无损连接性和保持函数依赖性。

经过多次的模式评价和模式改进之后，最终的数据库模式得以确定。逻辑设计阶段的结果是全局逻辑数据库结构。对于关系数据库系统来说，它就是一组符合一定规范的关系模式组成的关系数据库模型。

数据库系统的数据物理独立性特点消除了由于物理存储改变而引起的对应程序的修改。标准的 DBMS 例行程序应适用于所有的访问，查询和更新事务的优化应当在系统软件一级上实现。这样，逻辑数据库确定之后，就可以开始进行应用程序设计了。

5.5.4 用户子模式的设计

将概念模型转换为全局逻辑模型后，还应该根据局部应用需求，结合具体 DBMS 的特点，设计用户的外模式。

目前关系型 DBMS 一般都提供了视图(View)概念，可以利用这一功能设计更符合局部用户需要的用户外模式。

定义数据库全局模式主要是从系统的时间效率、空间效率、易维护等角度出发。由于用户外模式与模式是相对独立的，因此在定义用户外模式时可以注重考虑用户的习惯与方便。

1. 使用更符合用户习惯的别名

在合并各分 E-R 图时，曾做了消除命名冲突的工作，以使数据库系统中同一关系和属性具有唯一的名字。这在设计数据库整体结构时是非常必要的。用视图机制可以在设计用户视图时重新定义某些属性名，使其与用户习惯一致，以方便使用。

2. 对不同级别的用户定义不同的视图

例如，假设有关系模式：

产品(<u>产品号</u>,产品名,规格,单价,生产车间,生产负责人,产品成本,质量等级)

可以在产品关系上建立两个视图。

(1) 为一般顾客建立视图：

产品 1(<u>产品号</u>,产品名,规格,单价)

（2）为产品销售部门建立视图：

产品 2(产品号,产品名,规格,单价,生产车间,生产负责人)

顾客视图中只包含允许顾客查询的属性；销售部门视图中只包含允许销售部门查询的属性。生产领导部门则可以查询全部产品数据。这样，就可以防止用户非法访问本来不允许他们查询的数据，保证了系统的安全性。

3. 简化用户对系统的使用

如果某些局部应用中经常要使用某些很复杂的查询，为了方便用户，可以将这些复杂查询定义为视图，用户每次只对定义好的视图进行查询，极大地方便了用户。

5.6 物理结构设计

数据库在物理设备上的存储结构与存取方法称为数据库的物理结构，依赖于给定的计算机系统。对于给定的逻辑数据模型，选取一个最适合应用环境的物理结构的过程，称为数据库物理设计。物理设计的任务是为了有效地实现逻辑模式，确定所采取的存储策略。此阶段是以逻辑设计的结果作为输入，结合具体 DBMS 的特点与存储设备特性进行设计，选定数据库在物理设备上的存储结构和存取方法。

数据库的物理设计通常分为两步：

（1）确定数据库的物理结构，在关系数据库中主要指存取方法和存储结构。

（2）对物理结构进行评价，评价的重点是时间和空间效率。

如果评价结果满足原设计要求，则可进入到物理实施阶段；否则，就需要重新设计或修改物理结构，有时甚至要返回逻辑设计阶段修改数据模型。

5.6.1 数据库物理设计的影响因素和内容

给定一个逻辑数据库模式和一个数据库管理系统，有大量的物理数据库设计策略可供选择。人们希望选择优化的物理数据库设计策略，使各种事务的响应时间最小、存储空间复杂性最小、事务吞吐率最大。为此首先要对数据库系统支持的事务进行详细分析，获得选择优化物理数据库设计策略所需要的参数。其次，要充分了解所用的 RDBMS 的内部特征，特别是系统提供的存取方法和存储结构。

对于数据库查询事务，需要得到如下信息：

（1）查询的关系。

（2）查询条件所涉及的属性。

（3）连接条件所涉及的属性。

（4）查询的投影属性。

对于数据更新事务，需要得到如下信息：

（1）被更新的关系。

（2）每个关系上的更新操作条件所涉及的属性。

（3）修改操作要改变的属性值。

上述这些信息是确定关系存取方法的依据。此外，还需要知道每个事务在各关系上运行的频率和性能要求。例如，事务T必须在20秒内结束，这种时间约束对于存取方法的选择具有重大影响。

如果一个关系的更新频率很高，这个关系上定义的索引等存取方法数应尽量少。这是因为更新一个关系时，必须对这个关系上的所有存取方法做相应的修改。

值得注意的是，在进行物理数据库设计时，常常并不知道所有的事务，而且数据库上运行的事务会不断变化、增加或减少。所以，以后可能需要修改根据上述信息设计的物理数据库，以适应新事务的要求。

通常对于关系数据库物理设计的内容主要包括：

(1) 为关系模式选择存取方法。

(2) 设计关系、索引等数据库文件的物理存储结构。

5.6.2 关系模式存取方法选择

数据库系统是多用户共享的系统，对同一个关系要建立多条存取路径才能满足多用户的多种应用要求。物理设计的任务之一就是要确定选择哪些存取方法，即建立哪些存取路径。

存取方法是使事务能够快速存取数据库中数据的技术。任何数据库管理系统都提供多种存取方法。常用的存取方法有三类，第一类是索引方法；第二类是Hash方法；第三类是聚簇(Cluster)方法。

B+树索引方法是数据库中经典的存取方法，使用最普遍。

1. 索引存取方法的选择

所谓选择索引存取方法实际上就是根据应用要求确定对关系的哪些属性建立索引、哪些属性建立组合索引、哪些索引要设计为唯一索引等。一般而言：

(1) 如果一个(或一组)属性经常在查询条件中出现，则考虑在这个(或这组)属性上建立索引(或组合索引)。

(2) 如果一个属性经常作为最大值和最小值等聚集函数的参数，则考虑在这个属性上建立索引。

(3) 如果一个(或一组)属性经常在连接操作的连接条件中出现，则考虑在这个(或这组)属性上建立索引。

(4) 如果一个(或一组)属性经常作为投影属性使用，则考虑在这个(或这组)属性上建立索引。

关系上定义的索引数并不是越多越好，建立多个索引文件可以缩短存取时间，但是增加了索引文件所占用的存储空间以及维护的开销。例如，若一个关系的更新频率很高，这个关系上定义的索引数不能太多。因为更新一个关系时，必须对这个关系上有关的索引做相应的修改。因此，应该根据实际需要综合考虑索引的建立。

2. Hash存取方法的选择

有些数据库管理系统提供了Hash存取方法。选择Hash存取方法的规则是：如果一个关系的属性主要出现在等值连接条件中或主要出现在相等比较选择条件中，而且满足下列两个条件之一，则此关系可以选择 Hash 存取方法：

(1) 如果一个关系的大小可预知，而且不变。

(2) 如果关系的大小动态改变，而且数据库管理系统提供了动态 Hash 存取方法。

3. 聚簇存取方法的选择

聚簇就是为了提高查询速度，把在一个(或一组)属性上具有相同值的元组集中地存放在一个物理块中，如果存放不下，可以存放在相邻的物理块中。其中，这个(或这组)属性称为聚簇码。

聚簇功能可以大大提高按聚簇码进行查询的效率。例如，要查询物理系的所有学生名单，设物理系有 300 名学生，在极端情况下，这 300 名学生所对应的数据元组分布在 300 个不同的物理块上。尽管对学生关系已按所在系建有索引，由索引很快找到了物理系学生的元组标识，避免了全表扫描，然而再由元组标识去访问数据块时就要存取 300 个物理块，执行 300 次 I/O 操作。如果采用聚簇技术，将同一系的学生元组集中存放，则每读一个物理块可得到多个满足查询条件的元组，就能显著地减少访问磁盘的次数。

聚簇功能不但适用于单个关系，也适用于经常进行连接操作的多个关系。即把多个连接关系的元组按连接属性值聚集存放，聚簇中的连接属性称为聚簇码。这就相当于把多个关系按“预连接”的形式存放，从而提高连接操作的效率。

一个数据库可以建立多个聚簇，一个关系只能加入一个聚簇。

选择聚簇存取方法，即确定需要建立多少个聚簇，每个聚簇中包括哪些关系。设计步骤是首先设计候选聚簇，其规则如下：

(1) 经常在一起进行连接操作的关系，可以建立聚簇。

(2) 如果一个关系的一组属性经常出现在相等比较条件中，则该单个关系可建立聚簇。

(3) 如果一个关系的一个(或一组)属性上的值重复率很高，则该单个关系可建立聚簇。即对应每个聚簇码值的平均元组数不要太少。太少了，聚簇的效果不明显。

然后检查候选聚族中的关系，取消其中不必要的关系，其规则如下：

(1) 从聚簇中删除经常进行全表扫描的关系。

(2) 从聚簇中删除更新操作远多于连接操作的关系。

候选聚簇检查完毕，还要确定优化的聚簇方案。不同的聚簇中可能包含相同的关系，一个关系可以在任何一个聚簇中，但不能同时加入多个聚簇。要从这多个聚簇方案(包括不建立聚簇)中选择一个较优的，即在这个聚簇上运行各种事务的总代价最小。

必须强调的是，聚簇只能提高某些应用的性能，而且建立与维护聚簇的开销是相当大的。对已有关系建立聚簇，将导致关系中元组移动其物理存储位置，并使此关系上原有的索引无效，必须重建。当一个元组的聚簇码值改变时，该元组的存储位置也要做相应移动，因此聚簇码值要相对稳定，以减少修改聚簇码值所引起的维护开销。

所以，当通过聚簇码进行访问或连接是该关系的主要应用，与聚簇码无关的其他访问很少或者是次要时，可以使用聚簇。尤其当 SQL 语句中包含有与聚簇码有关的 ORDER BY，GROUP BY，UNION，DISTINCT 等子句或短语时，使用聚簇特别有利，可以省去对结果集的排序操作；否则很可能会适得其反。

5.6.3 确定数据库的存储结构

确定数据库物理结构主要指确定数据的存放位置和存储结构，包括确定关系、索引、聚簇、日志、备份等的存储安排和存储结构；确定系统配置等。

确定数据的存放位置和存储结构要综合考虑存取时间、存储空间利用率和维护代价三方面的因素。这三个方面常常是相互矛盾的，因此需要进行权衡，选择一个折中方案。

设计人员必须深入了解给定的DBMS的功能、DBMS提供的工具、硬件环境（特别是存储设备的特征）；另一方面也要了解应用环境的具体要求，如各种应用的数据量、处理频率和响应时间等。只有充分了解才能设计出较好的物理结构。

1. 确定数据的存放位置

为了提高系统性能，应该根据应用情况将数据的易变部分与稳定部分、经常存取部分与存取频率较低部分分开存放。

例如，目前许多计算机都有多个磁盘，因此可以将表和索引放在不同的磁盘上，在查询时，由于两个磁盘驱动器并行工作，可以提高物理读写的效率；在多用户环境下，可能将日志文件与数据库对象（表、索引等）放在不同的磁盘上，以加快存取速度。另外，数据库的数据备份和日志文件备份等，只在故障恢复时才使用，而且数据量很大，可以存放在磁带上，以改进整个系统的性能。

2. 确定系统配置

DBMS产品一般都提供了一些系统配置变量、存储分配参数，供设计人员和DBA对数据库进行物理优化。系统为这些变量设定了初始值，但是这些值不一定适合每一种应用环境，在物理设计阶段，需要重新对这些变量赋值，以满足新的要求。

系统配置变量和参数很多。例如，同时使用数据库的用户数，同时打开的数据库对象数，内存分配参致，缓冲区分配参数（使用的缓冲区长度、个数），存储分配参数，物理块的大小，时间片大小，数据库的大小，锁的数目等。这些参数值影响存取时间和存储空间的分配，在物理设计时就要根据应用环境确定这些参数值，以使系统性能达到最优。

在物理设计时对系统配置变量的调整只是初步的，在系统运行时还要根据系统实际运行情况做进一步的调整，以期切实改进系统性能。

数据库物理设计过程中需要对时间效率、空间效率、维护代价和各种用户要求进行权衡，其结果可以产生多种方案，数据库设计人员必须对这些方案进行细致的评价，从中选择一个较优的方案作为数据库的物理结构。

评价物理数据库的方法完全依赖于所选用的DBMS，主要是从定量估算各种方案的存储空间、存取时间和维护代价入手，对估算结果进行权衡、比较，选择出一个较优的合理的物理结构。如果该结构不符合用户需求，则需要修改设计。如果评价结果满足设计要求，则可进行数据库实施。实际上，往往需要经过反复测试、反复评价才能优化物理设计，满足要求。

5.7 数据库的实施与维护

完成数据库的物理设计之后，用 RDBMS 提供的数据定义语言和其他实用程序将数据库逻辑设计和物理设计的结果严格描述出来，在计算机上建立实际的数据库结构、装入数据、进行测试和试运行的过程就是数据库实施。

5.7.1 数据的载入和应用程序的调试

数据库实施阶段包括两项重要的工作，一项是数据的载入；另一项是应用程序的编码和调试。

1. 数据的载入

由于数据库的数据量一般都很大，它们分散于一个企业（或组织）中各个部门的数据文件、报表或多种形式的单据中，存在着大量的重复，并且其格式和结构一般都不符合新设计的数据库系统的要求，必须把这些数据收集起来加以整理，去掉冗余并转换成数据库所规定的格式，这样处理之后才能载入数据库。因此，数据的载入需要耗费大量的人力、物力，是一种非常单调乏味而又意义重大的工作。

特别是当原系统是手工数据处理系统时，各类数据分散在各种不同的原始表格、凭证、单据之中，在向新的数据库系统中输入数据时，还要处理大量的纸质文件，工作量就更大。

由于应用环境和数据来源的差异，所以不可能存在普遍通用的转换规则，现有的 DBMS 产品也不提供通用的数据转换软件来完成这一工作。

对于一般的小型系统，装入数据量较少，可以采用人工方法来完成。即首先将需要装入的数据从各个部门的数据文件中筛选出来，转换成符合数据库要求的数据格式，然后输入到计算机中，最后进行数据校验，检查输入的数据是否有误。

但是，人工方法不仅效率低，而且容易产生差错。对于数据量较大的系统，应该由计算机来完成这一工作。通常是设计一个数据输入子系统，其主要功能是从大量的原始数据文件中筛选、分类、综合和转换数据库所需的数据，把它们加工成数据库所要求的结构形式，最后载入数据库中，同时还要采用多种检验技术检查输入数据的正确性。数据的转换、分类和综合常常需要多次才能完成，因而输入子系统的设计和实施是很复杂的，需要编写许多应用程序，由于这一工作需要耗费较多的时间，为了保证数据能够及时入库，应该在数据库物理设计的同时编制数据输入子系统，而不能等物理设计完成后才开始。

由于要入库的数据在原来的系统中的格式结构与新系统中不完全一样，有的差别可能还比较大，不仅向计算机内输入数据时发生错误，转换过程中也有可能出错。因此在源数据入库之前要采用多种方法对它们进行检验，以防止不正确的数据入库，这部分的工作在整个数据输入子系统中是非常重要的。

在设计数据输入子系统时还要注意原有系统的特点。例如，对原有系统是人工数据处理系统的情况，尽管新系统的数据结构可能与原系统有很大差别，在设计数据输入子系统时，尽量让输入格式与原系统结构相近，这不仅使处理手工文件比较方便，更重要的是减少用户出错的可能性，保证数据输入的质量。

现有的 DBMS 一般都提供不同 DBMS 之间数据转换的工具，若原来是数据库系统，就可以利用新系统的数据转换工具，先将原系统中的表转换成新系统中相同结构的临时表，再将这些表中的数据分类、转换、综合成符合新系统的数据模式、插入相应的表中。

2. 应用程序编码与调试

数据库应用程序的设计应该与数据库设计同时进行，因此在组织数据入库的同时还要调试应用程序。数据库应用程序的设计属于一般的程序设计范畴，但数据库应用程序有自己的一些特点。例如，大量使用屏幕显示控制语句、形式多样的输出报表、重视数据的有效性和完整性检查、有灵活的交互功能等。

根据系统的体系结构设计(C/S 或 B/S)、软硬件环境、开发人员的技术背景、系统的复杂程度等因素，在.NET 和 Java 开发平台中做出选择。

数据库结构建立好之后，就可以开始编制与调试数据库的应用程序，这时由于数据入库尚未完成，调试程序时可以先使用模拟数据。

5.7.2 数据库的试运行

应用程序编写完成，并有了一小部分数据装入后，应该按照系统支持的各种应用分别试验应用程序在数据库上的操作情况，这就是数据库的试运行阶段，或者称为联合调试阶段。在这一阶段要完成两方面的工作：

(1) 功能测试。实际运行应用程序，执行对数据库的各种操作，测试应用程序的功能是否满足设计要求。如果不满足，对应用程序部分则要修改、调整，直到达到设计要求为止。

(2) 性能测试。测量系统的性能指标，分析系统是否符合设计目标。在对数据库进行物理设计时已初步确定了系统的物理参数值，但一般的情况下，设计时的考虑在许多方面只是近似的估计，和实际系统运行总有一定的差距，因此必须在试运行阶段实际测量和评价系统性能指标。事实上，有些参数的最佳值往往是经过运行调试后找到的。如果测试的结果与设计目标不符，则要返回物理设计阶段，重新调整物理结构，修改系统参数，某些情况下甚至要返回逻辑设计阶段，修改逻辑结构。

这里特别要强调两点：

(1) 上面已经讲到组织数据入库是十分费时费力的事，如果试运行后还要修改数据库的设计，还要重新组织数据入库。因此应分期分批地组织数据入库，先输入小批量数据做调试用，待试运行基本合格后，再大批量输入数据，逐步增加数据量，逐步完成运行评价。

(2) 数据库的实施和调试不是几天就能完成的，需要有一定的时间。在此期间由于系统还不稳定，随时可能发生硬件或软件故障，加之数据库刚刚建立，操作人员对系统还不熟悉，对其规律缺乏了解，容易发生操作错误，这些故障和错误很可能破坏数据库中的数据，这种破坏很可能在数据库中引起连锁反应，破坏整个数据库。因此必须做好数据库的转储和恢复工作，要求设计人员熟悉 DBMS 的转储和恢复功能，并根据调试方式和特点首先加以实施，尽量减少对数据库的破坏，并简化故障恢复。

5.7.3　数据库的运行和维护

数据库试运行结果符合设计目标后，数据库就投入正式运行，进入运行和维护阶段。数据库系统投入正式运行，标志着数据库应用开发工作的基本结束，但并不意味着设计过程已经结束。由于应用环境不断发生变化，用户的需求和处理方法不断发展，数据库在运行过程中的存储结构也会不断变化，从而必须修改和扩充相应的应用程序，进行不断地维护。对数据库设计进行评价、调整、修改等维护工作是一个长期的任务，也是设计工作的继续和提高。

在数据库运行阶段，对数据库经常性的维护工作主要由 DBA 负责，主要包括以下 4 项任务。

1. 数据库的转储和恢复

数据库的转储和恢复是系统正式运行后最重要的维护工作之一。DBA 要针对不同的应用要求制定不同的转储计划，以保证一旦发生故障能尽快将数据库恢复到某种一致的状态，并尽可能减少对数据库的破坏。

2. 数据库的安全性、完整性控制

按照设计阶段提供的安全规范和故障恢复规范，DBA 要经常检查系统的安全是否受到侵犯，根据用户的实际需要授予用户不同的操作权限。数据库在运行过程中，由于应用环境发生变化，对安全性的要求可能发生变化。例如，有的数据原来是机密的，现在是可以公开查询了，而新加入的数据又可能是机密的等，DBA 要根据实际情况及时调整相应的授权和密码，以保证数据库的安全性。同样数据库的完整性约束条件也可能会随应用环境的改变而改变，这时 DBA 也要对其进行调整，以满足用户的要求。

3. 数据库性能的监测与改善

在数据库运行过程中，监督系统运行，对监测数据进行分析，找出改进系统性能的方法是 DBA 的又一重要任务。目前有些 DBMS 产品提供了监测系统性能参数的工具，DBA 可以利用这些工具方便地得到系统运行过程中一系列性能参数的值。DBA 应仔细分析这些数据，判断当前系统运行状况是否是最佳，应当做哪些改进。例如，调整系统物理参数，或对数据库进行重组或重构等。

4. 数据库的重组与重构

数据库建立后，除了数据本身是动态变化以外，随着应用环境的变化，数据库本身也必须变化以适应应用要求。

数据库运行一段时间后，由于记录的不断增加、删除和修改，会改变数据库的物理存储结构，使数据库的物理特性受到破坏，从而降低数据库存储空间的利用率和数据的存取效率，使数据库的性能下降。因此，需要对数据库进行重新组织，即重新安排数据的存储位置，回收垃圾，减少指针链，改进数据库的响应时间和空间利用率，提高系统性能。这与操作系统对“磁盘碎片”的处理的概念相类似。

数据库的重组并不修改原设计的逻辑和物理结构，而数据库的重构则不同，它是指部分

修改数据库的模式和内模式。

数据库应用环境的变化可能导致数据库的逻辑结构发生变化，如要增加新的实体，增加某些实体的属性。这样，实体之间的联系发生了变化，使原有的数据库设计不能满足新的要求，必须对原来的数据库重新构造，适当调整数据库的模式和内模式。例如，要增加新的数据项，增加或删除索引，修改完整性约束条件等。

DBMS一般都提供了重新组织和构造数据库的应用程序，以帮助DBA完成数据库的重组和重构工作。

只要数据库系统在运行，就需要不断地进行修改、调整和维护。当然，数据库的重构也是有限的，只能做部分修改。一旦应用变化太大，数据库重构也无济于事，这就表明数据库应用系统的生命周期结束，应该建立新系统，重新设计数据库。

习题5

1. 简答题

(1) 简述数据库设计过程及各阶段的主要任务。
(2) 试述数据库设计的特点。
(3) 为什么要进行规划？
(4) 需求分析阶段的设计目标是什么？调查的内容是什么？
(5) 数据库概念结构设计的重要性、设计策略、设计步骤。
(6) 什么叫数据抽象？试举例说明。
(7) 为什么要视图集成？视图集成的方法是什么？
(8) 什么是数据库的逻辑结构设计？试述其设计步骤。
(9) 试述把E-R图转换为关系模型的转换规则。
(10) 数据输入在实施阶段的重要性是什么？如何保证输入数据的正确性？
(11) 数据库系统投入运行后，有哪些维护工作？
(12) 数据库重组和重构的内容及必要性。

2. 设计题

(1) 设计一个图书馆数据库，此数据库中包含如下信息：

- 读者：读者号、姓名、地址、性别、年龄、单位。
- 书：书号、书名、作者、馆藏数、出版社。
- 借阅：读者号、书号、借出日期和还书日期。

要求：绘出E-R图，再将其转换为关系模型。

(2) 已知销售管理数据库(XSGL)：

① 实体。

- 产品：产品编号、产品名称、规格、单价、照片。
- 客户：客户编号、客户名称、法人代表、联系人、联系电话、客户类别、所在国家、所在省份、所在城市。

- 员工：员工编号、姓名、级别、职务、联系电话、负责区域、参加工作时间、学历。
- 订单：订单编号、客户编号、产品编号、订数、签订日期、发货日期、负责员工。
- 运输公司：公司编号、公司名称、法人代表、联系人、联系电话、注册地。

② 该系统语义如下：

- 一名客户可购买多种产品，一种产品可销售给多名客户；
- 一名客户可有多个订单，一个订单只对应一名客户；
- 一个订单可订多种产品，一种产品可出现在多个订单中，但同一种产品在一个订单中只能有一条记录；
- 一个订单只有一个负责员工，一个员工可负责多个订单；
- 一个订单只有一个运输公司承运，一个运输公司可承运多个订单。

根据上述信息设计该系统的概念模型和逻辑模型。

第二篇

MS SQL Server 2008关系数据库管理系统

本篇为数据库系统应用篇，讲解 Microsoft SQL Server 2008 关系数据库管理系统的应用知识。

第 6 章 SQL Server 2008 概述，介绍 SQL Server 2008 基础入门知识，内容包括 SQL Server 2008 简介、SQL Server 2008 的安装、SQL Server Management Studio 功能与操作以及数据库的创建与管理等。

第 7 章 关系数据库语言 SQL，基于 Transaction-SQL 讲解 SQL 概述及特点、表的定义与维护、索引的定义与维护、SQL 数据查询、SQL 的数据更新操作以及视图等内容。SQL 语言是集数据查询、数据操纵、数据定义和数据控制功能于一身的非过程化语言，它面向集合操作，充分体现了关系数据库的特点。

第 8 章 Transact-SQL 程序设计，包括 Transact-SQL 程序设计基础、存储器、触发器及游标等内容。讲授数据类型、常量、变量、标识符、函数、程序流程控制等基础内容，以及存储过程、触发器、游标等 SQL Server 数据库编程中常用的技术。

第 9 章 事务与并发控制，介绍事务、封锁、封锁协议等并发控制的基础知识以及 SQL Server 2008 的并发控制技术。

第 10 章 SQL Server 2008 数据库安全技术，主要介绍安全管理方面的知识，内容涉及：SQL Server 的安全机制；登录、用户和角色的管理；用户和角色的权限管理。

第 11 章 SQL Server 2008 数据库维护，介绍数据库的压缩、数据库分离与附加、数据库备份与还原等内容。

通过上述知识的学习，学习者可以熟练地创建和维护数据库及其各类数据对象，并初步掌握 SQL Server 数据库的管理和控制技术。

第6章 SQL Server 2008概述

【本章简介】

本章介绍 SQL Server 2008 的基础入门知识，内容包括 SQL Server 2008 简介、SQL Server 2008 的安装、SQL Server Management Studio 功能与操作以及数据库的创建与管理等。

【学习目标】

- 了解 SQL Server 的发展历程，掌握 SQL Server 2008 的体系结构；
- 掌握 SQL Server 2008 的软硬件环境需求与安装方法；
- 熟悉 SQL Server Management Studio 的功能与操作；
- 了解 SQL Server 2008 数据库构成，掌握数据库的创建与管理。

6.1 SQL Server 2008 简介

SQL Server 2008 是微软公司推出的一款关系数据库管理系统软件。它紧密结合了微软公司的各类主要产品，与 Windows、Office、Visual Studio 等最新技术进行了衔接。SQL Server 2008 能够提供一个丰富的服务集合来管理数据，并支持数据分析、报表、数据整合等功能，而且其图形化的管理界面十分便于学习与使用。

6.1.1 SQL Server 的发展历程

SQL Server 开始并不是微软公司的产品，而是为了与 IBM 在 OS2 平台上竞争，与 Sybase 公司合作研发的产品。直到 SQL Server 4.2，微软公司一直和 Sybase 公司一起研发这项数据库产品。1992 年，微软公司将 SQL Server 4.2 移植到 Windows NT 平台上，就停止了与 Sybase 公司的合作。从 SQL Server 6.0 开始，微软公司开始自主开发 SQL Server 系列产品。

SQL Server 2008 是微软公司 2008 年推出的版本，具备了许多新的特性和关键的改进，提供了更安全、更具延展性、更高的管理能力。目前，SQL Server 2008 已经逐渐取代上几代产品，成为主流的 SQL Server 产品。

SQL Server 2008 发展历程如表 6-1 所示。

表 6-1 SQL Server 的发展历程

年份	SQL Server 版本	备　注
1988	SQL Server	SQL Server 诞生，与 Sybase 共同开发
1993	SQL Server 4.2	功能较少的桌面数据库，与 Windows 集成，能够满足小部门数据存储和处理的需求，界面易于使用
1995	SQL Server 6.05	一种小型的商业数据库。微软公司 1994 年在 Windows NT 推出后与 Sybase 公司终止合作，将 SQL Server 移植到 Windows NT 系统上，对核心数据库引擎做出了重大的改写，使其性能得到提升，重要的特性得到增强，具备了处理小型电子商务和内联网应用程序的能力，开始形成了一定的市场竞争力
1996	SQL Server 6.5	微软公司第一款真正具有市场竞争力的数据库产品
1998	SQL Server 7.0	对核心数据库引擎进行了重大改写，摆脱了 Sybase 架构，是一款功能强大、支持 Web 应用、具有丰富特性的数据库产品，介于基本的桌面数据库(Microsoft Access)和高端企业级数据库(Oracle、DB2)之间，为中小企业提供了质优价廉的可选方案
2000	SQL Server 2000	成为企业级数据库市场中的重要一员，支持商业智能和数据仓库
2005	SQL Server 2005	对 SQL Server 2000 做了进一步的修改完善，引入了.NET Framework
2008	SQL Server 2008	功能相较 SQL Server 2005 有大幅提升，支持大规模数据仓库、空间数据、高级报告与分析服务等新特性
2012	SQL Server 2012	SQL Server 家族中最新版本

6.1.2 SQL Server 2008 的体系结构

SQL Server 2008 的体系结构是指对 SQL Server 2008 组成部分和这些组成部分之间关系的描述。SQL Server 2008 系统由 4 部分组成，即数据库引擎、Analysis Services、Reporting Services 和 Integration Services。

1. 数据库引擎

数据库引擎是 SQL Server 2008 系统的核心服务，用来完成数据的存储、处理和安全管理。利用它可以设计并创建数据库、访问和更改数据库中存储的数据，提供日常管理的支持、优化数据库的性能。

通常情况下，使用数据库系统实际上就是在使用数据库引擎。因为数据库引擎也是一个复杂的系统，本身包含了许多功能组件。例如，使用 SQL Server 2008 系统的数据库引擎可以创建数据库、创建表、创建视图、进行数据查询和访问数据库等操作。

2. Analysis Services(分析服务)

SQL Server Analysis Services 是为商业智能应用程序提供联机分析处理(Online Analytical Processing，OLAP)和数据挖掘功能的服务。使用 Analysis Services，用户可以设计、创建和管理包含来自于其他数据源的多维结构，通过对多维数据进行多角度的分析，可以使管理人员对业务数据有更全面的理解。另外，通过使用 Analysis Services，用户可以完成数据挖掘模型的构造和应用，实现知识的发现、表示和管理。

3. Reporting Services(报表服务)

SQL Server Reporting Services 的功能是管理、执行、呈现、计划和传递报表。它用于生成从多种关系数据源和多维数据源提取内容的企业报表,发布能以各种格式查看的报表,以及集中管理安全性和订阅。创建的报表可以通过基于 Web 的连接进行查看,也可以作为 Microsoft Windows 应用程序的一部分或通过 SharePoint 门户进行查看。

Reporting Services 包含用于创建和发布报表模型的图形工具和向导,用于管理 Reporting Services 的报表服务器管理工具和用于对 Reporting Services 对象模型进行编程和扩展的应用程序接口(API)。

4. Integration Services(集成服务)

SQL Server Integration Services 为 SSIS 包的存储和执行提供管理支持。Integration Services 是一个数据集成平台,负责完成有关数据的提取、转换和加载等操作。对于 Analysis Services 来说,数据库引擎是一个重要的数据源,而如何将数据源中的数据经过适当的处理并加载到 Analysis Services 中以便进行各种分析处理,这正是 Integration Services 所要解决的问题。Integration Services 可以高效地处理各种各样的数据源。例如, SQL Server、Oracle、Excel、XML 文档、文本文件等。

6.2 SQL Server 2008 的安装

在了解了数据库的基础原理知识、SQL Server 2008 的概念以及重要新增特性和功能后,本节将介绍 SQL Server 2008 的不同版本、安装的软硬件需求以及如何将 SQL Server 2008 安装到用户的计算机上。正确地安装和配置系统是确保软件安全、健壮、高效运行的基础。

6.2.1 SQL Server 2008 的版本

SQL Server 2008 与之前的版本一样,分为 32 位和 64 位两种,包括企业版(Enterprise)、标准版(Standard)、工作组版(Workgroup)、网络版(Web)、开发版(Developer)、速成版(Express)和精简版(Compact 3.5)等版本。SQL Server 2008 的不同版本能够满足企业和个人不同的性能、运行及价格要求。需要安装哪些 SQL Server 2008 组件,可以根据企业或个人的需求而定。了解 SQL Server 2008 的不同版本之间的区别,将有助于进行选择。

1. 企业版(Enterprise)

企业版能支持超大型企业联机事务处理(OLTP),能进行高度复杂的数据分析,具有数据仓库系统和大型网站所需的性能水平,拥有全面商业智能分析能力和高可用性功能,可以完成企业大多数关键业务应用的需求。企业版是最全面的 SQL Server 版本,能满足超大型企业最复杂的应用要求。

2. 标准版(Standard)

标准版支持32位和64位系统,是适合于中小型企业的数据管理和分析平台。它包括电子商务、数据仓库和业务流程解决方案所需的基本功能。它的功能略少于企业版,略多于工作组版。

3. 工作组版(Workgroup)

工作组版适用于数据库在大小和用户数量上没有限制的小型企业。工作组版包括SQL Server产品系列的核心数据库功能,并且可以轻松地升级至标准版或企业版。工作组版是理想的入门级数据库,具有可靠、功能强大和易于管理的特点。

4. 网络版(Web)

网络版是SQL Server 2008新出现的版本,是专门为运行于Windows服务器上的高可用性、面向互联网的网络环境而设计的。SQL Server 2008网络版为客户提供了必要的工具,以支持低成本、大规模、高可用性的网络应用程序或主机托管解决方案。

5. 开发版(Developer)

开发版的功能和企业版完全一样,只是许可方式不同,只能用于开发和测试系统,而不能用作企业数据服务器。开发版可以满足数据管理与应用软件开发的需要,帮助开发人员在SQL Server上生成任何类型的应用程序。开发版可以升级至企业版。

6. 速成版(Express)

速成版是一个免费、易于管理的数据库。它与Microsoft Visual Studio 2008集成在一起,可以轻松地开发功能丰富、存储安全、可快速部署的数据驱动应用程序。它可免费从Microsoft官方网站上下载,可以再分发,还可以起到客户端数据库以及基本数据库服务器的作用。速成版是低端数据用户、创建Web应用程序的非专业开发人员以及创建客户端应用程序的学习者的理想选择,但在处理器及数据库功能上有限制。

7. 精简版(Compact 3.5)

精简版,包含于Visual Studio,是一个轻量级关系型数据库引擎。SQL Server Compact可以运行于所有的微软Windows平台之上,包括Windows XP和Windows 7操作系统,以及Pocket PC和SmartPhone设备。

对于想要学习SQL Server 2008的用户,建议使用速成版;小规模应用的开发可以使用工作组版;对于较为正式的中等规模项目开发,可以根据类型选择Web版或标准版;如果进行大型数据存储或大型应用开发,则要使用企业版。企业版和开发版的功能一模一样,两者的差别,除了授权不同外,最主要的差别是:企业版的数据库引擎只能安装在Windows 2003 Server及其以上版本的系统上。如果想安装在桌面客户端Windows系统上,就应该安装SQL Server 2008开发版。

6.2.2 软硬件安装需求

SQL Server 2008 可以安装在 32 位操作系统和 64 位操作系统之上，对于不同的平台，对系统的要求也是不一样的。下面以目前比较普遍的 32 位操作系统为例，简单介绍软、硬件的环境需求。

1. 处理器

SQL Server 2008 需要最低 1GHz 的处理器。微软公司推荐使用 2GHz 或更高频率的处理器。需要注意的是，微软公司对于 SQL Server 2008 的处理器是有许可要求的。也就是说，当用户觉得数据库运行不够快，需要增加处理器时，需要向微软公司购买添加处理器的许可。

2. 内存

SQL Server 2008 最小运行内存是 512MB，微软公司推荐使用 2GB 以上的内存。实际使用 SQL Server 时，内存大小至少应该是推荐大小的两倍。

3. 操作系统要求

不同版本的 SQL Server 对操作系统有不同的要求，表 6-2 列出了各种版本的 SQL Server 2008 对常见操作系统的要求。

表 6-2 安装 SQL Server 2008 对操作系统的要求

操作系统要求	企业版	标准版	工作组版	开发版	速成版
Windows Server 2008 Standard/Enterprise/Datacenter	√	√	√	√	√
Windows Server 2003 Standard/Datacenter/Enterprise	√	√	√	√	√
Windows 2000 Server	√	√	√	√	√
Windows 2000 Professional	×	√	√	√	√
Windows XP Professional	×	√	√	√	√
Windows XP Home	×	×	×	√	√
Windows Vista/7 Enterprise/Business/Ultimate	×	√	√	√	√
Windows Vista/7 Home	×	×	×	√	√

在安装 SQL Server 2008 之前，应确定计算机上安装有.NET Framework 3.5 以上的版本。

6.2.3 安装 SQL Server 2008

本节基于 SQL Server 2008 Express 版讲述如何安装和配置 SQL Server 2008。

(1) 双击安装程序。如果当前计算机系统中没有安装.NET Framework，将会出现提示对话框。下载并安装.NET Framework 后进入正常安装流程。

(2) 随之出现安装中心对话框，在默认的“计划”列表中列出了一些安装 SQL Server 2008 的帮助资料，如图 6-1 所示。

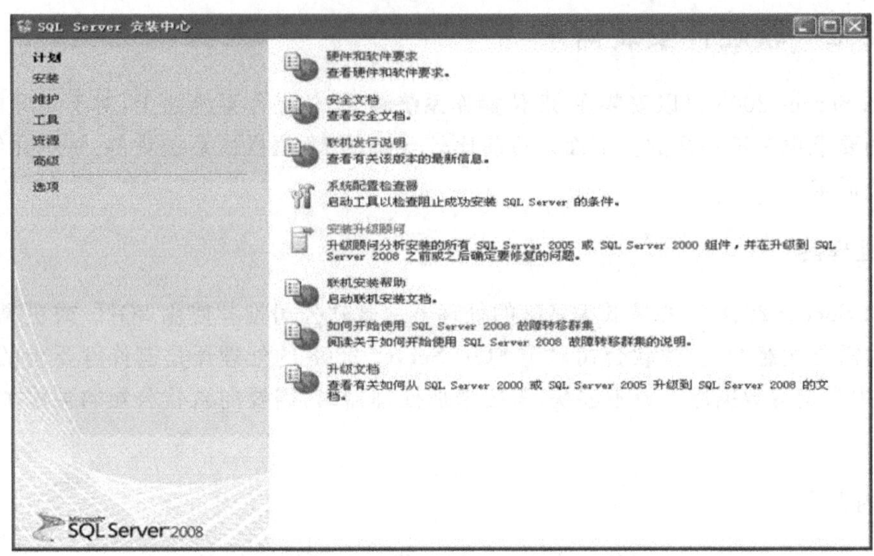

图 6-1 安装 SQL Server 2008 的帮助资料

(3) 单击“安装”按钮，显示安装选项，如图 6-2 所示。

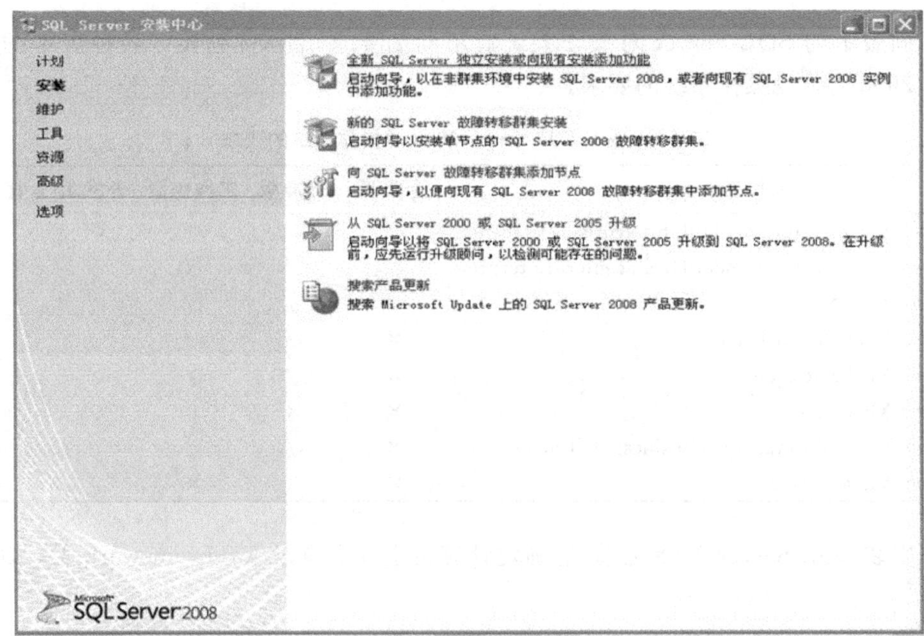

图 6-2 安装选项

(4) 选择“全新 SQL Server 独立安装或向现有安装添加功能”选项，弹出“安装程序支持规则”页面，如图 6-3 所示。

(5) 单击“确定”按钮，进入“产品密钥”页面，如图 6-4 所示，可以选择“指定可用版本”单选按钮，或输入有效的产品密钥，然后单击“下一步”按钮。

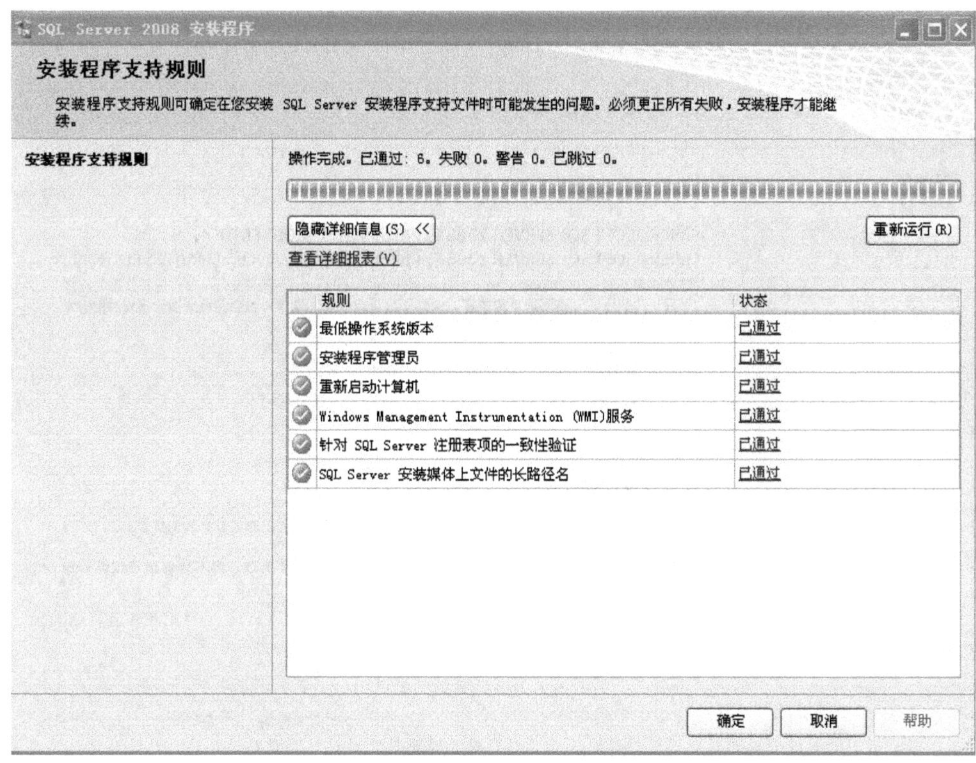

图 6-3 “安装程序支持规则”对话框—检查通过

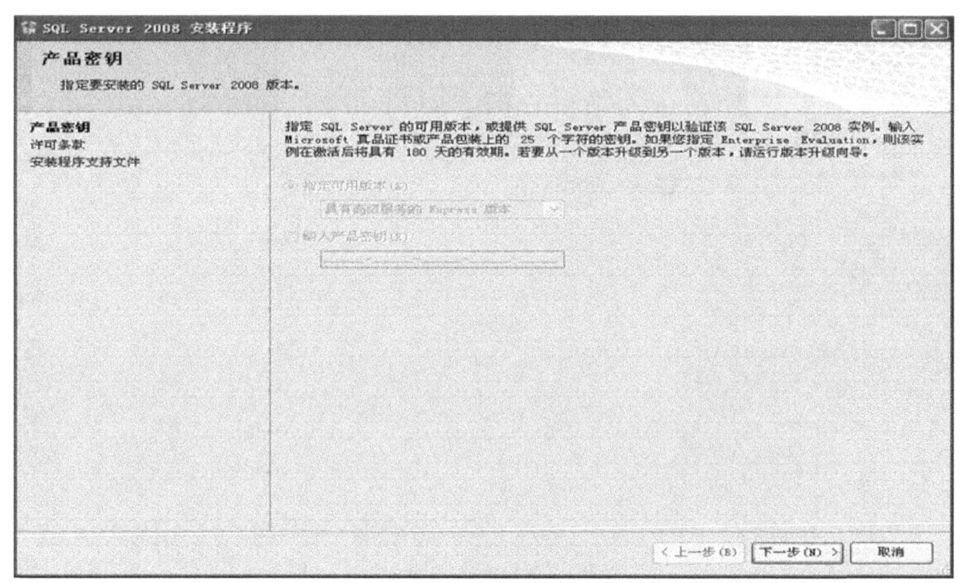

图 6-4 “产品密钥”页面

(6) 弹出如图 6-5 所示的“许可条款”页面，选择“我接受许可条款”复选框，单击“下一步”按钮。

(7) 进入如图 6-6 所示的“安装程序支持文件”页面，单击“安装”按钮。

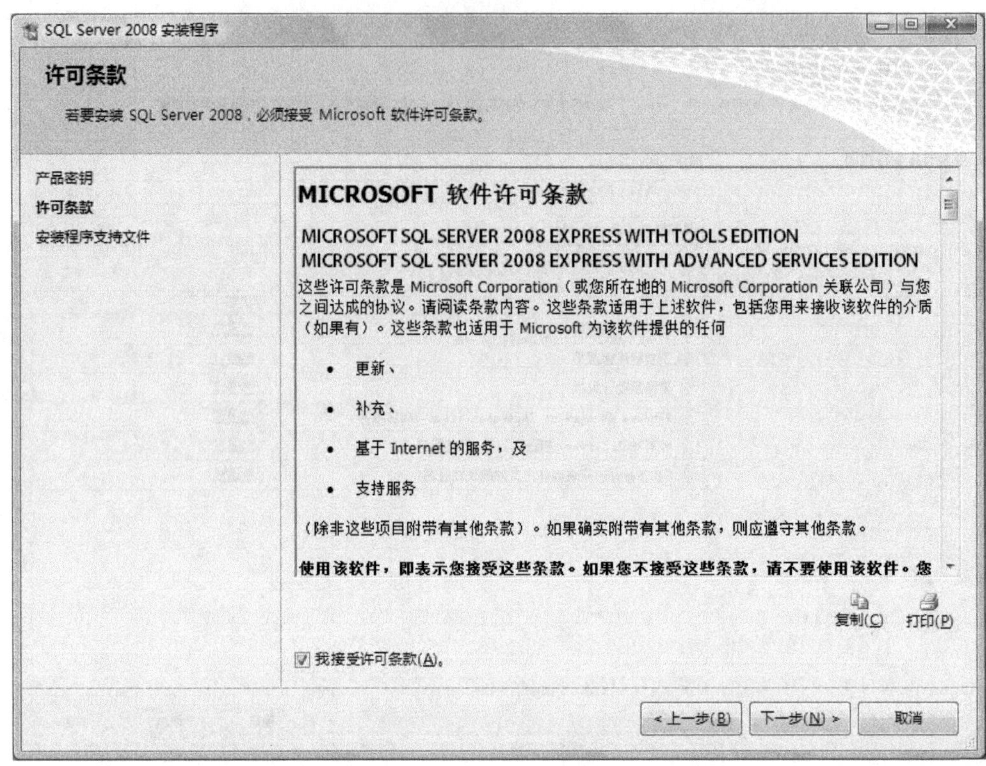

图 6-5 “许可条款”页面

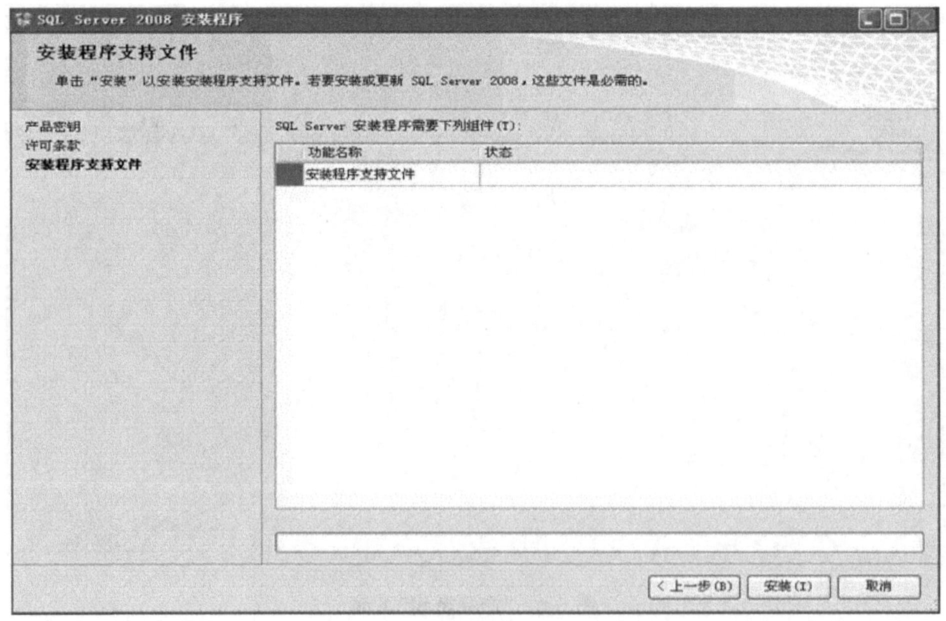

图 6-6 “安装程序支持文件”页面

（8）弹出如图 6-7 所示的页面，SQL Server 2008 安装程序将会对系统的软件、硬件和网络环境进行检查，只有满足条件后才可以继续安装。

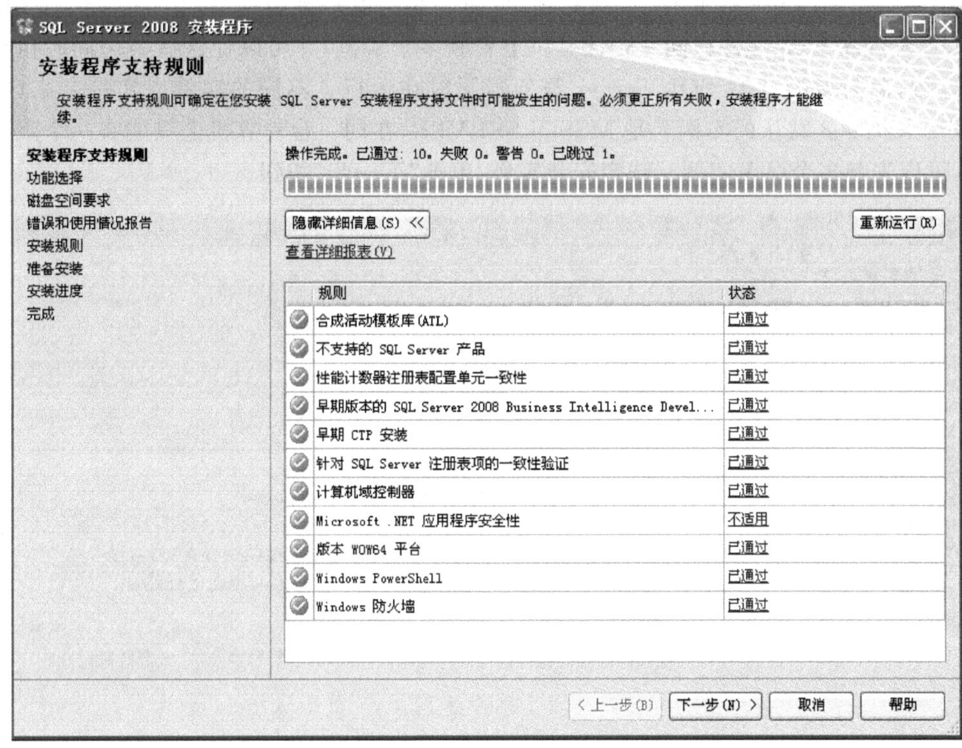

图 6-7　安装程序对环境进行检查

(9) 如果所有安装条件都满足要求，单击“下一步”按钮。弹出如图 6-8 所示的“功能选择”页面，选择需要安装的功能选项之后，单击“下一步”按钮。

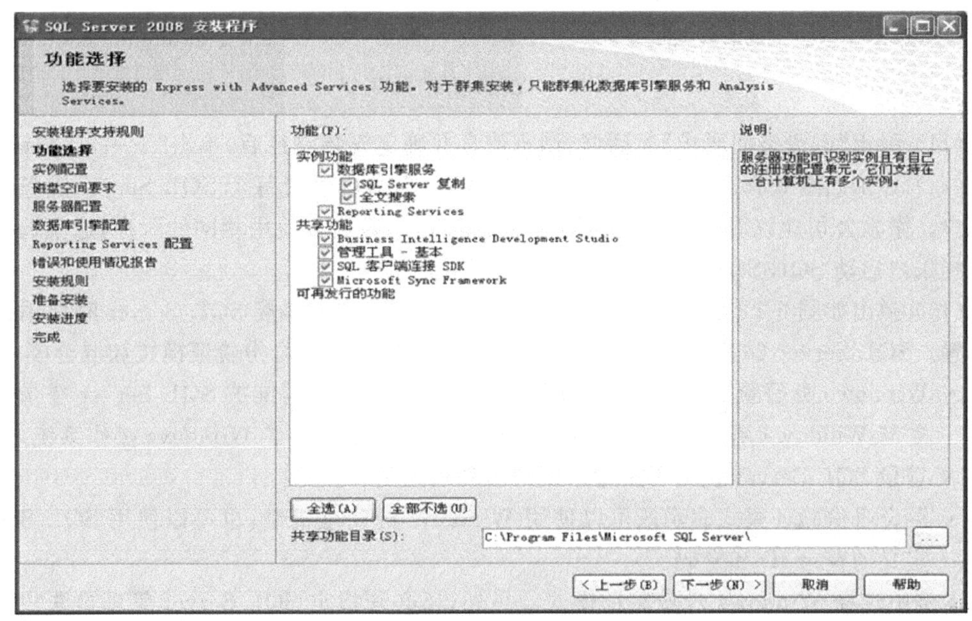

图 6-8　“功能选择”页面

(10) 弹出如图 6-9 所示的"实例配置"页面。实例就是虚拟的 SQL Server 2008 服务器,SQL Server 2008 允许在同一台计算机上安装多个实例,并可以让这些实例同时执行或独立运行,就好像有多台 SQL Server 服务器同时在运行。不同的实例以实例名来区分。SQL Server 2008 默认的实例名是 MSSQLSERVER,在同一台计算机上只能有一个默认的实例,可以安装多个命名实例。选定安装实例,单击"下一步"按钮。

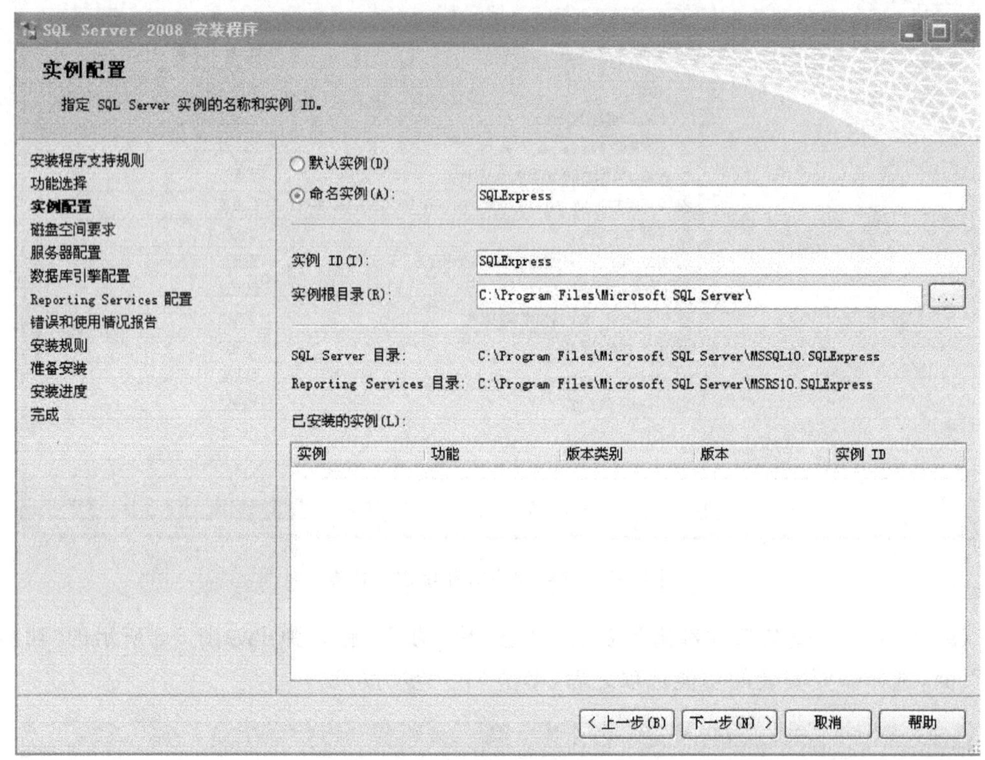

图 6-9 "实例配置"页面

(11) 弹出"磁盘空间要求"对话框,浏览信息并确定安装路径后,单击"下一步"按钮。

(12) 弹出如图 6-10 所示的"服务器配置"页面,在其中设置每个 SQL Server 服务使用的账户。微软公司建议对每一个服务使用单独的账户,也可以使用相同的账户,这里选择使用系统账户启动 SQL Server。单击"下一步"按钮。

(13) 弹出如图 6-11 所示的"数据库引擎配置"页面,指定连接 SQL Server 时使用的安全配置。SQL Server 2008 提供两种身份验证模式:Windows 身份验证模式和混合模式。

- Windows 身份验证模式表示使用 Windows 的安全机制维护 SQL Server 登录。建立与 Windows 用户账户对应的登录账户,这样,在登录了 Windows 操作系统之后,登录 SQL Server 就不再用输入用户名和密码了。
- 混合身份验证模式表示既可以使用 Windows 的安全机制,也可以使用 SQL Server 定义的登录 ID 和密码。

本例中选择 Windows 身份验证模式。另外,还必须指定 SQL Server 管理员账户。在特殊情况下(如 SQL Server 拒绝连接时),能够使用这个账户进行登录并进行调试,让 SQL Server 恢复运行。一般管理员账户是服务器账户,这里单击"添加当前用户"按钮使用计算

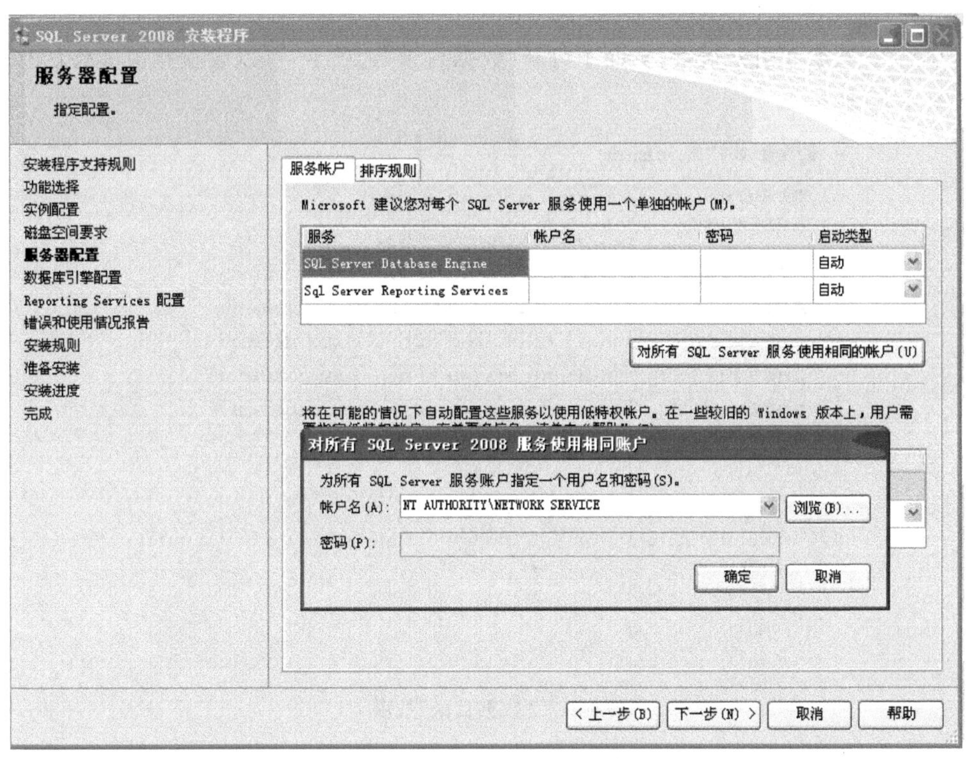

图 6-10　“服务器配置”页面

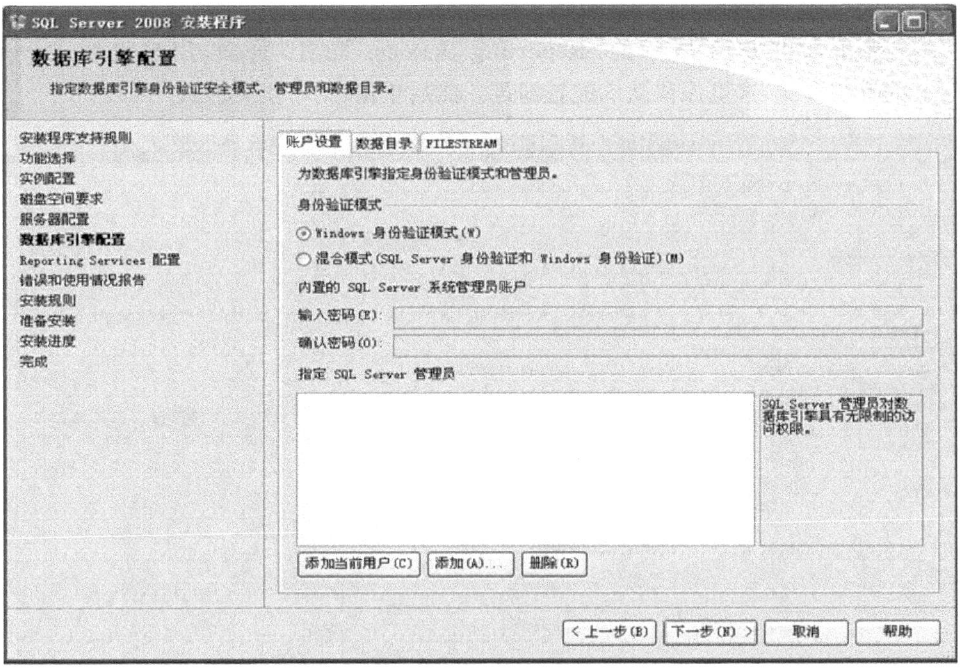

图 6-11　“数据库引擎配置”页面

机系统的当前账户。

(14) 在“数据库引擎配置”页面中打开“数据目录”选项卡，可以设置相关文件的存放路径，如图 6-12 所示。

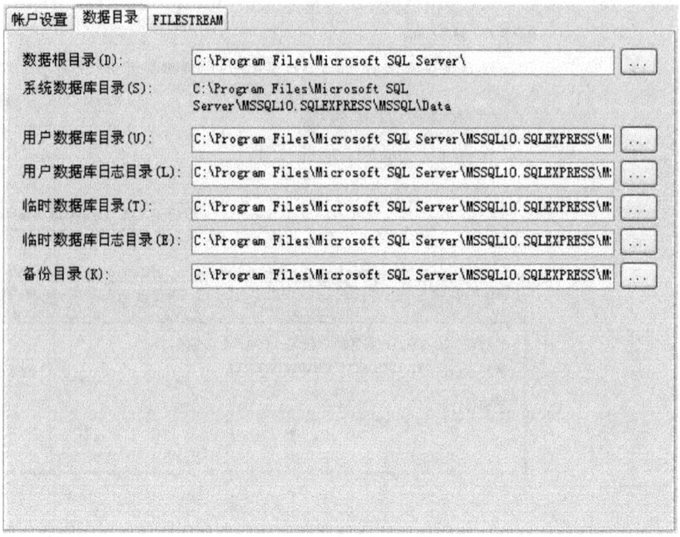

帐户设置 | 数据目录 | FILESTREAM

数据根目录(D): C:\Program Files\Microsoft SQL Server\
系统数据库目录(S): C:\Program Files\Microsoft SQL Server\MSSQL10.SQLEXPRESS\MSSQL\Data
用户数据库目录(U): C:\Program Files\Microsoft SQL Server\MSSQL10.SQLEXPRESS\M:
用户数据库日志目录(L): C:\Program Files\Microsoft SQL Server\MSSQL10.SQLEXPRESS\M:
临时数据库目录(T): C:\Program Files\Microsoft SQL Server\MSSQL10.SQLEXPRESS\M:
临时数据库日志目录(E): C:\Program Files\Microsoft SQL Server\MSSQL10.SQLEXPRESS\M:
备份目录(K): C:\Program Files\Microsoft SQL Server\MSSQL10.SQLEXPRESS\M:

图 6-12 “数据目录”选项卡

(15) 设置完毕后，单击“下一步”按钮。

下面需要进行其他服务与功能的设置操作。如果在前面操作中没有选择相应服务，这里某些步骤是不会出现的。

(16) 弹出如图 6-13 所示的“Reporting Services 配置”页面，用来设置 Reporting Services 的安装模式，这里保留默认配置即可。然后单击“下一步”按钮。

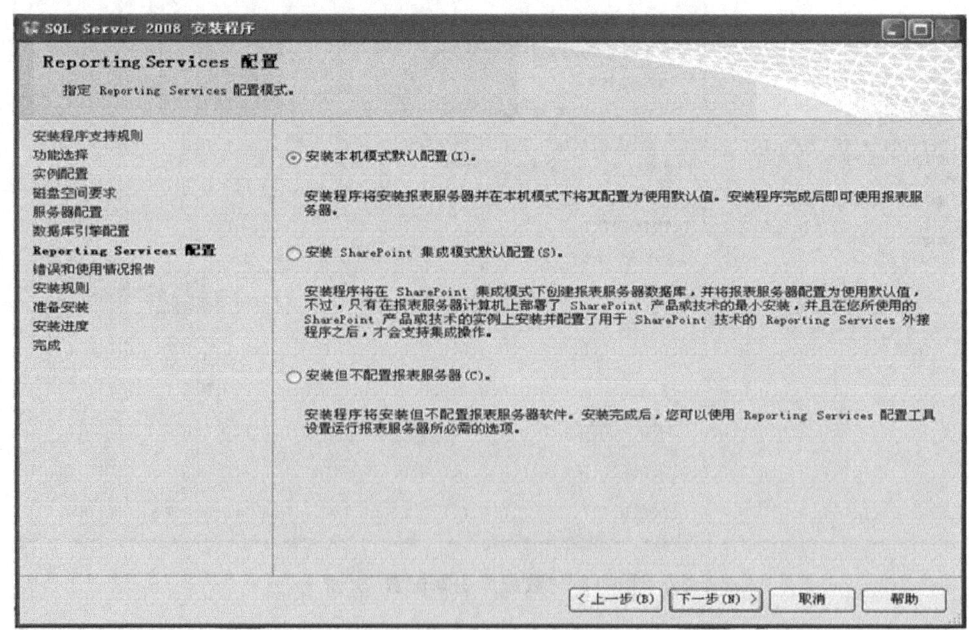

图 6-13 “Reporting Services 配置”页面

(17) 在“错误和使用情况报告”页面中，勾选第一个复选框将让 SQL Server 自动报告错误并将错误报告发送到微软服务器或者公司服务器，勾选第二个复选框将确认让微软公司获得如何使用 SQL Server 的信息。这两个选项可以由用户自行选择，这里不勾选这两个复选框，如图 6-14 所示。单击“下一步”按钮。

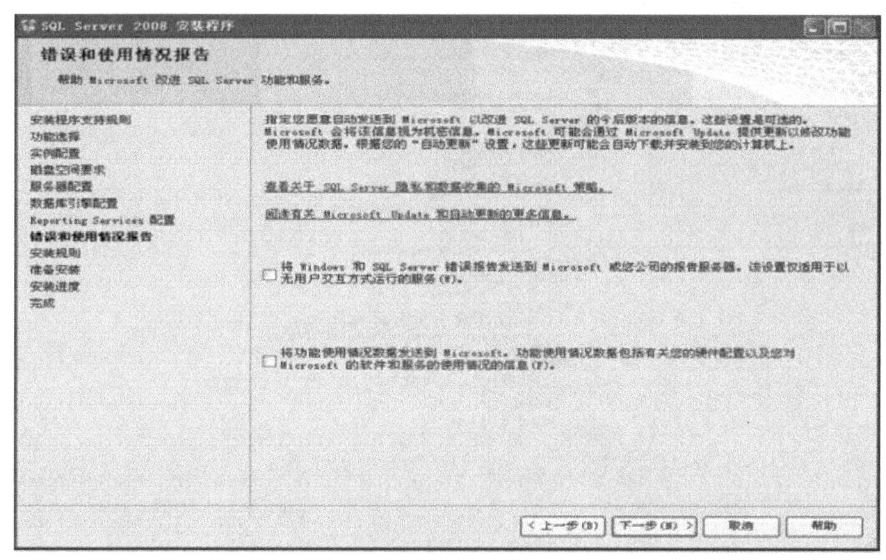

图 6-14　“错误和使用情况报告”页面

(18) 弹出如图 6-15 所示的“安装规则”页面，安装程序将运行安装规则以确定适合需要阻止安装过程，除非有失败的项目，否则不会影响程序的进一步安装操作。

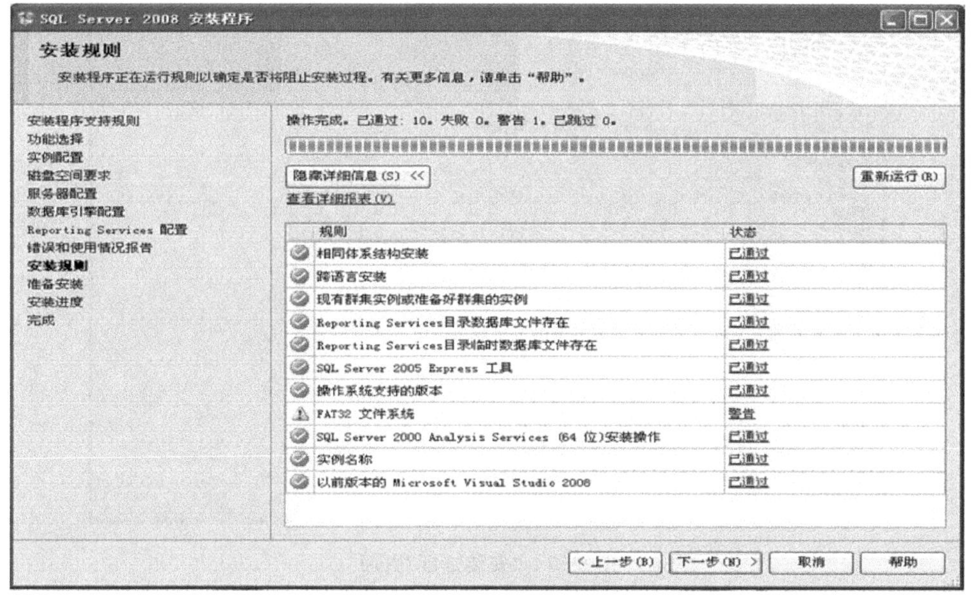

图 6-15　“安装规则”页面

(19) 安装程序打开如图 6-16 所示的“准备安装”页面，在这里可以查看要安装的所有组件，如果没有需要修改的地方，直接单击“安装”按钮。

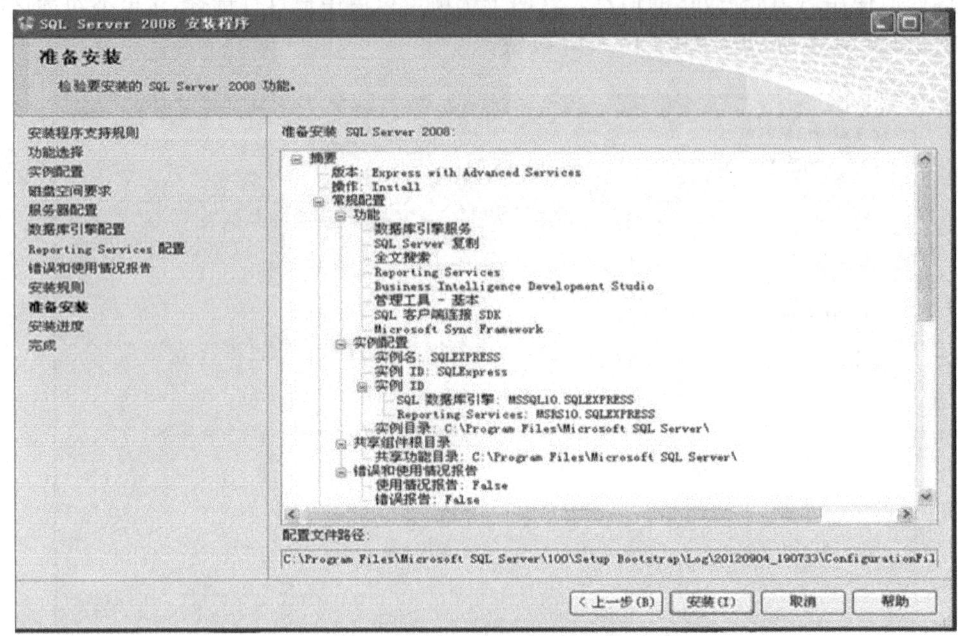

图 6-16 “准备安装”页面

(20) 弹出如图 6-17 所示的“安装进度”页面，正式开始安装 SQL Server 2008。

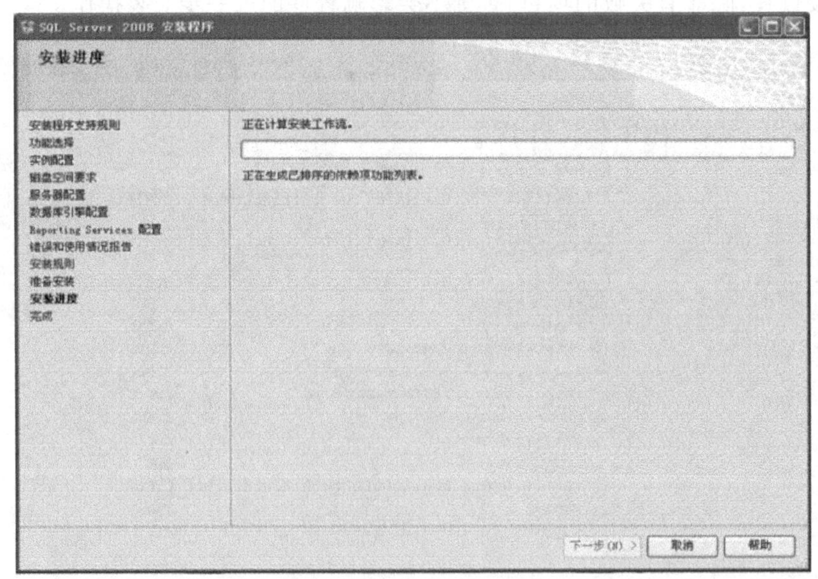

图 6-17 “安装进度”页面

(21) 安装完成后，单击“下一步”按钮，SQL Server 2008 整个安装过程结束。

6.3 SQL Server Management Studio 功能与操作

SSMS(SQL Server Management Studio)是 SQL Server 2008 中最重要的管理工具,提供了用于数据库管理的图形工具和功能丰富的开发环境。SSMS 将原来的 SQL Server 2000 中的企业管理器、Analysis Manager 和 SQL 查询分析器功能集合为一体,还可以用它来编写 MDX、XML 和 XMLA 语句。

6.3.1 启动 SQL Server Management Studio

在 Windows 系统桌面中,选择"开始"→"所有程序"→SQL Server 2008→SQL Server Management Studio 命令,就可以打开 SSMS 的登录界面,如图 6-18 所示。

图 6-18 登录身份验证

- "服务器类型"下拉列表框中列出了 SQL Server 2008 的所有服务,因为是进行数据管理工作,所以选择"数据库引擎"选项。
- "服务器名称"下拉列表框选择要连接的 SQL Server 服务器,其中列出了当前网络中所有安装 SQL Server 服务器的计算机名称。
- "身份验证"下拉列表框中选择连接的身份验证模式:"Windows 身份验证"或"SQL 身份验证"。

单击"连接"按钮,进入 SSMS 主管理界面,如图 6-19 所示。

6.3.2 SQL Server Management Studio 组件简介

SSMS 窗口主要分为三个组件窗口:已注册的服务器、对象资源管理器和文档窗口。

1. 已注册的服务器

选择菜单"视图"→"已注册的服务器"命令,或按下 Ctrl+Alt+G 组合键,可以显示"已注册的服务器"窗口。

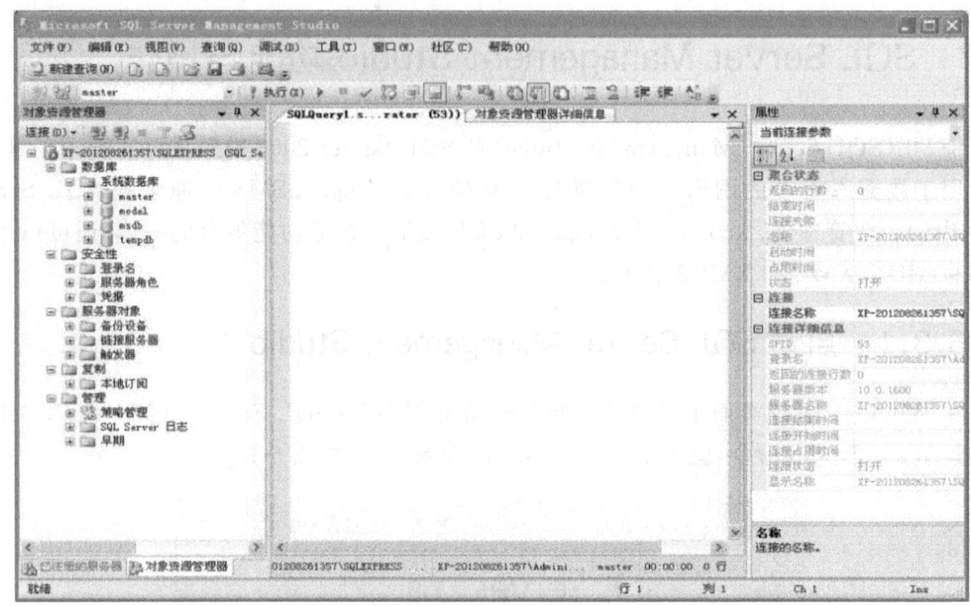

图 6-19 SQL Server Management Studio 界面

“已注册的服务器”窗口主要显示经常管理的数据库服务器列表，用户可以从这个列表中增加或删除数据库服务器。注册服务器就是在 SSMS 中登记服务器，然后把它加入到一个指定的服务器组中，并且在 SSMS 中显示服务器的运行状态。

在“已注册的服务器”窗口工具栏上提供了对应 SQL Server 2008 的 5 种服务器类型的 5 个切换按钮：“数据库引擎”、Analysis Services、Integration Services、SQL Server Mobile 和 Reporting Services。用户可以单击工具栏上的不同按钮进行相应类型服务器的注册等管理操作。

2. 对象资源管理器

“对象资源管理器”窗口可以让用户连接到上述 5 种类型的服务器，并以树形结构显示和管理服务器中的所有对象。

SSMS 启动后默认定位在“对象资源管理器”。如果没有看到，可以单击“视图”→“对象资源管理器”显示。

“对象资源管理器”窗口的一级节点是已连接的服务器名称。展开服务器节点，可以看到以下几个二级节点。

- 数据库：列出了用户可以连接的系统数据库和用户数据库。
- 安全性：显示能连接到 SSMS 登录名列表。
- 服务器对象：详细显示对象(如备份设备)，并提供链接服务器列表。通过链接服务器使服务器与另一个远程服务器相连。
- 复制：显示有关数据复制的细节，数据从当前服务器的数据库复制到另一个数据库或另一台服务器上的数据库，或者反之。
- 管理：维护计划的细节，管理策略，数据采集和数据库邮件安装。

3. 文档窗口

文档窗口是位于 SSMS 界面右侧，作为"查询编辑器"和"对象资源管理器详细信息"的公用窗口。

6.3.3 SQL 查询编辑器

单击工具栏"新建查询"按钮或者在"对象资源管理器"窗口中，用右键单击服务器或具体数据库节点，在弹出的菜单中选择"新建查询"命令，均可打开"查询编辑器"，"查询编辑器"窗口可以同时打开多个，通过单击选项卡在不同的窗口间进行切换。

在"文档"窗口中打开了"查询编辑器"后，其上面的区域是 T-SQL 的编辑区，下面的区域是 T-SQL 的执行结果(执行后出现)。同时，还弹出"SQL 编辑器"工具栏，如图 6-20 所示。

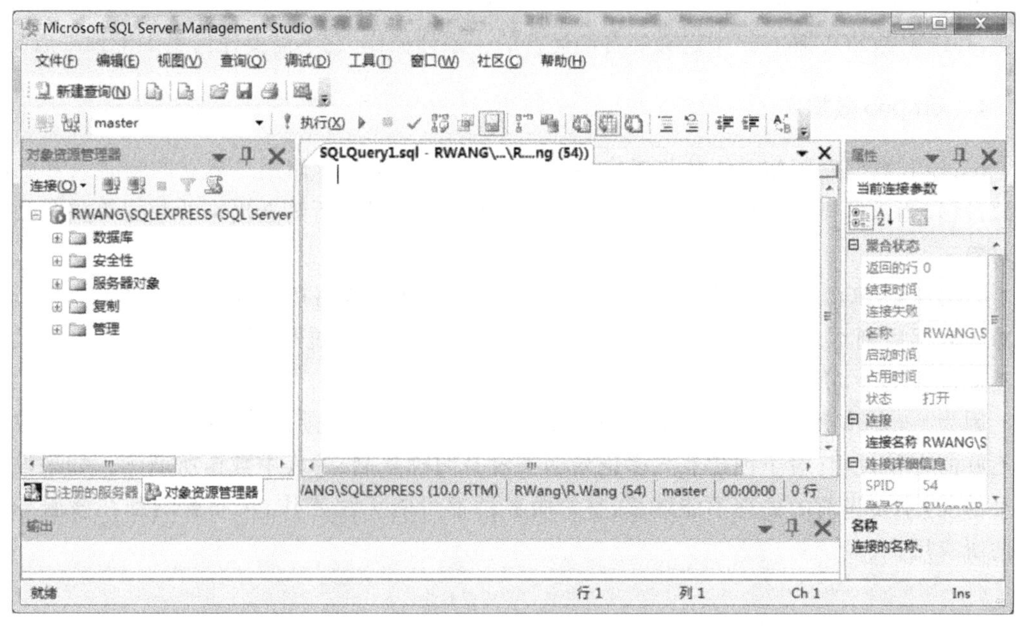

图 6-20　SQL 的"查询编辑器"

6.4 SQL Server 系统数据库

SQL Server 2008 安装时自动创建了 master、model、msdb 和 tempdb 四个系统数据库。这些数据库是存放系统状态信息、配置信息的系统数据字典，是运行 SQL Server 的基础。

1. master 数据库

master 数据库是 SQL Server 中最重要的数据库，位于 SQL Server 的核心，包含大量系统级的信息。例如，所有的登录名或用户 ID 所属的角色信息；服务器中的数据库的名称及相关信息；数据库文件的位置信息；SQL Server 初始化信息。因此，如果 master 数据库被损坏，SQL Server 是无法正常工作的。

2. model 数据库

model 数据库是 SQL Server 实例上创建的所有数据库的模板。每新建一个数据库，SQL Server 就把 model 复制一份作为新数据库的初始化配置。如果用户要修改以后所有新建的数据库初始化配置，就可以在 model 数据库中进行相应的修改。例如，在 model 中创建一个存储过程，那么以后新建的数据库都将自动包含这个存储过程的副本。

3. msdb 数据库

msdb 数据库给 SQL Server 代理提供必要的信息来运行作业，因而，它是 SQL Server 中另一个十分重要的数据库。

SQL Server 代理是 SQL Server 中的一个 Windows 服务，用以运行任何已创建的计划作业，其作用是 SQL Server 中定义的自动运行的一系列操作，它不需要任何手工干预来启动。

4. tempdb 数据库

tempdb 数据库用作系统的临时存储空间，其主要作用是存储用户建立的临时表和临时存储过程、为数据排序创建的临时表、存储用户利用游标说明所筛选出来的数据等临时数据库对象。

每次启动 SQL Server 都会重新创建 tempdb 数据库，从而在系统启动时总是保持一个干净的数据库副本。在断开连接时会自动删除临时表和存储过程，并且在系统关闭后没有活动连接。另外，不能对 tempdb 进行备份和还原操作。

因为 tempdb 数据库的大小是有限的，所以在使用它时必须当心，不要让 tempdb 被来自不好的存储过程（对于创建有太多记录的表没有明确限制）的表中数据所填满。如果发生这种情况，不仅当前的处理不能继续，整个服务器都可能无法工作，从而影响到在该服务器上的所有用户。

6.5 数据库的创建与管理

数据库是 SQL Server 中存储数据的独立对象。创建数据库就是在数据库引擎中创建一个环境，以供后续定义表、视图等对象。本节将介绍如何在 SQL Server 2008 中定义、创建和管理数据库。

6.5.1 数据库的构成

在 SQL Server 2008 中，每个 SQL Server 数据库具有三种类型的文件：

- 主数据文件：包含数据库系统的启动信息，并指向数据库中的其他文件。用户数据和对象可以存储在此文件中，也可以存储在辅助数据文件中。每个数据库必须有且只能有一个主数据文件。主数据文件的默认文件扩展名是 mdf。

- 辅助数据文件：可选的，由用户定义并存储用户数据。通过将各个文件放置在不同的磁盘驱动器上，可实现将数据分散到多个磁盘上以提高读写速度。另外，如果数据库超过了单个 Windows 文件的最大容量，就必须使用辅助数据文件，以便允许数据库继续增长。辅助数据文件的默认文件扩展名是 ndf。
- 事务日志文件：用来保存恢复数据库的日志信息。每个数据库至少要有一个日志文件。事务日志文件的默认文件扩展名是 ldf。

默认情况下，数据和事务日志放置于相同的路径下，但是在实际运行环境中这可能不是最佳方案，建议将数据和日志文件放置在不同磁盘上。

6.5.2 创建数据库的方法

创建数据库就是为数据库确定名称、大小、存放位置、文件名和所在文件组的过程。在一个 SQL Server 实例中，最多可以创建 32 767 个数据库，数据库的名称必须满足系统的标识符规则。在命名数据库时，尽量使数据库名称简短并有一定的含义。

在 SQL Server 2008 中创建数据库的方法主要有两种：一是利用 SQL Server Management Studio 的图形化向导创建；二是通过 T-SQL(Transact-SQL)语句创建。

本书将以创建员工工资管理数据库 Hrsys 为例。

1. 使用 T-SQL 语句创建数据库

T-SQL 使用 CREATE DATABASE 语句创建数据库，语句格式及参数说明如下：

```
CREATE DATABASE <database_name>          --设置新建数据库的名称，由 database_name 指定
[ON
{[PRIMARY]                               --指定文件为主文件
(NAME = 'logical_file_name',             --为数据文件指定逻辑名，由 logical_file_name 指定
FILENAME = 'os_file_name',               --为数据文件定义物理文件名，由 os_file_name 指定
[,SIZE = size]                           --定义数据文件大小，由 size 指定
[,MAXSIZE = {max_size|UNLIMITED}]        --规定数据文件最大容量，UNLIMITED 为无限制
[,FILEGROWTH = grow_increment])          --设置数据文件增长幅度，由 grow_increment 指定
}[,…n]]
[LOG ON
{(NAME = 'logical_file_name',            --为日志文件指定逻辑名，由 logical_file_name 指定
FILENAME = 'os_file_name'                --为日志文件定义物理文件名，由 os_file_name 指定
[,SIZE = size]                           --定义日志文件大小，由 size 指定
[,MAXSIZE = {max_size|UNLIMITED}]        --规定日志文件最大容量，UNLIMITED 为无限制
[,FILEGROWTH = grow_increment])          --设置日志文件增长幅度，由 grow_increment 指定
}[,…n]]
```

【例 6-1】 创建一个名为 Hrsys 的用户数据库，其数据文件初始容量为 10MB，最大容量为 50MB，文件大小增长增量为 10%，日志文件初始容量为 5MB，最大容量为 25MB，文件增长量为 1MB，保存位置为 E:\ SQL Server 2008。

```
CREATE DATABASE Hrsys
ON PRIMARY
(NAME = Hrsys_data,
FILENAME = 'E:\ SQL Server 2008\ Hrsys.mdf',
SIZE = 10,MAXSIZE = 50,FILEGROWTH = 10 %)
```

```
LOG ON
(NAME = Hrsys_log,
FILENAME = 'E:\ SQL Server 2008\ Hrsys_log.ldf',
SIZE = 5,MAXSIZE = 25,FILEGROWTH = 1)
```

2. 使用对象资源管理器创建数据库

(1) 启动 SSMS,在窗口左端的“对象资源管理器”面板中连接到数据库引擎实例,展开该实例。

(2) 右击“数据库”项,在弹出的快捷菜单中选择“新建数据库”命令,默认显示“常规”项,如图 6-21 所示。

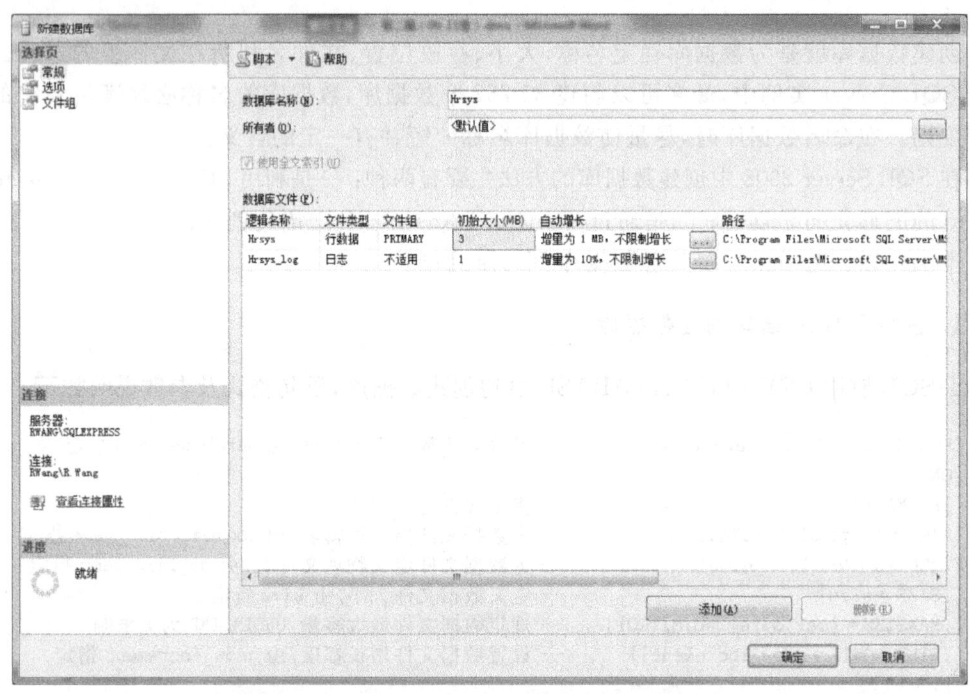

图 6-21 SQL Server Management Studio 中新建数据库

- “数据库名称”文本框：本例中输入 Hrsys 作为数据库名。
- “所有者”文本框：可以通过列表来选择和指定数据库的所有者,所有者是对该数据库具有完全操作权限的用户。所有者默认为创建该数据库的用户。
- “使用全文索引”复选框：是否创建全文索引。
- “数据库文件”设置框：在输入数据库名称时,系统自动输入了两个文件名：主数据文件和日志文件。主数据文件的文件名和数据库文件名相同,都是 Hrsys；而日志文件名为 Hrsys_log。如果对这两个文件的文件名不满意,可以在“逻辑名称”栏中修改。单击“添加”按钮可以添加数据文件和日志文件。
- “文件组”栏：在该栏中可以选择数据库文件所属的文件组。在本例中,Hrsys.mdf 属于这个主要文件组,它不能被修改。
- “初始大小”栏：在该栏可以修改文件的初始大小,单位为 MB。默认情况下,数据文件的初始大小为 3MB，日志文件的初始大小为 1MB。

- “自动增长”栏：在该栏中可以看到数据库文件的自动增长属性。单击后面的“…”按钮，弹出如图 6-22 所示的对话框。在该对话框中，可以启用或禁止自动增长，如果禁止自动增长，数据库文件为固定大小；可以设置增长方式，设置一次增长多少 MB，或者增长的百分比；还可以限制最大文件大小，例如设置文件增长的上限。
- “路径”栏：指的是在计算机磁盘上存储文件的位置。

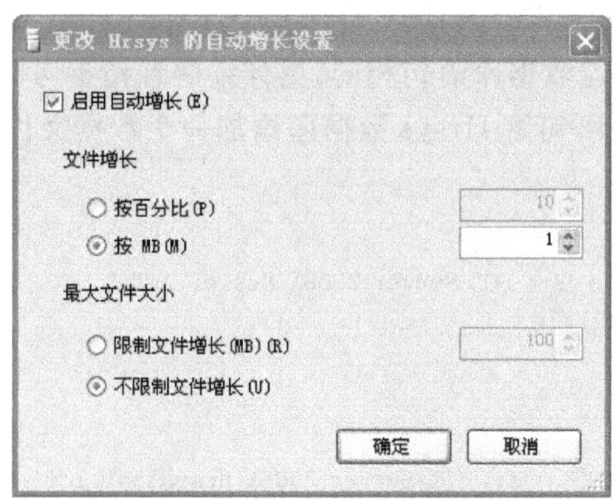

图 6-22 设置自动增长的属性

其他选项采用默认值，单击图 6-21 中的“确定”按钮完成数据库的创建。数据库创建完成后，可通过 SSMS 进行查看。

6.5.3 使用数据库

当用户登录到 SQL Server 服务器，连接到 SQL Server 后，还需要连接到服务器的一个数据库才能使用该数据库中的数据。如果用户没有预先指定连接哪个数据库，系统会自动默认连接 master 数据库。用户在查询编辑器中使用 USE 命令来打开或切换不同的数据库。USE 的语法格式为：

```
USE <database_name>
```

【例 6-2】 将当前数据库切换到 Hrsys。

```
USE Hrsys
```

6.5.4 修改数据库

修改数据库是指修改数据库的某些不能满足要求的配置信息，可以通过 T-SQL 和对象资源管理器两种方式进行。

1. 使用 T-SQL 语句修改数据库

可以使用 ALTER DATABASE 语句修改数据库。其基本语法格式为：

```
ALTER DATABASE <database_name>
```

```
{ADD FILE <filespec>[, … n][To filegroup filegroupname]      --添加数据文件
|ADD LOG FILE <filespec>[, … n]                              --添加日志文件
|REMOVE FILE logical_file_name [with delete]                 --删除数据文件
|MODIFY FILE <filespec>                                      --修改数据文件
|MODIFY NAME = new_databasename                              --修改数据名称
|ADD FILEGROUP filegroup_name                                --添加文件组
|REMOVE FILEGROUP filegroup_name                             --删除文件组
|MODIFY FILEGROUP filegroup_name                             --修改文件组
{filegroup_property|name = new_filegroup_name}}
```

有关参数的含义与创建数据库语句相同,更详细解释请参考《SQL Server 联机教程》。

【例 6-3】 用 T-SQL 语句给 Hrsys 数据库添加一个数据文件和一个日志文件。

```
ALTER DATABASE Hrsys
ADD FILE
(NAME = Hrsys1,FILENAME = 'E:\ SQL Server 2008\ Hrsys1.ndf ',
SIZE = 3MB,MAXSIZE = 20MB)
GO
ALTER DATABASE Hrsys
ADD  LOG FILE
(NAME = Hrsyslog1,FILENAME = 'E:\ SQL Server 2008\ Hrsyslog1.ldf',
  SIZE = 3MB,MAXSIZE = 20MB)
```

2. 使用对象资源管理器修改数据库

打开 SQL Server Management Studio,在窗口左端的“对象资源管理器”中,右击要修改的数据库 Hrsys,在弹出的快捷菜单中选择“属性”命令,在如图 6-23 所示的属性对话框中可以修改数据库的相关属性。

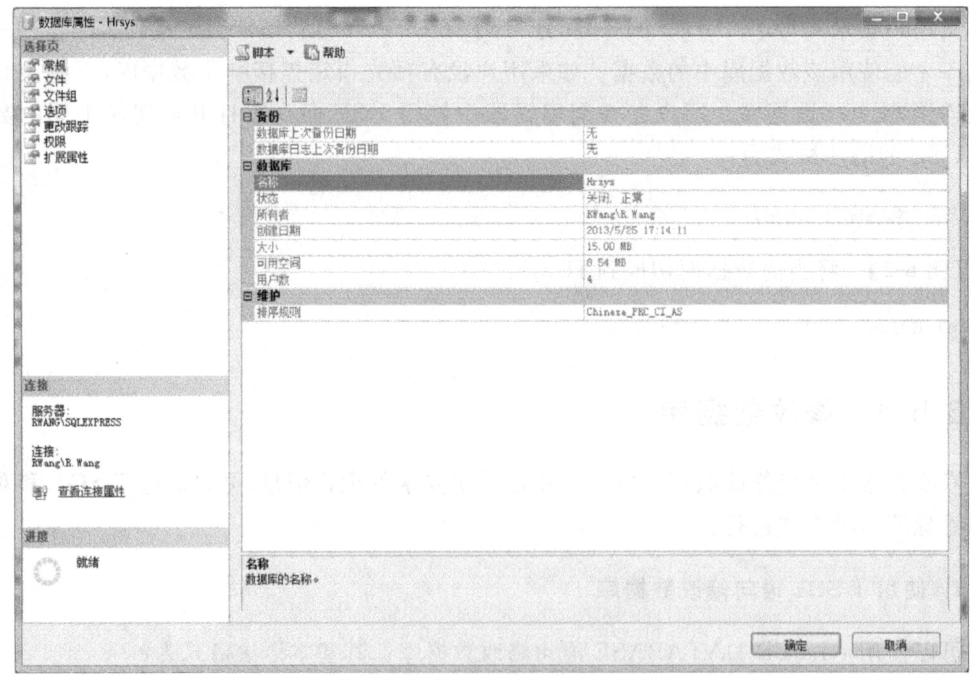

图 6-23 数据库属性对话框

默认显示的是“常规”页，其中列出的是数据库的一些基本信息，此页不能修改。用户可以在“文件”页中进一步修改数据库文件项目；“文件组”页中修改数据库文件组信息，以及在“选项”页中修改数据库的排列顺序、兼容级别等。

操作完成后，单击“确定”按钮保存修改的信息。

如果要修改数据库名称，可以在“对象资源管理器”中，右击数据库 Hrsys，在弹出的快捷菜单中选择“重命名”命令，输入数据库名，单击“确定”按钮，数据库名称就修改成功。

6.5.5 删除数据库的方法

当某个数据库不再需要时，可以从服务器中将其删除，删除数据库同样可以在对象资源管理器中进行，也可以利用 T-SQL 语句进行删除。

1. 使用对象资源管理器删除数据库

在“对象资源管理器”中选择要删除的数据库 Hrsys，右击选择“删除”命令，在弹出的对话框中单击“确认”按钮即可删除指定的数据库。注意，当数据库有多个连接存在时，删除时会出现“数据库正在使用”的错误。

2. 使用 T-SQL 语句删除数据库

在 T-SQL 中可以使用 DROP DATABASE 语句删除数据库，语法格式为：

```
DROP DATABASE <database_name>
```

【例 6-4】 删除 Hrsys 数据库。

```
DROP DATABASE Hrsys
```

习题 6

1. 简答题

(1) SQL Server 2008 的体系结构包括哪 4 个部分？各部分的作用分别是什么？
(2) SQL Server 2008 分为哪几个版本，各有什么特点？
(3) SQL Server 2008 的两种身份验证模式分别是什么？
(4) SQL Server Management Studio 的窗口主要包括哪些组件？作用分别是什么？
(5) SQL Server 2008 的系统数据库有哪些？分别有哪些作用？
(6) 在 SQL Server 2008 中数据库文件有哪几类？各有什么作用？

2. 设计题

使用 T-SQL 语句创建一个名为 Studbase 的数据库，其数据文件初始大小为 3MB，最大容量为 50MB，文件容量增长幅度为 1MB，日志文件初始容量为 1MB，最大容量为 15MB，文件增长量为 10%。

第7章 关系数据库语言SQL

【本章简介】

本章为数据库知识体系的核心内容，也是本书的重点内容。本章基于 Transact-SQL 介绍 SQL Server 的数据库操作，包括 SQL 概述及特点、表的定义与维护、索引的定义与维护、SQL 数据查询、SQL 的数据更新操作以及视图的创建与操作等内容。

【学习目标】

- 了解 SQL 语言的发展和主要特点；
- 理解 SQL 语言的数据定义功能，熟练掌握 CREATE、ALTER 以及 DROP 命令的用法；
- 熟练运用 SELECT 命令进行各类查询操作；
- 理解 SQL 语言的数据更新功能，熟练掌握 INSERT、UPDATE 和 DELETE 命令的使用；
- 了解视图的功能，掌握利用 SQL 语句对视图的操作。

7.1 SQL 概述及特点

SQL 具有功能强大、简单易学的特点，是目前最为广泛使用的关系数据库标准语言。Transact-SQL(简称 T-SQL)是微软公司基于 ANSI SQL 推出的关系数据库语言，与多种 ANSI SQL 标准兼容，而且在标准的基础上还进行了许多扩展。

7.1.1 SQL 语言的发展历程

SQL 的前身是 1972 年提出的 SQUARE(Specifying Queries As Relational Expression)，1974 年由 Boyce 和 Chamberlin 把 SQUARE 修改为 SEQUEL(Structured English QUEry Language)语言，并在 IBM 公司研制的关系数据库原型系统 System R 上实现了这种语言。这两个语言在本质上是相同的，但后者去掉了一些数学符号，并采用了英语单词表示和结构式的语法规则，看起来很像英语句子，受到用户欢迎。后来 SEQUEL 简称 SQL。

由于 SQL 使用方便、功能丰富、简单易学，很快得到推广和应用。在认识到关系模型的诸多优越性后，各厂商纷纷开发基于 SQL 的商业应用产品，SQL 同时也成为关系数据库产品事实上的标准。1986 年 10 月，美国国家标准化协会(ANSI)发布了 ANSI 文件 X2.135-1986《数据库语言 SQL》。1987 年 6 月国际标准化组织(International Organization for Standardization, ISO)采纳其为国际标准，该标准也被称为 SQL86；后经修订，于 1989 年 4 月颁布了增强了完整性特征的 SQL89 版本；1992 年公布了 SQL-92(亦称 SQL2)；1999 年又公布新的

SQL-99 SQL标准(亦称SQL3);2003年发布了SQL2003标准。

现在SQL标准的影响超过了数据库领域,有不少软件产品都将SQL语言的数据查询功能与图形功能、软件工程工具、软件开发工具、人工智能程序结合起来。在未来的很长一段时间里,SQL仍将是关系数据库领域的主流语言。

7.1.2 SQL语言的特点

SQL语言是集数据查询、数据操纵、数据定义和数据控制功能于一身的非过程化语言,面向集合操作,充分体现了关系数据库的特点。

SQL语言有以下特点。

1. 高度非过程化

非关系数据模型的数据操纵语言是面向过程的语言,用其完成某项请求,必须指定存取路径。SQL语言是非过程化语言,在SQL语言中,只要求用户提出"做什么",而无须了解数据的路径,无须指出"怎样做"。SQL语句操作的过程由系统自动完成。不仅大大减轻了用户负担,而且有利于提高数据的独立性。

2. 一体化

SQL可以操作于不同层次模式,集数据定义语言(DDL)、数据操纵语言(DML)、数据控制语言(DCL)为一体。用SQL语言可实现数据库生命周期的全部活动,其中包括建立数据库、定义关系模式、查询及数据维护、数据库安全控制等。

3. 两种使用方式,统一的语法结构

SQL通常有两种使用方式,一种是联机交互使用方式;另一种是嵌入某种高级程序设计语言的程序中,以实现数据库操作。作为自含式语言,它能够独立地用于联机交互的使用方式,用户可以在客户端直接键入SQL命令对数据库进行操作;作为嵌入式语言,SQL语句能够嵌入到高级语言(如Java、C#.NET、VB.NET、PowerBuilder、Delphi等)程序中,供程序员设计程序时使用。尽管这两种使用方式不同,SQL语言的语法结构基本是一致的。这种以统一的语法结构提供两种不同的使用方式的做法,为用户提供了极大的灵活性与方便性。

4. 语言简洁,易学易用

SQL语言功能极强,但由于设计巧妙,语言十分简洁,完成数据定义、数据查询、数据操纵、数据控制的核心功能只用了9个动词:CREATE、DROP、ALTER、SELECT、INSERT、UPDATE、DELETE、GRANT、REVORK,如表7-1所示。SQL语言语法简单,易学易用。

表7-1 SQL语言的动词

SQL功能	动词
数据查询	SELECT
数据定义	CREATE、DROP、ALTER
数据操纵	INSERT、UPDATE、DELETE
数据控制	GRANT、REVORK

7.1.3 SQL 数据库的体系结构

SQL 数据库的体系结构基本上也是三层结构，如图 7-1 所示。有些术语与传统的关系数据库术语不同。在 SQL 中，子(外)模式对应于“视图”(View)，模式对应于“基本表”(Base Table)，存储(内)模式对应于“存储文件”(Stored File)，元组称为“行”(Row)，属性称为“列”(Column)。

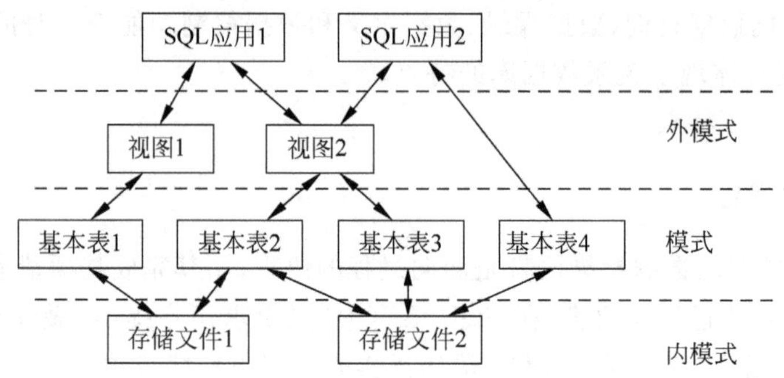

图 7-1　SQL 数据库的体系结构

SQL 数据库的体系结构具有如下特征：

(1) 一个 SQL 基本表由行集构成，一行是列的序列，每列对应一个数据项。

(2) 基本表是独立存在的表，在 SQL 中一个关系对应一个表。一个(或多个)基本表对应一个存储文件，一个表可以带若干索引，索引也存放在存储文件中。

(3) 存储文件的逻辑结构组成了关系数据库的内模式。存储文件的物理结构是任意的，对用户是透明的。

(4) 视图是从一个或几个基本表导出的表。它本身不独立存储在数据库中，即数据库中只存放视图的定义而不存放视图对应的数据，这些数据仍存放在导出视图的基本表中，因此视图是一个虚表。视图在概念上与基本表等同，用户可以在视图上再定义视图。

(5) SQL 用户可以是应用程序，也可以是终端用户。SQL 也能作为独立的用户接口，供交互环境下的终端用户使用。

7.1.4 T-SQL 与 SQL

T-SQL 语言是微软公司对 SQL 标准的实现和扩展。不同的数据库供应商一方面采用 SQL 语言作为自己数据库的语言，另一方面又对 SQL 语言进行不同程度的扩展，而这些扩展往往又是 SQL 语言下一个版本的主要实践来源。

7.1.5 T-SQL 语言概述

T-SQL 是使用 SQL Server 的核心。使用 T-SQL 编写应用程序可以完成所有的数据库管理工作。任何应用程序，只要是向 SQL Server 的数据库管理系统发出的命令，最终都必须体现为 T-SQL 语句。

T-SQL 与之前介绍的 SQL 稍有不同，SQL 是目前关系型数据库管理系统中使用得最广泛的查询语言。T-SQL 是在 SQL 上发展而来的，T-SQL 在 SQL 的基础上添加了流程控制，是 SQL 语言的扩展。SQL 是几乎所有的关系型数据库都支持的语言，而 T-SQL 是 Microsoft SQL Server 支持的语言。

根据 T-SQL 完成的具体功能，可以将 T-SQL 语言分为四大类，分别是数据定义语句、数据操纵语句、数据控制语句和附加语言元素。前三类是 SQL 标准的语言，总结在表 7-1 中，第四类为 T-SQL 的扩展，目的是增强 SQL 语言的程序设计能力。

1. 数据定义语言

数据定义语言是 T-SQL 中最基本的语言类型，用于定义和管理数据库以及数据库中的各种对象，这些语言主要包括 CREATE 语句、ALTER 语句和 DROP 语句。在 SQL Server 2008 中，数据库对象包括表、视图、触发器、存储过程、规则、用户自定义以及默认的数据类型。这些对象的创建、修改和删除都可以通过数据定义语言来完成。

2. 数据操纵语言

数据操纵语言是用来操纵数据库中数据的命令。当使用数据定义语言创建了数据库及表后，使用数据操纵语言便可以实现在表中查询、添加、修改和删除数据等操纵。数据操纵语言主要包括 SELECT（查询）、INSERT（插入数据）、UPDATE（修改数据）和 DELETE（删除数据）等。

3. 数据控制语言

数据控制语言是用来确保数据库安全的一系列语句，主要包括完整性控制、并发控制和恢复以及安全性控制等功能。这些语言主要包括 GRANT、REVORK、DENY 等语句。完整性控制的主要目的是防止语义不正确的数据进入数据库；并发控制主要是为了保证当多用户并发访问数据库时数据的一致性，恢复的目的是当发生各种故障使数据库处于不一致状态时，将数据库恢复到某一准确状态；安全性控制是用来进行安全管理的，以确保数据库中的数据和操作不会被未授权的用户使用和执行。

4. 附加语言元素

T-SQL 附加语言元素不是 SQL-3 的标准内容，而是 T-SQL 语言为了用户编程的方便而增加的语言元素。这些语言元素包括变量、运算符、函数、注释语句、流程控制语句和事务控制语句等。与标准 SQL 相比，T-SQL 主要是通过一些附加的语言来提高编写复杂程序的能力。利用这些扩充的功能，用户可以编写复杂的查询语句，还可以建立驻留在 SQL Server 服务器上的存储过程和触发器等对象，便于实现较为复杂的业务规则。另外，T-SQL 语句既可以独立使用（自含式），又可以嵌入到其他语言中使用（嵌入式）。

本章主要介绍标准 SQL 的基本内容，同时兼顾 T-SQL 的扩展功能。程序设计部分的内容在第 8 章介绍。

7.2 表的定义与维护

SQL 的数据定义功能非常广泛，一般包括数据库的定义、表的定义、视图的定义、存储过程的定义、规则的定义和索引的定义等若干部分，如表 7-2 所示。

表 7-2 SQL 数据定义语句

操作对象	操作方式		
	创建	删除	修改
表	CREATE TABLE	DROP TABLE	ALTER TABLE
视图	CREATE VIEW	DROP VIEW	
索引	CREATE INDEX	DROP INDEX	

表是存储数据的基本结构。表的定义就是根据要使用的数据确定表的结构。如果在 SQL Server 系统中创建了一个数据库后就可以在该数据库中创建基本表，对基本表结构的操作有创建、修改和删除三种。

7.2.1 数据类型

数据类型定义了对象所能包括的数据种类，如字符、整数或二进制。在 SQL Server 中，表和视图中的列、存储过程中的参数、T-SQL 程序中的变量、返回数据值的 T-SQL 函数、具有返回代码的存储过程，这些对象全部具有数据类型。

数据类型决定了数据的存储格式，同时也决定了访问、显示、更新数据的方式。因此，在使用数据之前，必须要指定其数据类型。除了支持数值型、字符型、日期型、货币型等系统提供的数据类型外，T-SQL 还支持用户自定义数据类型。表 7-3 总结了 T-SQL 支持的主要数据类型。

表 7-3 SQL Server 2008 的基本数据类型

类别		数据类型	类别		数据类型
二进制（图像、视频、音乐等）		BINARY	近似数字		FLOAT
		VARBINARY			REAL
		IMAGE	字符	字符	CHAR
精确数字	精确整数 精确实数	BIT			VARCHAR
		INT			TEXT
		BIGINT		Unicode	NCHAR
		SMALLINT			NVARCHAR
		TINYINT			NTEXT
		DECIMAL	日期时间		DATETIME
		NUMERIC			SMALLDATETIME
货币		MONEY			DATE
		SMALLMONEY			TIME
其他类型		TIMESTAMP			DATETIME2
		SQL_VARIANT			DATETIMEOFFSET
		TABLE	用户自定义		用户自行命名
		CURSOR			
		UNIQUEIDENTIFIER			
		XML			

1. 精确数字

精确数字类型可以细分为精确整数数据类型、精确小数数据类型、货币数据类型三种。

1) 精确整数数据类型

精确整数数据类型包括 BIT、INT、BIGINT、SMALLINT 和 TINYINT 五种。

(1) BIT：BIT 型数据的值只能为 1 或 0。通常使用 BIT 类型的数据表示真假逻辑关系，如 ON/OFF、YES/NO、TRUE/FALSE 等，所占存储空间为 1 字节。

(2) INT：可以存储 $-2^{31}\sim2^{31}-1$ 范围内的所有整数，所占存储空间为 4 字节。

(3) BIGINT：可以存储 $-2^{63}\sim2^{63}-1$ 范围内的所有整数，所占存储空间为 8 字节。

(4) SMALLINT：可以存储 $-2^{15}\sim2^{15}-1$ 范围内的所有整数，所占存储空间为 2 字节。

(5) TINYINT：可以存储 0～255 范围内的所有整数，所占存储空间为 1 字节。

2) 精确小数数据类型

精确小数数据类型由整数部分和小数部分组成，其所有的数字都是有效位，能够以完整的精度存储十进制数。这一类型数据包括 DECIMAL 和 NUMERIC 两类，这两类数据的取值范围都是从 $-10^{38}+1$ 至 $10^{38}-1$，所占存储空间大小为 2～17 字节。它们定义的格式分别为：

```
DECIMAL (p[,s]) 和 NUMERIC (p[,s])
```

其中：

- p 为精度，指定小数点左边和右边可以存储的十进制数字的最大个数，精度必须是从 1 到最大精度之间的值，最大精度为 38，默认精度为 18。
- s 为小数位数，指定小数点右边可以存储的十进制数字的最大个数，小数位数必须是 0 到 p 之间的值，默认小数位数是 0，因而 0<=s<=p，最大存储数据基于精度而变化。

例如，DECIMAL (6,2)，表示共有 6 位数，其中整数 4 位，小数 2 位。

3) 货币数据类型

货币数据类型专门用于货币数据处理。SQL Server 提供了 MONEY 和 SMALLMONEY 两种数据类型来存储货币型数据。在使用货币数据类型时，应在数据前加上货币符号，系统才能辨认出是哪国的货币。

(1) MONEY：以 MONEY 数据类型存储的货币数据值的范围在 $-2^{63}\sim2^{63}-1$ 之间，精确到货币单位的 1%，所占存储空间为 8 字节。

(2) SMALLMONEY：以 SMALLMONEY 数据类型存储的货币数据值的范围在 −214 748.3648～214 748.3647 之间，精确到货币单位的 1%，所占存储空间为 4 字节。

2. 近似数字

当数值非常大或非常小时，可以用近似数字来表示。这种类型的数据不能精确表示数据，使用这种类型来存储某些数值时，可能会损失一些精度，此类型包括 REAL 和 FLOAT[(n)] 两类。

(1) FLOAT[(n)]：该类型数据的存储范围为 −1.79E+308～1.79E+308，n 的取值范围是 1～53，默认值为 53，用于表示科学记数中尾数的位数，同时表示其精度和存储大小。

当n在1～24之间时，存储空间为4个字节；当n在25～53之间时，存储空间为8个字节。

(2) REAL：存储范围为－3.40E＋38～3.40E＋38，所占存储空间为4字节。相当于FLOAT(24)。

3. 日期和时间

日期/时间类型用来存储日期与时间数据，以方便特定的日期与时间操作。SQL Server 2008中共提供了六种日期/时间类型，分别为DATETIME、SMALLDATETIME、DATE、TIME、DATETIME2和DATETIMEOFFSET。

(1) DATETIME：该类型用于存储日期和时间的结合体，存储范围为1753-01-01～9999-12-31的日期和时间数据，精确到3%秒(或3.33毫秒)。其所占用的存储空间为8个字节，日期和时间分别占用4个字节。默认格式为'YYYY-MM-DD hh:mm:ss.n*'。其中，'YYYY-MM-DD'是日期部分，'hh:mm:ss.n*'是时间部分，hh、mm、ss分别表示小时、分钟和秒；n*表示秒的小数部分，范围为0～999。

(2) SMALLDATETIME：SMALLDATETIME型与DATETIME类型相似，存储范围为1900-01-01～2079-06-06的日期和时间数据，精度到分钟。SMALLDATETIME所占的存储空间为4个字节，日期和时间分别用2个字符存储。默认格式为'YYYY-MM-DD hh:mm:ss'，含义同DATETIME。

(3) DATE：用来存储0001-01-01～9999-12-31之间的日期，所占存储空间为3字节，精度到天。默认格式为'YYYY-MM-DD'，含义同DATETIME。

(4) TIME：用来存储00:00:00～23:59:59之间的时间，所占存储空间为3～5字节，精度为100纳秒。

(5) DATETIME2：DATETIME2与DATETIME类型相似，存储范围为0001-01-01～9999-12-31，所占存储空间为6～8字节，精度为100纳秒。

(6) DATETIMEOFFSET：DATETIMEOFFSET除了包含DATETIME2的所有特性，还增加了对时区的支持，所占存储空间为8～10字节。

4. 字符类型

该类型用来存储字符型数据，可包含字母、数字、汉字和其他符号(@、#、¥等)，在输入字符串时，需要用单引号将字符串括起来，如'beijing'、'山东大学'。此类型根据编码方式的不同又可以分为两类：Unicode字符数据类型和非Unicode字符数据类型。

1) 非Unicode字符数据类型

非Unicode字符数据类型可以分为CHAR、VARCHAR和TEXT三种。

(1) CHAR：CHAR型的定义形式为CHAR[(n)]，字符串中的每个字符占1个字节的存储空间。n用来指定字符串的长度，范围是1～8000，默认值为1。若实际存储的长度不足n时，系统自动在串尾补空格以达到长度n；若实际存储的长度超过n时，超出的部分自动被截掉。

(2) VARCHAR：VARCHAR型的定义形式为VARCHAR[(n)]，字符串中的每个字符占1个字节的存储空间。n用来指定字符串的最大长度，范围是1～8000。与CHAR不同的是，VARCHAR具有长度变动的特性，若实际存储的长度不足n时，系统不会自动补以空格，而是按照实际输入的长度存储。

(3) TEXT：TEXT 专门用于存储数量庞大的变长字符数据，最大所占存储空间为 $2^{31}-1$ 字节。

2) Unicode 字符数据类型

Unicode 字符数据类型包括 NCHAR、NVARCHAR 和 NTEXT 三种类型。由于存储的都是双字节字符，因此 Unicode 字符数据的存储空间＝字符数×2(字节)。Unicode 字符数据类型与非 Unicode 字符数据类型相比，其区别在于字符采用 Unicode 编码，每个字符占两个字节，其使用形式和含义与非 Unicode 字符数据类型相同。

5. 二进制类型

二进制类型用来存储没有明确编码的二进制数据，如图片、音频数据或加密数据。二进制包括 BINARY、VARBINARY 和 IMAGE 三种。

(1) BINARY[(n)]：固定长度为 n 字节的二进制字符串(n 必须是介于 0～8000 之间的一个整数)，所占存储空间大小为 n 字节。

(2) VARBINARY[(n)]：最大长度为 n 字节可变长二进制字符串(n 必须是介于 0～8000 之间的一个整数)，所占存储空间大小为实际二进制字符串长度。VARBINARY(max)：使用 max 关键字表示其作为 LOB(大对象)字段，最大的存储空间为 $2^{31}-1$ 的可变长度二进制字符串。

(3) IMAGE：可用于存储超过 8000 字节的数据，如 Microsoft Word 文档、Microsoft Excel 图表以及图像数据等，可使用 VARBINARY(max)代替，所占的存储空间为 0～$2^{31}-1$ 字节。

6. 其他数据类型

除了上面介绍的常用的数据类型之外，SQL Server 2008 还提供了一些其他的数据类型，以存储特殊类型的数据，包括 TIMESTAMP、SQL_VARIANT、CURSOR、TABLE、UNIQUEIDENTIFIER 和 XML 等。

(1) TIMESTAMP：TIMESTAMP 型数据提供数据库范围内的唯一值。此类型相当于 BINARY(8)或 VARBINARY(8)，但当它所在的列在更新或插入的数据行时，此列会自动被更新。

(2) SQL_VARIANT：该数据类型可以应用在列、参数、变量和函数返回值中，SQL_VARIANT 型可以存储除 TEXT、NTEXT、IMAGE、TIMESTAMP 和 SQL_VARIANT 之外的任何 SQL Server 支持的数据类型。所占的存储空间为 0～8000 字节。

(3) TABLE：TABLE 型用于存储对表或视图处理后的结果集。

(4) UNIQUEIDENTIFIER：UNIQUEIDENTIFIER 型存储一个 16 字节的二进制数字，此数字称为全球唯一标识符(Globally Unique Identifier，GUID)。此数由 SQL Server 的 NEWID()函数产生全球唯一的编码，全球各地的计算机经由此函数产生的数字不会相同。

(5) XML：XML 型存储可扩展标记文本数据。

7.2.2 基本表的定义

基本表是数据库中最重要的对象，用于存储用户的数据。创建基本表就是定义表所包含的列的结构，其中包括列的名称、数据类型、约束等。在 SQL Server 2008 中，可以使用 T-SQL 语言或 SQL Server Management Studio 的对象资源管理器来创建基本表。

1. 使用 T-SQL 语言创建基本表

T-SQL 使用 CREATE TABLE 创建基本表，其语法格式为：

```
CREATE TABLE  <表名>
    ({<列名> <数据类型> [ <列级完整性约束条件> ]|<计算列定义>}
    [,<列名> <数据类型> [ <列级完整性约束条件>]|<计算列定义>] …
    [,<表级完整性约束条件> ])
```

参数说明如下：

- ＜ ＞中的内容是必选项，[ ]中的内容是可选项；
- ＜表名＞表示所要定义的基本表的名字；
- ＜列名＞表示组成该表的各个属性(列)的名字；
- ＜数据类型＞可以是基本类型，也可以是用户事先定义的域名；
- ＜列级完整性约束条件＞涉及相应属性列的完整性约束条件；
- ＜表级完整性约束条件＞涉及一个或多个属性列的完整性约束条件；
- ＜计算列定义＞则表示该列可以使用同一表中的其他列的表达式计算得来。

默认情况下，SQL 语句不区分大小写，为了突出说明，本书将以大写字符来表示 SQL 的短语和保留字。另外，ANSI SQL 语言中每个完整的语句以"；"做结束符，T-SQL 语句可以没有结束符。

根据上述语句格式，要完成表的创建，必须要了解 SQL 所支持的数据类型和完整性约束条件，以及计算列的定义和语法。

(1) 完整性约束。

在定义基本表时，对于某些列和表要进行完整性约束条件定义，以实现实体完整性、参照完整性和用户定义完整性。通常完整性约束根据其作用的范围分为列级约束和表级约束。列级约束包含在列的定义中，对该列进行约束；表级约束与列的定义并列，对整个表进行约束，一般涉及到一个以上的列。另外，有些约束既可定义为列级约束，又可定义为表级约束。

① 主键(PRIMARY KEY)约束。

主键(PRIMARY KEY)约束用于定义基本表的主键，以实现实体完整性规则。主键约束既可以作为列级约束，也可以作为表级约束。其格式为：

```
[CONSTRAINT <约束名>] PRIMARY KEY [(<列名表>)]
```

作为列级约束时可以省略＜列名表＞。

注意：使用 CONSTRAINT 可以为约束指定一个唯一的名字，如果不需要指定可以省略 CONSTRAINT 短语。

② 非空值(NOT NULL)约束。

空值(NULL)不同于零(0)、空白符或者长度为零的字符串。出现 NULL 通常表示值未知或未定义。NOT NULL 则是不允许为空值,该列必须输入数据。例如,某个学生选修某门课程的成绩为 0 和 NULL 具有不同的含义,如果是 0,表示该学生该课程已经有成绩(成绩为 0);而如果是 NULL,则表明该学生此门课程的成绩还没有填入(如该考生没有参加考试)。

指定某一列不允许空值(NOT NULL)有助于维护数据的完整性,因为这样可以确保行中的列永远包含数据。如果不允许空值,用户向表中输入数据时必须在列中输入一个值,否则数据库将不接收该表行。其格式为:

```
[CONSTRAINT <约束名>] NOT NULL
```

③ 默认值(DEFAULT)约束。

作为列级约束,使用 DEFAULT 可以为某一列指定默认值,当用户插入或者修改元组时,在没有为该列赋值的情况下,可以用指定的默认值填入该列。其格式为:

```
[CONSTRAINT <约束名>] DEFAULT <默认值>
```

④ 唯一性(UNIQUE)约束。

唯一性(UNIQUE)约束用于限定基本表上的某个列或某些列的组合(称为唯一性键),在不同元组(行)中的取值不能相同(空值除外)。UNIQUE 约束既可以作为列级约束,也可以作为表级约束。作为表级约束时可以约束多个列的组合。其格式为:

```
[CONSTRAINT <约束名>] UNIQUE [(<列名表>)]
```

列名表要列出需要进行唯一性约束的列组合中的每一个列名。当作为列级约束时,UNIQUE 只作用其所在的列,无须指定列名表。

注意:主键约束和唯一性约束是不同的,在一个表中只能定义一个主键约束,但可以定义多个唯一性约束。另外,主键中的任何列都不允许出现空值,而唯一性约束中没有此限制。

⑤ 外键(FOREIGN KEY)约束。

外键(FOREIGN KEY)是确保数据完整性并显示表之间关系的一种方法。实际上,外键是一个表(称为外键表、从表或参照表)中的一个或多个列的组合,它的取值引用另一个表(称为主键表,主表或被参照表)的主键或唯一性键值。外键约束既可以作为列级约束,也可以作为表级约束。其格式为:

```
[CONSTRAINT <约束名>] [FOREIGN KEY [(<外键列名表>)]
REFERENCES <引用表名> [(<主键列名表>)]
[ON DELETE < NO ACTION|CASCADE|SET NULL >]
[ON UPDATE < NO ACTION|CASCADE|SET NULL >]
```

上述定义中,“外键列名表”列出的是组成外键的所有列名,在作为列级约束时可以省略。“引用表名”和“主键列名表”指定外键取值要参照的表(被参照关系)和主键(或者是唯一性键)。“主键列名表”与“外键列名表”中的列的名称可以不同,但必须取自相同的域。另外,ON DELETE 子句和 ON UPDATE 子句分别设置当删除被参照关系(主键表)的元组或修改某个主键值，违反参照完整性时的处理策略，通常包括三个选项：

- NO ACTION：这是默认选项，表示采用限制删除或更新(即拒绝该操作)处理方式。
- CASCADE：表示采用级联删除或更新处理方式，即在删除或更新父表数据行时会将子表中对应的数据行进行删除或更新。
- SET NULL：表示采用置空值删除或更新处理方式。

⑥ 检查(CHECK)约束。

检查(CHECK)约束比较灵活，通常用于限定某个列的取值范围或与其他列的关系，其格式为：

```
[CONSTRAINT <约束名>] CHECK (<条件表达式>)
```

条件表达式由列名、SQL 所支持的运算符和函数(将在后续章节介绍)等构成的逻辑表达式。CHECK 约束既可以作为列级约束，也可以作为表级约束。作为列级约束时一列只能用一个 CHECK 约束，但可以用逻辑运算符 AND(与)、OR(或)等构成复合条件。

在上述约束中，除 NOT NULL 和 DEFAULT 外，其他 4 种约束都可以既作为列级约束，也可以作为表级约束。需要注意的是，对于 PRIMARY KEY、FOREIGN KEY 和 UNIQUE 约束，如果约束作用在多列的组合上，必须作为表级约束定义；如果 CHECK 约束定义的是多列之间的取值约束(即这些列的取值满足一定的关系)，则必须作为表级约束定义。

(2) 计算列的定义与用法。

计算列是由同一表中的其他列构成的表达式计算得来的列。表达式可以是非计算列的列名、常量、函数，也可以是用一个或多个运算符连接的上述元素的任意组合。其格式为：

```
<列名> AS <表达式> [ PERSISTED [ NOT NULL]]
```

其中，关键字 PERSISTED 用来指定 SQL Server 将在表中物理存储计算值，而且，当计算列依赖的任何其他列发生更新时对这些计算值进行更新。如果没有指定关键字 PERSISTED，那么计算列则是未实际存储在表中的虚拟列。每当查询中引用计算列时，都将重新计算它们的值。

计算列可用于选择列表、WHERE 子句、ORDER BY 子句或任何可使用正则表达式的其他位置，但下列情况除外：

- 计算列不可以再次作为另一个计算列定义的一部分；也不能从其他表中参照列直接用于一个计算列；子查询也不能被用作一个表达式来创建计算列。
- 用作 CHECK、FOREIGN KEY 或 NOT NULL 约束的计算列必须标记为 PERSISTED。如果计算列的值由具有确定性的表达式定义，并且索引列中允许使用计算结果的数据类型，则可将该列用作索引中的键列，或者用作 PRIMARY KEY 或 UNIQUE 约束的一部分。
- 计算列不能作为 INSERT 或 UPDATE 语句的目标。

(3) IDENTITY 属性。

IDENTITY 属性可以将某一列设置为标识列，其取值自动编号，其格式为：

```
IDENTITY(seed,increment)
```

说明：

- seed 代表表中的第一行使用的值；increment 代表与前一个加载的行的标识值相加的增量值。
- 必须同时指定种子和增量，或两者都不指定。如果两者都未指定，则取默认值 (1,1)。
- IDENTITY 列的数据类型只能是 TINYINT、SMALLINT、INT、BIGINT、NUMERIC、DECIMAL，当为 NUMERIC、DECIMAL 时，不允许有小数位。
- 每个表只能有一个 IDENTITY 属性的列，且该列不能为空，不能有默认值，不能由用户更新，其值由系统自动按增量设置更新。

下面介绍创建表的实例。员工工资管理数据库 Hrsys 中有 Department（部门）、Employee（员工信息）以及 Salary（月薪）三个表，结构如表 7-4～表 7-6 所示。

表 7-4 Department（部门信息）表

字段名称	类　型	宽度	允许空值	是否主键	说　明
Dep_Id	CHAR	3	NOT NULL	是	部门编号
Depname	VARCHAR	40	NOT NULL		部门名称
Telephone	CHAR	16	NULL		电话号码
Fax	CHAR	16	NULL		传真

表 7-5 Employee（员工信息）表

字段名称	类　型	宽度	允许空值	是否主键	说　明
Emp_Id	CHAR	6	NOT NULL	是	员工编号
Empname	VARCHAR	10	NOT NULL		员工姓名
Sex	CHAR	2	NULL		性别（'男'或'女'）
Birthday	DATE	-	NULL		出生日期
Dep_Id	CHAR	4	NOT NULL		所属部门（外键，参照 Department 表）
Prof	VARCHAR	10	NULL		职称
Phone	VARCHAR	20	NULL		手机号码
Email	VARCHAR	20	NULL		电子邮件
Onjob	BIT		NOT NULL		是否在职（默认为 1）

表 7-6 Salary（月薪）表

字段名称	类　型	宽度	允许空值	是否主键	说　明
Emp_Id	CHAR	6	NOT NULL	是	员工编号（外键，参照 Employee 表）
Month	CHAR	6	NOT NULL	是	月份（YYYYMM）
Base	DECIMAL	(10,2)	NULL		基本工资
Bonus	DECIMAL	(10,2)	NULL		奖金
Benefit	DECIMAL	(10,2)	NULL		福利
Yfgz	DECIMAL	(10,2)	NULL		应发工资＝基本工资＋奖金＋福利
Insurance	DECIMAL	(10,2)	NULL		社会保险金
Tax	DECIMAL	(10,2)	NULL		个人所得税
Sfgz	DECIMAL	(10,2)	NULL		实发工资＝应发工资－社会保险金－个人所得税

在此，用 T-SQL 语句创建表 Employee 和 Salary。

创建 Employee 表：

```
CREATE TABLE Employee (
Emp_Id CHAR(6) CONSTRAINT PK_Emp_Id PRIMARY KEY,
Empname VARCHAR(10) CONSTRAINT NU_Empname NOT NULL,
Sex CHAR(2) CONSTRAINT CK_Sex CHECK (Sex = '男' OR Sex = '女'),
Birthday DATE,
Dep_Id CHAR(3) REFERENCES Department(Dep_Id),
Prof VARCHAR(10),
Phone VARCHAR(20),
Email VARCHAR(20),
Onjob BIT CONSTRAINT DF_Onjob DEFAULT 1)
```

创建 Salary 表：

```
CREATE TABLE Salary (
Emp_Id CHAR(6) REFERENCES Employee(Emp_Id),
Month CHAR(6),
Base DECIMAL(10,2),
Bonus DECIMAL(10,2),
Benefit DECIMAL(10,2),
Yfgz AS (Base + Bonus + Benefit) PERSISITED,
Insurance DECIMAL(10,2),
Tax DECIMAL(10,2),
Sfgz AS (Base + Bonus + Benefit - Insurance - Tax) PERSISTED,
PRIMARY KEY(Emp_Id,Month))
```

在上述基本表的定义中，有几点需要说明：

- 定义上述两个表时，为每一个完整性约束都起了唯一的约束名，这样做的好处是便于今后对约束进行维护。如果不需要为约束命名(实际上系统会为约束自动命名)，则可以省略 CONSTRAINT 短语。
- Salary 表中的主键是由多个列组成的，因此它们必须作为表级约束来定义。此外，如果表中定义的 CHECK 约束是多个列之间的取值所满足的关系，那么需要作为表级约束来定义。
- 通常外键作为表级约束来定义更为常见。

2. 使用对象资源管理器创建基本表

使用 SQL Server Management Studio 提供的图形化操作界面，可以非常快捷地创建表。下面以数据库 Hrsys 中的 Department 表(部门信息表)为例演示具体操作过程。

(1) 在 SSMS 的“对象资源管理器”面板中展开“数据库”节点，可以看见已创建的数据库 Hrsys。右击 Hrsys→“表”，在弹出的快捷菜单中选择“新建表”命令，打开表设计窗口。

(2) 在“列名”中输入各个字段的名称，在“数据类型”栏中选择数据类型并输入字段长度，并将字段 Telephone 以及 Fax 后“允许 NULL 值”列中的复选框勾选上。

(3) 选中 Dep_Id 字段，单击“设置主键/取消主键”按钮，可以将其设置为主键。

(4) 单击工具栏中的“保存”按钮，在弹出的“选择名称”对话框中将表名修改为 Department。单击“确定”按钮，完成创建表的操作如图 7-2 所示。

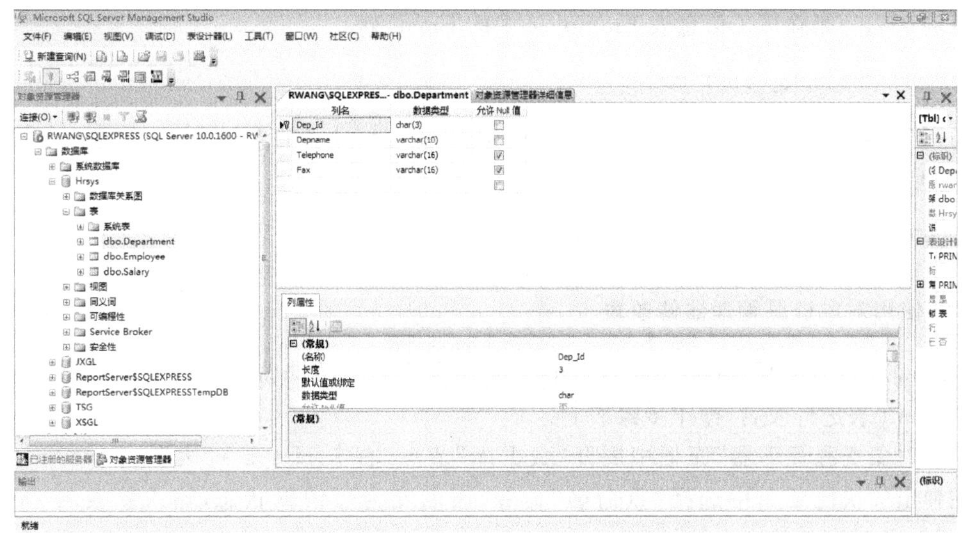

图 7-2　Department 表设计窗口

7.2.3　基本表的修改

在基本表创建完毕后，有可能因为种种原因要进行修改，例如创建时对字段长度的设置不合理、需要增加或删除约束等，这些修改既可以在 SQL Server Management Studio 中完成，也可以通过 T-SQL 提供的 ALTER TABLE 语句来完成。

1. 使用 T-SQL 语句修改表

T-SQL 提供了 ALTER TABLE 语句修改表的结构，其语法格式如下：

```
ALTER TABLE <表名>
[ADD <列名> <数据类型> <完整性约束>]                --增加新列
|[ADD [CONSTRAINT <约束名>]<完整性约束>]            --增加完整性约束
|[ALTER COLUMN <列名> <新数据类型>]                 --修改列定义
|[DROP COLUMN <列名>]                             --删除列
|[DROP [CONSTRAINT] <约束名>]                      --删除完整性约束
```

【例 7-1】 向员工信息表 Employee 中增加一个新列 Place(通讯地址)，该列的数据类型为 VARCHAR(100)。

```
ALTER TABLE Employee ADD Place VARCHAR(100)
```

【例 7-2】 为员工信息表 Employee 中的列 Birthday 增加一个 UNIQUE 约束(约束名为 UE_Birthday)。

```
ALTER TABLE Employee ADD CONSTRAINT UE_Birthday UNIQUE(Birthday)
```

【例 7-3】 将员工信息表 Employee 中的列 Empname(员工姓名)的列宽增加到20 个字符。

```
ALTER TABLE Employee ALTER COLUMN Empname VARCHAR(20)
```

【例 7-4】 删除员工信息表 Employee 中的 Email 列。

```
ALTER TABLE Employee DROP COLUMN Email
```

【例 7-5】 删除员工信息表 Employee 中对列 Birthday 的 UNIQUE 约束(约束名为 UE_Birthday)。

```
ALTER TABLE Employee DROP UE_Birthday
```

2. 使用对象资源管理器修改表

在 SQL Server Management Studio 中对表名进行修改非常简单。例如,对部门信息 Department 表进行改名,操作步骤如下:

在"对象资源管理器"面板中展开"数据库"节点,右击 Hrsys→"表"→Department 分支,在弹出的快捷菜单中选择"重命名"命令,表名变为可编辑状态,输入新表名 Dep,按 Enter 键,此时表名就修改成了 Dep。

此外,还可以通过 SQL Server Management Studio 对表结构或者表属性进行修改。例如,对于例 7-1,操作如下:

在"对象资源管理器"面板中展开"数据库"节点,右击 Hrsys→"表"→Employee,在弹出的快捷菜单中选择"设计"命令,弹出表结构设计窗口,见图 7-2。操作过程同创建表结构,在此不再赘述。

7.2.4 基本表的删除

当数据库中的某个表不再需要时,可以将其删除。当表删除之后,表中的数据都将丢失,在该表上定义的索引也会被删除。如果没有备份,执行删除表的操作要非常谨慎。

同基本表的创建、修改一样,基本表的删除也可以通过 SQL Server Management Studio 或 T-SQL 完成。

1. 使用 T-SQL 语言删除表

T-SQL 利用 DROP TABLE 语句删除基本表,其语法格式为:

```
DROP TABLE <表名>
```

例如,要删除 Department 表,可以使用以下语句:

```
DROP TABLE Department
```

2. 使用对象资源管理器删除表

下面以删除 Department(部门信息)表为例,具体操作步骤如下:

在 SSMS 的"对象资源管理器"面板中选择"数据库"→Hrsys→"表",右击 Department,在弹出的快捷菜单中选择"删除"命令,弹出"删除对象"对话框,单击"确定"按钮即可。

一般来说,当表存在外键依赖时是不能被删除的,只有先将依赖于该数据表的关系都删除后才能删除该表。要查看数据表的依赖关系,可以在 SSMS 中右击数据表名,在弹出的快捷菜单中选择“查看依赖关系”选项。

7.2.5 向表中录入数据

当基本表结构创建完成后，可以向表中录入数据。数据录入同样可以采用对象资源管理器和 T-SQL 两种方式。T-SQL 的方式在 7.5 节介绍，在此简要介绍对象资源管理器的具体操作。

在对象资源管理器中，选择相应的数据库(如 Hrsys)并展开，然后展开“表”。右击要输入数据的表(如 Department)，在弹出的菜单中选择“编辑前 200 行”命令，打开如图 7-3 所示的窗口，在窗口中按照所提供的表格录入数据即可。

HX-PC\SQLEXPRESS...s - dbo.Employee

	Emp_Id	Empname	Sex	Birthday	Dep_Id	Prof	Phone	Email	Onjob
	000001	丁华	男	1982-04-07	006	初级	80000001	80000001@abc.com	True
	000002	赵建华	男	1963-02-14	001	高级	80000002	80000002@abc.com	True
	000003	张杨	男	NULL	NULL	NULL	NULL	NULL	NULL
*	NULL	NULL	NULL	NULL	NULL	NULL	NULL	NULL	NULL

图 7-3 向表中录入数据

注意：BIT 数据类型在 SQL Server 数据库中只存储 1,0 和 NULL 三种值。若使用对象资源管理器直接在表中输入数据时，只能使用字符串值 TRUE 和 FALSE(TRUE 转换为 1，FALSE 转换为 0)。

7.3 索引的定义与维护

索引是一种数据表中的对象，是为了实现快速查找数据而设计的。在查询大批量数据时，有了索引会极大提高查询速度。通过设计正确的索引可以大大减少查询执行的时间。

7.3.1 索引概述

在 SQL Server 中定义索引，就是为了能够快速定位指定的行，提高数据库查询效率。索引起的作用就像一本书的目录。通常一本书的主要章节在目录中都有一个目录项，该目录项指出该章节所在的页码。根据这个页码，读者很容易地找到自己感兴趣的内容。如果没有索引，SQL Server 在执行查询任务时，就要对表中的每一行都进行检查，以确定其中要查询的数据是否存在，这种方法称为表扫描，显然这种方法很慢。在使用索引对表进行搜索时，SQL Server 只需要查找在索引中定义的列。只要在索引中找到要查询的数据，就可以得到表中数据保存的位置。

索引按照以下三种标准分类。

1. 索引的顺序和表中记录的物理存储顺序是否相同

1) 聚集索引

聚集索引(Clustered Index)保证数据库表中记录的物理存储顺序与索引顺序相同。由于表中记录的物理存储顺序只能有一种，所以一个表只能创建一个聚集索引。

2）非聚集索引

在非聚集索引(Non-Clustered Index)中，数据库表中记录的物理存储顺序可以与索引顺序不同。数据存储在一个地方，索引存储在另一个地方，索引带有指针指向数据的存储位置。一个表中的任何列都可以建立非聚集索引。

2. 索引值是否唯一

1）唯一索引

唯一索引(Unique Index)表示表中任何两行记录的索引值都不相同，它可以确保索引列不包含重复的值。

2）非唯一索引

非唯一索引(Non-Unique Index)表示表中记录的索引值可以相同。

3. 索引是单列还是多列

1）单列索引

仅在某一列上建立的索引称为单列索引。

2）组合索引

组合索引也称为复合索引，是建立在两个或多个列上的索引。

以上这三种标准的索引在建立时并不冲突，可以互相组合。例如，单列或多列索引可以创建为聚集且唯一索引，可以创建为聚集且非唯一索引，可以创建为非聚集且唯一索引。具体的例子见本节后面的内容。

在 SQL Server 2008 中，并不是所有索引都需要手动创建。在创建基本表时，只要设置了主键或 UNIQUE 约束，SQL Server 就会自动创建索引，在主键上创建聚集索引，在 UNIQUE 约束列上创建非聚集索引。

7.3.2 索引的创建

用户创建索引时，要求对表拥有控制(CONTROL)或修改(ALTER)权限。在 SQL Server 2008 中，可以使用对象资源管理器和 T-SQL 语言来创建索引。

1. 使用 T-SQL 语句创建索引

在 SQL 语言中用 CREATE INDEX 语句创建索引，其语法格式如下：

```
CREATE [UNIQUE] [CLUSTERED] INDEX <索引名>
                    ON <表名> (<列名> [<次序>] [,<列名> [<次序>]], … )
```

其中，<表名>指定要建索引的基本表名字；索引可以建立在该表的一列或多列上，各列名之间用逗号分隔；用<次序>指定索引值的排列次序，ASC 为升序，DESC 为降序，默认值为 ASC；UNIQUE 和 CLUSTERED 分别表示要建立唯一索引和聚簇索引。

【例 7-6】 用 T-SQL 语句在员工信息 Employee 表上以 Empname 列建立索引。

```
CREATE INDEX IX_Employee_Empname ON Employee(Empname)
```

【例 7-7】 为 Employee 表在所属部门 Dep_Id 和出生日期 Birthday 上建立一个复合索引，要求按照 Dep_Id 的降序排列，Birthday 的升序排列。

```
CREATE INDEX IX_Dep_Birthday ON Employee(Dep_Id DESC,Birthday ASC)
```

当建立复合索引时，系统按照索引列的出现次序对索引项进行排序。首先按照第一个索引列排序，如果第一个索引列取值相同，再按照第二个索引列排序，依此类推。在例 7-7 中建立的索引，首先按照 Dep_Id(所属部门)降序排列索引项，当 Dep_Id 的取值相同时，再按照 Birthday(出生日期)的值升序排列。

2. 使用对象资源管理器创建索引

下面以例 7-6 的要求为例说明使用 SQL Server Management Studio 创建索引的具体操作步骤。

(1) 在 SSMS 的“对象资源管理器”中选择“数据库”→Hrsys→“表”→Employee→“索引”选项。

(2) 右击“索引”选项，在弹出的快捷菜单中选择“新建索引”选项，出现如图 7-4 所示的“新建索引”对话框。在“索引名称”文本框中输入 IX_Employee_Empname，在“索引类型”下拉列表框中选择“非聚集”，并保持“唯一”前面的复选框为空。

图 7-4 “新建索引”对话框

(3) 单击“添加”按钮，出现如图 7-5 所示的“从 dbo. Employee 中选择列”对话框，在此选择 Empname 作为索引字段，单击“确定”按钮，返回到“新建索引”对话框，在“排列顺序”中选择升序。单击“确定”按钮，完成创建操作。

图 7-5 添加索引的字段

7.3.3 索引的删除

当一个索引不再需要的时候，可以将其从数据库中删除，以便释放当前所占用的磁盘空间以及维护索引的系统开销。

1. 使用 T-SQL 语句删除索引

T-SQL 提供了 DROP INDEX 语句进行索引删除操作，其语法格式如下：

```
DROP INDEX <索引名> ON TABLE
```

【例 7-8】 删除 Employee 表上的索引 IX_Dep_Birthday。

```
DROP INDEX IX_Dep_Birthday ON Employee
```

2. 使用对象资源管理器删除索引

在 SSMS 的“对象资源管理器”面板中打开 Hrsys→“表”→dbo. Employee→“索引”分支，右击 IX_Dep_Birthday，在弹出的快捷菜单中选择“删除”命令即可。

7.4 SQL 数据查询

数据查询就是根据用户的要求从数据库中检索所需要的数据的过程。查询功能是 SQL 语言的核心功能。在 SQL Server 2008 数据库系统中，数据查询功能通过 SELECT 语句来实现。SELECT 语句是 T-SQL 语言中的核心内容，具有灵活的使用方式和丰富的功能，同时也是 SQL 语句中比较复杂的一个语句。本书只讲解 SELECT 最为常用的一些功能，完整的解释可参考 SQL Server 教程或 SQL Server 联机丛书。

7.4.1 SELECT 语句

SELECT 语句是数据库最基本的语句之一。使用 SELECT 语句不但可以在数据库中精确地查找某条数据，而且可以模糊地查找带有某项特征的多条数据。这在很大程度上方便了用户查找数据信息。

SELECT 语句的基本语句结构为：

```
SELECT [ALL|DISTINCT] [TOP n[PERCENT]] <目标表达式> [,<目标表达式>]…
[INTO <目标表名>]
FROM <表名或视图名> [,<表名或视图名>]…
[WHERE <条件表达式>]
[GROUP BY <分组依据列或表达式>][HAVING <组选择条件表达式>]
[ORDER BY <列名> [ASC|DESC] [,<列名> [ASC|DESC]]… ]
```

上面格式中，SELECT 查询语句共有 6 个子句，其中 SELECT 和 FROM 语句为必选语句，而 WHERE、GROUP BY 和 ORDER BY 子句为可选子句。[]内的部分为可选项且大写内容为关键字。下面对各种参数进行简略的说明。

- SELECT 子句：用来指定由查询所返回的列，并且各列在 SELECT 子句中的顺序决定了它们在结果表中的顺序。
- ALL|DISTINCT：用来标识在查询结果集中对相同行的处理方式。关键字 ALL 表示返回查询结果集的所有行，其中包括重复行；关键字 DISTINCT 表示若结果集中有相同的数据行则只保留显示一行。默认值为 ALL。
- TOP n[PERCENT]：用来指定查询结果集中返回的行数。如果没有指定关键字 PERCENT，则返回查询结果集的前 n 行数据；如果指定了关键字 PERCENT，n 就是查询返回结果集行的百分比。
- FROM 子句：用来指定要查询的数据来源，含多表时一般采用连接方式。
- WHERE 子句：用来指定返回行的筛选条件。
- GROUP BY 子句：用来指定查询结果的分组条件，即将查询结果按照指定的分组依据或表达式(可以是多个)值相同的为一组进行分组；如果 GROUP 子句带 HAVING 短语，则只有满足满足 HAVING 后面的条件的组才能输出到结果表中。
- ORDER BY 子句：用来指定结果集的排序方式，ASC 表示结果集以升序排列，DESC 表示结果集以降序排列，默认情况下结果集以 ASC 升序排列。如果指定了多个列，将首先按照第一列进行排序，第一列的值相同时再按照第二列进行排序，依此类推。
- INTO 字句：将查询结果存储在指定的表中。当表名前含“#”符时为临时表。

SELECT 语句的主体是 SELECT-FROM-WHERE。其执行过程为：根据 WHERE 子句指定的条件，从 FROM 子句指定的表或视图中找出满足指定条件的元组，然后根据 SELECT 子句指定的目标列表达式，对得到的元组集合进行投影和计算，从而得到结果表。实际上，SELECT 子句对应于关系代数的投影操作；WHERE 对应于关系代数的选择操作。

SELECT 语句之所以操作灵活、功能强大，主要是因为语句成分多样，语义丰富，可供表达查询的方式灵活。对初学者来说，要熟练掌握和运用 SELECT 语句必须下一番工夫理解各种语言成分及其表达方式。

SELECT 查询语句作为嵌入式语句，可以嵌入在各种高级语言中实现对数据库的访问。SELECT 查询语句作为自含式语言，可以使用 SQL Server Management Studio 的“查询编辑器"进行编辑、编译、执行和保存。本章将仍以前面创建的 Hrsys 数据库为例详细介绍 SELECT 查询语句的各种功能和应用方法,这些表对应的示例数据如图 7-6 所示。

	Dep_Id	Depname	Telephone	Fax
1	001	营销部	0531-11111111	0531-11111110
2	002	财务部	0531-22222222	0531-22222220
3	003	人事部	0531-33333333	0531-33333330
4	004	采购部	0531-55555555	0531-55555550
5	005	技术部	0531-66666666	0531-66666660
6	006	后勤部	0531-77777777	0531-77777770

(a) 表Department

结果 消息

	Emp_Id	Empname	Sex	Birthday	Dep_Id	Prof	Phone	Email	Onjob
1	000001	丁华	男	1982-04-07	001	初级	80000001	80000001@abc.com	1
2	000002	赵建华	男	1963-02-14	001	高级	80000002	80000002@abc.com	1
3	000003	张杨	男	1989-10-12	002	初级	NULL	NULL	0
4	000004	李尹	女	1984-05-11	003	初级	80000003	80000003@abc.com	1
5	000005	王凯	男	1968-12-10	004	高级	80000004	80000004@abc.com	1
6	000006	孙维	男	1978-04-20	005	中级	80000005	8000005%@abc.com	1
7	000007	赵靓靓	女	1970-05-14	005	高级	80000006	80000006@abc.com	1
8	000008	徐宇	男	1971-02-19	005	高级	80000007	80000007@abc.com	1
9	000009	宋岚	女	1973-10-09	003	中级	80000008	80000008@abc.com	1

(b) 表Employee

	Emp_Id	Month	Base	Bonus	Benefit	Yfgz	Insurance	Tax	Sfgz
1	000001	201201	2100.00	500.00	250.00	2850.00	271.50	0.00	2578.50
2	000001	201202	2400.00	600.00	250.00	3250.00	271.50	0.00	2978.50
3	000001	201203	2200.00	500.00	250.00	2950.00	271.50	0.00	2678.50
4	000002	201201	3000.00	600.00	500.00	4100.00	372.00	6.84	3721.16
5	000002	201202	3400.00	400.00	500.00	4300.00	372.00	12.84	3915.16
6	000002	201203	3100.00	400.00	500.00	4000.00	372.00	3.84	3624.16
7	000003	201201	2100.00	200.00	250.00	2550.00	247.50	0.00	2302.50
8	000004	201201	2500.00	340.00	250.00	3090.00	278.70	0.00	2811.30
9	000004	201202	2340.00	320.00	250.00	2910.00	278.70	0.00	2631.30
10	000004	201203	2500.00	540.00	250.00	3290.00	278.70	0.00	3011.30
11	000005	201201	3200.00	490.00	500.00	4190.00	374.10	9.48	3806.42
12	000005	201202	3200.00	480.00	500.00	4180.00	374.10	9.18	3796.72
13	000005	201203	3200.00	400.00	500.00	4100.00	374.10	6.78	3719.12
14	000006	201201	2700.00	600.00	360.00	3660.00	322.80	0.00	3337.20
15	000006	201202	2700.00	300.00	360.00	3360.00	322.80	0.00	3037.20
16	000006	201203	2700.00	680.00	360.00	3740.00	322.80	0.00	3417.20
17	000007	201201	4000.00	450.00	500.00	4950.00	441.00	30.27	4478.73
18	000007	201202	4000.00	250.00	500.00	4750.00	441.00	24.27	4284.73
19	000007	201203	4100.00	400.00	500.00	5000.00	441.00	31.77	4527.23
20	000008	201201	3000.00	350.00	500.00	3850.00	392.40	0.00	3457.60
21	000008	201202	3900.00	300.00	500.00	4700.00	392.40	24.23	4283.37
22	000008	201203	3700.00	330.00	500.00	4530.00	392.40	19.13	4118.47
23	000009	201201	2760.00	440.00	360.00	3560.00	321.00	0.00	3239.00
24	000009	201202	2760.00	480.00	360.00	3600.00	321.00	0.00	3279.00
25	000009	201203	2760.00	420.00	360.00	3540.00	321.00	0.00	3219.00

(c) 表Salary

图 7-6　员工工资管理 Hrsys 的数据库

7.4.2 单表查询

所谓单表查询是指查询结果和查询过程只涉及一个表的查询。单表查询是相对比较简单的查询。

1. 选择表中的若干列

在很多情况下，用户只是在表中选择所关心的列（一部分或全部），这时可以在 SELECT 子句中指定需要查询的列或表达式。

1）查询表中的全部列

SELECT 语句可以返回表中的全部列（属性）。一种方法是在 SELECT 子句后面列出所有列名；另一种方式是在 SELECT 子句中，简单地将＜目标表达式＞设置为“ * ”即可，这种情况下列的显示次序将与表中的顺序与格式一致。

【例 7-9】 查询全体员工的详细记录。

```
SELECT Emp_Id,Empname,Sex,Birthday,Dep_Id,Prof,Phone,Email,Onjob
FROM Employee
```

或

```
SELECT * FROM Employee
```

2）查询表中的若干列

使用 SELECT 语句还可以获取表中指定的一列或者几列数据。查询结果中列的排序顺序为在查询语句中指定的顺序，查询结果以列名作为列标题输出。

【例 7-10】 查询所有员工的员工编号、员工姓名以及所属部门。

```
SELECT Emp_Id,Empname,Dep_Id
FROM Employee
```

3）查询经过计算的列

SELECT 子句中的＜目标表达式＞既可以是属性列，也可以是表达式。

【例 7-11】 查询所有员工的姓名及年龄，并在年龄列后加一列，此列的每行数据均是“周岁”字样的常量值。

```
SELECT Empname,YEAR(GETDATE()) - YEAR(Birthday),'周岁'
FROM Employee
```

输出结果如图 7-7 所示。

结果　消息

	Empname	(无列名)	(无列名)
1	丁华	31	周岁
2	赵建华	50	周岁
3	张杨	24	周岁
4	李尹	29	周岁
5	王凯	45	周岁
6	孙维	35	周岁
7	赵靓靓	43	周岁
8	徐宇	42	周岁
9	宋岚	40	周岁

图 7-7　例 7-11 的查询结果

该查询语句中使用了 SQL Server 所提供的两个内置函数，即 GETDATE() 和 YEAR()。GETDATE 函数用来获取系统当前的日期和时间；YEAR(d) 函数用来获取指定日期d 的年份。这样 YEAR(GETDATE()) 就代表系统当前的年份，YEAR(Birthday) 则代表员工出生日期所在的年份，两者的差值即员工的年龄。另外，选择列表中的常量和计算是对表中的每行进行的。某列的常量在每行中都是相同的。

在默认的情况下，数据查询结果显示的列标题就是创建表时用的列名，这可能是用户所不易识别和习惯的。此外，对于通过表达式计算出来的列，系统不指定列标题，而以“无列名”标识。这样的情况就可以为查询结果重新指定列标题。

```
<列名>|<表达式> [AS] <列标题>
```

或

```
<列标题> = <列名>|<表达式>
```

【例 7-12】 使用列别名改变查询结果的列标题。

```
SELECT Empname 姓名,YEAR(GETDATE()) - YEAR(Birthday) 年龄,'周岁'备注
FROM Employee
```

输出结果如图 7-8 所示。

结果 消息

	姓名	年龄	备注
1	丁华	31	周岁
2	赵建华	50	周岁
3	张杨	24	周岁
4	李尹	29	周岁
5	王凯	45	周岁
6	孙维	35	周岁
7	赵靓靓	43	周岁
8	徐宇	42	周岁
9	宋岚	40	周岁

图 7-8 例 7-12 的查询结果

4) 取消重复的行

在基本表中本来不存在取值完全相同的元组,但对列进行选择后,就有可能在查询结果中出现取值完全相同的行。SQL 语言对查询结果并不自动去除重复行,默认选项为 ALL。关键字 ALL 将保留查询结果集中的全部数据行,如果需要消除重复行,必须使用 DISTINCT 关键字。

【例 7-13】 查询 Employee 表中出现的职称。

```
SELECT Prof FROM Employee
```

该语句相对于：

```
SELECT ALL Prof FROM Employee
```

查询结果发现每一类职称重复出现了多次。为消除结果中的重复值,可执行以下语句：

```
SELECT DISTINCT Prof FROM Employee
```

2. 选择表中的若干元组

选择表中的若干元组,这就是关系代数中的选择运算。

前面举的例子都是对列操作,而没有对行进行任何条件的筛选。在实际查询中,会更多的面临对行进行选择的需求,使查询的结果更加满足用户的要求。

SELECT 语句中,可以通过 WHERE 子句来设置查询条件,以选择满足指定条件的元组,其一般语法结构为：

```
SELECT [ALL|DISTINCT] [TOP n[PERCENT]] <目标表达式> [,<目标表达式>]…
FROM 表名
WHERE <条件表达式>
```

其中,条件表达式为用户选取所需查询的数据行的条件,即查询返回的行记录的满足条件。WHERE 子句使用灵活,条件表达式有多种使用方式,表 7-7 中列出了 WHERE 子句中表达查询条件的运算符。

表 7-7 常用运算符

类 别	运 算 符	说 明
比较运算符	=、>、<、>=、<=、<>	比较两个表达式
逻辑运算符	AND、OR、NOT	组合两个表达式的运算结果或取反
范围运算符	BETWEEN、NOT BETWEEN	搜索值是否在范围内
列表运算符	IN、NOT IN	查询值是否属于列表值之一
字符匹配符	LIKE、NOT LIKE	字符串是否匹配
空值判断符	IS NULL、IS NOT NULL	查询值是否为 NULL

1) 比较运算符

WHERE 子句的比较运算符主要有=、<、>、<=、>=、<>和!=，分别表示等于、小于、大于、大于等于、小于等于、不等于(<>和!=都表示不等于)，可使用它们对查询条件进行限定。

【例 7-14】 查询职称为"高级"的员工姓名。

```
SELECT Empname
FROM Employee
WHERE Prof = '高级'
```

【例 7-15】 查询实发工资不低于 4000 元的员工编号。

```
SELECT DISTINCT Emp_Id
FROM Salary
WHERE Sfgz > = 4000
```

【例 7-16】 查询不是 005 部门的员工编号及员工姓名。

```
SELECT Emp_Id Empname
FROM Employee
WHERE Dep_Id <>'005'
```

2) 范围运算符

在 WHERE 子句中使用 BETWEEN…AND 和 NOT BETWEEN…AND 来查询某个属性值在(或不在)指定范围内的元组。其格式为:

```
[<列名>|<表达式>] [NOT] BETWEEN <下限值> AND <上限值>
```

对于上述格式，NOT 为可选项，上限值必须大于下限值。如果列或表达式的值在下限值和上限值范围内(包括边界值)，则 BETWEEN…AND 的运算结果为真。注意，列名或表达式的数据类型与上限值和下限值要一致。

【例 7-17】 查询应缴社会保险金在 200～300 之间的员工编号。

```
SELECT DISTINCT Emp_Id
FROM Salary
WHERE Insurance BETWEEN 200 AND 300
```

【例 7-18】 查询年龄不在 30～45 之间的员工编号及员工姓名。

```
SELECT Emp_Id,Empname
```

```
FROM Employee
WHERE (YEAR(GETDATE()) - YEAR(Birthday)) NOT BETWEEN 30 AND 45
```

3）列表运算符

在 SQL Server 数据库中，执行查询操作时，会遇到查询表达式的取值属于某一列表之一的数据，这时可以使用 IN 或 NOT IN 关键字来限定查询条件。IN(NOT IN)运算符用于判断某个值是否在(或不在)某个集合中，可以用来查找某个属性值属于(不属于)某个集合的元组。

【例 7-19】 查询职称为“中级”和“高级”的员工的姓名以及性别。

```
SELECT Empname, Sex
FROM Employee
WHERE Prof IN ('中级','高级')
```

【例 7-20】 查询职称既不为中级也不为高级的员工的姓名以及性别。

```
SELECT Empname, Sex
FROM Employee
WHERE Prof NOT IN ('中级','高级')
```

4）字符匹配符

在 SQL Server 数据库中执行查询任务时，可能无法确定某条记录中的具体信息，如果要查找该记录时则需要使用模糊查询。比如，用户想要查找赵姓的员工，但不能确定准确的姓名，这时可以查询包含字符串“赵”的所有员工。这样的模糊查询就属于字符匹配查询。SELECT 语句中可以通过 LIKE 和 NOT LIKE 实现字符匹配查询，其格式如下：

```
[<列名>|<表达式>][NOT] LIKE <匹配串> ESCAPE <转义字符>
```

匹配串是一种特殊的字符串，不仅包含普通的字符，而且包含通配符。通配符用于进行字符匹配，表 7-8 中列出了几种比较常用的通配符表示方法和说明。

表 7-8 通配符及其说明

通配符	说 明	示 例
%	任意多个字符	H%表示查询以 H 开头的任意字符串，如 Hello %h 表示查询以 h 结尾的任意字符串，如 Publish %h%表示查询在任何位置包含字母 h 的所有字符串，如 hi，zhi
_	单个字符	H_表示查询以 H 开头，后面跟任意一个字符的两位字符串，如 Hi，He
[]	指定范围的单个字符	H[ab]%表示查询以 H 开头，第二个字符是 a 或 b 的所有字符串，如 Happy [A-G]%表示查询以 A 到 G 之间的任意字符开头的字符串，如 Apple，Bear
[^]	不在指定范围的单个字符	H[^ab]%表示查询以 H 开头，第二个字符不是 a 或 b 的所有字符串，如 Hug [^A-G]%表示查询不是以 A 到 G 之间的任意字符开头的字符串，如 Like

【例 7-21】 查询 Employee 表中所有姓赵的员工的全部信息。

```
SELECT *
FROM Employee
WHERE Empname LIKE '赵%'
```

【例 7-22】 查询 Employee 表中所有姓赵、姓李和姓王的员工的全部信息。

```
SELECT *
FROM Employee
WHERE Empname LIKE '[赵李王]%'
```

【例 7-23】 查询 Employee 表中所有第二个字为“华”或“宇”的员工的全部信息。

```
SELECT *
FROM Employee
WHERE Empname LIKE '_[华宇]%'
```

如果用户要查询的字符串本身就含有%、_，这时就要使用 ESCAPE 短语对通配符进行转义。ESCAPE ‘\ ’中‘\ ’为换码字符，这样匹配串中紧跟在\ 后的字符‘_’就不再具有通配符的含义，转义为普通字符。例如，要查询在任意位置包含字符串 5% 的字符串，则 WHERE 子句需写为

```
WHERE Column LIKE '%5\%%' ESCAPE '\'
```

首位和结尾的百分号（%）表示通配符，而斜杠（\）之后的百分号则被当作普通字符处理。

5）空值判断符

空值（NULL）在数据库中是一种特殊的处理方式，有特殊的含义。由于空值是不知道或不确定的值，它不能直接用比较运算符与其他值进行比较。要判断某个值是否为空值，只能使用专门的空值判断运算符来完成。SQL 中使用 IS NULL 或 IN NOT NULL 判断某个列的值是空值或不是空值。

【例 7-24】 查询没有邮箱记录的员工编号及姓名。

```
SELECT Emp_Id, Empname
FROM Employee
WHERE Email IS NULL
```

6）逻辑运算符

有时在执行查询任务时，仅仅指定一个查询条件不能够满足用户的需求，此时需要指定多个条件来限制，那么就要使用逻辑运算符将多个查询条件连接起来，同时指定多个条件进行查询。WHERE 子句中可以使用 AND、OR 和 NOT 这三个逻辑运算符。

【例 7-25】 查询具有高级职称的女员工。

```
SELECT * FROM Employee
WHERE Sex = '女' AND Prof = '高级'
```

【例 7-26】 用 OR 运算符来实现 IN 运算。

对于例 7-18（查询职称为“中级”和“高级”的员工的姓名以及性别）的查询，可以用 OR

改写为：

```
SELECT Empname,Sex
FROM Employee
WHERE Prof = '中级' OR Prof = '高级'
```

AND 和 OR 可以结合使用表达较为复杂的查询条件，此时要注意，由于 OR 的优先级要低于 AND，因此要注意括号的使用。

【例 7-27】 查询职称为“中级”和“高级”并且出生于 1970 年之后的员工的姓名以及性别。

```
SELECT Empname,Sex
FROM Employee
WHERE (Prof = '高级' OR Prof = '中级') AND YEAR(Birthday) >= 1970
```

在例 7-27 的查询语句中，如果省略运算符 AND 前面的括号，则查询语句变为：

```
SELECT Empname,Sex
FROM Employee
WHERE Prof = '高级' OR Prof = '中级' AND YEAR(Birthday) >= 1970
```

由于 AND 的优先级高于 OR，所以 WHERE 字句：

```
WHERE Prof = '高级' OR Prof = '中级' AND YEAR(Birthday) >= 1970
```

相当于：

```
WHERE Prof = '高级' OR (Prof = '中级' AND YEAR(Birthday) >= 1970)
```

3. 使用 ORDER BY 字句对查询结果进行排序

有时，希望查询的结果能按一定的顺序排列出来，如按年龄大小、按成绩从大到小等。使用 ORDER BY 子句可以按一个或多个属性列排序。ASC 表示升序，DESC 表示降序，默认值为升序。当排序列含空值时，若升序排列，则排序列为空值的元组最先显示；若降序排列，则排序列为空值的元组最后显示。其语法格式为：

```
ORDER BY <列名> [ASC|DESC] [,<列名> [ASC|DESC]] …
```

【例 7-28】 查询 2012 年 1 月份员工的工资发放情况，并按实发工资降序排列。

```
SELECT * FROM Salary
WHERE Month = '201201'
ORDER BY Sfgz DESC
```

【例 7-29】 查询所有员工的信息，查询结果按所在部门的升序排列，同一部门中的员工按出生日期降序排列。

```
SELECT * FROM Employee
ORDER BY Dep_Id ASC,Birthday DESC
```

注意：如果在 ORDER BY 子句中使用多列进行排序，则这些列在该子句中出现的顺序决定了结果集进行排序的方式。首先按排在最前面的列进行排序，如果排序后存在两个或两个以上的列值相同的元组，则对这些元组再依据排在第二位的列进行排序，依此类推。在上述查询语句中，指定的第一个排序列 Dep_Id，由于是默认的升序方式排序，因此可以不用输入 ASC。

对查询结果排序还可以实现一些更灵活的查询。在一些商务网站上经常有这样一些推荐商品的方式，如点击率最高的 10 件商品、销量最大的 10 件商品等。SELECT 子句中可以使用定额查询的方式从排序结果中选择最前面的一些记录，这样就可以实现上面提到的查询。要实现这样的查询，只需在 SELECT 子句中的目标列的表达式的前面使用 TOP 短语，其格式为：

```
TOP n [PERCENT]
```

其中，TOP n 指明要返回查询结果的前 n 行数据，如果使用 PERCENT 选项，则表示要返回查询结果的前 n%行的数据。

【例 7-30】 查询 2012 年 1 月份实发工资最高的前 5 位员工。

```
SELECT TOP 5 Emp_Id
FROM Salary
WHERE Month = '201201'
ORDER BY Sfgz DESC
```

4. 使用聚集函数统计数据

聚集函数也称为集合函数、聚合函数或统计函数，其作用是对数据进行汇总和统计。统计功能在实际应用中经常使用。SQL 提供了许多聚集函数，表 7-9 列出了一些常用的聚集函数。

表 7-9 常用的聚集函数

<table>
<tr><th>聚集函数及格式</th><th>功　能</th></tr>
<tr><td>COUNT([DISTINCT|ALL] *)</td><td>统计表中元组个数</td></tr>
<tr><td>COUNT([DISTINCT|ALL] <列名>)</td><td>统计表中本列中值的个数</td></tr>
<tr><td>SUM([DISTINCT|ALL] <列名>)</td><td>计算列值总和(必须是数值型列)</td></tr>
<tr><td>AVG([DISTINCT|ALL] <列名>)</td><td>计算列值平均值(必须是数值型列)</td></tr>
<tr><td>MAX([DISTINCT|ALL] <列名>)</td><td>求本列列值中的最大值</td></tr>
<tr><td>MIN([DISTINCT|ALL] <列名>)</td><td>求本列列值中的最小值</td></tr>
</table>

如果在聚集函数中指定了 DISTINCT 短语，则表示在计算时要取消指定列中的重复值；如果不指定 DISTINCT 短语，或者指定 ALL 短语，则表示不取消重复值。此外，除 COUNT(*)外，其他函数在计算过程中均忽略 NULL 值。

【例 7-31】 查询员工的总人数。

```
SELECT COUNT(Emp_Id) 员工总数
FROM Employee
```

【例 7-32】 查询 2012 年 2 月份员工的平均实发工资。

```
SELECT AVG(Sfgz) 平均实发工资
```

```
FROM Salary
WHERE Month = '201202'
```

【例 7-33】 查询员工号为 000007 的员工 2012 年的实发工资之和。

```
SELECT SUM(Sfgz) 总工资
FROM Salary
WHERE Emp_Id = '000007' and LEFT(Month,4) = '2012'
```

【例 7-34】 查询 2012 年 3 月份最高的实发工资。

```
SELECT MAX(Sfgz)
FROM Salary
WHERE Month = '201203'
```

注意：聚集函数不能出现在 WHERE 子句中。

5. 对查询结果分组

有时，需要先将数据分组，然后再对每个组进行计算，而不是对全表进行计算，这就要利用 GROUP BY 子句。分组的目的是细化聚集函数的作用对象。未对查询结果分组，聚集函数将作用于整个查询结果，对查询结果分组后，聚集函数将分别作用于每个组。其格式为：

```
GROUP BY[ALL] <分组依据列或表达式> [HAVING <组选择条件表达式>]
```

说明：ALL 表示返回所有可能的查询结果组，即使某一组中没有任何满足 WHERE 条件的行，也返回该组信息。

【例 7-35】 查询各部门的员工人数。

```
SELECT Dep_Id,COUNT(*)员工数
FROM Employee
GROUP BY Dep_Id
```

结果 消息

	Dep_Id	员工数
1	001	1
2	002	1
3	003	2
4	004	1
5	005	3
6	006	1

图 7-9　例 7-35 的查询结果

查询结果如图 7-9 所示。对于分组查询要注意，分组依据的列或表达式必须包含在 SELECT 子句的查询目标表达式中(如本例中，列 Dep_Id 必须包含在 SELECT 子句中)；并且，如果使用了 GROUP BY 子句，除聚集函数外，所有目标列表达式都应在 GROUP BY 子句指定的分组依据中。另外，使用 GROUP BY 子句时，出现的聚集函数将是分组计算，即对每一个组进行计算。

【例 7-36】 查询每位员工的实发工资总数和平均实发工资。

```
SELECT Emp_Id,SUM(Sfgz) 总工资,AVG(Sfgz) 平均工资
FROM Salary
GROUP BY Emp_Id
```

使用 GROUP BY 子句对查询结果进行分组计算时，还可以使用 WHERE 子句，当使用 WHERE 子句时，将只对满足 WHERE 子句所指定条件的元组进行分组计算。

【例 7-37】 查询每一个部门的编号和女职工的人数，即使该部门没有女职工，也要输出相关信息。

```
SELECT Dep_Id,COUNT( * ) 人数
FROM Employee
WHERE Sex = '女'
GROUP BY ALL Dep_Id
```

有时，在使用 GROUP BY 子句进行分组计算时，希望选择满足某些条件的分组，这时就应该使用 HAVING 短语。HAVING 短语中可以使用聚集函数来表达分组应满足的条件。

HAVING 子句与 WHERE 子句很相似，区别在于其作用的对象不同。WHERE 子句作用于表和视图，从中选择满足条件的元组；而 HAVING 子句作用于组，从中选择满足条件的组。

【例 7-38】 查询平均实发工资超过 4000 元的员工编号及其平均实发工资。

```
SELECT Emp_Id,AVG(Sfgz) 平均工资
FROM Salary
GROUP BY Emp_Id
HAVING AVG(Sfgz)> 4000
```

7.4.3 连接查询

前面介绍的查询都是针对一个表进行的，但更多的时候需要从多个表中获取信息。若一个查询涉及到两个或两个以上的表，则称之为连接查询。连接查询是关系数据库中最主要的查询，主要包括内连接(INNER JOIN)查询和外连接(OUTER JOIN)查询。

1. 内连接(INNER JOIN)

对于连接，ANSI 标准和非 ANSI 标准的实现格式是不同的。在非 ANSI 标准中，参与连接的所有表要在 FROM 子句中给出，连接条件在 WHERE 子句中指定，这样，连接条件与元组选择条件都在 WHERE 子句中给出，不够清晰。而在 ANSI 标准中，连接条件是单独表达的，在 JOIN 子句中执行。T-SQL 支持两种方式，但推荐 ANSI 标准格式，其连接格式为：

```
FROM <表名 1> [INNER] JOIN <表名 2> ON <连接条件>[, … n]
```

连接条件指明两个表按照指定条件进行连接，通常是由来自两个表的列、比较运算符组成的，基本格式如下：

```
[<表 1>.][<列名 1>] <比较运算符> [<表 2>.][<列名 2>]
```

根据上述格式，内连接实际上就是把＜表 1＞在＜列名 1＞指定的列上的取值与＜表 2＞在＜列名 2＞上指定的列上的取值满足由“比较运算符”指定的关系的元组进行拼接，而不满足此关系的元组将被舍弃。

连接运算过程可以这样理解：首先在＜表 1＞中找到第一个元组，然后从头开始扫描＜表 2＞，逐一查找满足连接件的元组，找到后就将＜表 1 中＞的第一个元组与该元组拼接起来，形成结果表中一个元组；＜表 2＞全部匹配完后，再找＜表 1＞中第二个元组，然后再

从头开始扫描<表 2>，逐一查找满足连接条件的元组；以此类推，直到扫描完<表 1>的所有元组为止。为了提高连接效率，实际的连接过程 SQL Server 会进行优化。

1）等值连接

当连接条件的比较运算符为“=”时，称为等值连接，这也是最为常用的连接操作。

【例 7-39】 查询每个部门及其所有员工的情况。

```
SELECT *
FROM Department JOIN Employee ON Department. Dep_Id = Employee. Dep_Id
```

注意：*在涉及多表查询时，相同的列名可能出现在多个表中，因此为了加以区分相同的列名所属的不同表，需要在这些同名属性前加上表名前缀。例如，上述查询表达式中，Department. Dep_Id 指的是 Dep_Id 来自于表 Department。如果属性名在参加连接的各表中是唯一的，则可以省略表名前缀。*

例 7-39 的查询结果如图 7-10 所示。可以看到该查询结果中包含了两个表的所有列，特别是包含了两个取值完全相同的列 Dep_Id。这是因为在 SELECT 子句中使用的是“*”，这样将不去除重复的列。去掉重复列的连接为自然连接，SQL Server 2008 不支持显式的自然连接，需通过在 SELECT 子句中给出具体的目标列的方式实现。

结果 消息

	Dep_Id	Depname	Telephone	Fax	Emp_Id	Empname	Sex	Birthday	Dep_Id	Prof	Phone	Email	Onjob
1	001	营销部	0531-11111111	0531-11111110	000001	丁华	男	1982-04-07	001	初级	80000001	80000001@abc.com	1
2	001	营销部	0531-11111111	0531-11111110	000002	赵建华	男	1963-02-14	001	高级	80000002	80000002@abc.com	1
3	002	财务部	0531-22222222	0531-22222220	000003	张杨	男	1989-10-12	002	初级	NULL	NULL	0
4	003	人事部	0531-33333333	0531-33333330	000004	李尹	女	1984-05-11	003	初级	80000003	80000003@abc.com	1
5	004	采购部	0531-55555555	0531-55555550	000005	王凯	男	1968-12-10	004	高级	80000004	80000004@abc.com	1
6	005	技术部	0531-66666666	0531-66666660	000006	孙维	男	1978-04-20	005	中级	80000005	80000005@abc.com	1
7	005	技术部	0531-66666666	0531-66666660	000007	赵靓靓	女	1970-05-14	005	高级	80000006	80000006@abc.com	1
8	005	技术部	0531-66666666	0531-66666660	000008	徐宇	男	1971-02-19	005	高级	80000007	80000007@abc.com	1
9	003	人事部	0531-33333333	0531-33333330	000009	宋岚	女	1973-10-09	003	中级	80000008	80000008@abc.com	1

图 7-10 例 7-39 的查询结果

【例 7-40】 对例 7-39 查询要求用自然连接完成。

```
SELECT Department.Dep_Id,Depname,Telephone,Fax,
       Emp_Id,Empname,Sex,Birthday,Prof,Phone,Email,Onjob
FROM Department JOIN Employee ON Department. Dep_Id = Employee. Dep_Id
```

自然连接是等值连接的一种特殊情况，就是把目标列中重复的属性列去掉。此例中去掉了 Employee. Dep_Id 这个与 Department. Dep_Id 重复的列。例 7-40 的查询结果如图 7-11 所示。

结果 消息

	Dep_Id	Depname	Telephone	Fax	Emp_Id	Empname	Sex	Birthday	Prof	Phone	Email	Onjob
1	001	营销部	0531-11111111	0531-11111110	000001	丁华	男	1982-04-07	初级	80000001	80000001@abc.com	1
2	001	营销部	0531-11111111	0531-11111110	000002	赵建华	男	1963-02-14	高级	80000002	80000002@abc.com	1
3	002	财务部	0531-22222222	0531-22222220	000003	张杨	男	1989-10-12	初级	NULL	NULL	0
4	003	人事部	0531-33333333	0531-33333330	000004	李尹	女	1984-05-11	初级	80000003	80000003@abc.com	1
5	004	采购部	0531-55555555	0531-55555550	000005	王凯	男	1968-12-10	高级	80000004	80000004@abc.com	1
6	005	技术部	0531-66666666	0531-66666660	000006	孙维	男	1978-04-20	中级	80000005	80000005@abc.com	1
7	005	技术部	0531-66666666	0531-66666660	000007	赵靓靓	女	1970-05-14	高级	80000006	80000006@abc.com	1
8	005	技术部	0531-66666666	0531-66666660	000008	徐宇	男	1971-02-19	高级	80000007	80000007@abc.com	1
9	003	人事部	0531-33333333	0531-33333330	000009	宋岚	女	1973-10-09	中级	80000008	80000008@abc.com	1

图 7-11 例 7-40 的查询结果

T-SQL 支持非 ANSI 标准的连接查询,例 7-39 用非 ANSI 方式的连接查询可表示为:

```
SELECT Department. * ,Employee. *
FROM Department,Employee
WHERE Department. Dep_Id = Employee. Dep_Id
```

2) 复合条件连接

所谓的复合条件是指除了连接条件,还要满足附加的其他限制条件。当同时含有 WHERE 子句和 JOIN 子句,或含有多个连接条件或有多个 JOIN 子句时,就称为复合条件连接。

【例 7-41】 查询属于技术部并且职称为高级的员工信息。

```
SELECT *
FROM Employee JOIN Department ON Employee. Dep_Id = Department. Dep_Id
WHERE Depname = '技术部' AND Prof = '高级'
```

【例 7-42】 查询每个员工的姓名、所属部门名称、职称以及 2012 年 1 月的工资情况。

分析:在 Employee 中可以找到员工编号、员工姓名、所属部门编号以及职称,利用所属部门编号可以到 Department 找到相应的部门名称,利用员工编号可以在 Salary 中找到该员工 1 月份的工资情况。可以看出,这是一个限定了条件的三个表的连接操作。

```
SELECT Empname,Depname,Prof,Month,Yfzg,Sfgz
FROM Department JOIN Employee ON Department. Dep_Id = Employee. Dep_Id
                 JOIN Salary ON Employee. Emp_Id = Salary. Emp_Id
WHERE Month = '201201'
```

【例 7-43】 查询平均实发工资超过 4000 元的员工编号、员工姓名及平均实发工资。

本例与例 7-38 的不同在于,查询结果中还需要员工姓名,而员工姓名出现在 Employee 表中,很明显,该查询需要涉及 Employee 表和 Salary 表。考虑用连接查询,其表达式如下:

```
SELECT Employee. Emp_Id,Empname,AVG(Sfgz) 平均工资
FROM Employee JOIN Salary ON Employee. Emp_Id = Salary. Emp_Id
GROUP BY Employee. Emp_Id,Empname
HAVING AVG(Sfgz) > 4000
```

上述表达式中,Employee. Emp_Id 和 Empname 列必须作为分组依据(GROUP BY 子句和 SELECT 子句中指定的表达式除了聚集函数之外,应该是相同的)。该查询的执行可以理解为:先进行 Employee 表和 Salary 表的连接,然后对连接结果按照 Employee. Emp_Id 和 Empname 列进行分组计算,并根据 HAVING 短语进行组的选择。其查询结果如图 7-12 所示。

图 7-12 例 7-43 的查询结果

3) 自身连接

自身连接(也称自连接)是一种特殊的内连接,是指一个表与自身进行连接,称为表的自身连接。连接时需要给表起别名以示区别。一旦为表起了别名,在引用该表的数据时必须使用该别名而不能使用原来的表名。由于所有属性名都是同名属性,因此必须使用别名前缀。为表起别名在 FROM 子句中完成,其格式为:

```
FROM <表名> [AS] <别名>
```

【例 7-44】 查询与“孙维”在同一部门的员工的姓名、所属部门和职称。

分析：首先要找到孙维所属部门(在 Employee 表中，此表不妨称为 E1)，然后再找出这个表的所有员工(也在 Employee 表中，此表不妨称为 E2)。E1 和 E2 表的连接条件是所属部门 Dep_Id 相同。而 E1 和 E2 实际是一个表，这就需要利用 Employee 表的自身连接。

```
SELECT E2.Empname,E2.Dep_Id,E2.Prof
FROM Employee E1 JOIN Employee E2 ON E1.Dep_Id = E2.Dep_Id
WHERE E1.Empname = '孙维' AND E2.Empname!= '孙维'
```

在 WHERE 子句中，通过“E1. Empname = '孙维'”这个限定条件，在 E1 表中找到孙维所在的行，并通过“E2. Empname! = '孙维'”的条件限定，在 E2 表中去掉孙维所在行，查询结果如图 7-13 所示。

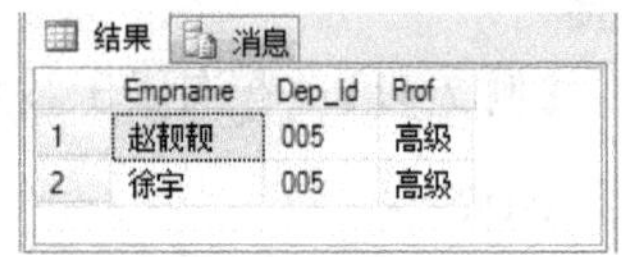

	Empname	Dep_Id	Prof
1	赵靓靓	005	高级
2	徐宇	005	高级

图 7-13 例 7-44 的查询结果

2. 外连接(OUTER JOIN)

在内连接中，只有满足连接条件的元组才能作为结果输出，但有时希望输出那些不满足连接条件的元组的信息。例如，想知道每个部门的员工信息，包括有员工信息的部门(部门编号在 Department 表和 Employee 表中都有，满足连接条件)和没有员工信息的部门(部门编号在 Department 表中有，但 Employee 表中没有，不满足连接条件)，这时就需要使用外连接。

内连接与外连接的区别：内连接操作只输出满足连接条件的元组，外连接操作以指定表为连接主体，将主体表中不满足连接条件的元组一并输出。

外连接分为左外连接(LEFT OUTER JOIN)、右外连接(RIGHT OUTER JOIN)和完全外连接(FULL OUTER JOIN)，其基本格式为：

```
FROM <表 1 > [LEFT|RIGHT|FULL] [OUTER] JOIN <表 2 > ON <连接条件>
```

说明：

- 左外连接的含义：结果集中除保留满足连接条件的连接记录外，保留连接条件左表中的非匹配记录，与右表对应的属性取空值。
- 右外连接的含义：结果集中除保留满足连接条件的连接记录外，保留连接条件右表中的非匹配记录，与左表对应的属性取空值。
- 完全外连接的含义：在结果集中保留连接表达式左、右表中的非匹配记录，从表中对应的属性取空值。

【例 7-45】 查询每个部门的人员信息，包括没有员工信息的部门。

```
SELECT Department.Dep_Id,Depname,Telephone,Fax,
        Emp_Id,Empname,Sex,Birthday,Prof,Phone,Email,Onjob
FROM Department LEFT OUTER JOIN Employee ON Department. Dep_Id = Employee. Dep_Id
```

可以看到，上述查询将 Department 表和 Employee 表进行了左外连接，执行结果如图 7-14 所示。对照例 7-39，发现被舍弃的后勤部的信息被保留了下来。对于不满足连接条件的结果元组，来自非主体表的属性值全部是 NULL(空值)。

结果　消息

	Dep_Id	Depname	Telephone	Fax	Emp_Id	Empname	Sex	Birthday	Prof	Phone	Email	Onjob
1	001	营销部	0531-11111111	0531-11111110	000001	丁华	男	1982-04-07	初级	80000001	80000001@abc.com	1
2	001	营销部	0531-11111111	0531-11111110	000002	赵建华	男	1963-02-14	高级	80000002	80000002@abc.com	1
3	002	财务部	0531-22222222	0531-22222220	000003	张杨	男	1989-10-12	初级	NULL	NULL	0
4	003	人事部	0531-33333333	0531-33333330	000004	李尹	女	1984-05-11	初级	80000003	80000003@abc.com	1
5	003	人事部	0531-33333333	0531-33333330	000009	宋岚	女	1973-10-09	中级	80000008	80000008@abc.com	1
6	004	采购部	0531-55555555	0531-55555550	000005	王凯	男	1968-12-10	高级	80000004	80000004@abc.com	1
7	005	技术部	0531-66666666	0531-66666660	000006	孙维	男	1978-04-20	中级	80000005	80000005@abc.com	1
8	005	技术部	0531-66666666	0531-66666660	000007	赵靓靓	女	1970-05-14	高级	80000006	80000006@abc.com	1
9	005	技术部	0531-66666666	0531-66666660	000008	徐宇	男	1971-02-19	高级	80000007	80000007@abc.com	1
10	006	后勤部	0531-77777777	0531-77777770	NULL	NULL	N...	NULL	NU...	NULL	NULL	NU...

图 7-14　例 7-45 的查询结果

【例 7-46】　用右外连接来实现例 7-45。

```
SELECT Department.Dep_Id,Depname,Telephone,Fax,
       Emp_Id,Empname,Sex,Birthday,Prof,Phone,Email,Onjob
FROM Employee RIGHT OUTER JOIN Department ON Department. Dep_Id = Employee. Dep_Id
```

7.4.4　嵌套查询

在 SQL 语言中，一个 SELECT-FROM-WHERE 语句称为一个查询块。一个 SELECT 语句可以在 WHERE 或 HAVING 短语中利用另一个查询来表达查询条件。将一个查询块嵌套在另一个查询块的 WHERE 子句或 HAVING 短语的条件中的查询称为嵌套查询。

SQL 语言允许多层嵌套查询，上层的查询块称为外层查询或父查询；下层的查询块称为内层查询或子查询；子查询中还可以嵌套子查询。由于子查询的结果是用来表达父查询条件的中间结果，并非最终结果，因此子查询中不能使用 ORDER BY 子句。

嵌套查询可以分为相关嵌套查询和非相关嵌套查询两类。

非相关嵌套查询的执行过程是由里向外处理，即每个子查询在上层查询处理之前求解，子查询的结果作为其父查询的查询条件。子查询只执行一次，子查询的查询条件不依赖于外层查询。

相关嵌套查询中子查询的查询条件依赖于父查询，此类查询的求解过程相对复杂：首先取外层查询中表的第一个元组，根据它与内层查询相关的属性值处理内层查询，将内层查询的结果作为外层查询 WHERE 子句的条件；然后再取外层查询表的下一个元组，重复上述过程，直至外层查询表全部元组检查完为止。

1. 利用谓语 IN 的嵌套查询

在嵌套查询中，子查询的结果往往是一个集合，谓词 IN 是嵌套查询中最常用的运算符。通过使用 IN 或 NOT IN，将一个表达式的值与子查询返回的结果集合进行比较。

【例 7-47】　查询属于技术部的男性员工的全部信息。

```
SELECT * FROM Employee
WHERE Sex = '男'  AND Dep_Id IN (SELECT Dep_Id FROM Department
WHERE Depname = '技术部')
```

分析：此查询相当于执行以下两个查询。

(1) 确定“技术部”所代表的部门编号 005。

```
SELECT Dep_Id FROM Department WHERE Depname = '技术部'
```

(2) 查找所有属于 005 部门的男性员工信息。

```
SELECT * FROM Employee
WHERE Sex = '男' AND Dep_Id IN ('005')
```

【例 7-48】 利用嵌套查询来实现例 7-42 的自身连接查询(查询与“孙维”在同一部门的员工的姓名、所属部门编号和职称)。

```
SELECT Empname, Dep_Id, Prof
FROM Employee
WHERE Dep_Id IN (SELECT Dep_Id FROM Employee WHERE Empname = '孙维')
```

结果 消息

	Empname	Dep_Id	Prof
1	孙维	005	中级
2	赵靓靓	005	高级
3	徐宇	005	高级

图 7-15 例 7-48 的查询结果

虽然外层和内层查询都涉及同一个表 Employee,但由于子查询的执行不依赖于父查询,子查询执行结束后才执行父查询,它们之间不产生干扰,因此无须为表起别名。最终的查询结果如图 7-15 所示。从中看到,其中包含了孙维的信息,可以在父查询的 WHERE 子句中再加一个复合条件“AND Empname <> '孙维'”即可。

【例 7-49】 查询属于“技术部”的全部员工 2012 年 1 月份的实发工资之和。

分析：此查询可以利用嵌套查询的方法：首先在 Department 表中找到“技术部”的部门编号,结果为 005；然后在 Employee 表中找到属于 005 部门的全部员工的员工编号；最后在 Salary 表中取出相应员工的实发工资,并进行求和运算。

```
SELECT SUM(Sfgz) 总工资 FROM Salary
WHERE Month = '201201' AND Emp_Id IN (SELECT Emp_Id FROM Employee
                    WHERE Dep_Id IN (SELECT Dep_Id
                FROM Department
                WHERE Depname = '技术部'))
```

用连接查询方法：

```
SELECT SUM(Sfgz) 总工资
FROM Salary JOIN Employee ON Salary.Emp_Id = Employee.Emp_Id
        JOIN Department ON Employee.Dep_Id = Department.Dep_Id
WHERE Month = '201201' AND Depname = '技术部'
```

可见,对于同一个查询要求,SQL 中可以有不同的表达方式,这体现了 SQL 语言的灵活性。用户可以根据自己的习惯采用熟悉的方式表达查询要求。注意,不同的表达方式可能有不同的效率。

2. 利用比较运算符的嵌套查询

当能确切知道子查询返回的结果是单值时,可以使用比较运算符(>,<,=,>=,<=,!=或<>)将一个表达式的值与子查询返回的值进行比较运算。例如,对于例 7-42,

如果能够确定“孙维”只属于一个部门，那么该查询可以改写成：

```
SELECT Empname, Dep_Id, Prof
FROM Employee
WHERE Dep_Id = (SELECT Dep_Id FROM Employee WHERE Empname = '孙维')
```

【例 7-50】 查询 2012 年 1 月份的实发工资高于 1 月份平均实发工资的员工编号。

```
SELECT Emp_Id FROM Salary
WHERE Month = '201201' AND Sfgz > (SELECT AVG(Sfgz)
                                    FROM Salary WHERE Month = '201201')
```

3. 利用谓语 ANY 或 ALL 的嵌套查询

当子查询的结果是单值时，可以利用比较运算符将一个表达式的值与这个单值进行比较运算；当子查询的结果是一个集合时，可以利用谓词 IN 将一个表达式的值与这个集合中的某个值进行比较运算。如果子查询的结果是一个集合，又想要比较一个表达式的值大于、小于、等于这个集合中的一个或多个值时，就可以利用谓词 ANY 或 ALL，两个谓词使用时的语义如表 7-10 所示。

表 7-10 谓词 ANY 和 ALL 与比较运算符同时使用时的语义

格 式	语 义
>ANY	大于子查询结果中的某个值
>ALL	大于子查询结果中的所有值
<ANY	小于子查询结果中的某个值
<ALL	小于子查询结果中的所有值
>=ANY	大于等于子查询结果中的某个值
>=ALL	大于等于子查询结果中的所有值
<=ANY	小于等于子查询结果中的某个值
<=ALL	小于等于子查询结果中的所有值
=ANY	等于子查询结果中的某个值
=ALL	等于子查询结果中的所有值(没有实际意义)
!=(或<>)ANY	不等于子查询结果中的某个值
!=(或<>)ALL	不等于子查询结果中的任何一个值

【例 7-51】 查询其他部门中比“技术部”所有员工年龄都大的员工姓名和年龄。

```
SELECT Empname, YEAR(GETDATE()) - YEAR(Birthday) 年龄
FROM Employee
WHERE Birthday < ALL (SELECT Birthday FROM Employee
                      WHERE Dep_Id = (SELECT Dep_Id
                      FROM Department WHERE Depname = '技术部'))
```

执行过程：

(1) 首先处理子查询的子查询，找出技术部的部门编号 005。

(2) 然后处理子查询，找出技术部中所有员工的出生日期，构成了一个集合('1978-4-20','1970-5-14','1971-2-19')。

(3) 处理父查询,找出其他部门中出生日期比技术部中年龄最大的(1970-5-14)还大的员工。

【例 7-52】 用聚集函数实现例 7-49。

```
SELECT Empname,YEAR(GETDATE()) - YEAR(Birthday) 年龄
FROM Employee
WHERE Birthday < (SELECT MIN(Birthday) FROM Employee
                  WHERE Dep_Id = (SELECT Dep_Id
                                  FROM Department
                                  WHERE Depname = '技术部'))
```

事实上,用聚集函数实现子查询通常比直接用 ANY 或 ALL 查询效率要高,因为前者通常能够减少比较次数。ANY 和 ALL 与聚集函数和 IN 谓语的对应关系如表 7-11 所示。

表 7-11 ANY、ALL 与聚集函数及 IN 的等价转换关系

格式	>ANY	>ALL	<ANY	<ALL	>=ANY	>=ALL	<=ANY	<=ALL	=ANY	!=或<>ALL
等价于	>MIN	>MAX	<MAX	<MIN	>=MIN	>=MAX	<=MAX	<=MIN	IN	NOT IN

4. 利用谓语 EXISTS 的嵌套查询

1) EXISTS 谓语

使用子查询进行是否存在比较时,一般利用 EXISTS 谓词。带 EXISTS 谓词的子查询不返回任何数据,只返回"真"或"假"两个逻辑值。当子查询的结果为非空集合时,得到的值为"真",否则得到的值为"假"。

【例 7-53】 查询属于"人事部"的员工姓名。

```
SELECT Empname
FROM Employee
WHERE EXISTS (SELECT * FROM Department
              WHERE Employee.Dep_Id = Department. Dep_Id AND Depname = '人事部')
```

带 EXISTS 谓语的查询先执行外层查询,再执行内层查询。外层查询的值决定了内层查询的结果,内层查询的执行次数由外层查询的结果数决定。本例查询语句的执行过程为:

- 判断外层表 Employee 的第一行,根据其 Dep_Id 值来求解子查询,如果子查询不为空,条件为真,即第一个员工属于人事部;否则,返回假,即第一个员工不属于人事部。
- 依次顺序处理外层表 Employee 的所有行的数据,直到处理完毕所有行。

由于 EXISTS 的子查询只能返回真值或假值,因此在子查询中指定列名是没有意义的。在带有 EXISTS 谓词的子查询中,其目标列名序列通常都用"*"。

2) NOT EXISTS 谓语

NOT EXISTS 的含义是当子查询中至少存在一个满足条件的元组时,NOT EXISTS 返回"假",当子查询不存在满足条件的元组时,NOT EXISTS 返回"真"。

【例 7-54】 查询不属于人事部的员工姓名。

```
SELECT Empname
FROM Employee
WHERE NOT EXISTS (SELECT * FROM Department
```

```
WHERE Employee.Dep_Id = Department.Dep_Id AND Depname = '人事部')
```

3）不同形式的查询语句的等价替换

有些带 EXISTS 或 NOT EXISTS 谓词的子查询可以被其他形式的子查询等价替换，而有些带 EXISTS 或 NOT EXISTS 谓词的子查询不能被其他形式的子查询等价替换。

【例 7-55】 用连接查询实现例 7-51。

```
SELECT Empname
FROM Employee JOIN Department ON Employee.Dep_Id = Department.Dep_Id
WHERE Depname = '人事部'
```

所有带 IN 谓词、比较运算符、ANY 和 ALL 谓词的子查询都能用带 EXISTS 谓词的子查询等价替换。

【例 7-56】 用带 EXISTS 谓语的子查询实现例 7-42(查询与孙维在同一部门的员工的姓名、所属部门和职称。)。

```
SELECT E1.Empname,E1.Dep_Id,E1.Prof
FROM Employee E1
WHERE EXISTS (SELECT * FROM Employee E2
              WHERE E1.Dep_Id = E2.Dep_Id AND E2.Empname = '孙维')
AND E1.Empname <>'孙维'
```

利用谓词 EXISTS 可以完成复杂的嵌套查询，通过例 7-57 演示类似的用法。

【例 7-57】 针对例 3-10，查询选修了全部课程的学生的学号与姓名。

```
SELECT sno,sname FROM student
WHERE NOT EXISTS (SELECT * FROM course
              WHERE cno NOT IN (SELECT cno FROM score WHERE score.sno = student.sno))
```

该例的查询条件等同于：在 course 表里不存在这样的课程，它不在当前学生的选课记录里，那么就说明，当前学生选修了全部课程。

7.4.5 集合查询

SELECT 语句的执行结果是元组的集合，如果多个 SELECT 语句的结果具有相同的列数，并且对应列的数据类型相同，那么就可以进行集合操作。SQL 直接支持的集合操作有：并(UNION)、交(INTERSECT)、差(EXCEPT)。

1. 并

并操作是将多个 SELECT 语句的查询结果进行合并，其格式为：

```
< SELECT 查询语句 1 > UNION [ALL] < SELECT 查询语句 2 >
```

使用 UNION 操作符将两个查询结果合并，如果不使用 ALL 选择项将去除结果中的重复元组，否则将直接合并两个查询结果，不去除重复元组。

【例 7-58】 查询性别为“男”或者职称为“高级”的员工的信息。

```
SELECT * FROM Employee WHERE Sex = '男'
```

```
UNION
SELECT * FROM Employee WHERE Prof = '高级'
```

上述查询实际上是求性别为“男”和职称为“高级”的员工的并集，结果中将去除重复的元组。该查询也可以用复合条件查询来实现，相应的查询语句为：

```
SELECT * FROM Employee
WHERE Sex = '男' OR Prof = '高级'
```

2. 交

交操作是对两个查询结果求交集，其格式为：

< SELECT 查询语句 1 > INTERSECT < SELECT 查询语句 2 >

【例 7-59】 查询职称为“高级”的男员工的信息。

```
SELECT * FROM Employee WHERE Sex = '男'
INTERSECT
SELECT * FROM Employee WHERE Prof = '高级'
```

该查询也可以用复合条件查询来实现，相应的查询语句为：

```
SELECT * FROM Employee
WHERE Sex = '男' AND Prof = '高级'
```

3. 差

差操作是计算两个查询结果的集合差，其格式为：

< SELECT 查询语句 1 > EXCEPT < SELECT 查询语句 2 >

【例 7-60】 查询不是高级职称的男员工的信息。

```
SELECT * FROM Employee WHERE Sex = '男'
EXCEPT
SELECT * FROM Employee WHERE Prof = '高级'
```

该语句也可以通过复合条件查询来实现。相应的查询语句为：

```
SELECT * FROM Employee
WHERE Sex = '男' AND Prof != '高级'
```

集合查询操作符中，除了 UNION 之外，都会自动去除重复元组。使用上述集合操作符时一定确保相应的两个查询结果具有相同的列数和数据类型。

有时还需对集合操作结果进行排序。值得注意的是，ORDER BY 子句只能用于对最终查询结果排序，不能对中间结果排序。

【例 7-61】 查询性别为“男”或职称为“高级”的员工，查询结果按员工的出生日期排序。

```
SELECT * FROM Employee WHERE Sex = '男'
UNION
```

```
SELECT * FROM Employee WHERE Prof = '高级'
ORDER BY Birthday
```

7.5 SQL 的数据更新功能

7.4 节所介绍的查询操作不会使基本表中的数据发生任何变化。如果要想对基本表中的数据进行各种更新操作,包括添加数据、修改数据和删除数据,则需要使用 SQL 语言提供的 INSERT(数据插入)、UPDATE(修改)和 DELETE(删除)语句来完成。

7.5.1 SQL 的数据插入功能

在创建了基本表之后,就可以使用 INSERT 语句在表中添加数据。

INSERT 语句有两种形式:一种是插入单个元组;另一个是通过子查询一次插入多个元组。

1. 插入单个元组

向表中插入单个元组的语法格式为:

```
INSERT  INTO <表名> (<属性列 1 >[,<属性列 2 >…)]
VALUES (<常量 1 > [,<常量 2 >] …)
```

INSERT 语句的功能是将新元组插入到指定的表中。其中,属性列必须是表中定义的属性,并且 VALUES 子句后面的常量必须与属性列按照顺序一一对应,并且数据类型也必须一致。

【例 7-62】 向 Employee 表中插入一个新的员工元组(员工编号为'000010',员工姓名为'刘丽',性别为'女',出生日期为'1982-4-20',所属部门编号为'006',手机号为'80000009'),职称和 E-mail 未定。

```
INSERT INTO Employee (Emp_Id,Empname,Sex,Birthday,Dep_Id,Phone)
VALUES ('000010','刘丽','女','1982 - 4 - 20','006','80000009')
```

对于插入语句也可以省略属性列表,此时 VALUES 子句中给出的值的顺序(可以为 NULL)必须与表定义中的列的顺序一致,而且必须每一列都要有值与之对应。上述的查询语句也可以写成:

```
INSERT INTO Employee
VALUES ('000010','刘丽','女','1982 - 4 - 20','006',NULL,'80000009',NULL)
```

2. 插入子查询的结果

可以通过把子查询嵌入到 INSERT 语句实现批量元组的插入。此时,INSERT 语句将子查询的结果插入到表中。其语法格式为:

```
INSERT  INTO <表名> (<属性列 1 > [,<属性列 2 >…)]
< SELECT 子查询>
```

INSERT 语句的功能是将子查询结果插入到指定的表中。其中,SELECT 子句目标列必须与 INTO 子句的属性列匹配。

【例 7-63】 查询每个部门每个月份的实发工资之和,并把结果存储在建立的表 SUM_Sfgz 中。

首先,创建表 SUM_Sfgz:

```
CREATE TABLE SUM_Sfgz (Emp_Id CHAR(10),Month CHAR(6),Fsum NUMERIC(6,2))
```

然后,添加数据

```
INSERT INTO SUM_Sfgz
SELECT Department.Dep_Id,Month,SUM(Sfgz)
FROM Salary JOIN Employee ON Salary.Emp_Id = Employee.Emp_Id
            JOIN Department ON Employee.Dep_Id = Department.Dep_Id
GROUP BY Department.Dep_Id,Month
```

7.5.2 SQL 的数据修改功能

如果基本表中的数据发生变化,需要对表中已有的数据进行修改,可以使用 UPDATE 语句。其一般语法格式为:

```
UPDATE  <表名>
SET  <列名> = <表达式>[,<列名> = <表达式>]…
[FROM <源表或视图>]
[WHERE <条件>]
```

说明:

- UPDATE 语句的功能是修改指定表中满足 WHERE 子句指定条件的元组。
- SET 子句指定要修改的属性;<表达式>指定修改后的新值。
- WHERE 子句用于指定需要修改表中的哪些元组。如果省略 WHERE 子句,则是无条件修改,即要修改所有元组的由 SET 子句中指定的属性的值。
- FROM 指定利用<源表或视图>的数据修改<表名>指定的表的数据。

【例 7-64】 将所有员工的奖金提高 100 元。

```
UPDATE Salary
SET Bonus = Bonus + 100
```

可以通过在 WHERE 子句中指定需要满足的条件,对表中的元组进行有选择地修改。

【例 7-65】 将"营销部"改名为"市场部",传真改为 0531-99999999。

```
UPDATE Department
SET Depname = '市场部',Fax = '0531 - 99999999'
WHERE Depname = '营销部'
```

【例 7-66】 将所有员工的基础工资按年龄为数额增加工资。

```
UPDATE Salary
SET Base = Base + (YEAR(GETDATE()) - YEAR(Birthday))
FROM Employee WHERE Employee.Emp_Id = Salary.Emp_Id
```

或

```
UPDATE Salary
SET Base = Base + (YEAR(GETDATE()) - YEAR(Birthday))
FROM Employee JOIN Salary ON Employee.Emp_Id = Salary.Emp_Id
```

7.5.3 SQL 的数据删除功能

当确定不再需要某些数据时，可以利用 DELETE 语句将其删除，其一般格式为：

```
DELETE  FROM <表名>
[WHERE <条件>]
```

DELETE 语句的功能是删除指定表中满足 WHERE 子句条件的元组，如果省略了 WHERE 子句表示无条件删除，即删除表中的所有元组。注意，DELETE 只删除表中的数据，并不删除基本表。

【例 7-67】 删除 Department 表中的所有信息。

```
DELETE FROM Department
```

通过 WHERE 语句指定要删除的元组满足的条件，就可以实现有选择地删除元组。

【例 7-68】 删除不在职的员工信息。

```
DELETE FROM Employee WHERE Onjob = 0
```

【例 7-69】 删除“技术部”的员工信息。

```
DELETE FROM Employee
WHERE Dep_Id IN (SELECT Dep_Id FROM Department
WHERER Depname = '技术部')
```

无论在 UPDATE 语句还是 DELETE 语句，在 WHERE 子句中都可以灵活地使用子查询来表达较为复杂的条件，其使用方式和 SELECT 语句中的 WHERE 子句相同。

7.6 视图

视图是一个类似表的数据库对象，虽然它并不是真实存在的，但发挥了和表类似的作用。视图是由多个数据源生成，帮助用户更方便地检索数据，增强访问的安全性。当数据源的数据发生变化时，视图中的数据会随之改变。

7.6.1 视图的概念

视图是由一个或几个基本表（或视图）中选取出来的数据组成的虚表。数据库中只存放视图的定义，而不存放视图包含的数据，这些数据仍然存放在原来的基本表中，不会出现数据冗余。当对通过视图看到的数据进行修改时，相应的基本表的数据也会发生变化，同时，若基本表的数据发生变化，这种变化也会自动反映到视图中。

视图可以是一个基本表的一部分，也可以是多个基本表的联合；视图也可以由一个或多个其他视图产生，或同时在视图和基本表上再定义新的视图。视图一经定义，就可以和基本表一样对其执行查询、更新等操作，但对视图的更新（增加、删除、修改）操作则有一定的限制。对视图的操作最终都会转换为对基本表的操作。

7.6.2 视图的创建

SQL Server 中提供了两种创建视图的方法，一种是使用对象资源管理器；另一种是使用 T-SQL 语言提供的 CREATE VIEW 语句。

1. 使用 T-SQL 语言创建视图

SQL 语言用 CREATE VIEW 语句建立视图，其一般格式为：

```
CREATE VIEW <视图名> [(<列名> [,<列名>] …)]
AS <子查询>
[WITH CHECK OPTION]
```

DBMS 执行 CREATE VIEW 语句时只是把视图的定义存入数据字典，并不执行其中的 SELECT 语句。在对视图查询时，按视图的定义从基本表中将数据查出。其中，＜子查询＞可以是任意的 SELECT 语句，但通常不允许含有 ORDER BY 子句，只有当 SELECT 含有 TOP 子句时，才允许含有 ORDER BY 子句。

在定义视图时要么指定全部视图列，要么全部省略不写，不能只写视图的部分属性列。如果省略了视图的属性列名，则视图的列名与子查询列名相同。但在如下三种情况下必须明确指定组成视图的所有列名：

- 某个目标列是集函数或列表达式；
- 多表连接时选出了同名列作为视图的字段；
- 需要在视图中为某个列启用新的更合适的名字。

命令格式中的 WITH CHECK OPTION 子句表示透过视图进行增删改操作时，不得破坏视图定义中的谓词条件（即子查询中的条件表达式）。

1）创建单源表视图

单源表视图是指视图的数据取自一个基本表的部分行、列，并保留了表的主键，这种视图又称为行列子集视图。用这种方法建立的视图可以对数据进行查询和修改。

【例 7-70】 建立男员工的视图，并要求通过该视图进行的更新操作只涉及男员工。

```
CREATE VIEW M_Emp
AS
SELECT Emp_Id,Empname,Birthday,Dep_Id,Prof,Phone,Email
FROM Employee WHERE Sex = '男'
WITH CHECK OPTION
```

由于在建立 M_Emp 视图时加上了 WITH CHECK OPTION 子句，以后对该视图进行插入、修改和删除操作时，DBMS 会自动加上 Sex='男'的条件，仍能保证视图中只含有男性员工。

2）创建多源表视图

多源表是指建立视图的子查询时使用了多个基本表，用这种方法建立的视图一般只用于查询,不支持修改数据。

【例 7-71】 建立技术部具有高级职称的员工视图。

```
CREATE VIEW T_S_Emp
AS
SELECT Emp_Id,Empname,Sex,Birthday,Phone
FROM Employee JOIN Department ON Employee. Dep_Id = Department. Dep_Id
WHERE Depname = '技术部' AND Prof = '高级'
```

3) 在已有视图上建立新视图

视图不仅可以建立在一个或多个基本表上,还可以建立在一个或多个已建立好的视图上,或建立在基本表和视图上。

【例 7-72】 在例 7-70 创建的视图 M_Emp 上,建立具有高级职称的男员工的视图。

```
CREATE VIEW M_S_Emp
AS
SELECT Emp_Id,Empname,Birthday,Dep_Id,Phone,Email
FROM M_Emp WHERE Prof = '高级'
```

4) 创建带表达式的视图

在定义基本表时,为减少冗余数据,表中只存放基本数据,而由基本数据经过各种计算派生出的数据一般不存储。由于视图中的数据不实际存储,所以建立视图时可以根据需要添加一些派生属性列,在这些派生属性列中保持经过计算的数据。由于这些派生属性在基本表中并不实际存在,因此称它们为虚拟列,包含虚拟列的视图也称为带表达式的视图。

【例 7-73】 创建一个反映员工年龄的视图。

```
CREATE VIEW Age_Emp (Emp_Id,Empname,Sex,Age,Dep_Id)
AS
SELECT Emp_Id,Empname,Sex,YEAR(GETDATE()) - YEAR(Birthday),Dep_Id
FROM Employee
```

视图 AGE_student 是一个带表达式的视图,该视图的属性列 Age(年龄)是使用表达式计算得到的。这样的视图,必须指定视图的全部列名,不能省略。

5) 创建分组视图

分组视图是指通过使用聚集函数和 GROUP BY 子句的查询生成的视图。

【例 7-74】 创建一个包含每个员工的员工编号以及其平均工资视图。

```
CREATE VIEW AVG_Sfgz_Emp (Emp_Id,AVG_Sfgz)
AS
SELECT Emp_Id,AVG(Sfgz) FROM Salary
GROUP BY Emp_Id
```

2. 使用对象资源管理器创建视图

这里以员工工资管理数据库 Hrsys 为例,讲解如何在对象资源管理器中创建视图的操作,其中部门信息、员工信息、工资信息分别存放在三张表中。如果想要查看某个部门的工资情况,使用视图会比每次执行多表查询要方便得多。下面就以查看部门的工资情况为例创建一个视图。

(1) 在 SSMS 的“对象资源管理器”面板中选择“数据库”→Hrsys,展开树形列表。

(2) 右击“视图”,在弹出的快捷菜单中选择“新建视图”命令,弹出视图设计窗口,以及“添加表”对话框,可以将要引用的表添加到视图设计窗口中。在本例中,添加 Department(部门信息)表、Employee(员工信息)表和 Salary(月薪)表,如图 7-16 所示。

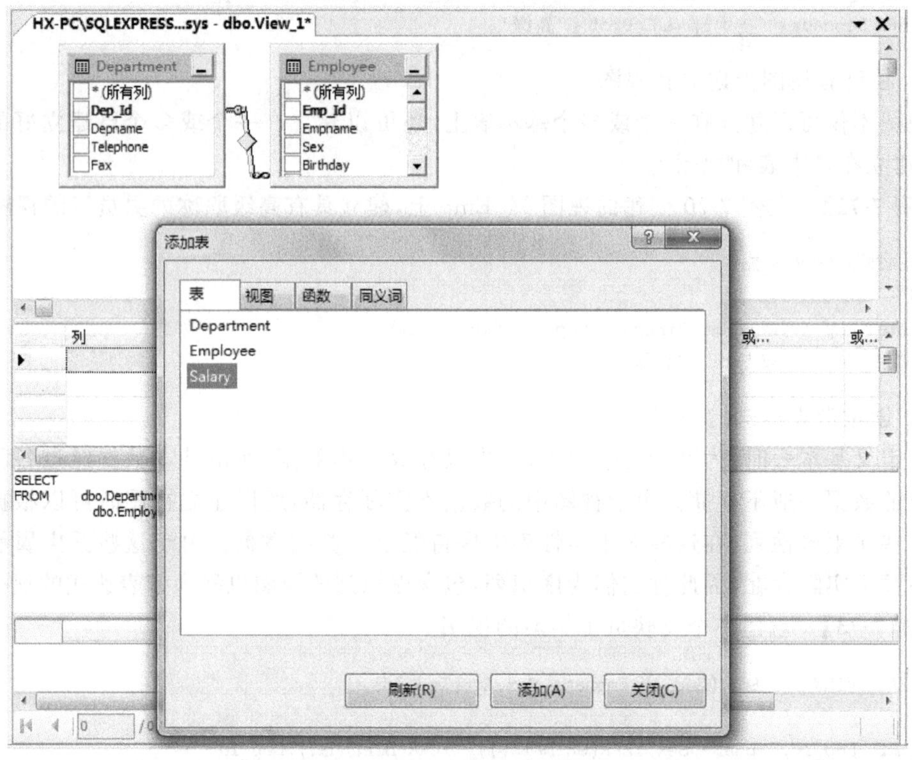

图 7-16 视图设计窗口以及“添加表”对话框

(3) 添加数据表之后,单击“关闭”按钮。在关系图窗口中勾选数据表字段前的复选框以设置视图要输出的字段。这里选中 Department 表的 Depname 字段、Employee 表中的 Empname 字段、Salary 表中的 Month 和 Sfgz 字段,并在“别名”栏中为这个字段定义别名“实发工资”,如图 7-17 所示。

(4) 设置完毕后,SQL 语句会显示在 SQL 窗格中,这个 SELECT 语句也就是视图要存储的查询语句,代码如下:

```
SELECT dbo.Department.Depname, dbo.Employee.Empname, dbo.Salary.Month, dbo.Salary.Sfgz AS 实发
工资
FROM dbo.Department INNER JOIN dbo.Employee
        ON dbo.Department.Dep_Id = dbo.Employee.Dep_Id
        INNER JOIN dbo.Salary ON dbo.Employee.Emp_Id = dbo.Salary.Emp_Id
```

所有查询条件设置完毕之后,单击“执行 SQL”按钮,运行 SELECT 语句查看结果,如图 7-18 所示。在一切测试都正常之后,单击“保存”按钮,在弹出的“选择名称”对话框中输入视图名称 V_Dep_Sfgz,单击“确定”按钮完成操作。

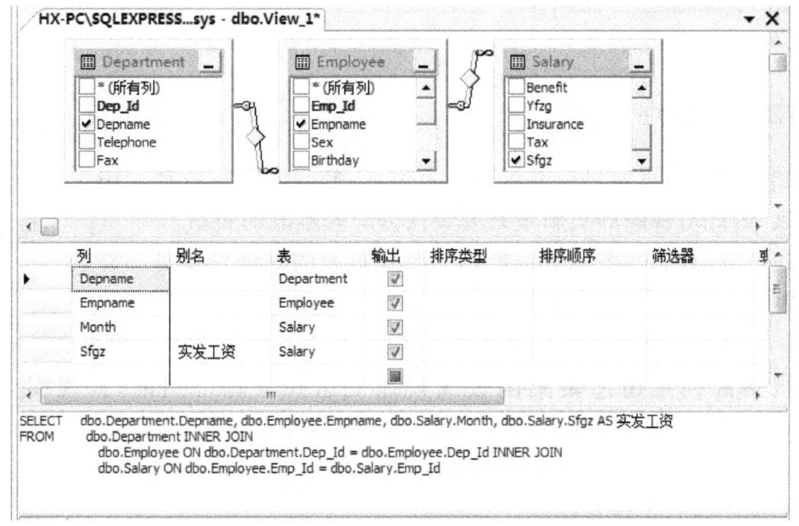

图 7-17 视图字段选择窗口

Depname	Empname	Month	实发工资
营销部	丁华	201201	2578.50
营销部	丁华	201202	2978.50
营销部	丁华	201203	2678.50
营销部	赵建华	201201	3721.16
营销部	赵建华	201202	3915.16
营销部	赵建华	201203	3624.16
财务部	张杨	201201	2302.50
人事部	李尹	201201	2811.30
人事部	李尹	201202	2631.30
人事部	李尹	201203	3011.30

1 /25 单元格是只读的。

图 7-18 运行 SQL 语句查看结果

(5) 返回 SQL Server Management Studio,在“对象资源管理器”面板中展开“视图”分支,就可以看到新建的视图了。

7.6.3 视图的操作

当视图创建成功以后,就可以对其进行操作与管理,如利用视图进行数据查询。当一些基本表的结构改动,为了让视图适应新的基本表结构,就需要对视图进行修改。当视图不再有用时,还要删除它。

1. 利用视图进行数据查询

视图一旦建立,可以像基本表一样对其进行数据查询。系统将用户的 SQL 语句和视图的定义语句结合起来,把查询转换成对基本表的查询。

【例 7-75】 使用例 7-72 中创建的视图 M_S_Emp,查询所有具有高级职称的男员工的信息。

```
SELECT Emp_Id,Empname,Birthday,Dep_Id,Phone,Email
FROM M_S_Emp
```

2. 利用视图进行数据更新

利用视图进行数据更新是指通过视图来插入、修改和删除数据。由于视图是不实际存储数据的虚表,因此对视图的更新最终要转换为对基本表的更新。

从用户角度看,对于视图的查询操作和对基本表的查询操作是一样的。而更新操作就有很多的限制,须遵循以下三条原则:

(1) 若一个视图是由多个表使用连接得到的,那么不允许对这个视图执行更新操作。

(2) 若视图的列是通过聚集函数或其他表达式计算得到的,或视图定义中包含DISTINCT、GROUP BY等短语或子句,则不允许更新。

(3) 如果一个视图是从单个表使用选择、投影等操作导出的,并包含了主键或候选键,则允许对这个视图执行更新操作。

【例 7-76】 将男员工视图 M_Emp 中姓名为"丁华"的员工的姓名改为"丁华华"。

```
UPDATE M_Emp SET Empname = '丁华华'
WHERE Empname = '丁华'
```

【例 7-77】 向男员工视图 M_Emp 中插入一个新的员工信息。

```
INSERT INTO M_Emp
VALUES('000010','姚磊','1977 - 9 - 19','001','高级','80000010','80000010@abc.com');
```

3. 修改视图

在视图创建完毕后,有可能因为种种原因要进行修改。例如,基本表的结构发生了改动,创建时字段名设置过多等。在SQL语言中用ALTER VIEW语句修改视图,其一般格式为:

```
ALTER VIEW Name AS <子查询>
```

【例 7-78】 修改例 7-70 创建的视图 M_Emp,使其只保留 Emp_Id,Empname,Prof。

```
ALTER VIEW M_Emp
AS
SELECT Emp_Id,Empname,Prof FROM Employee WHERE Sex = '男'
```

4. 删除视图

视图创建好后如果不再需要,可以随时将其删除。删除视图实际上只是删除了视图的定义,并不会影响其对应的数据和导出它的基本表。在SQL语言中用DROP VIEW语句删除视图,其一般格式为:

```
DROP VIEW <视图名>
```

【例 7-79】 删除例 7-69 中创建的视图 M_Emp。

```
DROP VIEW M_Emp
```

7.6.4 使用视图的作用与限制

使用视图可以集中、简化和定制用户对数据的需求。虽然对视图的操作最终都转换为对基本表的操作，表面看起来没什么用处，但实际上，如果合理使用视图能够带来许多好处。

1. 简化数据查询语句

使用视图机制可以使用户将注意力集中在所关心的数据上。如果这些数据来自多个基本表或其他视图，并且所用的查询条件又比较复杂时，需要编写的 SELECT 语句就会很长，这时可以通过定义视图，使数据库看起来结构简单、清晰，并且可以简化用户的数据查询操作。例如，那些定义了若干个表连接的视图，就将表与表之间的连接操作对用户隐藏起来，用户只是对一个虚表进行简单查询，而无需了解此表如何得来的。

2. 用户能以多种角度看待同一数据

使用视图机制能使不同用户以不同方式看待同一数据，当许多不同用户共享同一数据库时，这种灵活性是非常重要的。

3. 提高了数据的安全性

使用视图可以定制用户能查看哪些数据并屏蔽掉敏感的数据。例如，不希望一般人都能看到别人的工资，那么就可以创建一个不包含工资项的员工视图，然后让用户通过视图访问表中的数据，而不授予他们直接访问基本表的权限，这样就提高了数据库数据的安全性。

4. 提供了一定程度的逻辑独立性

之前已经介绍过数据独立性概念。所谓数据的逻辑独立性就是当数据库的逻辑结构改变时，如增加了新的关系或对原有关系增加了新的字段等，用户和应用程序不受影响。当数据库的逻辑结构改变时，通过视图的定义，保证视图表的结构不变。用户的外模式没有发生变化，所以不必修改相应的应用程序。

当然，视图只能在一定程度上提高数据的逻辑独立性。例如，由于对视图的更新是有条件的，因此应用程序中修改数据的语句可能仍会因为基本表结构的改变而改变。

此外，在使用视图的时候，还需要注意以下四点：

(1) 视图数据修改的限制。例如，一个用 GROUP BY 子句对内容进行汇总的视图中，因为 GROUP BY 子句对查询结果汇总以后，视图中就会丢失这条记录的物理存储位置，所以无法进行更改。

(2) 定义视图的查询语句中无法使用某些关键字。在视图的生成语句中，不能使用 INTO 关键字，类似的功能只能通过函数或存储过程来实现。

(3) 要对某些列定义别名，并保证列名的唯一性。创建视图的查询语句必须要保证视图的各个列名的唯一性。如果视图中某一列是一个算式表达式、函数或常数，要为其命名。有同名的要定义别名。

(4) 权限上的双重限制。在创建视图的时候，权限控制比较严格。在具有创建视图权限的同时，用户还必须具有访问对应表的权限。

习题 7

1. 简答题

(1) 试述 SQL 语言的特点。
(2) 索引的概念及作用。
(3) 聚集索引和非聚集索引的区别。
(4) 视图的概念及优缺点。
(5) 内连接与外连接的区别。
(6) 在哪些情况下 SQL Server 2008 会自动创建索引?
(7) 简述 SELECT 语句中的 FROM、WHERE、GROUP 以及 ORDER 子句的作用。

2. 操作题

(1) 假设车辆信息 Car_Info 有如下约束:

- Car_No(车牌号):主键,取值形式为第 1 个字符为"鲁",第 2 个字符为 A~Z 的字母,第 3~7 个字符均为 0~9。
- Type(车型):字符(CHAR)型,长度为 6,默认值为"轿车"。
- Engine_Id(发动机号):字符(CHAR)型,长度为 6,非空。
- Owner(车辆所有人):字符(CHAR)型,长度为 8,非空。
- Telephone(联系电话):字符(CHAR)型,长度为 13,取值唯一。

写出创建满足上述要求的车辆信息表 Car_Info 的 SQL 语句(包含必要的完整性约束)。
(2) 存在如表 7-12~表 7-14 所示的结构。

表 7-12 student 表

列 名	含 义	数 据 类 型	约 束
sno	学号	CHAR(7)	主码
sname	姓名	CHAR(10)	非空
sex	性别	CHAR(2)	取值范围{男,女}
age	年龄	TINYINT	
dept	所在系	CHAR(20)	

表 7-13 course 表

列 名	含 义	数 据 类 型	约 束
cno	课程号	CHAR(10)	主码
cname	课程名	CHAR(20)	非空
credit	学分	TINYINT	>0
porperty	课程性质	CHAR(4)	取值范围{必修,选修}

表 7-14 SC 表结构

列 名	含 义	数据类型	约 束
sno	学号	CHAR(7)	主码，引用 Student 的外码
cno	课程号	CHAR(10)	主码，引用 Course 的外码
score	成绩	TINYINT	取值范围为 0～100

写出实现如下操作的 SQL 语句：

① 查询选课门数超过两门的学生的平均成绩和选课门数。

② 列出总成绩超过 200 分的学生，要求列出学号、总成绩。

③ 查询选修了 C02 号课程的学生的姓名和所在系。

④ 查询成绩在 80 分以上的学生的姓名、课程名及成绩，并将结果按成绩的降序排列。

⑤ 查询计算机系男生选修了“数据库基础”课程的学生的姓名和成绩。

⑥ 查询学生的选课情况，要求列出每位学生的选课情况(包括未选课的学生)。

⑦ 列出“数据库基础”课程考试成绩前三名的学生的学号、姓名。

⑧ 查询哪些课程没人选，要求列出课程号及课程名。

⑨ 查询计算机系学生考试总成绩高于全体学生的平均总成绩的学生姓名、课程号和成绩。

⑩ 创建“管理系”学生的选课视图 V_Management，要求视图中包括学生、姓名、课程名、成绩 4 个属性。

第8章 Transact-SQL程序设计

【本章简介】

Transact-SQL 是 SQL Server 编程的重要工具，也是 SQL Server 编程的基础。本章介绍 T-SQL 的程序设计功能，内容包括常量、变量、标识符、函数、程序流程控制等基础内容，以及存储过程、触发器、游标等 SQL Server 数据库编程中常用的技术。合理地使用存储过程、触发器以及游标可以提高应用程序的执行效率，实现复杂的业务规则，增加数据处理的灵活性。

【学习目标】

- 了解 T-SQL 语言程序设计基础知识，掌握 T-SQL 语言中的变量、函数、常用运算符以及流程控制语句的种类及使用方法；
- 理解存储过程、触发器、游标的概念和原理；
- 掌握存储过程、触发器、游标的创建和使用方法。

8.1 Transact-SQL 程序设计基础

T-SQL 程序设计基础涉及为用户编程方便而增加的语言元素，包括变量、运算符、函数、注释语句、流程控制语句等。

8.1.1 常量、变量与运算符

T-SQL 提供了很多变量与运算符来实现复杂的数据库操作。变量可以帮助用户灵活存储数据，而运算符实现了很多常用的数据操作，如数字相加减、字符串连接等。

1. 常量

常量是表示一个特定数据值的符号，其格式取决于其数据类型。通常常量包括字符串常量、二进制常量、日期/时间常量和数值常量等，具体如表 8-1 所示。

表 8-1 常量表示列表

常量类型	示　　例	说　　明
字符串	'hello'、'0'	在单引号内包含的字符序列。可以使用两个单引号表示在字符串中嵌入一个单引号
二进制	0xAE、0x12Ef	二进制常量具有前缀 0x 并且是十六进制数字字符串，这些常量不使用引号括起
BIT	—	BIT 常量使用数字 0 或 1 表示，并且不括在引号中。如果使用一个大于 1 的数字，则该数字将转化为 1
日期/时间	'2010-12-05' '14:23:05' '20101205 14:23:05'	日期/时间常量使用特定格式的字符日期值来表示，并被单引号括起来。SQL Server 支持多种日期/时间常量
整型	2013、8	整型常量是以 0～9 数字构成的字符序列。整型常量必须全部为数字，它们不能包含小数点
精确数值	28.68、9.0	精确数值常量由没有用引号括起来并且包含小数点的数字字符串来表示
浮点数值	234.3E2、0.2E-1	浮点常量使用科学计数法来表示
货币	￥90、$8328.22	货币常量以前缀为可选小数点和可选的货币符号不使用引号括起的数字字符串来表示
UNIQUEIDENTIFIER	'6F9619FF-8B86-D011-B42D-00C04FC964FF'	UNIQUEIDENTIFIER 常量表示 GUID 的字符串，可以使用字符或二进制字符串格式指定

2. 变量

变量用于临时存放数据，变量中的数据随程序的运行而变化。变量有名称和数据类型两个属性，名称用于标识变量，数据类型确定了该变量存放数据的格式及允许的运算等。

T-SQL 中的变量可分为局部变量和全局变量两种。局部变量是以“@”开头命名的变量，全局变量是以“@@”开头命名的变量。

1）局部变量

局部变量是由用户自定义的变量，它的作用范围在定义它的程序内部。这些变量用来存储数值型、字符串型等数据，也可以存储函数或存储过程返回的值。使用 DECLARE 语句可以声明局部变量，其语法格式如下：

```
DECLARE {@local_variable [AS] data_type} [,@local_variable [AS] data_type ]…
```

其中的参数说明如下：

- @local_variable：局部变量的名称，必须以@开头并符合标识符的命名规则。
- data_type：局部变量的数据类型，表示任何由系统提供的或用户定义的数据类型，且不能是 TEXT、NTEXT 或 IMAGE 数据类型。

在 T-SQL 中，不能像其他程序中那样使用“变量＝变量值”的形式来给变量赋值，必须使用 SET 或 SELECT 语句来给变量赋值，其语法格式如下：

```
SET @local_variable = expression
SELECT @local_variable = expression [, … ]
```

其中，SELECT 命令可以一次给多个变量赋值。当表达式 expression 为列名时，SELECT 命令可利用其查询功能一次返回多个值，变量中保存的是其返回值的最后一个值。如果 SELECT 命令没有返回值，则变量保持其原有的值。当表达式 expression 是一个子查询时，如果子查询没有返回值，则变量被赋予 NULL；而 SET 命令与 SELECT 不同的是，SET 命令一次只能给一个变量赋值。

用 SELECT 语句或 PRINT 语句可以显示变量内容，其语法格式如下：

```
SELECT @local_variable [, … ]
PRINT @local_variable
```

当用 PRINT 输出多个变量的值时，需要组成一个合理的表达式。

【例 8-1】 声明一个局部变量@hello 为 CHAR 类型，长度为 20，并使用 SET 语句为其赋值为“hello，world!”，然后显示其内容。

```
DECLARE @hello CHAR(20)
SET @hello = 'hello,world!'
SELECT @hello
PRINT @hello
```

【例 8-2】 输出编号为 000001 的员工姓名和出生日期。

使用 SELECT 语句对变量赋值：

```
DECLARE @name CHAR(10),DECLARE @birthday DATE
SELECT @name = Empname,@birthday = Birthday
    FROM Employee
    WHERE Emp_Id = '000001'
PRINT '员工姓名：' + @name
PRINT '出生日期：' + CONVERT(CHAR(10),@birthday)
```

运行结果如图 8-1 所示。由于使用了 SELECT 语句将查询出来的数据存储到局部变量中，所以在结果显示中也不会输出查询结果。其中 CONVERT() 是数据类型转换函数，其语法格式为：

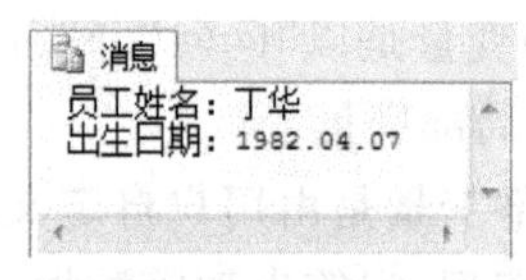

图 8-1 使用 SELECT 语句赋值的结果

```
CONVERT(type[(length)],expression[,style])
```

其中，type 为 expression 转换后的数据类型；length 表示转换后的数据长度；style 是指将日期时间类型的数据转换为字符型的数据时，该参数用于指定转换后的样式。

2) 全局变量

全局变量以标识符“@@”开头，是 SQL Server 系统提供并赋值的变量，记录 SQL Server 的各种状态信息。其作用范围并不局限于某一程序，而是任何程序均可随时调用。用户不能建立全局变量，也不能用 SET 赋值和 SELECT 赋值语句修改全局变量的值。通常，可以将全局变量的值赋给局部变量，以便保存和处理；但是，局部变量的名称不能与全局变量的名称相同。常用的全局变量如表 8-2 所示。

表 8-2 常用的全局变量

全局变量	含义
@@CONNECTIONS	返回 SQL Server 自上次启动以来连接或试图连接的次数
@@CPU_BUSY	返回 SQL Server 自上次启动后 CPU 的工作时间
@@CURSOR_ROWS	返回在本次连接中最新打开的游标中的行数
@@ERROR	返回最后执行的 T-SQL 语句的错误代码,若为 0 则成功
@@FETCH_STATUS	返回上一次 FETCH 语句的状态值
@@IDENTITY	返回最后插入的标识值
@@LANGUAGE	返回当前使用的语言的名称
@@MAX_CONNECTIONS	返回 SQL Server 实例允许的同时用户连接的最大数
@@PROCID	返回当前存储过程的 ID 值
@@OPTIONS	返回当前 SET 选项的信息
@@ROWCOUNT	返回受上一语句影响的行数,任何不返回行的语句将这一变量设置为 0
@@SERVERNAME	返回运行 SQL 服务器名称
@@SERVICANAME	返回 SQL Server 正运行于哪种服务状态之下,若当前实例为默认实例,则返回为 MSSQLSERVER;若当前实例为命名实例,则返回该实例名
@@SPID	返回当前用户进程的服务器进程标识符
@@TRANCOUNT	返回当前连接的活动事务数
@@VERSION	返回 SQL Server 的版本信息

【例 8-3】 查看 SQL Server 的版本号。

```
SELECT @@VERSION
```

【例 8-4】 查看完成查询操作后记录集里的记录数,并查看 SQL Server 2008 自启动以来的连接数。

```
SELECT * FROM Employee
SELECT'一共查询了'+ CAST (@@ROWCOUNT AS VARCHAR(5)) + '条记录'
SELECT 'SQL Server 2008 启动以来尝试的连接数: '+ CONVERT (VARCHAR(10),@@CONNECTIONS)
```

例 8-4 运行结果如图 8-2 所示。

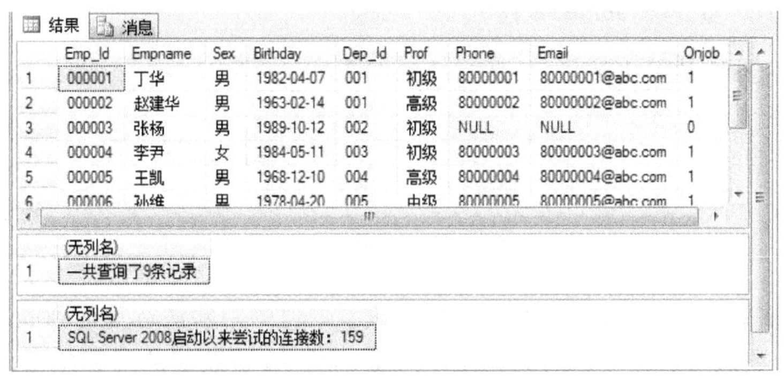

图 8-2 使用全局变量

3. 注释符

在 T-SQL 程序中加入注释语句，可以增加程序的可读性，提高代码的可维护性。SQL Server 不会对注释的内容进行编译和执行。SQL Server 中支持两种注释方式。

1) --注释

“--”注释的有效范围只到该行结束，也就是说，从“--”开始，到本行结束为止，都被认为是注释的内容。如果有多行注释内容，每一行的最前面都必须加上“--”。

2) /＊……＊/注释

/＊……＊/可以对多行语句进行注释，其有效范围是从“/＊”开始，到“＊/”结束，之间可以跨越多行。

【例 8-5】 查询具有高级职称的员工的员工编号和姓名，要求使用必要的注释。

```
USE Hrsys                    -- 打开员工工资管理数据库
GO
-- 执行一条 SELECT 语句
SELECT Emp_Id,Empname FROM Employee
WHERE Prof = '高级'      /* 从 Employee 表中查询具有高级职称的员工的员工编号和姓名 */
```

4. 运算符

运算符实现运算功能，用来指定在一个或多个表达式中执行操作的符号，以产生新的结果。在 SQL Server 2008 中，运算符可以分为算术运算符、赋值运算符、位运算符、比较运算符、逻辑运算符、字符串连接运算符和一元运算符。此外，运算符还有优先级。

1) 算术运算符

算术运算符是对两个表达式执行数学运算，这两个表达式可以是精确数字型或近似数字型，包括＋(加)、－(减)、＊(乘)、/(除)、%(取模)5 种，其中，“＋”和“－”运算符也可以用于 DATETIME 和 SMALLDATETIME 的算术运算。

【例 8-6】 执行下列 T-SQL 数学运算语句。

```
SELECT   2.5 + 5.6'加',5.9 - 1 '减',2.0 * 5.0 '浮点型乘',2 * 5 '整数乘',10.0/15.0 '浮点型除',
         10/15 '整数除',90/16 '取模'
```

在查询管理器中执行上述语句，运行结果如图 8-3 所示。

结果 | 消息

	加	减	浮点型乘	整数乘	浮点型除	整数除	取模
1	8.1	4.9	10.00	10	0.666666	0	5

图 8-3 算术运算符的使用

从执行的结果可以看到，浮点型数值和整数型数值的乘除法运算得到的结果并不相同。因为，有浮点型数值的运算结果的类型是浮点型，而整数型数值的运算结果的类型是整数，所以整数型乘除只保留整数。

2) 赋值运算符

在 T-SQL 语言中，赋值运算符只有等号“＝”一个。

3）位运算符

位运算符可以对两个表达式进行位操作，这两个表达式可以是整型数据或二进制数据。表 8-3 列出了所有的位运算符。

表 8-3　位运算符

<table>
<tr><th>运算符</th><th>描　述</th></tr>
<tr><td>&</td><td>按位进行逻辑与运算。当且只当输入表达式中两个位的值都为 1 时，结果设置为 1；否则，结果中的位被设置为 0。例如，0&0＝0，0&1＝0，1&1＝1</td></tr>
<tr><td>|</td><td>按位进行逻辑或运算。表达式的两个位只要有一个的值为 1 时，结果的位就设置 1；只有当两个位的值都为 0 时，结果中的位才被设置为 0。例如：0|0＝0，0|1＝1，1|1＝1</td></tr>
<tr><td>^</td><td>按位进行逻辑异或运算。表达式中两个位只有一个值为 1 时，结果中的位就被设置成 1；只有当两个位的值都为 0 或 1 时，结果中的位才被设置成 0。例如：0^0＝0，0^1＝1，1^1＝0</td></tr>
<tr><td>～</td><td>逐位进行逻辑非运算。如果表达式的值为 0，则结果中的位将被设置为 1；否则，结果中的位将设置为 0。例如：～0＝1，～1＝0</td></tr>
</table>

4）比较运算符

比较运算符用来判断两个表达式是否相同，返回 TRUE 或 FALSE 的布尔数据类型。除了 TEXT、NTEXT 和 IMAGE 数据类型的表达式外，比较运算符可以用于所有的表达式。这些比较运算符分别是：＞（大于）、＜（小于）、＝（等于）、＞＝（大于等于）、＜＝（小于等于）、！＝（不等于）、！＞（不大于）、！＜（不小于）、＜＞（不等于）9 种。

5）逻辑运算符

逻辑运算符包括 NOT、AND、OR，用于将逻辑值组合成表达式，结果为 TRUE 或 FALSE。

6）字符串连接运算符

T-SQL 里只有一个字符串连接符号，它就是加号（＋）。字符串连接符的作用是将两个或多个字符串合并成一个字符串，如表达式'good'＋'bye'的结果为'goodbye'。

当一个复杂的表达式里有多个运算符时，运算符的优先级将决定执行运算的顺序。执行的顺序可能严重地影响所得到的值。表 8-4 所示为运算符由高到低的优先级别。

表 8-4　运算符优先级

<table>
<tr><th>优先级别</th><th>运　算　符</th></tr>
<tr><td>1</td><td>＋（正）、－（负）、～（位取反）</td></tr>
<tr><td>2</td><td>*（乘）、/（除）、%（取模）</td></tr>
<tr><td>3</td><td>＋（加）、＋（字符串连接）、－（减）</td></tr>
<tr><td>4</td><td>＞、＜、＝、＞＝、＜＝、！＝、！＞、！＜、＜＞（比较）</td></tr>
<tr><td>5</td><td>&（按位与）、|（按位或）、^（按位异或）</td></tr>
<tr><td>6</td><td>NOT</td></tr>
<tr><td>7</td><td>AND</td></tr>
<tr><td>8</td><td>OR、BETWEEN、IN、ALL、ANY、SOME、LIKE、EXISTS</td></tr>
<tr><td>9</td><td>＝（赋值）</td></tr>
</table>

当一个表达式中的两个运算符有相同的优先级别时，根据它们在表达式中的位置，一般而言一元运算按从右向左的顺序运算，二元运算按从左向右的顺序运算。可以通过括号来

改变运算符的优先级，先对括号里的表达式求值，再对括号外的表达式求值。如果括号有嵌套，则先对嵌套最深的表达式求值。

8.1.2 流程控制

T-SQL 语言提供了用于改变语句执行顺序的命令，称为流程控制语句。使用流程控制语句可以提高编程语言的处理能力。流程控制语句与常见的程序设计语言类似，主要包括以下几种。

1. BEGIN…END 语句

BEGIN…END 语句用来设置一个 SQL 语句块，该语句块内 SQL 语句被当做一个单元来执行。这两个关键词必须成对出现，缺少任意一个将使程序运行出错。其语法格式为：

```
BEGIN
 {sql_statement|statement_block}
END
```

其中，sql_statement 和 statement_block 为任何有效的 T-SQL 语句或语句块。

2. IF…ELSE 语句

IF…ELSE 语句是条件判断语句，其中，ELSE 子句是可选的。IF 是当条件为真时将执行一种操作；ELSE 意义为当条件不成立时，将执行另一种操作。其语法格式为：

```
IF <条件表达式>
 {sql_statement|statement_block}
[ ELSE
 {sql_statement|statement_block} ]
```

其中，<条件表达式>可以是任何表达式的组合，但表达式的值必须是"真"或"假"。如果不使用程序块，IF 或 ELSE 只能执行一条命令。IF…ELSE 可以嵌套使用，最多可以嵌套 32 级。

当分支超过一条语句时，需用 BEGIN…END 组成语句块。

3. CASE 语句

CASE 语句和 IF 语句一样进行判断操作，与 IF、WHILE 等语句不同，CASE 语句只能嵌入到 SELECT 语句的 SELECT 子句中。一个完整的 CASE 语句就是 SELECT 子句中的一个目标表达式，对应于一个列的输出。

CASE 语句的语法格式有两种：一种是简单的 CASE 代码，用于将某个表达式与一组简单的表达式进行比较以确定结果；另一种是判断条件的 CASE 语句，用于计算一组条件表达式以确定结果。其语法格式如下。

简单的 CASE 语句语法格式：

```
CASE 表达式
   WHEN 表达式_11 THEN 表达式_12
```

```
    ⋮
    WHEN 表达式_n1 THEN 表达式_n2
    [ ELSE 表达式 m ]
END
```

【例 8-7】 在 Employee 表中,选取具有高级职称的员工的姓名和性别,如果性别为“男”,则输出 M;为“女”,则输出 F。

```
USE Hrsys
GO
SELECT Empname, Sex = CASE Sex
                         WHEN '男' THEN 'M'
                         WHEN '女' THEN 'F'
                      END
FROM Employee
WHERE Prof = '高级'
```

执行结果如图 8-4 所示。该语句的执行过程是,对表 Employee 中具有高级职称的员工的 Sex 字段进行判断,当 Sex 值为“男”时,就返回 M;当 Sex 值为“女”时,就返回 F。

搜索的 CASE 语句语法格式:

```
CASE
    WHEN 布尔表达式_1 THEN 表达式_1
    ⋮
    WHEN 布尔表达式_n THEN 表达式_n
    [ ELSE 表达式_m ]
END
```

该语句的执行过程为:首先测试 WHEN 后的布尔表达式的值,如果其值为真,则返回 THEN 后面的表达式的值;否则,测试下一个 WHEN 子句中表达式的值。如果所有的 WHEN 子句后的表达式值都为假,则返回 ELSE 后的表达式的值。如果所有条件表达式都为假,且在 CASE 语句中没有 ELSE 子句,则 CASE 语句返回 NULL。

【例 8-8】 查询员工的员工编号及其 2012 年 1 月份的实发工资,大于等于 4000 的为 A,小于 4000 且大于等于 3500 的为 B,小于 3500 且大于等于 3000 的为 C,小于 3000 且大于等于 2500 的为 D,低于 2500 的为 E。

```
USE Hrsys
GO
SELECT Emp_Id, CASE
                 WHEN Sfgz >= 4000 THEN 'A'
                 WHEN Sfgz < 4000 AND Sfgz >= 3500 THEN 'B'
                 WHEN Sfgz < 3500 AND Sfgz >= 3000 THEN 'C'
                 WHEN Sfgz < 3000 AND Sfgz >= 2500 THEN 'D'
                 ELSE 'E'
                 END AS '等级'
FROM Salary
WHERE Month = '201201'
```

运行结果如图 8-5 所示。在上述语句中,“等级”作为 CASE 语句所对应列的别名进行处理。

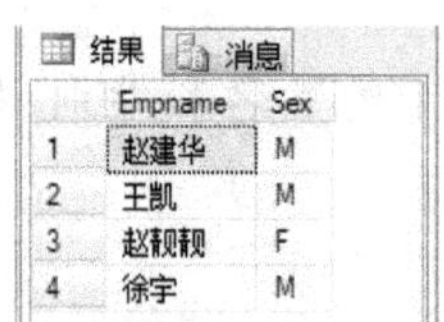

	Empname	Sex
1	赵建华	M
2	王凯	M
3	赵靓靓	F
4	徐宇	M

图 8-4　例 8-7 简单的 CASE 语句的查询结果

	Emp_Id	等级
1	000001	D
2	000002	B
3	000003	E
4	000004	D
5	000005	B
6	000006	C
7	000007	A
8	000008	C
9	000009	C

图 8-5　例 8-8 条件判断的 CASE 语句的查询结果

4. WHILE 语句

WHILE 语句用于执行反复操作的语句，可以使用 BREAK 和 CONTINUE 关键字在循环内部控制 WHILE 循环中语句的执行。CONTINUE 语句用于结束本次的执行，直接进行下一次的循环操作。BREAK 语句用于直接退出 WHILE 循环操作。WHILE 语句可以嵌套使用。其语法格式如下：

```
WHILE 条件表达式
BEGIN
    {sql_statement|statement_block}
    [ BREAK ]
    [ CONTINUE ]
    {sql_statement|statement_block}
END
```

其中，WHILE 语句在设置的条件表达式为真时会重复执行命令行或程序块；CONTINUE 语句可以让程序跳过 CONTINUE 语句之后的语句，回到 WHILE 循环的第一行；BREAK 语句则让程序完全跳出循环，结束 WHILE 循环的执行。实际应用中，CONTINUE 和 BREAK 需放在 IF 条件判断语句中。

【例 8-9】 求 1～100 的累加和。

```
DECLARE @i INT,@sum INT
SET @i = 1
SET @sum = 0
WHILE @i <= 100
 BEGIN
   SET @sum = @sum + @i
   SET @i = @i + 1
 END
PRINT @sum
```

5. GOTO 语句

GOTO 语句可以实现无条件的跳转，其语法格式如下：

```
GOTO label
```

其中，lable 作为跳转目标，必须符合标识符的命名规则，且必须以"："结尾。在 GOTO 语句行，标识符后面不必跟"："。

对于例 8-9，也可以用 GOTO 语句来实现，其代码如下：

```
DECLARE @i INT,@sum INT
SET @i = 1
SET @sum = 0
loop:
IF (@i <= 100)
  BEGIN
      SET @sum = @sum + @i
      SET @i = @i + 1
      GOTO loop
   END
PRINT @sum
```

6. WAITFOR 语句

WAITFOR 语句用来暂时停止程序执行，直到所设定的等待时间已过或所设定的时间已到才能继续往下执行。其语法格式如下：

```
WAITFOR {DELAY 'time'|TIME 'time'}
```

其中，DELAY 用来指定延迟时间，在经过该时间之后再继续执行后续的代码，最长可以是 24 小时；TIME 用来指定延迟到某个时间后再执行后续的代码；time 指延迟的时间，必须是日期/时间型的数据，但不能指定日期。

【例 8-10】 等待 5 秒钟后，显示具有高级职称的员工的姓名。

```
USE Hrsys
GO
WAITFOR DELAY '00:00:05'
SELECT Empname FROM Employee WHERE Prof = '高级';
```

上述语句执行时，SELECT 语句的执行将有一个 5 秒的延迟。

8.1.3 T-SQL 的常用函数

函数是一组编译好的 T-SQL 语句，通过调用它们可以重复执行一些操作，从而避免编写一些不必要的代码。SQL Server 2008 为 T-SQL 提供了很多函数，每个函数都能实现不同的功能。例如，前面介绍过的 COUNT 函数和 SUM 函数等。SQL Server 2008 将函数分为聚合函数、配置函数、游标函数、日期和时间函数、数学函数、元数据函数、行集函数、安全函数、字符串函数、系统统计函数、文本和图像函数以及其他函数 12 类。下面将介绍一些常用的函数。

1. 聚合函数

常用的聚合函数有 AVG()、MAX()、MIN()、SUM()、COUNT()等，用在 SELECT 语句中，在第 7 章已经介绍过，这里不再赘述。

2. 日期和时间函数

日期和时间函数可以用来更改日期和时间的值，其作用是对日期和时间型的数据进行处理，并返回一个字符串、数字或日期和时间的值。表 8-5 所示是常用的日期和时间函数。

表 8-5　常见的时间和日期函数

函　　数	功能说明
GETDATE()	返回系统当前的日期时间
DATEPART(datepart,date)	返回 date 中 datepart 指定部分所对应的整数值
DATENAME(datepart,date)	返回 date 中 datepart 指定部分所对应的字符串
DAY(date)	从日期和时间类型数据 date 中提取"日"
MONTH(date)	从日期和时间类型数据 date 中提取"月"
YEAR(date)	从日期和时间类型数据 date 中提取"年"
DATEADD(datepart,number,date)	以 datepart 指定的方式，计算 date 与 number 之和
DATEDIFF(datepart,date1,date2)	以 datepart 指定的方式，计算 date2 与 date1 之差

【例 8-11】 练习使用日期和时间函数。

```
--计算 2012 年 10 月 15 日上加 100 天
  SELECT DATEADD(DAY,100,'2012 - 10 - 15')
--计算 2011 年 10 月 15 日到当前经历了多少天、多少月和多少周
  SELECT DATEDIFF(DAY,'2011 - 10 - 15',GETDATE()) 天,
  DATEDIFF(MONTH,'2011 - 10 - 15',GETDATE()) 月,
  DATEDIFF(WEEK,'2011 - 10 - 15',GETDATE()) 周
--获取系统当前日期，并分别提取出年、月、日
  SELECT DATEPART(YEAR,GETDATE()) 年,
         DATEPART(MONTH,GETDATE()) 月,
         DATEPART(DAY,GETDATE()) 日
```

执行上述语句，结果如图 8-6 所示。

图 8-6　例 8-11 的执行结果

3. 字符串函数

字符串函数的作用是对字符串数据进行处理，并返回一个字符串或数值。表 8-6 所示是一些常用的字符串函数。

表 8-6 常用字符串函数

函　数	功能说明
ASCII(str)	返回字符串 str 首字符的 ASCII 码值
CHAR(n)	返回以 n 为 ASCII 码的字符
CHARINDEX(str1,str2[,start])	在 str2 中搜索出 str1 的起始位置
STUFF(str1,start,length,str2)	在 str1 中,将从第 start 个字符开始长度为 length 的字符串用 str2 代替
SUBSTRING(str,start,length)	返回从 start 开始、长度为 length 的子串
LTRIM(str)	删除字符串首部空格
RTRIM(str)	删除字符串尾部空格
LOWER(str)	把字符串 str 转换为小写字符串
UPPER(str)	把字符串 str 转换为大写字符串
REPLICATE(str,n)	放回重复 n 次字符串 str 的字符串
PATINDEX('%pattern%',str)	在字符串 str 中搜索 pattern 出现的起始位置
LEN(str)	计算字符串 str 的字符个数
REVERSE(str)	反转字符串 str
SPACE(n)	产生由 n 个空格组成的字符串
LEFT(str,n)	返回字符串 str 左侧的 n 个字符
RIGHT(str,n)	返回字符串 str 右侧的 n 个字符
STR(f[,p[,s]])	将数值数据 f 转换为宽度为 p,小数位数为 s 的字符串

【例 8-12】 练习使用字符串函数。

```
--返回单词"HAPPY"的第一个字母的 ASCII 值,并将其转化为小写
  SELECT ASCII('HAPPY'),LOWER('HAPPY') AS 小写
--返回以 84 为 ASCII 码的字符
  SELECT CHAR (84)
--生成由 8 个空格组成的字符串
  SELECT 'HAPPY' + SPACE (8) + 'DAY'
/*返回"数据库系统原理与应用"前 3 个、后 2 个和第 4～5 个字符,并反转该字符串*/
SELECT LEFT('数据库系统原理与应用',3),RIGHT('数据库系统原理与应用',2),
        SUBSTRING('数据库系统原理与应用',4,2),REVERSE('数据库系统原理与应用');
```

执行上述语句的结果如图 8-7 所示。

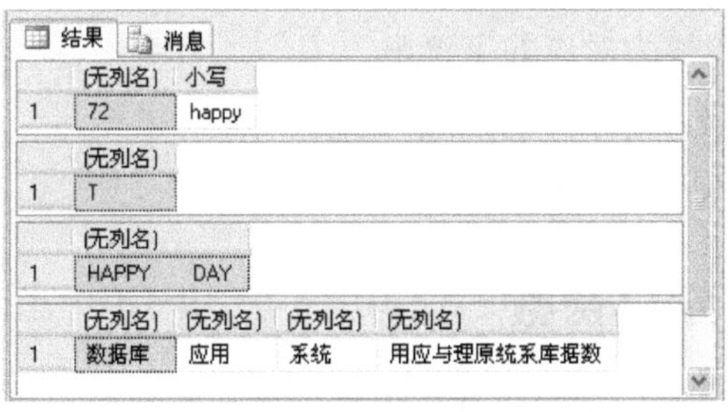

图 8-7 例 8-12 的执行结果

4. 数学函数

SQL Server 中数学函数的作用是对数值型数据进行处理,并返回处理结果。表 8-7 所示是常用的数学函数。

表 8-7 常用的数学函数

函 数	功能说明	函 数	功能说明
SIN(n)	正弦函数,n是以弧度表示的角度	EXP(n)	n的指数值
COS(n)	余弦函数,n是以弧度表示的角度	POWER(m,n)	求m的n次方
TAN(n)	正切函数,n是以弧度表示的角度	SQUARE(n)	求n的平方
ASIN(n)	反正弦函数,n是以弧度表示的角度	SQRT(n)	求n的平方根
ACOS(n)	反余弦函数,n是以弧度表示的角度	ABS(n)	求n的绝对值
ATAN(n)	反正切函数,n是以弧度表示的角度	ROUND(m,n)	对m做四舍五入处理,保留n位
RADIANS(n)	将度数单位转换为弧度单位	SIGN(n)	求n的符号,正(1),零(0)或负(−1)
DEGREES(n)	将弧度单位角度转换为度数单位	RAND()	返回0～1之间的随机值
PI()	π的常量值	FLOOR(n)	返回小于等于n的最大整数
LOG(n)	以e为底的自然对数	CEILING(n)	返回大于等于n的最小整数
LOG10(n)	以10为底的对数	MOD(m,n)	求m除以n的余数

【例 8-13】 对数学数据处理。

```
/*求64的平方根*/
  SELECT SQRT(64) AS 平方根
/*返回>=76.83的最小整数,以及<=76.83的最大整数*/
  SELECT CEILING(76.83) 大于等于表达式,FLOOR(76.83) 小于等于表达式
/*返回0～1之间的随机数*/
  SELECT RAND() 随机数
```

5. 数据类型转换函数

转换函数能够完成某些数据类型的转换,SQL Server中的转换函数有两个,分别为CAST()和CONVERT()。

(1) CAST(expression AS type):将表达式expression转换为指定的type数据类型。

(2) CONVERT(type[(length)],expression[,style]):type为expression转换后的数据类型;length表示转换后的数据长度;style是指将日期时间类型的数据转换为字符型的数据时,该参数用于指定转换后的样式。

【例 8-14】 将数值转换为对应的字符串。

```
SELECT CAST(DEGREES((PI()/4)) AS VARCHAR) + '度',
       CONVERT(VARCHAR,DEGREES((PI()/3))) + '度'
```

8.1.4 用户自定义函数

在SQL Server 2008中,除了可以使用系统提供的数据类型和函数之外,用户还可以根据需要自定义数据类型与函数。用户自定义数据类型(User Defined Data Type,UDT)和用户自定义函数(User Defined Function,UDF)都是SQL Server的数据库对象,使用这两种数据库对象可以更方便地设计和维护数据库。关于用户自定义数据类型,感兴趣的读者可参考SQL Server联机教程或相关书籍,本节只介绍用户自定义函数。

自定义函数是由用户根据需要使用SQL语句编写的函数。它可以提供系统函数无法

提供的功能。根据函数返回值类型的不同，用户自定义函数可以分为两种类型：标量型函数和表值函数。其中，表值函数又可分为内联表值函数和多语句表值函数。

创建自定义函数可以使用 SQL Server Management Studio 提供的模板，方法是选择"要创建函数的数据库"→"可编程性"→"函数"。例如，要创建一个标量值函数，则单击"新建标量值函数"即可。除了使用 SQL Server Management Studio 提供的模板，还可以使用 CREATE FUNCTION 语句来创建用户自定义函数。

1. 标量值函数

标量型函数返回一个确定类型的标量值，其返回值类型为除 TEXT、NTEXT、IMAGE、CUESOR、TIMESTAMP 和 TABLE 类型外的其他数据类型。也就是说，标量值函数返回的是一个数值。函数体语句定义在 BEGIN-END 语句内，其中包含了可以返回值的 Transact-SQL 命令。函数定义的语法格式为：

```
CREATE FUNCTION FunctionName([{@param1 [AS] DataType [ = default]}[, … n]])
RETURNS DataType
AS
BEGIN
 Function_body
 RETURN Expression
END
```

其中，FunctionName 是用户自定义函数的名称，在数据库中应该是唯一的；@param1 是函数的参数；default 为函数参数的默认值；DataType 是数据类型；RETURNS 表示函数要返回的数据类型；Function_body 是函数体定义；Expression 为返回的函数值。

【例 8-15】 创建一个函数，其功能是将指定的日期显示为"XXXX 年 XX 月 XX 日"。

```
CREATE FUNCTION ChangeDateFormat (@thistime date)
RETURNS VARCHAR(20)
AS
BEGIN
DECLARE @Year CHAR(4),@Month CHAR(2),@Day CHAR(2),@thattime VARCHAR(20)
   SET @Year = YEAR(@thistime)
   SET @Month = MONTH(@thistime)
   SET @Day = DAY(@thistime)
   SET @thattime = @Year + '年' + @Month + '月' + @Day + '日'
RETURN @thattime
END
GO
SELECT dbo.ChangeDateFormat ('2011/12/15')
```

2. 内联表值函数

内联表值型函数以表的形式返回一个函数值，即它返回的是一个由单条 SQL 语句查询的结果。内联表值函数没有由 BEGIN…END 语句块中包含的函数体，而是直接使用 RETURN 子句，其中包含的 SELECT 语句将数据从数据库中筛选出来形成一个表。内联表值型函数的功能相对于一个参数化的视图。其定义的语法格式为：

```
CREATE FUNCTION FunctionName([{(@param1 [AS] DataType [ = default]}[, …n]])
RETURNS TABLE
AS
RETURN (SELECT statement)
```

【例 8-16】 创建一个函数，并调用该函数，其功能是查询 Hrsys 数据库中 Employee 表中的所有员工记录。

```
USE Hrsys
GO
CREATE FUNCTION SelectEmployee ()
RETURNS TABLE
AS
RETURN SELECT * FROM Employee
GO
SELECT * FROM SelectEmployee ()
```

3. 多语句表值函数

多语句表值函数可以看作标量值和内联表值函数的结合体。其返回值是一个表，但它和标量值自定义函数一样，有一个用 BEGIN…END 语句块包含起来的函数体，返回值的表中的数据是由函数体中的语句插入的。由此可见，它可以进行多次查询，对数据进行多次筛选与合并，弥补了内联表值型函数的不足。其函数定义的语法格式为：

```
CREATE FUNCTION FunctionName([{(@param1 [AS] DataType [ = default]}[, …n]])
RETURNS @return_variable TABLE < table_type_definition >
AS
BEGIN
 Function_body
 RETURN
END
```

【例 8-17】 创建一个函数，并调用该函数，其功能是通过输入员工编号 Emp_Id，查询该员工所属的部门名称及实发工资情况。

```
CREATE FUNCTION GetSalary (@Employee_no CHAR(10))
RETURNS @Emp_sfgz TABLE (
                Depname CHAR(20),
                Month CHAR(6),
                SfgzDECIMAL(10,2))
AS
BEGIN
  INSERT INTO @Emp_sfgz
  SELECT Depname, Month, Sfgz
  FROM Department JOIN Employee ON Department. Dep_Id = Employee. Dep_Id
                JOIN Salary ON Employee. Emp_Id = Salary.  Emp_IdV
  WHERE Employee. Emp_Id = @Employee_no
  RETURN
END
GO
```

```
SELECT * FROM GetSalary('000001')
```

调用自定义函数和调用系统内置函数的方式基本上相同，但是需要注意以下两点：

- 当调用标量值函数时，必须加上“所有者”，通常都是 dbo，表值函数无此限制；
- 执行用户自定义函数时，所有参数都不能省略，包括有默认值的参数，默认值用 DEFAULT 关键字指定。

例如，调用例 8-15 中定义的标量值函数 ChangeDateFormat()，使用语句：

```
SELECT dbo.ChangeDateFormat ('2011/12/15')
```

而调用例 8-16 中定义的表值函数 SelectEmployee()时，则可以省略所有者，具体如下：

```
SELECT * FROM SelectEmployee()
```

此外，SQL 语法中提供了 DROP FUNCTION 语句进行删除自定义函数。其基本语法格式如下：

```
DROP FUNCTION Name
```

例如，删除例 8-17 中的自定义函数，可以使用以下语句：

```
DROP FUNCTION GetSalary
```

8.2 存储过程

存储过程(Stored Procedure)是一组预先设计好的能实现某种功能的 T-SQL 程序，也是一种数据库对象。它完成了很多原来需要在客户端执行的联机操作，对于提高整个系统的运行效率起到了很大的作用。

8.2.1 存储过程概述

存储过程存储在 SQL Server 服务器中，以后要实现该功能，可以调用这个程序来完成。用户可以通过调用存储过程的名字并给出参数(如果该存储过程有参数)来执行它。

1. 使用存储过程的优点

(1) 快速执行。因为 SQL Server 2008 会事先将存储过程编译成二进制可执行代码，在运行存储过程时不需要再对存储过程进行编译，可以加快执行的速度。

(2) 安全性好。存储过程具有安全特性(如权限)和所有权链接，用户可以被授予权限来执行存储过程而不必直接对存储过程中引用的对象具有权限，从而增强系统的安全性。

(3) 访问统一。存储过程允许模块化程序设计，存储过程一旦创建，以后即可在程序中调用多次。这可以改进应用程序的可维护性，并允许应用程序以统一的方式访问数据库，可以在 C/S 及 B/S 模式中进行统一调用。

(4) 存储过程是命名代码，允许延迟绑定，这提供了一个用于简单代码灵活操作的发挥空间。

(5) 减少网络通信流量。一个需要几百行 T-SQL 代码的操作可以通过一条执行存储过程代码的语句来执行,而不需要在网络中发送这些代码,降低网络通信开销。

2. 存储过程的分类

在 SQL Server 2008 中,存储过程可以分为三大类。

1) 系统存储过程

系统存储过程一般是以 sp_为前缀的,是由 SQL Server 2008 自己创建、管理和使用的一种特殊的存储过程,用户不能对其进行修改或删除。它们的主要功能是从系统表中获取信息,为系统管理员管理 SQL Server 提供帮助,为用户查看数据库对象提供方便。用户也可以从其他数据库中直接调用这些系统存储过程,如利用系统存储过程 sp_helptext 可以显示规则、默认值、未加密的存储过程、用户函数、触发器或视图的文本信息。

2) 扩展存储过程

扩展存储过程允许用户使用编程语言(如 C 语言)创建自己的外部例程,可以动态加载和运行 DLL,其使用方法与系统存储过程一样,也是存在 master 数据库中,且名称前缀为 xp_,例如 xp_cmdshell 允许通过数据库执行服务端的命令行操作。

3) 用户定义存储过程

用户存储过程是指用户根据自身需要,为完成某一特定功能,在用户数据库中创建的存储过程。在 SQL Server 2008 中,用户定义的存储过程有两种类型: T-SQL 存储过程和 CLR 存储过程。

(1) T-SQL 存储过程是指保存的 T-SQL 语句集合,可以接收和返回用户提供的参数,存储过程也可能从数据库向客户端应用程序返回数据。

(2) CLR 存储过程是指对 Microsoft .NET Framework 公共语言运行时方法的引用,可以接收和返回用户提供的参数。它们在.NET Framework 程序集中是作为类的公共静态方法实现的。

3. 存储过程与函数的区别

存储过程和函数都属于可编程的数据库对象,都是具有一定功能的 SQL 语句对象,且都带有参数,但两者还是有一些区别,主要体现在:

(1) 存储过程是预编译的,执行效率比函数高。

(2) 存储过程必须单独执行,而函数可以嵌入到表达式中,随处调用。

(3) 存储过程可以不返回任何值,也可以返回多个输出变量,但函数有且必须有一个返回值,可以是标量值,也可以是表。

(4) 存储过程主要是对逻辑处理的应用或解决,实现的功能要复杂一点;而函数的实现功能针对性比较强,主要是一种功能应用。

8.2.2 创建存储过程

在 SQL Server 2008 中,可以用 SQL Server Management Studio 和 T-SQL 语言来创建存储过程。

1. 使用 CREATE PROCEDURE 语句创建存储过程

创建存储过程使用 CREATE PROCEDURE 语句，其语法格式如下：

```
CREATE PROC [ EDURE ] procedure_name[ {@parameter data_type} [ = default ]
                                    [ OUTPUT ] [ READONLY ] [, …n ] ]
[ WITH[ENCRYPTION] [RECOMPILE] [, …n]]
AS sql_statement
```

各参数说明如下：

- procedure_name：新建的存储过程的名称，最长为 128 个字符。存储过程名称必须遵循有关标识符的规则。
- @parameter：存储过程中的参数，在创建存储过程时可以声明一个或多个参数，在 SQL Server 2008 中，参数最多不能超过 2100 个。执行存储过程时，用户必须提供每个所声明参数的值(除非定义了该参数的默认值)。
- data_type：参数的数据类型。
- default：参数的默认值，如果定义了默认值，则不必指定该参数的值即可执行存储过程，默认值必须是常量或 NULL。
- OUTPUT：表明该参数为输出参数，可将存储过程内部得到的值通过输出参数传递给调用者，类似函数的传址调用方式。
- READONLY：指示该参数是只读的，不能在过程的主体中更新或修改参数。需要注意的是，如果参数类型为表类型，则必须指定 READONLY。
- RECOMPILE：指示数据库引擎不缓存该过程的计划，每次执行都要重新编译，一般不建议使用该选项。
- ENCRYPTION：加密存储过程。指示 SQL Server 将 CREATE PROCEDURE 语句的原始文件进行加密存储，可以有效地保护源代码不被查看及修改。存储过程与视图一样，可以通过加密的方式来保护其代码安全。如果存储过程以加密方式存储，那么无法通过系统表查询，也不能用系统存储过程 sp_helptext 来查看。
- sql_statement：存储过程中要包含的任意数目和类型的 SQL 语句，如果语句多于一条，需要用 BEGIN…END 构成语句块。

【例 8-18】 创建存储过程 Emp_Salary，要求实现如下功能：查询 Hrsys 数据库中每个员工每月的实发工资，其中包含员工的 Emp_Id、Empname、Month 及 Sfgz。

```
CREATE PROCEDURE Emp_Salary
AS
SELECT Salary. Emp_Id, Empname, Month, Sfgz
FROM Salary JOIN Employee ON Salary. Emp_Id = Employee. Emp_Id
```

完成以上操作后，在 Hrsys→“可编程性”→“存储过程”选项下，可看到新建的存储过程 Emp_Sfgz。

2. 使用对象资源管理器创建存储过程

用 SQL Server Management Studio 创建存储过程，具体的操作步骤如下：

(1) 在 SSMS 的“对象资源管理器”中选择“数据库”→Hrsys→“可编程性”→“存储过程”选项。

(2) 右击“存储过程”项,在弹出的快捷菜单中选择“新建存储过程”命令,弹出存储过程编辑窗口,如图 8-8 所示。

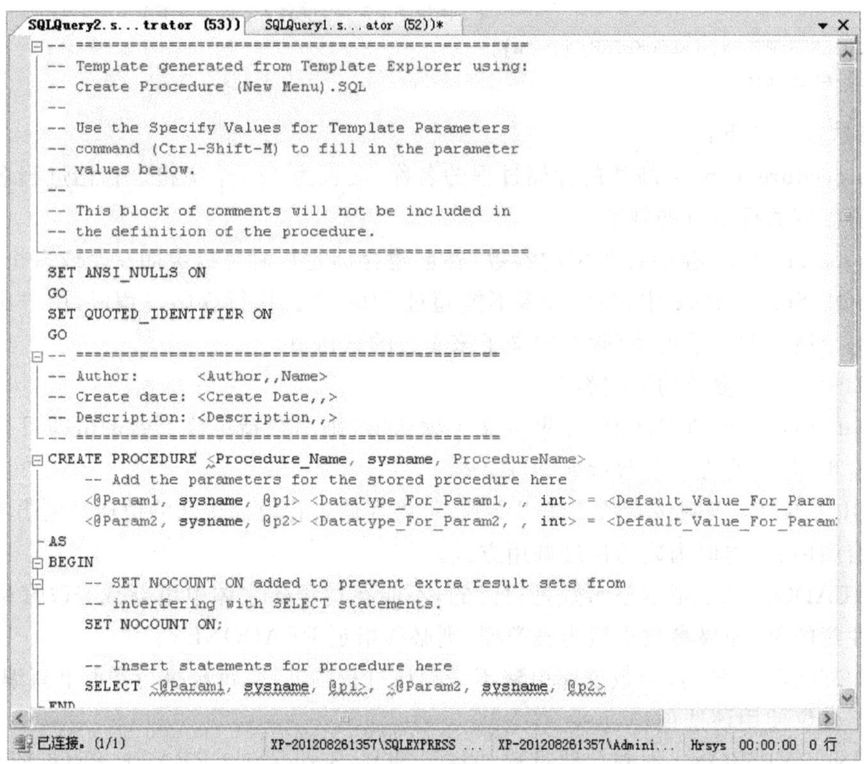

图 8-8 新建存储过程编辑窗口

(3) 存储过程编辑窗口显示了通过 CREATE PROCEDURE 语句生成的最基本存储过程结构。修改要创建的存储过程名称,然后加入存储过程所包含的 SQL 语句。

(4) 完成存储过程的编写后,单击“执行”按钮。如果代码有错误,会在下面消息栏中显示出错信息及所在行等信息,提示用户进行修改,在出现“命令已成功完成”提示后,即完成创建。

使用 SQL Server Management Studio 创建存储,归根到底与直接使用 T-SQL 语言来创建存储过程是一样的,只是有些参数可以用模板来添加而已。如果要设计一个功能强大的存储过程,还是要熟悉 CREATE PROCEDURE 语句。

8.2.3 执行存储过程

T-SQL 提供了 EXECUTE 语句执行存储过程,该命令可以缩写为 EXEC。其基本语法结构如下:

```
[EXEC[UTE]] [@return_status = ] procedure_name
[ [ @parameter = ] {value|@variable} [ OUTPUT ]|[ default ] ] [, …n ]
[WITH RECOMPILE]
```

各参数说明如下：

- procedure_name：执行的存储过程的名称。
- @return_status：可选的整型变量，保存存储过程的返回状态。要使用该变量，必须在执行该存储过程前先声明这个变量，然后才可以将存储过程的返回值保存在该变量中。
- @parameter：存储过程中的参数，是在创建存储过程时声明的。执行存储过程时，用户必须提供每个所声明参数的值(除非定义了该参数的默认值)。
- value：存储过程中参数的值。如果参数名称没有指定，参数值必须以 CREATE PROCEDURE 语句中定义的顺序给出。
- @variable：用来保存参数或者返回参数的变量。
- OUTPUT：指定存储过程必须返回一个参数。该存储过程的匹配参数也必须由关键字 OUTPUT 创建。
- default：根据存储过程的定义，提供参数的默认值。
- WITH RECOMPILE：执行该存储过程时强制重新编译。

【例 8-19】 执行例 8-18 中创建的存储过程 Emp_Salary。

```
EXEC Emp_Salary
```

程序执行结果如图 8-9 所示。

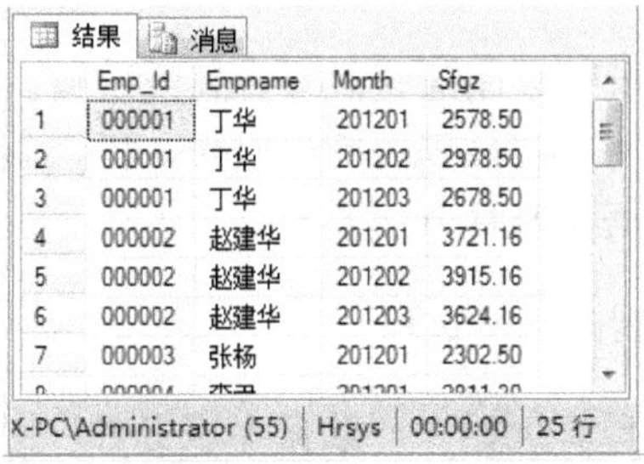

结果 消息

	Emp_Id	Empname	Month	Sfgz
1	000001	丁华	201201	2578.50
2	000001	丁华	201202	2978.50
3	000001	丁华	201203	2678.50
4	000002	赵建华	201201	3721.16
5	000002	赵建华	201202	3915.16
6	000002	赵建华	201203	3624.16
7	000003	张杨	201201	2302.50

X-PC\Administrator (55) | Hrsys | 00:00:00 | 25 行

图 8-9 执行存储过程 Emp_Sfgz 的结果

8.2.4 修改存储过程

修改存储过程可以通过 SQL Server Management Studio 或 T-SQL 语句实现。

1. 使用对象资源管理器修改存储过程

其步骤如下：

(1) 在 SSMS 中展开"对象资源管理器"→"数据库服务器"→"可编程性"→"存储过程"，右击要修改的存储过程，在弹出快捷菜单中选择"修改"命令。

(2) 在代码编辑窗口会出现存储过程源代码，可以直接修改，如要测试语法，在"查询"菜单上，单击"分析"可以分析语法格式是否正确。

(3) 修改完之后仍然单击工具栏上的"执行"按钮，当消息框显示"命令已成功完成"即可。

2. 使用 ALTER PROCEDURE 语句修改存储过程

修改存储过程使用 ALTER PROCEDURE 语句，ALTER PROCEDURE 不会更改权限，其基本语法格式如下：

```
ALTER PROC [ EDURE ] procedure_name
[ {@parameter data_type} [ = default ] [ OUTPUT ] ] [, … n ]
[ WITH[ ENCRYPTION] [RECOMPILE]]
AS
sql_statement
```

各参数的含义与创建存储过程(CREATE PROCEDURE)相同。

【例 8-20】 修改例 8-18 中创建的存储过程 Emp_Salary，将查询结果修改为 Emp_Id、Empname、Depname、Month、Yfgz 和 Sfgz 六个字段，以加密方式存储。

```
ALTER PROCEDURE Emp_Salary
WITH ENCRYTION
AS
SELECT Salary. Emp_Id, Empname, Depname, Month, Yfgz, Sfgz
FROM Salary JOIN Employee ON Salary. Emp_Id = Employee. Emp_Id
            JOIN Department ON Employee.Dep_Id = Department.Dep_Id
```

8.2.5 删除存储过程

当存储过程不再使用时，就可以删除它以节省系统资源。存储过程保存的是 SQL 语句集合，因此可以快速被删除。同存储过程的其他操作一样，删除存储过程也可以通过 SSMS 的对象资源管理器或 T-SQL 语句两种方法实现。

1. 使用对象资源管理器删除存储过程

在 SSMS 中展开"对象资源管理器"→"数据库服务器"→"可编程性"→"存储过程"，右击要删除的存储过程，在弹出快捷菜单中选择"删除"命令。

在弹出的删除对象对话框中单击"确定"按钮即可删除该存储过程。

2. 使用 T-SQL 语句删除存储过程

除了以图形界面的方式删除存储过程，SQL 语法提供了 DROP PROCEDURE 语句进行删除，其语法格式为：

```
DROP PROC [ EDURE ] procedure_name [, … n ]
```

其中，procedure_name 表示要删除的存储过程名称。

【例 8-21】 删除例 8-18 中创建的存储过程 Emp_Salary。

```
DROP PROCEDURE Emp_Salary
```

8.2.6 存储过程的参数及返回值

存储过程的优势不仅在于存储在服务器端、运行速度快，还有重要的一点就是存储过程可实现的功能非常强大。本节将学习如何在存储过程中使用参数,包括输入参数和输出参数。

1. 参数传递的方式

存储过程里可以包含参数。在执行存储过程时,如果不指明参数名称,则按照存储过程所定义的参数次序传递。如果在存储过程里定义了参数的默认值,并且放在最后,则可以不指定该参数。

【例 8-22】 创建一个存储过程 S_M_Emp 并执行,用以查询具有高级职称的男员工的姓名。

```
CREATE PROCEDURE S_M_Emp
    @Prof VARCHAR(10),
    @Sex CHAR(2)
AS
SELECT Empname FROM Employee
WHERE Prof = @Prof AND Sex = @Sex
GO
EXEC S_M_Emp '高级','男'
GO
```

执行该存储过程的方法如下,在这种执行方法中,是将存储过程中所需的参数依次传递给存储过程,即顺序的将“高级”和“男”赋予@prof 和@sex,以达到传递参数的目的。

如果不按参数顺序传递参数,则要指定参数名,采用“参数=值”的形式,这样各参数的顺序可以任意排列。

例如,上述的例子在执行时可以写成:

```
EXEC S_M_Emp @Sex = '男',@Prof = '高级'
```

【例 8-23】 创建多个参数的存储过程,根据员工编号、姓名查询员工的信息。

```
CREATE PROCEDURE Query_Emp
    @Emp_Id VARCHAR(10) = '%',
    @Empname VARCHAR(10) = '%',
AS
BEGIN
  SET NOCOUNT ON
  IF @Emp_Id <>'%' SET @Emp_Id = @Emp_Id + '%'
  IF @Empname <>'%' SET @Empname = @Empname + '%'
  SELECT * FROM Employee
  WHERE Emp_Id LIKE @Emp_Id AND Empname LIKE @Empname
END
```

上述存储过程的参数有两个,分别是员工编号和姓名,默认值为“%”,这样做的优点是当用户不输入对应参数值时,可以使用默认值“%”作为该参数的检索条件,通过后面构造的查询条件,即可检索出满足输入条件的任意的记录。

在本例中,如查询姓“赵”的员工信息,同样可以利用两种方法调用该存储过程:

```
EXEC Query_Emp '','赵'
```

或

```
EXEC Query_Emp @Empname = '赵'
```

在查询编辑器里执行查询或修改的 T-SQL 语句或执行的存储过程里含有查询或修改的 T-SQL 语句时，都会返回影响了多少行记录的信息。然而有时，并不希望返回这些信息，以免干扰应用程序的运行，此时可以将影响的行数信息关闭。关闭的方法为 SET NOCOUNT ON。使用该命令后，再运行查询或修改的 T-SQL 语句，都不会再显示影响了多少个行记录的信息。

2. 存储过程的返回值

存储过程与其他的编程语言中的过程十分相似，既可以接受输入参数并以输出参数的形式向调用它的过程返回多个值，也可以向调用它的过程返回状态值，以说明该存储过程运行成功或失败。在执行存储过程时，可以有三种不同的返回值：

(1) 在存储过程中以"RETURN n"的形式返回一个整数值。

(2) 在存储过程中指定一个 OUTPUT 的返回参数存储返回值。

(3) 在存储过程中执行 T-SQL 语句返回数据集，如 SELECT 语句。

【例 8-24】 创建存储过程 GET_Salary000001 并执行，用来查询 000001 号员工实发工资的最后一条记录。

```
CREATE PROCEDURE GET_Salary000001
    (@Emp_Id CHAR(6) = NULL,
    @Sfgz DECIMAL(10,2) OUTPUT
    )
AS
BEGIN
    SET NOCOUNT ON
    SELECT @Sfgz = Sfgz FROM Salary WHERE Emp_Id = @Emp_Id
END
GO
```

本例中，参数@Sfgz 为输出变量，执行完成后，把员工编号为@Emp_Id 的实发工资返回给@Sfgz 变量，因此执行前需要事先声明一个变量用来存放@Sfgz 返回的值，且该变量的类型和长度要与输出参数的类型和长度相匹配。执行时一定要带 OUTPUT 关键字以允许将参数的值返回给变量。执行上述存储过程的语句为：

```
DECLARE @Sfgz DECIMAL(10,2)
EXEC GET_Salary000001 '000001',@Sfgz OUTPUT
SELECT @Sfgz
```

从图 7-6 中可以看到 000001 号员工有三条工资记录，而结果中只显示了一个。因为作为返回参数，@Sfgz 只返回数据表中的最后一个值。此外，为了使用输出参数，必须在 CREATE PROCEDURE 语句和 EXECUTE 语句中指定关键字 OUTPUT。在执行存储过程时，如果忽略 OUTPUT 关键字，存储过程仍会执行但不返回值。

【例 8-25】 创建存储过程，根据员工编号获取该员工的平均工资，并返回自定义值标识执行状态。

自定义返回值的含义如下：

0 成功执行。

1 未指定所需参数值。

2 指定参数值无效。

3 获取员工工资数据时出错。

语句如下：

```
CREATE PROCEDURE GET_AVG_Sfgz
    @Emp_Id CHAR(6) = NULL,
    @AVG_Sfgz DECIMAL(10,2) OUTPUT
AS
BEGIN
    SET NOCOUNT ON
    IF @Emp_Id IS NULL
        RETURN (1)
    ELSE
        IF NOT EXISTS (SELECT * FROM Salary WHERE Emp_Id = @Emp_Id)
            RETURN (2)
    SELECT @AVG_Sfgz = AVG(Sfgz) FROM Salary WHERE Emp_Id = @Emp_Id
    IF @@ERROR <> 0
      RETURN (3)
    ELSE
      RETURN (0)
END
```

执行时，可对不同的返回值进行处理，语句如下：

```
-- 声明变量
DECLARE @Emp_Id CHAR(6),@AVG_Sfgz DECIMAL(10,2),@Rtn INT
-- 给变量赋值
SET @Emp_Id = '000001'
EXECUTE @Rtn = GET_AVG_Sfgz @Emp_Id,@AVG_Sfgz OUTPUT
-- 检查返回值
IF @Rtn = 0
  BEGIN
    PRINT '执行成功!'
    PRINT '该员工的平均工资为: ' + CONVERT(VARCHAR(10),@AVG_Sfgz)
  END
ELSE IF @Rtn = 1
      PRINT '必须输入员工编号'
    ELSE IF @Rtn = 2
      PRINT '无此员工工资信息'
     ELSE IF @Rtn = 3
      PRINT '获取数据错误'
    ELSE
      PRINT '其他错误'
```

除了语句自定义的状态码之外，如果存储过程在运行中异常终止，会返回相应的出错代码，具体可以参考相关资料。

8.3 触发器

触发器是由特定的 SQL 操作触发执行的特殊的存储过程。触发器创建好后，当指定的表中执行特定操作(如插入、修改以及删除)时，触发器会自动执行。本节主要介绍触发器的基本概念以及创建、查看、使用、修改和删除触发器的操作。

8.3.1 触发器概述

1. 触发器的分类

触发器是一种特殊类型的存储过程，但与存储过程不同的是，存储过程可以通过其名称直接调用(EXEC proc_name)，而触发器则通过事件触发而被执行。在 SQL Server 2008 中，根据触发事件的不同，触发器有不同的种类。

(1) DDL 触发器。响应 DDL 事件的触发器，这些事件主要是与关键字 CREATE、ALTER 和 DROP T-SQL 等语句对应。DDL 触发器一般用于执行数据库中的管理任务，审核和规范数据库操作，防止数据库表结构被修改。

(2) DML 触发器。当对定义了触发器的表执行 DML 命令时执行此类触发器。通常所说的 DML 触发器主要包括三种：INSERT 触发器、UPDATE 触发器和 DELETE 触发器。触发器执行时自动创建与触发器表结构相同的临时表 Inserted 表和 Deleted 表。

① INSERT 触发器。INSERT 命令插入的数据行将同时插入到该触发器表和 Inserted 表。Inserted 表保存了已经插入的数据行的复本，该表允许用户引用该表的数据。

② DELETE 触发器。执行 DELETE 命令将数据行从数据表或视图删除时，被删除的数据首先被放在 Deleted 的表中，该表保存了被删除的数据行的副本。Deleted 表和触发器表通常没有相同的行。

③ UPDATE 触发器。UPDATE 触发器的处理过程与前两种不同，UPDATE 触发器处理分为两个步骤。当该触发器执行时，原始数据行被移到 Deleted 表，修改后的数据行被插入到 Inserted 表。

(3) 登录触发器。这是响应 LOGIN 事件而执行的触发器，与 SQL Server 实例建立用户对话时将会引发此事件。登录触发器将在登录的身份验证阶段完成之后且用户会话实际建立之前触发。如果身份验证失败，将不激发登录触发器，可以使用登录触发器来审核和控制服务器会话。

此外，按照触发器执行的方式，还可以将触发器分为 AFTER 触发器和 INSTEAD OF 触发器两种。

(1) AFTER 触发器。在 INSERT、UPDATE、DELETE 命令执行完之后执行，只能在表上定义。

(2) INSTEAD OF 触发器。当 INSERT、UPDATE、DELETE 语句执行时替代原有操作，只执行触发器，而不执行 INSERT、UPDATE、DELETE 语句。

2. 触发器的作用

触发器的主要作用就是能够实现主键和外键所不能保证的复杂的参照完整性和数据一致性。除此之外，触发器还有其他很多有用的功能。

(1) 强化约束的功能。约束的主要功能是用来维护数据库数据的完整性，通过默认值约束、CHECK 约束、主键和外键约束等可以进行各种数据校验和设置，而触发器可以实现比 CHECK 语句更为复杂的约束。CHECK 约束只能根据逻辑表达式或者表的另一列来验证值，而触发器可以根据另一个表的列来验证值，即可以跨表校验和约束；约束只能提供标准的系统错误信息传递错误，而触发器可以自定义信息并进行复杂的错误处理；在设计约束的时候，只能使用简单表达式来编辑，而触发器可使用完整的 SQL 语句及控制语句。

(2) 跟踪数据变化。触发器可以侦测数据库内的操作，从而不允许数据库中未经许可的指定更新和变化。

(3) 支持级联运行。触发器可以侦测数据库内的操作，并自动级联影响整个数据库的各项内容，如某个表上的触发器包含对另一个表的数据操作，同时会引起另一个表上的触发器被触发。

(4) 调用存储过程。为了响应数据库更新，触发器可以调用一个或多个存储过程，甚至可以通过外部过程的调用而在数据库管理系统本身之外进行操作。

触发器也有局限性。例如，触发器性能通常比较低，在运行触发器时，系统将大部分时间花费在处理参照其他表上。此外，不恰当使用触发器容易造成数据库维护困难。因此在实际应用中，需要合理使用触发器来解决实际问题。

8.3.2 创建触发器

同存储过程一样，可以使用对象资源管理器和 T-SQL 语句两种方式来定义表的触发器。

1. 使用 CREATE TRIGGER 语句创建触发器

T-SQL 提供了 CREATE TRIGGER 语句创建触发器。其语法格式如下：

```
CREATE TRIGGER trigger_name ON {table|view}
[WITH ENCRYPTION]
{FOR|AFTER|INSTEAD OF} {[ INSERT ][,][ UPDATE ][,][ DELETE ]}
AS
sql_statement
```

各参数说明如下：

- trigger_name：新建的触发器的名称。trigger_name 不能以＃或＃＃开头，一般建议以 Tr 或 Tri 作为触发器名字的前缀。
- table|view：指定在其上创建触发器的表或视图，也称触发器表或触发器视图。视图只能被 INSTEAD OF 触发器引用。
- AFTER：指定是 AFTER 类型的触发器，如果仅指定 FOR 关键字，则 AFTER 是默认值。
- INSTEAD OF：指定是 INSTEAD OF 类型触发器。

- [INSERT][,][UPDATE][,][DELETE]：指定激活触发器的 SQL 命令，当指定的表或视图执行该关键字指定的命令时，触发器执行。在触发器定义中允许使用上述选项的任意顺序组合。
- sql_statement：包含在触发器中的 T-SQL 语句。

【例 8-26】 在表 Department 上创建一个触发器 Tr_Dep_Update，当更改部门编号时同时更改表 Employee 中对应的部门编号。

```
CREATE TRIGGER Tr_Dep_Update ON Department
FOR UPDATE
AS
UPDATE Employee SET Employee.Dep_Id = (SELECT Dep_Id FROM inserted)
WHERE Employee.Dep_Id = (SELECT Dep_Id FROM deleted)
```

接下来，使用 UPDATE 语句更新一条部门记录，以验证触发器是否会自动执行。

```
UPDATE Department SET Dep_Id = '007'WHERE Dep_Id = '004'
```

【例 8-27】 创建触发器 Tri_Emp，当删除表 Employee 中的数据时，同时也删除表 Salary 中相同 Emp_Id 的数据。

```
CREATE TRIGGER Tri_Emp ON Employee
FOR DELETE
AS
DELETE FROM Salary
WHERE Salary.Emp_Id = (SELECT Emp_Id FROM deleted)
```

【例 8-28】 在视图上定义 INSTEAD OF 触发器。

视图的定义中，如果 SELECT 语句中有计算列，则不能对视图进行更新操作，如果想要通过视图更新基表，可以用 INSTEAD OF 触发器来实现。

假设有一个反映员工年龄的视图：

```
CREATE VIEW V_Emp_Age (Emp_Id,Empname,Sex,Age)
AS
SELECT Emp_Id,Empname,Sex,YEAR(GETDATE())-YEAR(Birthday)
FROM Employee
```

在该视图上建立一个更新的 INSTEAD OF 触发器：

```
CREATE TRIGGER Tri_V_Emp_Age ON V_Emp_Age
INSTEAD OF UPDATE
AS
BEGIN
  UPDATE Employee SET Empname = EI. Empname,Sex = EI.Sex,
         Birthday = DATEADD(YEAR,YEAR(GETDATE())-YEAR(Birthday)-EI.Age,Birthday)
  FROM inserted EI WHERE EI. Emp_Id = Employee. Emp_Id
END
```

INSTEAD OF 触发器用于替代触发器引起的 SQL 语句，当向 V_Emp_Age 视图执行修改语句 UPDATE 时，视图的触发器被触发，此时 inserted 表已经有了要修改的数据，在触发器中，根据修改后的年龄计算员工的出生日期，然后执行修改基表 Employee 的语句，而激发该触发器的原始语句 UPDATE 不会被继续执行。

运行如下语句：

```
UPDATE V_Emp_Age SET Age = 40 WHERE Emp_Id = '000007'
```

运行结束后，查询 Employee 表，发现 Emp_Id 为 000007 的员工出生日期由原来的'1970-05-14'变成'1973-05-14'。

2. 使用对象资源管理器创建触发器

其步骤如下：

(1) 在 SSMS 的"对象资源管理器"窗口展开节点"数据库"→Hrsys→"表"→Employee，右击"触发器"节点，在弹出的快捷菜单选择"新建触发器"命令。

(2) 在 SQL 查询窗口中会生成创建触发器的模板，可以在模板中输入创建触发器的 SQL 语句之后，单击"执行"按钮即可创建触发器。

8.3.3 修改触发器

修改触发器也可以通过对象资源管理器或 T-SQL 语句来实现。

1. 使用 ALTER TRIGGER 语句修改触发器

```
ALTER TRIGGER trigger_name ON {table|view}
{FOR|AFTER|INSTEAD OF} {[ INSERT ][,][ UPDATE ][,][ DELETE ]}
AS
sql_statement
```

各参数的含义与创建触发器语法中的相应参数一致。

【例 8-29】 修改例 8-27 创建的触发器，实现如下功能，如果该员工的职称为"高级"，则不允许删除。

```
ALTER TRIGGER Tri_Emp ON Employee FOR DELETE
AS
BEGIN
  SET NOCOUNT ON
  IF (SELECT Prof FROM Deleted) = '高级'
      BEGIN
        PRINT '员工职称为高级，不可以删除!'
        ROLLBACK TRANSACTION
      END
END
```

使用 DELETE 语句删除一条员工记录，以验证触发器是否会自动执行。

```
DELETE FROM Employee WHERE Emp_Id = '000007';
```

2. 利用对象资源管理器修改触发器

在 SSMS 的"对象资源管理器"中展开节点"数据库"→Hrsys→"表"→Employee→"触发器"，右击要修改的触发器，在弹出的快捷菜单选择"修改"命令。打开查询编辑器，按照触发器格式显示内容。

根据需要修改内容后，单击“执行”按钮，当出现“命令已成功完成”消息时，即完成修改。

8.3.4 删除触发器

删除触发器可以通过 SQL Server Management Studio 或 T-SQL 语句来实现。

1. 使用 DROP TRIGGER 语句删除

删除触发器使用 DROP TRIGGER 语句，其语法格式如下：

```
DROP TRIGGER trigger_name [, …n ]
```

【例 8-30】 删除例 8-29 中创建的触发器 Tri_Emp。

```
DROP TRIGGER Tri_Emp
```

当删除触发器所在的表时，会自动删除与该表相关的触发器。

2. 使用对象资源管理器删除触发器

在 SSMS 的“对象资源管理器”中展开节点“数据库”→Hrsys→“表”→Employee→“触发器”，右击要删除的触发器，在弹出的快捷菜单选择“删除”命令。

在弹出的“删除对象”对话框中单击“确定”按钮即可完成删除。

8.3.5 禁用/激活触发器

有些情况下，如大量数据量插入、更新或删除时，为了提高执行效率，不希望触发器执行。在 SQL Server 2008 中，用户可以禁止/激活一个指定的触发器或者一个表的所有触发器，默认情况下，创建触发器会自动启用触发器。

1. 禁用触发器

禁用触发器和删除触发器不同，触发器禁用后仍保存在数据库中，只是在对表执行 INSERT、UPDATE 或 DELETE 语句时，并不执行触发器的动作，直到重新激活触发器。禁用触发器的语法为：

```
DISABLE TRIGGER {trigger_name|ALL} ON {object_name}
```

【例 8-31】 将例 8-26 中创建的触发器 Tr_Dep_Update 禁用。

```
DISABLE TRIGGER Tr_Dep_Update ON Department
```

可以在 SQL Server Management Studio 中禁用触发器，即选中触发器名称后右击，选择“禁用”命令，具体操作类似删除触发器操作。

2. 激活触发器

对于处在禁用状态的触发器，可在 SQL Server Management Studio 中将其激活（具体操作类似禁用触发器），也可以使用 T_SQL 命令 ENABLE TRIGGER 激活，其语法为：

```
ENABLE TRIGGER {trigger_name|ALL} ON {object_name}
```

【例 8-32】 将例 8-31 中的触发器激活。

```
ENABLE TRIGGER Tr_Dep_Update ON Department
```

如果要禁用或启用所有触发器,用 ALL 来代替触发器名。

8.4 游标

关系数据库中的操作是集合操作,其操作对象和结果是整个行集。例如,SELECT 语句返回的结果集为满足 WHERE 条件的所有行。而一般应用程序,特别是交互式联机应用程序,并不能将整个结果集作为一个单元来有效地处理,这些应用程序需要一种机制以便每次处理一行或部分行。游标(Cursor)就是提供这种机制的一项技术。

8.4.1 游标概述

游标是一种处理数据的方法,可以对结果集进行逐行处理,也可以指向结果集的任意位置,然后对该位置的某一条记录进行处理。可以将游标分配给具有 CURSOR 数据类型的变量或参数。

游标通过以下方式来扩展结果处理:

(1) 允许定位在结果集的特定行。

(2) 从结果集的当前位置检索一行或一部分行。

(3) 支持对结果集中当前位置的行进行数据修改。

(4) 可以为其他用户对显示在结果集中的数据库数据所做的更改提供不同级别的可见性支持。

(5) 支持在脚本、存储过程和触发器中访问结果集中的数据。

根据游标的使用范围不同,游标可以分为全局游标和局部游标两类。局部游标只能在一个 T-SQL 批处理、一个存储过程或一个触发器中执行,当执行完毕后,游标会自动删除。全局游标可以在整个会话过程中使用,该会话中的任何 T-SQL 批处理、存储过程和触发器都可以使用该全局游标,只有会话结束后,游标才会删除。在 SQL Server 2008 中,游标的默认类型是全局游标。

8.4.2 游标的基本操作

游标的基本操作包括 5 种:声明游标、打开游标、读取游标数据、关闭游标、释放游标。

1. 声明游标

SQL Server 2008 中支持两种声明游标的方式:一种是 SQL-92 标准的方法;另一种是 T-SQL 的方法。

1) SQL-92 标准游标声明

```
DECLARE Cursor_name [INSENSITIVE] [SCROLL] CURSOR
```

```
FOR SELECT_statement
[FOR {READ ONLY|UPDATE [OF column_name [, … n]]}]
```

各参数说明如下：

- Cursor_name：表示要创建的游标名称。
- SELECT_statement：返回游标结果集的 SQL 语句。
- READ ONLY：表示只读属性，禁止通过该游标进行数据更新。
- UPDATE [OF column_name [,… n]]：定义了游标中可更新的列，如果指定了 UPDATE，但未指定列表，则可以更新所有列。
- INSENSITIVE：INSENSITIVE 选项指明对基本表的修改并不影响游标提取的数据，即游标不会随着基本表的内容的改变而改变，同时也无法通过游标来更新基本表。如果不使用该保留字，那么对基本表的更新、删除都会反映到游标中。另外应指出，当遇到以下情况时，游标将自动设定 INSENSITIVE 选项：

  ① 在 SELECT 语句中使用 DISTINCT、GROUP BY、HAVING UNION 语句。

  ② 使用 OUTER JOIN。

  ③ 所选取的任意表没有索引。

  ④ 将实数值作为选取的列。
- SCROLL：该参数声明游标指针可以前后任意滚动。如果不使用该关键字，那么只能向前滚动。

2）T-SQL 游标声明

```
DECLARE Cursor_name CURSOR [LOCAL|GLOBAL]
[FORWARD_ONLY|SCROLL]
[STATIC|KEYSET|DYNAMIC|FAST_FORWARD]
[READ_ONLY|SCROLL_LOCKS|OPTIMISTIC]
[TYPE_WARNING]
FOR SELECT_statement
[FOR UPDATE [OF column_name [, … n]]]
```

各参数说明如下：

- LOCAL|GLOBAL：定义游标的类型是局部游标还是全局游标。
- FORWARD_ONLY：指定游标只能向前滚动。
- STATIC|DYNAMIC：STATIC 与 SQL-92 标准的 INSENSITIVE 的游标是相同的；而 DYNAMIC 参数与 STATIC 参数相反，当数据库的数据有更新时直接反映到游标中。
- KEYSET：依托游标中具有唯一值的列创建一个临时键集存储在 tempdb 数据库的临时表中。如果对数据库表的非键列进行更新，对游标是可见的。如果键列的内容被更新或记录被删除，则会返回错误信息。
- FAST_FORWARD：指定启用了性能优化后的 FORWARD_ONLY 和 READ_ONLY 游标。
- SCROLL_LOCKS：为了保证游标操作成功，当将行读入游标时，SQL Server 将锁定这些行，以确保随后可对它们进行修改。
- OPTIMISTIC：乐观方式。如果设置该参数，当游标读取数据时，数据库并不会将记录锁定，因此如果记录在读入游标后被更新或删除，则通过游标进行的定位更新或定位删除将不会成功。
- TYPE_WARNING：如果游标从所请求的类型隐式转换为另一种类型，则向客户端发送警告通知。

其他参数的含义同 SQL-92 标准方法声明游标相同。

2. 打开游标

在使用 DECLARE CURSOR 语句声明游标之后，需要用 OPEN 语句打开游标进行操作。其基本语法格式为：

```
OPEN {[GLOBAL]Cursor_name|@Cursor_variable_name}
```

各参数说明如下：
- GLOBAL：指定打开的游标为全局游标。
- Cursor_name：游标名称。
- @Cursor_variable_name：游标变量的名称，该变量存储一个游标。

通过 OPEN 语句打开游标，游标中的数据就可以使用了。在打开游标之后，可以使用全局变量@@CURSOR_ROWS 来显示游标内的记录条数。

3. 读取游标数据

打开游标后，可以使用 FETCH 语句来读取游标数据。其基本语法格式为：

```
FETCH [
[ NEXT|PRIOR|FIRST|LAST|ABSOLUTE{n|@nvar}|RELATIVE{n|@nvar}]
FROM ]
{{[ GLOBAL] Cursor_name}|@Cursor_variable_name}
[ INTO @variable_name [,…]]
```

各参数说明如下：
- NEXT：提取下一行的数据，并把下一行递增为当前行。打开游标后，行指针是指向游标的第一行之前，所以在第一次执行 FETCH NEXT 操作时将提取游标的第一行。NEXT 为 FETCH 命令的默认选项。
- PRIOR：表示提取当前行的上一行。如果 FETCH PRIOR 为对游标的第一次提取操作，则游标置于第一行之前，无返回行。
- FIRST：返回游标中的第一行并将其作为当前行。
- LAST：返回游标中的最后一行并将其作为当前行。
- ABSOLUTE{n|@nvar}：绝对行定位，如果 n 或@nvar 为正，则返回从游标头开始向后的第 n 行，并将返回行变成新的当前行；如果 n 或@nvar 为负，则返回从游标末尾开始向前的第 n 行，并将返回行变成新的当前行；如果 n 或@nvar 为 0，则不返回行。n 必须是整数常量，并且@nvar 的数据类型必须为 SMALLINT、TINYINT 或 INT。
- RELATIVE{n|@nvar}：相对行定位，如果 n 或@nvar 为正，则返回从当前行开始

向后的第 n 行，并将返回行变成新的当前行；如果 n 或@nvar 为负，则返回从当前行开始向前的第 n 行，并将返回行变成新的当前行；如果 n 或@nvar 为 0，则返回行当前行。在对游标进行第一次提取时，如果将 n 或@nvar 设置为负数或 0，则不返回行。n 或@nvar 的数据类型同上。

- INTO @variable_name [,…]：表示把提取的列数据放到局部变量中。列表中的各个变量从左到右与游标结果集中的对应列相关联。各变量的数据类型必须与相应的结果集列的数据类型匹配，或是结果集列数据类型所支持的隐形转换。变量的数目必须与游标选择列表中的列的数目一致。

4. 关闭和释放游标

当游标使用完毕后，需要关闭游标。SQL Server 提供了 CLOSE 语句来关闭游标，其基本语法格式为：

```
CLOSE {[GLOBAL] Cursor_name|@Cursor_variable_name}
```

当游标关闭后，并没有完全释放其所占用的系统资源，还需要进行释放操作。SQL Server 提供了 DEALLOCATE 语句来释放游标，其基本语法格式如下：

```
DEALLOCATE {[GLOBAL] Cursor_name|@Cursor_variable_name}
```

游标释放后，游标在服务器中所占用的资源才会真正释放。

8.4.3 游标的应用

1. 滚动游标

如果在游标定义语句中使用关键字 SCROLL，则可以使用 FETCH 语句在游标集合内任意移动行指针。

【例 8-33】 定义一个游标，并以多种方式滚动游标指针提取数据。

```
DECLARE Cur_Employee CURSOR SCROLL FOR SELECT * FROM Employee
OPEN Cur_Employee
FETCH NEXT FROM Cur_Employee                  --下一条
FETCH PRIOR FROM Cur_Employee                 --上一条
FETCH FIRST FROM Cur_Employee                 --第一条
FETCH LAST FROM Cur_Employee                  --最后一条
FETCH ABSOLUTE 3 FROM Cur_Employee            --绝对定位,第 3 条记录
FETCH RELATIVE -3 FROM Cur_Employee           --相对定位,当前行往前 3 条
```

在每次执行完 FETCH 操作后应该检查@@FETCH_STATUS 变量的值，以确保新位置有效性。如果@@FETCH_STATUS 不为 0，表示操作无效。

在执行 FETCH PRIOR FROM Cur_Employee 时，由于当前记录定位在第一条，再向上一条表示指针在游标的顶部，所以没有取到数据；执行 FETCH RELATIVE -3 FROM Cur_Employee 语句时，同样道理，也没有取到数据。图 8-10 所示是 Employee 表的全部记录，图 8-11 所示是语句执行结果。

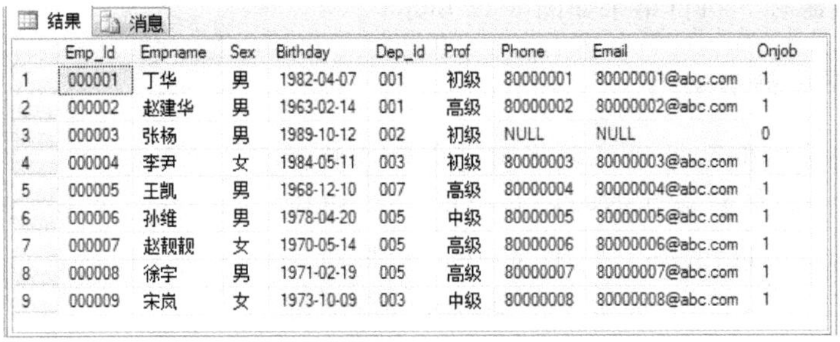

结果　消息

	Emp_Id	Empname	Sex	Birthday	Dep_Id	Prof	Phone	Email	Onjob
1	000001	丁华	男	1982-04-07	001	初级	80000001	80000001@abc.com	1
2	000002	赵建华	男	1963-02-14	001	高级	80000002	80000002@abc.com	1
3	000003	张杨	男	1989-10-12	002	初级	NULL	NULL	0
4	000004	李尹	女	1984-05-11	003	初级	80000003	80000003@abc.com	1
5	000005	王凯	男	1968-12-10	007	高级	80000004	80000004@abc.com	1
6	000006	孙维	男	1978-04-20	005	中级	80000005	80000005@abc.com	1
7	000007	赵靓靓	女	1970-05-14	005	高级	80000006	80000006@abc.com	1
8	000008	徐宇	男	1971-02-19	005	高级	80000007	80000007@abc.com	1
9	000009	宋岚	女	1973-10-09	003	中级	80000008	80000008@abc.com	1

图 8-10　Employee 表中的全记录

结果　消息

	Emp_Id	Empname	Sex	Birthday	Dep_Id	Prof	Phone	Email	Onjob
1	000001	丁华	男	1982-04-07	001	初级	80000001	80000001@abc.com	1

Emp_Id	Empname	Sex	Birthday	Dep_Id	Prof	Phone	Email	Onjob

	Emp_Id	Empname	Sex	Birthday	Dep_Id	Prof	Phone	Email	Onjob
1	000001	丁华	男	1982-04-07	001	初级	80000001	80000001@abc.com	1

	Emp_Id	Empname	Sex	Birthday	Dep_Id	Prof	Phone	Email	Onjob
1	000009	宋岚	女	1973-10-09	003	中级	80000008	80000008@abc.com	1

	Emp_Id	Empname	Sex	Birthday	Dep_Id	Prof	Phone	Email	Onjob
1	000003	张杨	男	1989-10-12	002	初级	NULL	NULL	0

Emp_Id	Empname	Sex	Birthday	Dep_Id	Prof	Phone	Email	Onjob

图 8-11　例 8-33 的执行结果

2. 用游标处理数据

一般情况下，游标常用来从基本表中提取数据行集，供特定的程序逐行处理。

【例 8-34】 用游标输出员工的姓名和职称信息。

```
DECLARE @Empname CHAR(10),@Prof CHAR(10)
DECLARE Cur_Employee CURSOR FOR SELECT Empname,Prof FROM Employee
OPEN Cur_Employee
FETCH NEXT FROM Cur_Employee INTO @Empname,@Prof
WHILE @@FETCH_STATUS = 0
  BEGIN
  PRINT '姓名 = ' + @Empname + '职称 = ' + @Prof
  FETCH NEXT FROM Cur_Employee INTO @Empname,@Prof
  END
CLOSE Cur_Employee
DEALLOCATE cEmployee
```

以上程序完成了员工信息表中所有员工姓名与职称信息的输出。其中，WHILE 语句实现了对游标中所有数据的循环访问。当上一个 FETCH 操作正常结束时，系统变量 @@FETCH_STATUS 会被设置为 0，所以当 FETCH 操作一直正常时，WHILE 语句会一直循环下去，当游标中的数据提取完以后，@@FETCH_STATUS 返回不为 0 的错误代码。利用循环体中的 FETCH NEXT 操作取出全部数据，PRINT 语句将存入变量的数据输出。

最后关闭并释放游标。执行结果如图 8-12 所示。

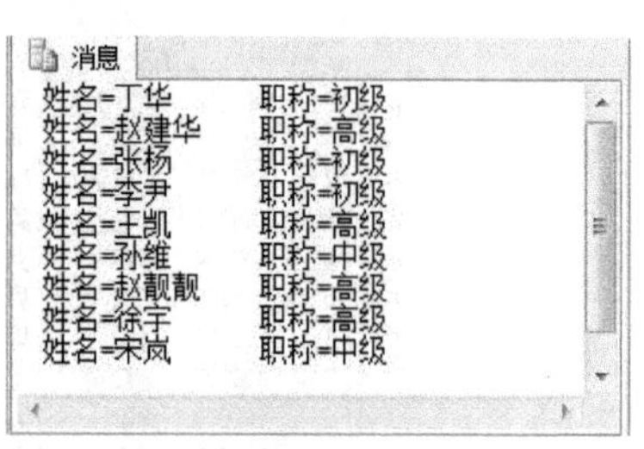

图 8-12 例 8-34 的执行结果

3. 用游标更新基本表

通过修改游标中的数据也可以将数据更新到游标关联的基本表中，如果游标在声明的时候使用了 FOR UPDATE 选项，就可以用 UPDATE 或 DELETE 命令以 WHERE CURRENT OF 关键字直接修改或删除游标中的数据以便达到更新基本表的目的。

基于游标修改数据的基本语法格式：

```
UPDATE <表名>
SET column_name = {expression|default|NULL} [, … n]
WHERE CURRENT OF {Cursor_name|Cursor_variable_name}
```

基于游标删除数据的基本语法格式：

```
DELETE FROM <表名>
WHERE CURRENT OF {Cursor_name|Cursor_variable_name}
```

【例 8-35】 利用游标修改指定的数据元组：从 Employee 表中建立名为 CurEmp 的游标，内容由职称为“高级”的员工元组构成，包含 Emp_Id、Empname 和 Sex 三列，将游标绝对位置为 3 的员工姓名改为“赵晶晶”。

```
DECLARE @Emp_Id CHAR (6),@Empname VARCHAR(10),@Sex CHAR(2)
DECLARE CurEmp CURSOR SCROLL FOR
            SELECT Emp_Id,Empname,Sex FROM Employee WHERE Prof = '高级'
            FOR UPDATE OF Empname
OPEN CurEmp
FETCH ABSOLUTE 3 FROM CurEmp INTO @Emp_Id,@Empname,@Sex
BEGIN
    UPDATE Employee SET Empname = '赵晶晶'
    WHERE CURRENT OF CurEmp
END
CLOSE CurEmp
DEALLOCATE CurEmp
```

4. 使用游标变量

CURSOR 关键字还可以作为变量类型来使用，其语法格式为：

```
DECLARE {@Cursor_variable_name CURSOR} [, … n]
```

将@Cursor_variable_name 声明为游标类型的变量。

将游标赋值给游标变量可以采用两种方式：

(1) 分别定义游标变量和游标，再将游标赋值给游标变量。

(2) 创建游标时直接将游标赋值给游标变量。

【例 8-36】 使用游标变量方式，显示 Employee 表中职称为“中级”的第一位员工信息。

```
DECLARE @Cur_var_Emp CURSOR
```

```
SET @Cur_var_Emp = CURSOR FOR SELECT * FROM Employee
    WHERE Prof = '中级' ORDER BY Emp_Id
OPEN @Cur_var_Emp
FETCH NEXT FROM @Cur_var_Emp
CLOSE @Cur_var_Emp
DEALLOCATE @Cur_var_Emp
```

本例中的游标和游标变量也可以采用分别定义再赋值的方式：

```
DECLARE @Cur_var_Emp CURSOR
DECLARE Cur_Emp CURSOR FOR SELECT * FROM Employee
    WHERE Prof = '中级' ORDER BY Emp_Id
SET @Cur_var_Emp = Cur_Emp
```

习题 8

1. 概念解释

(1) 存储过程。
(2) 触发器。
(3) 游标。

2. 简答思考题

(1) 说明变量的分类及各类变量的特点？
(2) T-SQL 的注释方式有哪几种？如何表示？
(3) 编写一个函数 replace(str1,i,n,str2)，功能是：在字符串 str1 中，将从第 i 个字符开始的长为 n 的字符串用 str2 代替。
(4) 什么是存储过程？它有哪些类型？
(5) 存储过程的输入输出参数如何表示？如何使用？
(6) 什么是触发器？按触发事件的不同，触发器可以分为哪几类？
(7) 创建触发器命令中 FOR、ALTER、INSTEAD OF 各表示什么含义？
(8) 什么是游标？游标的类型有几种？
(9) 简述使用游标的一般步骤？

3. 设计题

教学管理数据库存在如下三个表(具体详细结构参阅习题 7 第 7 题)：

- student(sno 学号，sname 姓名，sex 性别，age 年龄，dept 所在系)；
- course(cno 课程号，cname 课程名，credit 学分，porperty 课程性质)；
- SC(sno 学号，cno 课程号，score 成绩)。

(1) 设计一个存储过程，学生姓名做输入参数，输出学生学号、姓名、课程名和成绩。
(2) 在 student 表上设计一个触发器，当输入一个学生的信息后，自动将学生的选课信息插入 SC 表，选课信息包括所有课程，成绩为空。
(3) 设计一个游标，输出选修“数据结构”课程的学生的学号、姓名和成绩。

第9章 事务与并发控制

【本章简介】

本章主要包括事务、封锁、封锁协议等并发控制的基础知识以及 SQL Server 2008 的并发控制技术。首先介绍事务的概念、特点、类型及其实现方式,然后介绍事务调度的知识和并发控制的重要性,最后讲解 SQL Server 2008 的并发控制技术。

【学习目标】

- 理解事务的概念、特性、分类及其在 SQL Server 2008 中的实现方式。
- 掌握封锁、隔离级别设置等并发控制手段的原理以及 SQL Server 2008 的并发控制技术。

9.1 事务概述

在数据库应用系统设计过程中,与一个商业事务相关的数据必须保证可靠性、一致性和完整性,以符合实际的商业过程。例如,在银行业务中有一条记账原则,即“有借有贷,借贷相等”。为了保证这条原则,就得确保借和贷的登记要么同时成功,要么同时失败。如果出现了只记录“借”,或只记录“贷”的情况,就违反了记账原则,通常称为“记错账”。此时账目数据的正确性和完整性无法保证。为了能够保证数据的一致性,必须要求这些操作要么全部执行要么全部不执行,实现这一要求的机制称为事务。SQL Server 2008 通过事务来保证数据的一致性和完整性。

9.1.1 事务的特点

事务(Transaction)是由一系列数据库操作命令组成的基本逻辑单元。如果某一事务执行成功,则在该事务中进行的所有数据修改均会提交,成为数据库中的永久组成部分。如果事务遇到错误且必须取消或回滚,则所有数据修改均被还原。事务必须符合以下的一些典型特征。

(1) 原子性(Atomicity):事务包含的一系列数据操作是一个整体,执行过程中要么全部执行,要么全部不执行。执行部分操作则数据会回滚到原来的状态。

(2) 一致性(Consistency):事务执行完成后,将数据库从一个一致状态转变到另一个一致状态,事务不能违背定义在数据库中的任何完整性检查。一致性在逻辑上不是独立的,而是由事务的隔离性来表示。

(3) 隔离性(Isolation)：一个事务的执行不能被其他事务干扰，即一个事务内部的操作及使用的数据对并发的其他事务是隔离的，并发执行的各个事务之间不能互相干扰。该机制是通过对事务的数据访问对象加适当的锁，以排斥其他事务对同一数据库对象的并发操作来实现的。

(4) 持久性(Durability)：事务一旦提交，对数据库所做的修改将是持久的，无论发生何种机器或系统故障，都不应该对其有任何影响。例如，自动柜员机(ATM)在向客户支付一笔钱时，只要操作提交，就不用担心丢失客户的取款记录。

SQL Server 2008 数据库引擎会通过事务日志强制执行事务的物理一致性，并且保证事务的持久性。SQL Server 2008 还会强制对约束、数据类型以及其他内容执行一致性检查以确保逻辑上的一致性。

9.1.2　事务的分类

任何对数据的修改都是在事务环境中进行的。按照事务定义的方式可以将事务分为系统定义事务和用户定义事务。SQL Server 2008 支持的三种事务模式分别对应上述两类事务：自动提交事务、显式事务和隐式事务，其中显式事务和隐式事务属于用户定义的事务。

1. 自动提交事务

SQL Server 2008 将一切操作都作为事务处理，它不会在事务以外更改数据。如果没有用户定义事务，SQL Server 会自己定义事务，称为自动提交事务。每条单独的语句都是一个事务。

自动提交模式是 SQL Server 2008 数据库引擎默认的事务管理模式，每条单独的 Transact-SQL 语句都被看作一个事务。如果语句成功执行，则自动提交。如果执行错误，则回滚该语句的操作。只要没有显式事务或隐式事务覆盖自动提交模式，与数据库引擎实例的连接就以此默认模式操作。

2. 显式事务

显式事务是指显式定义了启动(BEGIN TRANSACTION)和结束(COMMIT TRANSACTION 或 ROLLBACK TRANSACTION)的事务。在实际应用中，大多数的事务是由用户来定义的。事务结束分为提交(COMMIT)和回滚(ROLLBACK)两种状态。事务以提交状态结束，则全部事务操作将被完成且明确地提交到数据库中。事务以回滚的状态结束，则事务的操作将被全部取消，事务操作失败。

3. 隐式事务

在隐式事务中，SQL Server 在没有事务定义的情况下会开始一个事务，但不会像在自动提交模式中那样自动执行 COMMIT 或 ROLLBACK 语句，事务必须显式结束。Transact-SQL 脚本使用 SET IMPLICIT TRANSACTIONS ON/OFF 语句可以启动/关闭隐式事务模式。

9.2 管理事务

一般来说,事务的基本操作包括启动、保存、提交或回滚等。本节将对不同类型的事务操作进行详细的介绍。

9.2.1 显式事务

1. 启动事务

显式事务需要明确定义事务的启动,语句格式如下:

```
BEGIN {TRAN|TRANSACTION}[{transaction_name|@tran_name_variable}]
```

各参数说明如下:

- TRANSACTION:关键字可以缩写为 TRAN。
- transaction_name:事务名,必须符合标识符规则。
- @tran_name_variable:用户定义的、含有效事务名称的局部变量名。

2. 提交事务

提交事务标志着一个执行成功的事务的结束。事务提交后,自事务开始以来所执行的所有数据操作被持久化,事务占用的资源被释放,其语法格式如下:

```
COMMIT {TRAN|TRANSACTION}[transaction_name|@tran_name_variable ]
```

参数说明如下:

- transaction_name:指定由前面的 BEGIN TRAN 定义的事务名称。
- @tran_name_variable:是用户定义的、含有有效事务名称的变量名称。

【例 9-1】 设计一个事务,将 Hrsys 数据库中 Employee 表和 Salary 表的员工编号(Emp_Id)的前三位换成部门编号。

```
USE Hrsys
GO
BEGIN TRAN
SELECT * INTO temp_Salary FROM Salary
DELETE FROM Salary
UPDATE Employee SET Emp_Id = STUFF(Emp_Id,1,3,Dep_Id)
UPDATE temp_Salary
    SET temp_Salary.Emp_Id = Employee.Emp_Id FROM Employee
    WHERE RIGHT(temp_salary.Emp_Id,3) = RIGHT(Employee.Emp_Id,3)
INSERT INTO Salary(Emp_Id,month,base,bonus,benefit,insurance,tax)
SELECT Emp_Id,month,base,bonus,benefit,insurance,tax FROM temp_Salary
DROP TABLE temp_Salary
COMMIT TRAN
SELECT * FROM Employee
GO
SELECT * FROM Salary
```

Hrsys 数据库中 Employee 表和 Salary 表之间存在外键约束(Emp_Id),事务执行过程中不能破坏参照完整性。所以,在修改 Employee 表之前先将 Salary 表备份,并将 Salary 表清空。修改完 Employee 表后,再修改备份的 temp_Salary。最后,将备份表 temp_Salary 中的记录集插入 Salary 表中。

3. 回滚事务

回滚事务是指清除自事务的起点所做的所有数据修改,释放由事务控制的资源,其语法格式如下:

```
ROLLBACK {TRAN|TRANSACTION}[transaction_name|@tran_name_variable]
```

参数说明如下:

- transaction_name:BEGIN TRAN 语句定义的事务名称。
- @tran_name_variable:用户定义的、含有有效事务名称的变量的名称。
- 不带 transaction_name 的回滚事务回滚到事务的起点。在执行 COMMIT TRAN 语句后不能回滚事务。

4. 保存事务

为了提高事务执行的效率,或为了方便进行程序的调试等操作,可以在事务的某一点处设置一个标记(保存点),这样当使用回滚语句时,可以不用回滚到事务的起始位置,而是回滚到标记所在的位置,即保存点。

保存点设置及使用格式如下:

```
SAVE {TRAN|TRANSACTION} {savepoint_name|@savepoint_variable}
ROLLBACK TRANSACTION {savepoint_name|@savepoint variable}
```

参数说明如下:

- savepoint_name:保存点的名称,必须符合标识符命名规则。
- @savepoint_variable:存储保存点名称的用户定义的局部变量名。

在事务中允许有重复的保存点名称,但指定保存点名称的 ROLLBACK TRANSACTION 语句只能将事务回滚到使用该名称的最近的保存点。

【例 9-2】 定义一个事务,将 001002 员工设置为"离职",将 002003 员工设置为"在职";然后利用回滚事务保存点将对 002003 员工的修改撤销;每一步操作查询操作结果,最后提交事务。

```
USE Hrsys
GO
BEGIN TRAN
SELECT No = 1, * FROM Employee WHERE Onjob = 0
UPDATE Employee
  SET Onjob = 0 WHERE Emp_Id = '001002'
SELECT No = 2, * FROM Employee WHERE Onjob = 0
SAVE TRAN tran_point;
UPDATE Employee
```

```
  SET Onjob = 1 WHERE Emp_Id = '002003'
SELECT No = 3, * FROM Employee WHERE Onjob = 0
ROLLBACK TRAN tran_point
SELECT No = 4, * FROM Employee WHERE Onjob = 0
COMMIT TRAN
GO
```

本例的执行结果如图 9-1 所示。

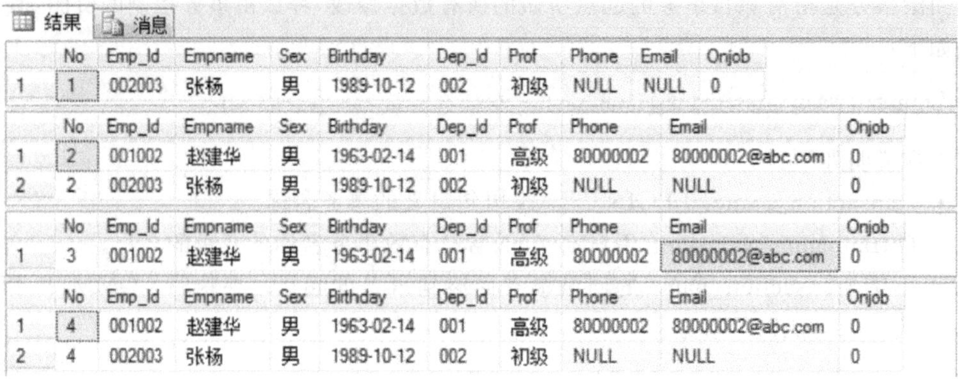

结果 消息

	No	Emp_Id	Empname	Sex	Birthday	Dep_Id	Prof	Phone	Email	Onjob
1	1	002003	张杨	男	1989-10-12	002	初级	NULL	NULL	0

	No	Emp_Id	Empname	Sex	Birthday	Dep_Id	Prof	Phone	Email	Onjob
1	2	001002	赵建华	男	1963-02-14	001	高级	80000002	80000002@abc.com	0
2	2	002003	张杨	男	1989-10-12	002	初级	NULL	NULL	0

	No	Emp_Id	Empname	Sex	Birthday	Dep_Id	Prof	Phone	Email	Onjob
1	3	001002	赵建华	男	1963-02-14	001	高级	80000002	80000002@abc.com	0

	No	Emp_Id	Empname	Sex	Birthday	Dep_Id	Prof	Phone	Email	Onjob
1	4	001002	赵建华	男	1963-02-14	001	高级	80000002	80000002@abc.com	0
2	4	002003	张杨	男	1989-10-12	002	初级	NULL	NULL	0

图 9-1　例 9-2 的执行结果

9.2.2 隐式事务

隐式事务不需要用 BEGIN TRANSACTION 显式地启动，只需将系统设置为隐式事务模式即可。默认情况下，隐式事务是关闭的。SQL Server 2008 提供进入和退出隐式事务模式的语句，其语法格式如下：

```
SET IMPLICIT_TRANSACTIONS{ON|OFF}
```

参数说明如下：

- SET IMPLICIT_TRANSACTIONS ON 打开隐式事务。进入隐式事务模式，隐式事务模式始终生效，直到执行 SET IMPLICIT_TRANSACTIONS OFF。
- 如果连接处于隐式事务模式，并且当前操作不在事务中，则执行表 9-1 中任一语句都可启动事务。
- 设置为隐式事务模式后，只有当执行 COMMIT TRANSACTION 或 ROLLBACK TRANSACTION 等语句时，当前事务才结束。

表 9-1　可启动隐式事务的 SQL 语句列表

SQL 语句	SQL 语句	SQL 语句
ALTER TABLE	FETCH	REVOKE
CREATE	GRANT	SELECT
DELETE	INSERT	TRUNCATE TABLE
DROP	OPEN	UPDATE

需要注意的是，在使用隐式事务时，不要忘记结束事务（提交或回滚）；由于不需要显式地定义事务的开始，事务的结束很容易被忘记，导致事务长期运行，或在连接关闭时产生不必要的回滚。

【例 9-3】 分别使用显式事务和隐式事务向表 Department 中插入两条记录。

程序代码如下：

```
--第 1 部分
USE Hrsys
GO
SET NOCOUNT ON
SET IMPLICIT_TRANSACTIONS OFF
GO
PRINT 'Tran count at start = ' + CAST(@@TRANCOUNT AS VARCHAR(10))
BEGIN TRANSACTION
INSERT INTO Department VALUES ('007','总裁办','0111 - 88008800','0111 - 88008800')
PRINT 'Tran count at 1st = ' + CAST(@@TRANCOUNT AS VARCHAR(10))
COMMIT TRANSACTION
GO
--第 2 部分
PRINT 'Setting IMPLICIT_TRANSACTIONS ON.'
SET IMPLICIT_TRANSACTIONS ON
PRINT 'Use implicit transactions.'
--此处不需要 BEGIN TRAN
INSERT INTO Department VALUES ('008','生产部','0111 - 99009900','0111 - 99009900')
PRINT 'Tran count at 2nd = ' + CAST(@@TRANCOUNT AS VARCHAR(10))
COMMIT TRANSACTION
SET IMPLICIT_TRANSACTIONS OFF
GO
```

程序执行结果如下：

```
Tran count at start = 0
Tran count at 1st = 1
Setting IMPLICIT_TRANSACTIONS ON.
Use implicit transactions.
Tran count at 2nd = 1
```

本例用来比较显式事务和隐式事务的区别。其中使用了@@TRANCOUNT 变量来查看打开和关闭的事务的数量。示例语句分为以下两部分。

第 1 部分是显式事务，使用 BEGIN TRANSACTION 定义显式事务，使用 COMMIT TRANSACTION 提交事务。

第 2 部分是隐式事务，使用 SET IMPLICIT_TRANSACTION ON 设置为隐式事务模式。隐式事务不需要显式的启动事务的语句，直接使用 INSERT 语句启动事务。执行 INSERT 语句后，输出查看打开的事务数，结果为 1，即是指当前连接已经打开了一个事务。

事务结束后，不要忘记使用 SET IMPLICIT_TRANSACTION OFF 退出隐式事务模式。

9.2.3 自动提交事务

与 SQL Server 建立连接后，系统直接进入自动提交事务模式，直到用 BEGIN TRANSACTION 启动显式事务或者用 SET IMPLICIT_TRANSACTIONS ON 启动隐性事务模式为止。当事务被提交或用 SET IMPLICIT_TRANSACTIONS OFF 退出隐性事务模式后，SQL Server 2008 将再次进入自动提交事务模式。

在自动提交模式下，发生回滚的操作内容取决于遇到的错误的类型。当遇到运行时错误，仅回滚发生错误的语句；当遇到编译时错误，回滚所有的语句。

【例 9-4】 比较自动提交事务发生运行时错误和编译时错误的处理情况。

```
--发生编译错误的事务示例
 USE Hrsys
 GO
 UPDATE Department SET Depname = '人力资源部' WHERE Dep_Id = '003'
--语法错误
 UPDATA Department SET Depname = '生产计划部' WHERE Dep_Id = '008'
  SELECT * FROM Department
  GO
--发生运行时错误的事务示例
  USE teaching
  GO
 UPDATE Department SET Depname = '后勤服务部' WHERE Dep_Id = '006'
--重复键
  INSERT INTO Department VALUES('001','总师办','0111 - 77007700','0111 - 77007700')
  SELECT * FROM Department
  GO
```

本例中第 1 部分由于发生编译错误，第 2 个 UPDATE 语句没有执行，且回滚前面的 UPDATE 语句。第 2 部分的 INSERT 语句产生运行时重复键错误。由于前面的 UPDATE 语句成功地执行且提交，因此它们在运行时错误之后被保留下来。

9.3 并发操作

数据库是一个共享的数据中心，经常会出现多个用户或应用程序并发操作的情况(多个事务同时执行)。并发操作提高了数据库资源的利用率，但并发操作控制不当也会引起问题，破坏数据库的一致性。数据库系统通过适当的并发控制机制协调并发操作，保证数据的一致性。并发处理能力也是衡量其性能的重要标志之一。在 SQL Server 2008 中，以事务为基本操作单位，使用锁来实现并发控制。

9.3.1 并发操作的影响

多个事务同时访问同一个数据资源时，如果数据库系统没有并发控制，就会出现并发问题，导致数据的不一致，主要包括丢失修改、读“脏”数据、不可重复读、幻影读等。

1. 丢失修改

两个或多个事务选择同一行,然后各自根据最初选定的值修改该行。每个事务都不知道其他事务的存在,最后的修改将覆盖其他事务之前所做的修改,从而导致修改丢失。

例如,一个火车/飞机订票系统的操作,存在一个活动序列,如图 9-2(a)所示。

	T_1	T_2
①	$A=16$	
②		$A=16$
③	$A-1\to A$ $A=15$	
④		$A-1\to A$ $A=15$

(a) 丢失修改

	T_1	T_2
①	$A=16$	
②	$A-1\to A$ $A=15$	
③		读 $A=15$
④	ROLLBACK $A=16$	

(b) 读"脏"数据

	T_1	T_2
①	读 $A=16$ $D=A-1=15$	
②		$A=16$
③		$A-1\to A$ $A=15$
④	读 $A=15$ $D=A-1=14$ 验证错误	

(c) 不可重复读

图 9-2 并发操作引起的数据不一致

① 甲售票员(事务 T_1)读出某航班剩余机票张数为 A,设 $A=16$。

② 乙售票员(事务 T_2)读出同一航班剩余机票张数为 A,设 $A=16$。

③ 甲售票员(事务 T_1)卖出一张机票,修改机票张数 $A=A-1=15$,把 A 写回数据库。

④ 乙售票员(事务 T_2)也卖出一张机票,修改机票张数 $A=A-1=15$,把 A 写回数据库。

结果就成为卖出 2 张票,数据库中机票余额只减少 1。这种情况称为丢失修改,是由甲、乙两个售票员并发操作引起的。在并发的情况下,对甲、乙两人操作序列的调度是随机的。若按上面的顺序,甲的修改就被丢失。

如果在甲修改数据并提交事务之前,任何人都不能读取该数据,则可避免该问题。

2. 读"脏"数据

读"脏"数据是指读出的是不正确的临时数据。如图 9-2(b)所示,事务 T_1 修改某一数据 A 并将其写回数据库,事务 T_2 读取同一数据 A 后,事务 T_1 由于某种原因撤销了对数据 A 的修改,A 恢复原值。这样,事务 T_2 读到的数据 A 与数据库中的数据不一致。

3. 不可重复读

不可重复读是指某一事务读取数据后,另一事务对同一数据执行更新操作,从而使前一事务无法再现之前的读取结果。

如图 9-2(c)所示,事务 T_1 读取数据 A 并计算 D 的值为 15; 事务 T_2 读取同一数据 A 后将其修改为 15; 事务 T_1 再次读取数据 A 计算 D 值为 14,前后计算结果不一致。

4. 幻影读

幻影读为不可重复读的另一类情况。当事务 T_1 按一定条件从数据库中读取了某些行后，事务 T_2 插入或删除了满足相同条件的一些行；当事务 T_1 再次按相同条件从数据库中读取数据时，发现某些行消失了，或出现了一些新的行。这种不可重复读的现象称为幻影读。

之所以出现上述问题，主要原因是事务执行期间相互干扰，破坏了事务的隔离性。如果只允许事务串行的执行，就会避免上述错误的发生，但这样就降低了数据库系统的效率。并发控制就是要用正确的方法调度并发操作，使一个事务的执行不受其他并行事务的干扰，避免出现上述问题。

9.3.2 封锁

并发控制的主要方法是封锁，就是对操作对象加锁，限制其他事务对该数据库对象的访问。基本的封锁类型有两种：排他锁(Exclusive Locks，简称 X 锁)和共享锁(Share Locks，简称 S 锁)。

共享锁又称为读锁。当事务 T 对数据库对象加上 S 锁后，允许 T 读取 A 但不能修改 A，其他事务只能再对 A 加 S 锁，而不能加 X 锁，直到 T 释放 A 上的 S 锁为止。

排他锁又称为写锁。当事务 T 对数据库对象加上 X 锁后，允许 T 读取和修改 A，其他事务不能再对 A 加任何形式的锁，直到 T 释放 A 上的 X 锁为止。

通常，事务对要读取的数据申请加 S 锁，对要修改的数据加 X 锁。事务 T 根据自己的操作需求向系统提出加锁申请后，系统根据锁的相容矩阵管理事务的加锁请求。如果相容，事务 T 的请求得到满足；否则，事务 T 必须等待。锁的相容矩阵如表 9-2 所示。

表 9-2 锁的相容矩阵

T_1 \ T_2	**S**	**X**	—
S	√	×	√
X	×	×	√
—	√	√	√

√ 相容
×不相容
— 不加锁

9.3.3 封锁协议

在对数据对象加锁时，需要约定一些规则，这些规则称为封锁协议(Locking Protocol)。封锁协议的内容包括何时申请 X 锁或 S 锁、持锁的时间、何时释放锁等。不同的封锁协议对封锁方式规定不同，封锁协议分三级，各级封锁协议可以在不同程度上解决并发操作带来的各类不一致问题。

1. 一级封锁协议

事务在修改数据之前必须先对其加 X 锁，直到事务结束才释放。根据协议要求，事务在修改数据前需要对数据加 X 锁，因此保证了没有其他事务读取和修改数据，所以一级封锁协议可以防止丢失修改的问题。

如图 9-3(a)所示，事务 T_1 在读取 A 进行修改之前先对 A 加 X 锁，当 T_2 再请求对 A 加

X 锁时被拒绝，T_2 只能等待 T_1 释放 A 上的 X 锁后才能获得对 A 的 X 锁，显然它所能够读到的 A 值是已经被 T_1 更新过的值 15，按此新值再对 A 进行减 1 运算，将得到的 A 值 14 写回数据库，从而避免了丢失修改问题。

T_1		T_2	T_1		T_2	T_1		T_2
①	对 A 加 X 锁 读 $A=16$		①	对 A 加 X 锁 读 $A=16$ $A-1\to A$ $A=15$ 写回数据库		①	对 A 加 S 锁 读 $A=16$ $D=A-1=15$	
②		申请 A 的 X 锁	②		申请 A 的 S 锁 等待	②		申请 A 的 X 锁 等待
③	$A-1\to A$ $A=15$ COMMIT	等待	③	ROLLBACK $A=16$ 释放 A 的锁	等待	③	读 $A=16$ $D=A-1=15$ COMMIT 释放 A 的 S 锁	
④		读 $A=15$ $A-1\to A$ $A=14$	④		获得 A 的 S 锁 读 $A=16$	④		获得 A 的 X 锁 读 $A=16$ $A-1\to A$ $A=15$ COMMIT 释放 A 的 X 锁

(a) 没有丢失修改　　(b) 不读“脏”数据　　(c) 可重复读

图 9-3　利用封锁解决并发操作引起的数据不一致性

一级协议没有要求事务在读取数据时对其加锁，所以不能避免读“脏”数据和不可重复读问题的发生。

2. 二级封锁协议

事务对要修改数据必须先加 X 锁，直到事务结束才释放 X 锁；对要读取的数据必须先加 S 锁，读完后立即释放 S 锁。根据协议要求，事务在修改数据前需要对数据加 X 锁，可以防止修改丢失问题；同时，事务在读取数据前需要对数据加 S 锁，可以进一步防止读“脏”数据问题。

如图 9-3(b)所示，事务 T_1 在对 A 修改之前需对 A 加 X 锁，而且在结束前不会释放。当 T_1 修改 A 的值并写回数据库后，T_2 为读取 A 而申请 A 的 S 锁将被拒绝，T_2 必须等待直到 T_1 恢复 A 的值 16 后释放其占有的 X 锁，才能获得 A 的 S 锁，读取 $A=16$，从而避免了读“脏”数据问题。

二级封锁协议要求事务读取数据结束后即可释放 S 锁，所以不能够避免不可重复读问题发生。

3. 三级封锁协议

事务 T 在读取数据之前必须先对其加 S 锁，在要修改数据之前必须先对其加 X 锁，直到事务结束后才释放所持有的锁。

三级封锁协议强调了加在事务所要读取的数据 A 上的 S 锁直到整个事务结束才释放，从而使得在事务运行期间，别的事务无法更改数据 A。三级封锁协议在二级封锁协议的基础上，不但防止了修改丢失和读“脏”数据问题，而且防止了不可重复读问题。

如图 9-3(c)所示，事务 T_1 在读取 A 之前需对 A 加 S 锁，而且在结束前不会释放。此时其他事务对 A 只能加 S 锁，而不能加 X 锁。当 T_1 计算 $D=\mathrm{A}-1=15$ 之后，T_2 为读取 A 进行修改而申请 A 的 X 锁将被拒绝，T_2 必须等待，直到 T_1 再一次读取 A 重新计算 $D=A-1=15$ 进行验证后释放 A 上的 S 锁，T_2 才能获得 A 的 X 锁。对于事务 T_1 而言，在两次读取 A 进行计算之间，没有其他事务能够修改 A 的值，从而避免了不可重复读问题。

9.3.4 活锁和死锁

使用封锁机制后，事务需要锁定要操作的数据库对象，这就有可能产生事务等待，等待的极端情况就是产生活锁和死锁。DBMS 必须妥善地解决这些问题，才能保障系统的正常运行。

1. 活锁

当多个事务请求封锁同一数据时，某一事务总是处于等待状态无法获得所需封锁，这种状况就称为活锁。例如，当事务 T_1 锁定了数据库对象 A，事务 T_2 又对数据对象 A 提出加锁请求，由于 A 已被事务 T_1 锁定，所以 T_2 的请求失败且需要等待，此时事务 T_3 也对数据对象 A 提出加锁请求，也失败且需要等待。当事务 T_1 释放对象 A 上的锁时，系统批准了事务 T_3 的请求，使得事务 T_2 继续等待，接下来可能还会有 T_4、T_5 等事务在 T_2 后申请对 A 加锁，但却先于 T_2 获得加锁权，而使事务 T_2 总是在等待而不能锁定数据对象 A，但总是还是有可能锁定对象 A，此时就产生了活锁。

解决活锁问题的方法比较简单，只需要采用先来先服务的策略即可。

2. 死锁

事务 T_1 锁定了数据库对象 A，事务 T_2 锁定了数据库对象 B。事务 T_1 在执行过程中需要锁定 B，所以申请对 B 加锁；事务 T_2 在执行过程中需要锁定 A，所以申请对 A 加锁。即事务 T_1 和 T_2 都需要锁定被对方已经锁定的数据对象，提出申请后互相等待对方释放锁，两个事务永远无法结束，只能继续等待，此时就产生了死锁。

关于死锁的问题在操作系统中已经有深入的研究，数据库中解决事务的死锁问题主要有两种方法：一种是预防死锁，另一种是检测并解除死锁。

1）预防死锁

死锁的预防要从死锁的产生原因入手，来破坏死锁产生的条件。死锁的产生是由于多个事务之间互相循环等待，等待其他事务对自己需要的数据对象解锁。预防死锁一般有一次封锁法和顺序封锁法两种方法。

(1) 一次封锁法。要求事务一次将所要使用的数据对象全部加锁后再执行操作。这种方式比较有效，但会降低系统的并发度，影响效率，另外数据库中数据是实时变化的，加锁对象的确定也有一定难度。

(2) 顺序封锁法是预先对数据对象规定一个封锁的顺序，所有事务都按这个顺序对数据进行加锁，这种方法预防死锁同样很有效，但因为数据库中数据的实时变化，所以维护比较困难。而且事务的封锁请求是随着事务的执行动态变化的，所以很难事先就确定事务的封锁对象。

2) 检测并解除死锁

一般来说，死锁是不可避免的。数据库中一般使用的方法是检测并解除死锁。检测死锁的方法包括超时法和等待图法。

(1) 超时法。当某个事务的等待时间超过了规定的时间限制，就认为发生了死锁。这种方法实现比较简单。但“时间限制”不好设定，设定得太短有可能误判死锁，设定得太长有可能发生了死锁而没及时检测到。

(2) 等待图法。此方法是一种比较有效的方法。等待图是一个有向图 $G=(V,E)$，其中 V 为顶点的集合，代表事务；E 是有向边的集合，表示事务的等待。例如，T_1 等待 T_2，则图中就有一条从 T_1 指向 T_2 的弧。等待图法检测死锁非常直观，系统周期性地检测等待图，只要图中出现了回路，即可判定发生了死锁。

检测到死锁后，就要尽快予以解除。通常采用的方法是选择一个处理死锁代价最小的事务，将其撤销，释放此事务持有的所有锁，使其他事务得以继续运行下去。

9.4 SQL Server 的并发控制

数据库管理系统对并发事务遵循可串行化(Serializable)的调度策略，即几个并行事务执行是正确的，这一情况是在当且仅当其结果与按某一次序串行地执行它们的结果相同时。从理论上讲，在某一事务执行时禁止其他事务执行的调度策略一定是可串行化的调度，这也是最简单的调度策略。但这种方法实际上是不可行的，因为它使用户不能充分共享数据库资源。虽然可串行性对于确保数据库中数据在任何时候都正确是十分重要的，然而有些时候数据库中是允许存在一些不一致性的。SQL Server 允许用户根据应用要求来设置事务的隔离程度。

9.4.1 事务的隔离级别

事务准备接收不一致数据的级别称为隔离级别(Isolation Level)。隔离级别是一个事务必须与其他事务进行隔离的程度。较低的隔离级别可以增加并发度，但代价是降低数据的正确性；较高的隔离级别可以确保数据的正确性，但对并发产生负面影响。应用程序要求的隔离级别确定了 SQL Server 使用锁的行为。

ANSI99 定义的隔离级别(从最低到最高)如下：

(1) 未提交读(READ UNCOMMITTED)。

(2) 已提交读(READ COMMITTED)。

(3) 可重复读(REPEATABLE READ)。

(4) 可串行读(可序列化)(SERIALIZABLE)。

随着隔离级别的提高,可以更有效地防止数据的不一致性。但是,这将降低事务的并发处理能力,会影响多用户访问。

表 9-3 列出了隔离级别以及各个级别可以解决的并发问题。

表 9-3 隔离级别与并发问题的关系

隔离级别	脏读	不可重复读	幻读
未提交读	是	是	是
已提交读	否	是	是
可重复读	否	否	是
可串行读	否	否	否

说明:表中“是”表示可能发生该并发问题,“否”表示不会发生该并发问题。

SQL Server 2008 除支持 ANSI99 的 4 个隔离级别外,还支持基于行版本控制的两种快照隔离。行版本控制允许一个事务在数据排他锁定后读取数据的最后提交版本。由于不必等到锁释放就可进行读操作,读、写操作不互相阻塞,因此查询性能得以大大增强。

T-SQL 使用 SET TRANSACTION ISOLATION LEVEL 设置隔离级别,其语法格式如下:

```
SET TRANSACTION ISOLATION LEVEL
{READ UNCOMMITTED|READ COMMITTED|REPEATABLE READ
    |SNAPSHOT|SERIALIZABLE}
```

参数说明如下:

- READ UNCOMMITTED:未提交读,指定语句可以读取已由其他事务修改但尚未提交的行。
- READ COMMITTED:已提交读,指定语句不能读取已由其他事务修改但尚未提交的数据,这样可以避免脏读。该选项是 SQL Server 的默认设置。在该隔离级别中,SQL Server 2008 引入已提交读快照隔离级别(READ_COMMITTED_SNAPSHOT)。当 READ_COMMITTED_SNAPSHOT 设置为 OFF(默认)时,SQL Server 使用 ANSI 的已提交读隔离;如果 READ_COMMITTED_SNAPSHOT 设置为 ON,SQL Server 使用已提交读快照隔离。
- REPEATABLE READ:可重复读,指定语句不能读取已由其他事务修改但尚未提交的行,并且指定其他任何事务都不能在当前事务完成之前修改由当前事务读取的数据。
- SNAPSHOT:事务只能识别在其开始之前提交的数据修改。在当前事务中执行的语句将看不到在当前事务开始以后由其他事务所做的数据修改,就如同事务中的语句获得了已提交数据的快照,因为该数据在事务开始时就存在。使用 SNAPSHOT 选项将设置快照隔离级别,必须将 ALLOW_SNAPSHOT_ISOLATION 数据库选项设置为 ON,才能开始一个使用快照隔离级别的事务。
- SERIALIZABLE:保持共享锁直到事务完成,使共享锁更具有限制性。在事务读取数据期间,既不允许其他事务修改数据,也不允许插入或删除同样条件的行。该级别为最高隔离级别,可避免幻影读问题。

上述隔离级别，一次只能设置一个隔离级别选项，而且设置的选项将一直对那个连接有效，直到显式更改该选项为止。例如，将数据库 Hrsys 隔离级别设置为“已提交读快照”，可利用以下命令：

```
USE Master
GO
ALTER DATABASE Hrsys SET READ_COMMITTED_SNAPSHOT ON
GO
USE Hrsys
SET TRANSACTION ISOLATION LEVEL READ COMMITTED
```

9.4.2　SQL Server 封锁管理

一般情况下，SQL Server 能自动提供加锁功能，不需要用户专门设置。例如，当进行 SELECT 数据查询时，系统能自动对访问的数据加 S 锁；在使用 INSERT、UPDATE 和 DELETE 语句增加、修改和删除数据时，系统会自动给要使用的数据对象加 X 锁；系统用意向锁使锁之间的冲突最小化。SQL Server 能自动使用与任务相对应的等级锁来锁定资源对象，以使锁的成本最小化。对于一般的用户而言，通过系统的自动锁定管理机制基本可以满足使用要求，但如果对数据安全、数据库完整性和一致性有特殊要求，就需要了解 SQL Server 封锁机制，掌握数据库锁定方法。

1. 封锁粒度

可以锁定的资源指锁定的粒度或发生锁定的级别。默认情况下，行级锁用于数据页，页级锁用于索引页。为保留系统资源，当超过行锁数的可配置阈值时，锁管理器将自动执行锁升级。

在较小粒度（如行级）上锁定会提高并发性，但开销更多，因为如果锁定许多行，则必须持有更多的锁。在较大粒度（如表级）上锁定会降低并发性，因为锁定整个表会限制其他事务对该表某个部分的访问。但是，此级别上的锁定开销较少，因为维护的锁较少。

SQL Server 可以锁定的资源如表 9-4 所示。

表 9-4　SQL Server 2008 可以锁定的资源

锁	说　明
RID	行标识符，用于锁定表内的单个行
KEY	索引键值，用于锁定索引页中数据行
PAGE	一个 8KB 的数据页或索引页
EXTENT	一组连续的 8 页，例如数据页或索引页
TABLE	整个表，包括所有数据和索引
DATABASE	数据库

2. 锁的类型

锁的类型确定并发事务可以访问数据的方式。SQL Server 根据必须锁定的资源和必须执行的操作来确定使用哪种锁。表 9-5 介绍了 SQL Server 支持的锁类型。

表 9-5 SQL Server 2008 支持的锁类型

锁类型	说 明
共享(S)	保护资源,以便只能对其进行读取访问。当资源上存在共享(S)锁时,其他事务均不能修改数据
排他(X)	指示数据修改,如插入、更新或删除。确保不能同时对同一资源进行多个更新
更新(U)	防止常见形式的死锁。每次只有一个事务可以获得资源上的 U 锁。如果事务修改资源,则 U 锁将转换为 X 锁
意向锁	建立锁层次结构。最常见的意向锁类型是 IS、IX 和 SIX。这些锁指示事务正在处理层次结构中较低级别的某些资源,而不是所有资源。较低级别的资源将具有 S 或 X 锁

其中,X 锁和 S 锁前面已有介绍,在此介绍意向锁和更新锁。

1) 意向锁

多粒度封锁中,除了共享(S)锁和排他(X)锁两个基本封锁之外,还引入了意向锁。意向锁的含义是,如果对一个节点加意向锁,则说明该节点的下层节点正在被加锁;对任何节点加锁时,必须先对它的上层节点加意向锁。下面介绍三种常用的意向锁:意向共享锁(Intent Share Lock,IS 锁)、意向排他锁(Intent Exclusive Lock,IX 锁)和共享意向排他锁(Share Intent Exclusive Lock,SIX 锁)。

(1) IS 锁。

如果对一个数据对象加 IS 锁,表示对它的后裔节点拟加 S 锁。例如,要对某个元组加 S 锁,则要首先对关系和数据库加 IS 锁。

(2) IX 锁。

如果对一个数据对象加 IX 锁,表示对它的后裔节点拟加 X 锁。例如,要对某个元组加 X 锁,则首先对关系和数据库加 IX 锁。

(3) SIX 锁。

如果对一个数据对象加 SIX 锁,表示对它加 S 锁,再加 IX 锁,即对该数据对象及其所有后裔节点加 S 锁的同时,对该数据对象再加一个 IX 锁。例如,对某个表加 SIX 锁,则表示该事务要读取整个表,同时会更新该表的某个元组。

可以看到,两个意向锁 IS 和 IX 都是相容的。这是因为,当一个数据对象已经被某个事务施加了 IS 或 IX 锁时,表示本事务准备对该数据对象的某个后裔节点加 S 或 X 锁,此时其他事务无论对该数据对象再施加 IS 或 IX 锁,都只是拟对该数据对象的某个后裔节点加 S 或 X 锁,其需要加锁的节点与本事务要加锁的节点可能不同,因此暂时不会产生封锁冲突。

具有意向锁的多粒度封锁方法中,任何事务要对某个数据对象加锁,必须先要对该数据对象的上层节点加意向锁。申请封锁是自上而下进行的,而释放封锁应该自下而上进行。

对某个节点加锁时,只需要检查其上级节点和自身是否存在封锁冲突即可,不需要再检查其下级节点。例如,如果事务 T 对关系 R 要加 S 锁,则它必须先要对数据库加 IS 锁,只需检查数据库和关系 R 是否已经加了不相容的锁即可,不需要再检查关系 R 的各个元组是否存在封锁冲突。

2) 更新(U)锁

更新(U)锁要求每次只有一个事务可以获得数据对象上的 U 锁。如果事务修改数据,则 U 锁转换为 X 锁，否则转换为 S 锁。U 锁在修改操作的初始阶段用于锁定可能被修改的资源，所以 U 锁可以用来预防常见的死锁。

例如，事务读取数据 A，首先要获得 A 上的 S 锁，如果要进一步修改 A，必须要将 S 锁转换为 X 锁。

假设两个事务 T_1 和 T_2 都获得了资源 A 上的共享锁，然后试图同时更新 A。事务 T_1 要将 S 锁转化为 X 锁，因为 X 锁与 S 锁不相容，所以发生锁等待；T_2 也是如此。由于两个事务都要将 S 锁转化为 X 锁，并且都等待另一个事务释放 S 锁，因此就发生了死锁。

若要避免这种潜在的死锁问题，则可以使用 U 锁。因为每次只有一个事务可以获得 U 锁，之后如果需要继续修改数据时，将 U 锁转换为 X 锁；如果不需要修改数据，将 U 锁转换成 S 锁即可。

3. 锁的兼容性

如果某个事务已锁定一个资源，而另一个事务又需要访问该资源，那么 SQL Server 会根据第一个事务所用锁定模式的兼容性确定是否授予第二个锁。

对于已锁定的资源，只能施加兼容类型的锁。资源的锁定模式有一个兼容性矩阵，可以显示哪些锁与在同一资源上获取的其他锁兼容，并按照锁强度递增的顺序列出这些锁。表 9-6 所示为请求的锁定模式及其与现有锁定模式的兼容性。

表 9-6　锁的兼容性

请求的模式	IS	S	U	IX	SIX	X
共享(S)	是	是	是	否	否	否
排他(X)	否	否	否	否	否	否
更新(U)	是	是	否	否	否	否
意向共享(IS)	是	是	是	是	是	否
意向排他(IX)	是	否	否	是	否	否
意向排他共享(SIX)	是	否	否	否	否	否

例如，如果一个事务持有排他(X)锁，那么除非该事务结束时释放该 X 锁，否则其他事务将无法获取该资源的共享锁、更新锁或排他锁。相反，如果已向某个资源应用共享(S)锁，那么即使第一个事务尚未完成，其他事务也可以获取该资源的共享锁或更新(U)锁。但是，只有在释放共享锁之后，其他事务才可以获取排他锁。

需要注意的是，IX 锁与 IX 锁定模式兼容，因为 IX 指示其意向是更新某些行，而不是更新所有行。只要不影响其他事务正在更新的行，那么也允许其他事务读取或更新某些行。

4. SQL Server 锁的设置

当 SQL Server 2008 的自动加锁功能不能满足用户的特殊需要时，用户可以自行对数据对象进行锁定。在 T-SQL 中通过在数据操纵语句中针对数据对象加 WITH(锁的类型)子句实现人工锁定。以 SELECT 语句为例，其格式如下：

```
SELECT <目标列表> FROM <表> WITH(锁的类型)
```

锁的类型包括 HOLDLOCK、NOLOCK、PAGLOCK、READCOMMITTED、READPAST、

READUNCOMMITTED、REPEATABLEREAD、ROWLOCK、SERIALIZABLE、TABLOCK、TABLOCKX、UPDLOCK。至于这些锁的含义及用法，请参阅 SQL Server 2008 联机教程或相关参考书，在此不再赘述。

习题 9

1. 概念解释

(1) 事务。

(2) 并发控制。

(3) 隔离级别。

(4) 活锁与死锁。

2. 简答思考题

(1) 事务的性质。

(2) 显式事务、隐式事务的区别及管理。

(3) 描述事务并发控制不当可能产生的问题及产生的原因。

(4) 锁的类型及其兼容性。

(5) 如何预防死锁。

(6) 隔离级别的含义及如何设置事务的隔离级别。

(7) 各级封锁协议及其对应解决的事务并发问题。

第10章 SQL Server 2008 数据库安全技术

【本章简介】

数据库管理系统必须提供统一的数据保护功能，以保证数据库中数据的安全可靠和正确有效。SQL Server 2008 提供了比较完善的数据库保护功能，包括完整性约束、安全管理、备份与还原、并发控制等内容。本章主要介绍安全管理方面的知识，内容涉及 SQL Server 的安全机制；登录、用户和角色的管理；用户和角色的权限管理。

【学习目标】

- 理解 SQL Server 2008 的安全机制；
- 掌握登录、用户、角色的概念及创建和维护方法；
- 掌握用户和角色的权限控制方法。

10.1 SQL Server 安全机制

数据的安全性是指保护数据库以防止因不合法的使用而造成数据的泄密和破坏。这就要采取一定的安全保护措施。在 SQL Server 2008 中用检查口令、权限设定等手段加以实现。只有合法的用户才能进入数据库系统。合法用户对数据库执行操作时，系统自动检查用户是否有权限执行这些操作。

SQL Server 支持三级安全层次，为数据库设置了三道安全防线。只有满足上一层安全要求后，才能进入下一层。

- SQL Server 服务器的安全性；
- 数据库的使用安全性；
- 数据库对象的操作安全性。

1. SQL Server 服务器的安全性

SQL Server 采用了集成 Windows 网络安全性的机制，所以使得操作系统安全性的地位得到提高。SQL Server 的服务器级安全性建立在控制服务器登录账号和密码的基础上。SQL Server 采用了标准 SQL Server 登录和集成 Windows 登录两种方式。无论是使用哪种登录方式，用户在登录时提供的登录账号和密码，决定了用户能否获得 SQL Server 的访问权，以及在获得访问权以后，用户在访问 SQL Server 进程时就可以拥有的权利。

管理和设计合理的登录方式是数据库管理员(DBA)的重要任务。

SQL Server 事先设计了许多固定的服务器角色,用来为具有服务器管理员资格的用户分配权利。拥有固定服务器角色的用户可以拥有服务器级的管理权限。

2. 数据库的安全性

用户成功登录 SQL Server 服务器以后,将直接面对不同的数据库,再一次接受安全验证,检验是否是这些数据库的合法用户或角色。SQL Server 的数据库都有自己特定的用户和角色,该数据库只能由它的用户或角色访问。

在建立用户的登录账号信息时,SQL Server 会提示用户选择默认的数据库。以后用户每次连接上服务器后,都会自动转到默认的数据库上。对任何用户来说,如果在设置登录账号时没有指定默认的数据库,则用户的权限将局限在 master 数据库以内。但是由于 master 数据库存储了大量的系统信息,对系统的安全和稳定起着至关重要的作用,所以建议用户在建立新的登录账号时,最好不要将默认的数据库设置为 master 数据库,而是应该根据用户实际将要进行的工作,将默认的数据库设置在具有实际操作意义的数据库上。

默认的情况下,数据库的拥有者(Owner)可以访问该数据库的所有对象,同时分配访问权给别的用户,以便让别的用户也拥有该数据库的访问权限。SQL Server 中默认的情况表示所有的权限都可以自由转让和分配。

3. SQL Server 数据库对象的安全性

SQL Server 数据库中,即使是合法的数据库用户也不能有超越权限的数据库操作,用户必须在自己的权限范围内进行数据操作,这是核查用户权限的最后一道安全防线。

在创建数据库对象时,SQL Server 自动把该数据库对象的拥有权赋予该对象的创建者。对象的拥有者可以实现对该对象的完全控制。默认情况下,只有数据库的拥有者可以在该数据库下进行操作。当一个非数据库拥有者想访问数据库里的对象时,必须事先由数据库拥有者赋予用户对指定对象执行特定操作的权限。

10.2 SQL Server 的验证模式

为了实现安全性,用户在 SQL Server 上获得对任何数据库的访问权限之前,必须登录到 SQL Server 上,由 SQL Server 或者 Windows 对用户进行检验。如果验证通过,用户就可以连接到 SQL Server 上;否则,服务器将拒绝用户登录,从而保证了系统安全。验证模式是指系统确认用户的方式。SQL Server 和 Windows 的安全体系是结合在一起的,因此就产生了两种验证方式:Windows 身份验证和 SQL Server 身份验证。

1. Windows 身份验证

SQL Server 服务器通过使用 Windows 的用户安全性来控制用户对 SQL 服务器的登录访问。一个合法的 Windows 用户就是合法的 SQL Server 登录,登录 SQL 服务器时不必提交登录名和密码让 SQL Server 验证,从而实现 SQL 服务器与 Windows 登录的安全集成。

采用 Windows 验证可以使数据库管理员的工作集中在管理数据库上,而不是管理用户账户,对用户账户的管理交给 Windows 去完成。Windows 有着更强的用户账户管理工具,可以设置账户锁定、密码期限等。

2. SQL Server 身份验证

SQL Server 身份验证方式要求用户必须有 SQL Server 的专有登录名和密码，这个登录账号是独立于操作系统的，由 SQL Server 系统管理员负责建立和维护。

3. 验证模式设置

对应两种身份验证方式，SQL Server 服务器提供两种验证模式。

1）Windows 验证模式

在该模式下，登录 SQL Server 的用户必须是合法的 Windows 用户。因此，该模式适用于单机环境的 SQL Server 服务器。

2）SQL Server 和 Windows 验证模式

该模式也称为混合验证模式，SQL Server 服务器以“Windows 身份验证”或“SQL Server 身份验证”两种方式验证登录的用户，允许更大范围的用户访问 SQL Server。该模式适用于包含非 Windows 用户或网络用户的 SQL Server 服务器。

在第一次安装 SQL Server 2008，或使用 SQL Server 2008 连接其他服务器的时候，需要指定验证模式。对于已经指定验证模式的 SQL Server 服务器，可以使用 SQL Server Management Studio(SSMS)进行修改，操作步骤如下。

(1) 在 SSMS 的对象管理器中，鼠标右击 SQL Server 服务器，在弹出的快捷菜单上选择“属性”命令，打开“属性”对话框。

(2) 单击“安全性”标签，打开“安全性”选项卡，如图 10-1 所示。

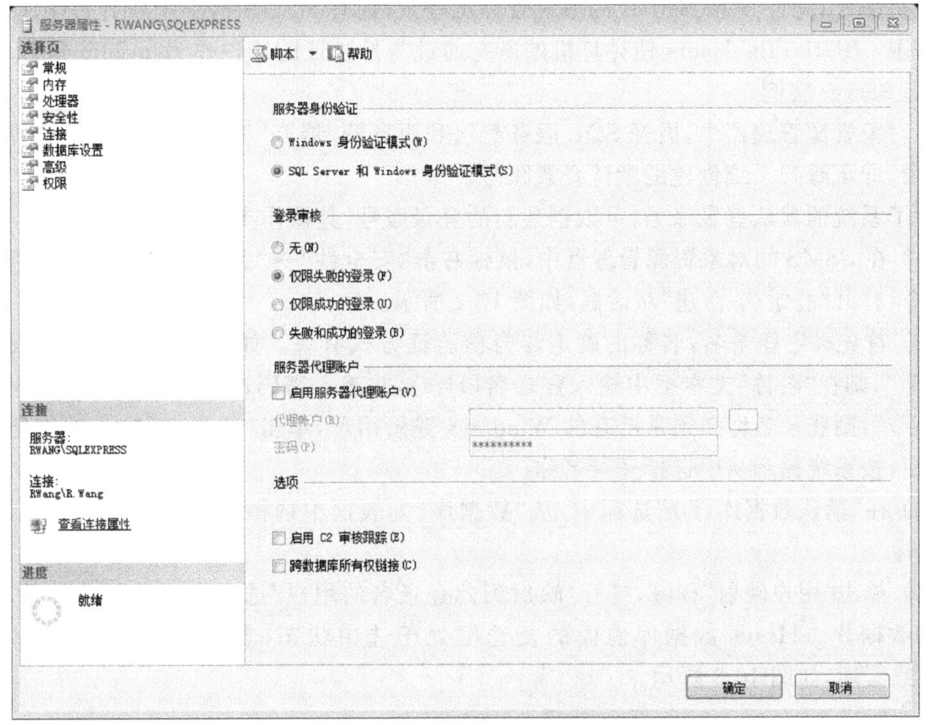

图 10-1　SQL Server 验证模式设置

(3) 在此选项卡中可以设置验证模式。如果选中“SQL Server 和 Windows 身份验证模式(S)”表示选择混合验证模式,如果选中“Windows 身份验证模式(W)”表示选择 Windows 验证模式。

(4) 在对话框中设置验证模式后,单击“确定”按钮。

修改验证模式后,必须首先停止 SQL Server 服务,然后重新启动 SQL Server 才能使新的设置生效。

10.3 SQL Server 的登录和角色管理

SQL Server 的安全管理中有两类突出的措施:一是对用户或角色的管理,即控制合法用户使用数据库;二是对权限的管理,即控制合法用户对数据库对象的操作。在 SQL Server 2008 中,账号有两种:一种是登录服务器的登录账号(Login Name);另一种是使用数据库的用户账号(User Name)。登录账号只是让用户登录到 SQL Server 中,登录本身并不能让用户访问服务器中的数据库。要访问特定的数据库,还必须具有特定数据库的用户名。

用户名在特定的数据库内创建,并关联一个登录名(当一个用户创建时,必须关联一个登录名)。用户定义的信息存放在服务器上的每个数据库的 sysusers 表中,用户名有密码同它相关联。通过授权给用户来指定用户可以访问的数据库对象的权限。

10.3.1 服务器的登录账号

在安装 SQL Server 后,系统默认创建两个登录账号:sa 和 BUILTIN\Users。sa 是超级管理员账号,允许 SQL Server 的系统管理员登录,拥有 SQL Server 上所有数据库的全部操作权限;BUILTIN\Users 使计算机的所有通过身份验证的用户作为 public 角色成员访问 SQL Server 实例。

在对象资源管理器中,展开 SQL 服务器组和服务器,展开“安全性”文件夹,选择“登录名”选项,即可看到系统创建的默认登录账号。

除了系统的默认登录账号,可以创建新的登录账号,其操作步骤如下:

(1) 在 SSMS 的对象资源管理器中,鼠标右击“安全性”→“登录名”选项,选择“新建登录”命令,打开“登录名-新建”对话框,如图 10-2 所示。

(2) 首先确定登录名,名称的确定与身份验证方式有关。如果选择“SQL Server 身份验证(S)”,则在“名称”文本框中输入登录名(Hra),并输入密码;如果选择“Windows 身份验证(W)”,则登录名称必须是已有的 Windows 登录用户,单击“登录名”输入框右侧的“搜索”按钮,按系统提示从中选择登录名称。

(3) 在“默认数据库(D)”选项中,从“数据库”列表框中选择该登录账号默认登录的数据库。

(4) 单击“用户映射”标签,打开“映射到此登录名的用户”选项框内设置此登录名可以访问的数据库。Hrsys 数据库前面的复选框处于选中状态,表示该登录账号可以访问 Hrsys 数据库,如图 10-3 所示。

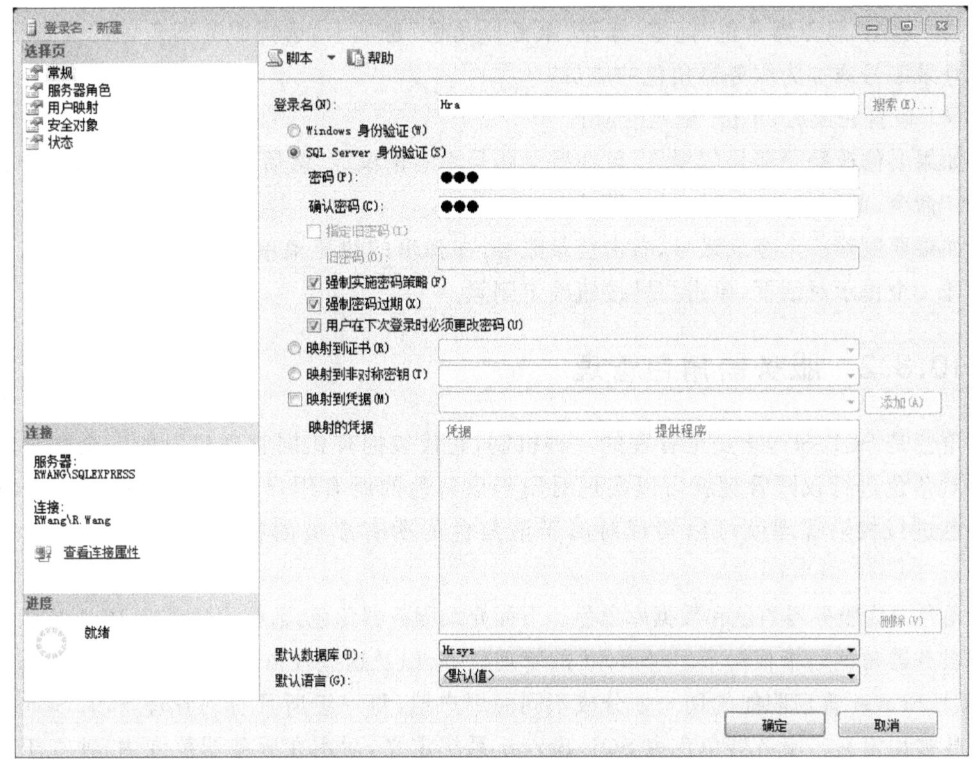

图 10-2　SQL Server 新建登录对话框

图 10-3　新建登录属性设置

(5) 单击"服务器角色"标签,打开"服务器角色"选项卡,选择服务器角色的复选框,将新建登录账号添加为服务器角色的成员。

(6) 设置完成后,单击"确定"按钮。

如果要修改登录账号的属性,可在登录账号上右击鼠标,然后在弹出的快捷菜单中选择"属性"命令,即可打开登录账号的属性对话框。

如果要删除一个登录账号,右击登录账号,在弹出的快捷菜单中选择"删除"命令,此时会打开一个提示对话框,单击"是"按钮确定删除。

10.3.2 服务器角色管理

角色是 SQL Server 安全管理的一种机制,它代表拥有相同管理权限的安全账户的集合。对角色进行权限管理就可以实现对属于该角色的所有用户权限的管理。这样,只要对角色进行权限管理就可以实现对属于该角色的所有成员的权限管理,大大减少了工作量。

角色分为服务器角色和数据库角色。下面介绍服务器角色,数据库角色在 10.4 节介绍。

服务器角色是指根据 SQL Server 的管理任务,以及这些任务相对的重要性等级来把具有 SQL Server 管理职能的用户划分成不同的用户组,每一组所具有的管理 SQL Server 的权限已被预定义。服务器角色由 SQL Server 系统定义,适用在服务器范围内,独立于某个具体的数据库,用户不能建立服务器角色或修改服务器角色的权限,只能加入某一服务器角色。

一般只会指定需要管理服务器的登录者属于服务器角色。

1. 查看服务器角色

查看服务器角色可以使用系统存储过程 sp_helpsrvrole 或利用 SQL Server Management Studio 的对象资源管理器。

(1) 使用系统存储过程 sp_helpsrvrole。只需要在查询编辑窗口中执行存储过程 sp_helpsrvrole 即可查看服务器角色信息。

(2) 使用 SQL Server Management Studio。登录服务器,打开"安全性"→"服务器角色"即可查看。

固定服务器角色及具体权限如下:

- sysadmin: 全称为 System Administrators,可以在 SQL Server 中执行任何活动。
- serveradmin: 全称为 Server Administrators,可以设置服务器范围的配置选项。
- setupadmin: 全称为 Setup Administrators,可以管理连接服务器和启动过程。
- securityadmin: 全称为 Security Administrators,可以管理登录和创建数据库的权限,还可以读取错误日志和更改密码。
- processadmin: 全称为 Process Administrators,可以管理在 SQL Server 中运行的进程。

- dbcreator：全称为 Database Creators，可以创建、更改和删除数据库。
- diskadmin：全称为 Disk Administrators，可以管理磁盘文件。
- bulkadmin：全称为 Bulk Insert Administrators，可以执行 BULK INSERT（大容量插入）语句。
- public：是一个特殊的角色，它包含在每个数据库中，任何登录都属于该角色，不能被删除。

2. 添加服务器角色成员

可以将登录账号添加到某一指定的固定服务器角色作为其成员。例如，下述过程将登录 Hra 添加为服务器角色 dbcreator 的成员。

(1) 在对象资源管理器中打开"安全性"文件夹中的"服务器角色"文件夹，右击 dbcreator 角色，在弹出的菜单中选择"属性"命令，出现如图 10-4 所示的窗口。

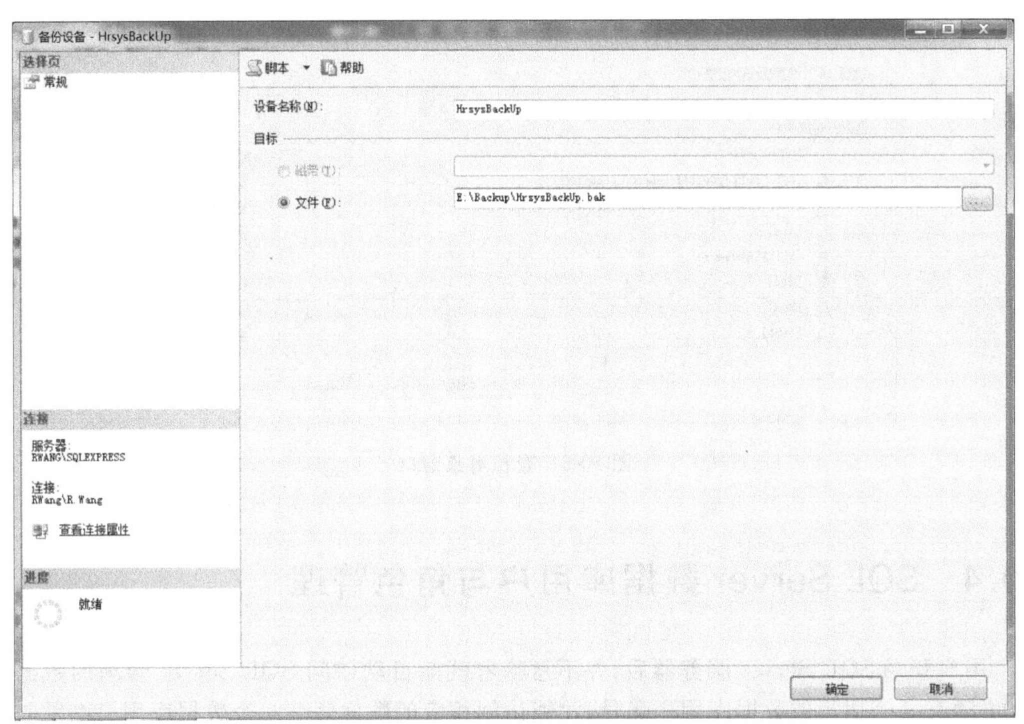

图 10-4 服务器角色属性窗口

(2) 单击"添加"按钮，将出现如图 10-5 所示的"选择登录名"窗口。单击"浏览"按钮，在弹出如图 10-6 所示的"查找对象"窗口中，选择 Hra 登录名，单击"确定"按钮，返回"选择登录名"窗口。

(3) 在"选择登录名"窗口中单击"确定"按钮，返回"服务器角色属性"窗口，单击"确定"按钮完成服务器角色成员的添加。

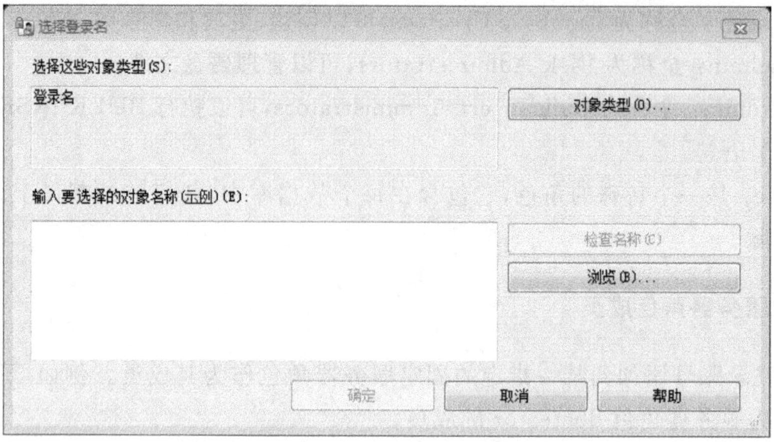

图 10-5 选择登录窗口

图 10-6 查找对象窗口

10.4 SQL Server 数据库用户与角色管理

用户登录 SQL Server 服务器后，并不意味着就能自动访问 SQL Server 管理的数据库了，必须有一个适当的数据库用户账号，才能访问相应的数据库。一个数据库用户必须与一个合法的 SQL Server 登录相关联，一个登录账号可以映射到多个数据库用户账号。SQL Server 的登录账号和数据库用户账号名称可以相同，也可以不同。

10.4.1 数据库用户

1. 查看数据库用户

如果要了解一个数据库当前的用户情况，可利用 SSMS 和 T-SQL 两种方式查看。

1）利用 SSMS

以查看 Hrsys 数据库的用户为例，在对象资源管理器中选定 Hrsys 数据库，依次展开

“安全性”→“用户”文件夹，即可出现合法用户列表，通过查看“属性”可查看每个用户的详细信息。

2）利用 T-SQL

```
USE Hrsys
select * from sysusers
```

2. 创建数据库用户

每个登录账号在一个数据库中只能有一个用户账号，但是每个登录账号可以在不同的数据库中分别拥有一个用户账号。如果在新建登录账号的过程中，指定对某个数据库具有存取权限，则在该数据库中将自动创建一个与该登录账号同名的用户账号，如前面创建登录 Hra 的同时将其指定为 Hrsys 数据库的用户。

此外，还可以单独创建数据库用户，并将其关联到指定的登录。操作步骤如下：

(1) SSMS 的资源管理器中，选定 Hrsys 数据库，展开“安全性”文件夹，右击“用户”选项，在弹出的快捷菜单中选择“新建数据库用户”命令，打开如图 10-7 所示的新建用户对话框。

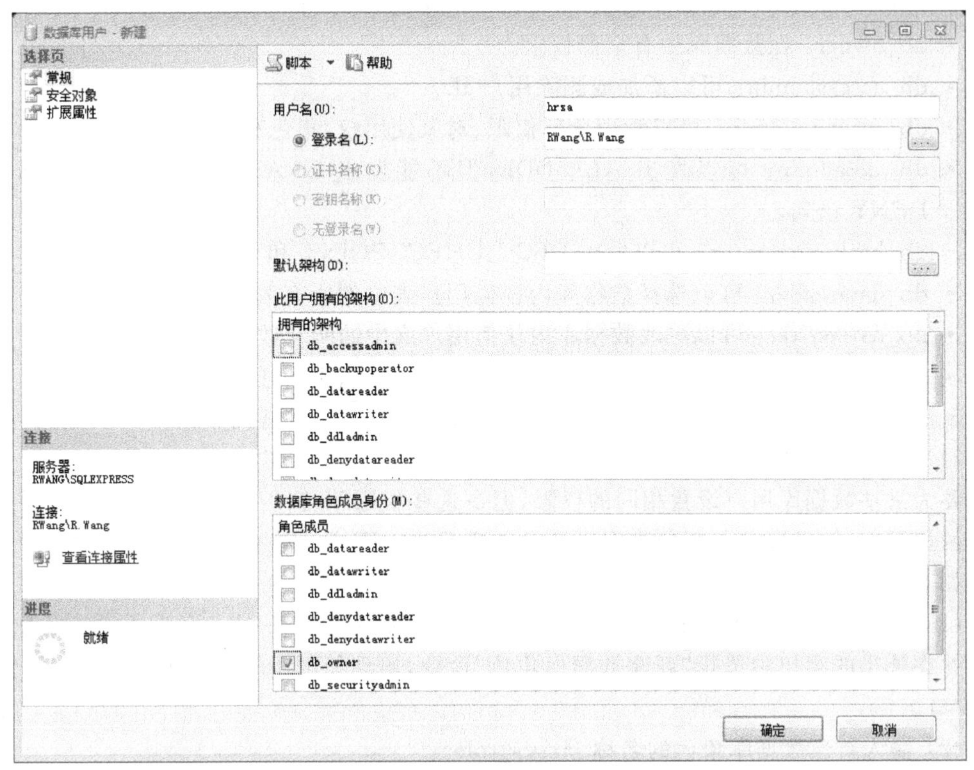

图 10-7 新建数据库用户对话框

(2) 在“用户名”框输入用户名；单击“登录名”下拉列表框右端的“…”按钮，选择登录账号。然后在“数据库角色成员”列表框中选择新建用户应该属于的数据库角色。

(3) 设置完成后，单击“确定”按钮，即在 Hrsys 数据库中创建一个新的用户账号 hrsa。

如果要删除一个用户账号，则只要从“用户”文件夹中选择要删除的用户，然后按 Del 键，或右击并执行“删除”命令即可。

10.4.2 数据库角色

数据库的角色应用于单个数据库，分为数据库角色和应用程序角色两类。

- 数据库角色：对数据库具有相同访问权限的用户账户的集合。
- 应用程序角色：用来控制应用程序存取数据库的，本身并不包含任何成员。

1. 数据库角色

数据库角色包括固定数据库角色和用户定义数据库角色两类。

1）固定数据库角色

固定数据库角色所具有的管理、访问数据库权限已被 SQL Server 预先定义，并且 SQL Server 管理者不能对其所具有的权限进行任何修改。在数据库创建时，系统默认创建 10 个固定的标准角色。选定某一数据库，展开“安全性”→“角色”→“数据库角色”文件夹，即可看到其中默认的 10 个固定角色：

- public：最基本的数据库角色，所有用户的角色。
- db_owner：在数据库中有全部权限。
- db_accessadmin：可以添加或删除用户 ID。
- db_securityadmin：可以管理全部权限、对象使用权、角色和角色成员资格。
- db_ddladmin：可以发出 ALL DDL，但不能发出 GRANT（授权）、REVOKE 或 DENY 语句。
- db_backupoperator：可以发出 DBCC、CHECKPOINT 和 BACKUP 语句。
- db_datareader：可以选择数据库内任何用户表中的所有数据。
- db_datawriter：可以更改数据库内任何用户表中的所有数据。
- db_denydatareader：不能选择数据库内任何用户表中的任何数据。
- db_denydatawriter：不能更改数据库内任何用户表中的任何数据。

2）用户定义数据库角色

要为某些数据库用户设置相同的权限，但是这些权限不等同于预定义的数据库角色所具有的权限时，就可以定义新的数据库角色来满足这一要求。建立一个数据库角色的操作步骤如下：

（1）在对象资源管理器中打开 Hrsys 数据库中的“安全性”→“角色”，右击“数据库角色”，并在弹出的菜单中选择“新建数据库角色”命令，出现如图 10-8 所示的“数据库角色-新建”窗口。

（2）输入新建数据库角色的名称 Hrsys_role。

（3）在图 10-8 所示的窗口中，在“此角色的成员”选项卡上可为新创建的数据库角色添加成员。

（4）此外，选择“安全对象”，可以为数据库角色设置所能访问的对象以及设定对相应对象拥有的权限。

（5）设置完成后，单击“确定”按钮即可创建新角色。

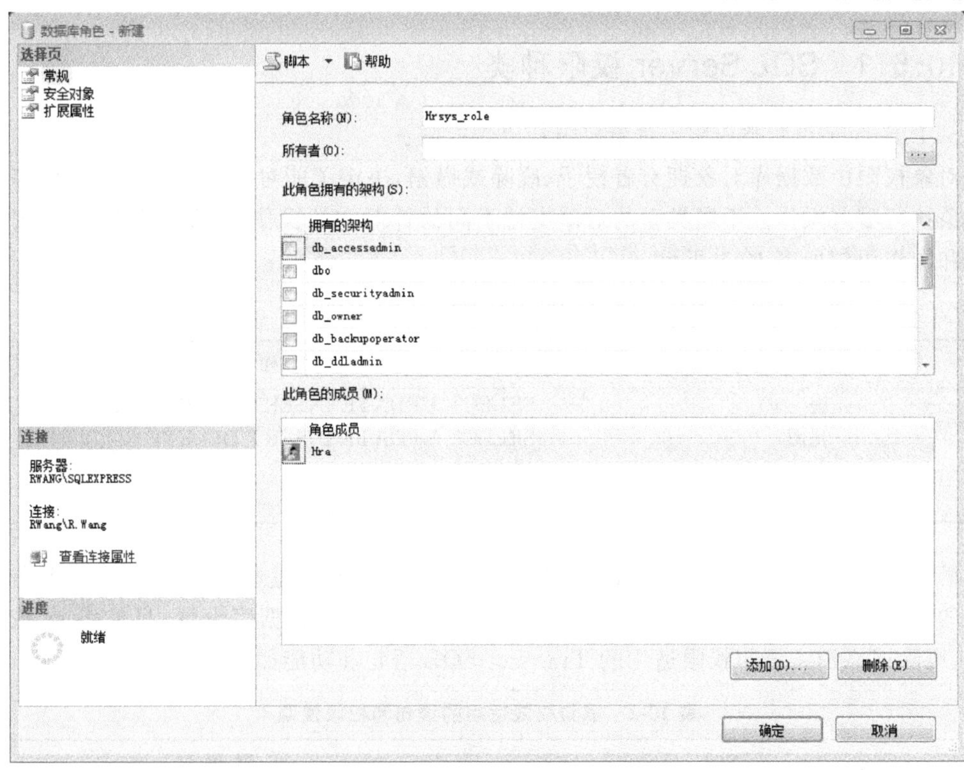

图 10-8 “数据库角色-新建”对话框

2. 应用程序角色

在实际应用中可能希望限制用户只能通过特定应用程序来访问数据库或防止用户直接访问数据库，SQL Server 使用应用程序角色来满足这些要求。应用程序角色是一种特殊的角色，与标准角色相比，具有以下特点。

(1) 应用程序角色不包含成员。当通过特定的应用程序为用户连接激活应用程序角色时，将获得该应用程序角色的权限。用户之所以与应用程序角色关联，是由于用户能够运行激活该角色的应用程序，而不是因为他是角色成员。

(2) 默认情况下，应用程序角色是非活动的，需要用存储过程激活。

```
sp_setapprole role, password
```

- role 为应用程序角色名；
- password 为密码。

(3) 应用程序角色激活后，将覆盖用户在当前数据库中的其他标准权限。

创建应用程序角色的操作步骤和创建数据库角色的步骤类似，不再赘述。

10.5 用户和角色的权限管理

SQL Server 的合法用户不一定具有数据库的使用权，只有经过特定授权的用户才具有数据库数据的存取权限。SQL Server 通过使用权限来确保数据库的安全性。

10.5.1 SQL Server 权限种类

SQL Server 有两类权限：对象权限和语句权限。

对象权限由数据库对象拥有者授予、废除或撤销，决定了能对表、视图、存储过程等数据库对象执行哪些操作。不同类型的对象支持不同的针对它的操作，对象权限适用的数据库对象和操作语句如表 10-1 所示。

表 10-1 对象权限适用的对象和语句

数据库对象	操 作 权 限
表	SELECT UPDATE INSERT DELETE REFERENCE
视图	SELECT UPDATE INSERT DELETE
列	SELECT UPDATE
存储过程	EXECUTE

语句权限主要指用户是否具有权限来执行某一语句，执行这些语句通常是一些具有管理性的操作，如创建数据库、表、存储过程等。语句权限针对数据库设置，只能由 sa 或 dbo 授予、废除或撤销。语句权限适用的 Transact-SQL 语句和功能如表 10-2 所示。

表 10-2 语句权限适用的语句和权限说明

Transact-SQL	权 限 说 明
CREATE DATABASE	创建数据库
CREATE DEFAULT	创建默认
CREATE PROCEDURE	创建存储过程
CREATE RULE	创建规则
CREATE TABLE	创建表
CREATE VIEW	创建视图
BACKUP DATABASE	备份数据库
BACKUP LOG	备份日志文件

权限管理的任务包括授权、收权和拒绝三项内容：

- 授权：授予用户或角色某些语句权限或对象权限。
- 收权：将语句权限或对象权限由用户或角色收回。
- 拒绝：拒绝某些用户或角色使用某些权限。

DBA 拥有对数据库中所有对象的所有权限，并可以根据应用的需要将不同的权限授予不同的用户。用户对自己建立的基本表和视图拥有全部的操作权限，并且可以把其中某些权限授予其他用户。

无论是对象权限还是语句权限，都可以使用 Transact-SQL 的 DCL 或 SQL Server Management Studio 来管理。

10.5.2 T-SQL 中的权限操作

T-SQL 提供了授予权限、收回权限、拒绝权限的语句，其语法格式与 ANSI 的 SQL 标准基本一致。

1. 授予权限

T-SQL 语言用 GRANT 语句向用户授予数据访问权限，GRANT 语句的一般格式如下：

```
GRANT {ALL [PRIVILEDGES]}|<权限列表>[ON <对象名>]TO <用户或角色列表>
[WITH GRANT OPTION]
```

其含义为将指定操作对象的指定操作权限授予指定用户。

- ALL [PRIVILEGES]表示所有权限，但不同的数据库对象包含的权限有所差别；
- ＜权限列表＞表示前面介绍的对象权限或语句权限；
- 接受权限的用户可以是一个或多个具体用户，也可以是全体用户(PUBLIC)；
- 如果指定了 WITH GRANT OPTION 子句，则获得某种权限的用户还可以把这种权限再授予别的用户。没有指定 WITH GRANT OPTION 子句，则获得某种权限的用户只能使用该权限，不能转授该权限。

【例 10-1】 把部门表 Department 中部门代码的修改权限授给用户 Hra。

```
GRANT UPDATE(Dep_Id) ON Department TO Hra
```

【例 10-2】 把对员工表 Employee 和工资表 Salary 的查询权限授予所有用户。

```
GRANT SELECT ON Employee,Salary TO PUBLIC
```

【例 10-3】 把对员工表 Employee 的查询和修改权限授给用户 Hra，并且该用户还可以把这些权限转授给其他用户。

```
GRANT SELECT,UPDATE ON TABLE Employee TO Hra WITH GRANT OPTION
```

2. 收回权限

授予的权限可以由数据库管理员(DBA)或其授权者用 REVOKE 语句收回，REVOKE 语句的一般格式如下：

```
REVOKE [ GRANT OPTION FOR ]<权限列表> [ON <对象名>]
      {FROM|TO}<用户或角色列表> [CASCADE]
```

功能：从指定用户那里收回对指定对象的指定权限。

- 该语句选项含义同 GRANT 语句。
- GRANT OPTION FOR 表示将撤销授予指定权限的能力，CASCADE 表示当前正在撤销的权限也将从其他被该主体授权的主体中撤销，两者必须连用。

【例 10-4】 把用户 Hra 修改部门表 Department 中部门代码的权限收回。

```
REVOKE UPDATE(Dep_Id) ON Department FTOM Hra
```

【例 10-5】 把用户 Hra 修改员工表 Employee 的权限及转授的权限收回。

```
REVOKE GRANT OPTION FOR UPDATE ON Employee FROM Hra CASCADE
```

3. 拒绝权限

拒绝权限表示用户或角色拒绝拥有某些语句或对象权限，DENY 语句的格式如下：

```
DENY <权限列表> [ON <对象名>] TO <用户或角色列表>
```

【例 10-6】 拒绝用户 Hra 创建表的权限。

```
DENY CREATE TABLE TO Hra
```

【例 10-7】 拒绝角色 Hrsys_role 修改员工表 Employee 的权限。

```
DENY UPDATE ON Employee TO Hrsys_role
```

10.5.3 利用 SSMS 进行权限管理

在 SSMS 中实现权限管理可以通过两种方法实现：一种是通过对象管理它的用户及操作权限；另一种是通过用户管理对应的数据库对象及操作权限。具体使用哪种方法要视管理的方便性来决定。

1. 通过对象授予、撤销和拒绝用户权限

如果要一次为多个用户(角色)授予、撤销和拒绝对某一个数据库对象的权限时，应采用通过对象管理的方法实现，其参考操作步骤如下：

(1) 展开"SQL 服务器"→"数据库"→Hrsys→"表"，右击 Employee 表。

(2) 在弹出的菜单中，选择"属性"命令，在随后出现的窗口中单击"权限"，如图 10-9 所示。

(3) 在"用户或角色"选择框单击"搜索"按钮指定用户或角色；在权限设定框内设定具体权限；单击"列权限"按钮可对表的具体的列设定权限。

(4) 完成后单击"确定"按钮。

2. 通过用户或角色授予、撤销和废除对象权限

如果要为一个用户或角色同时授予、撤销或拒绝多个数据库对象的使用权限，则可以通过用户或角色的方法进行，其参考操作步骤如下：

(1) 展开"SQL 服务器"→"数据库"→Hrsys→"安全性"→"角色"，右击具体角色 Hrsys_role。

(2) 在弹出的菜单中，选择"属性"命令，在随后出现的窗口中单击"安全对象"，如图 10-10 所示。在"安全对象"选择框中单击"搜索"按钮指定当前角色要管理权限的表、视图、存储过程等数据库对象；在权限设定框内为每一个具体的数据库对象设定具体权限；单击"列权限"按钮可对表的具体的列设定权限。

(3) 完成后单击"确定"按钮。

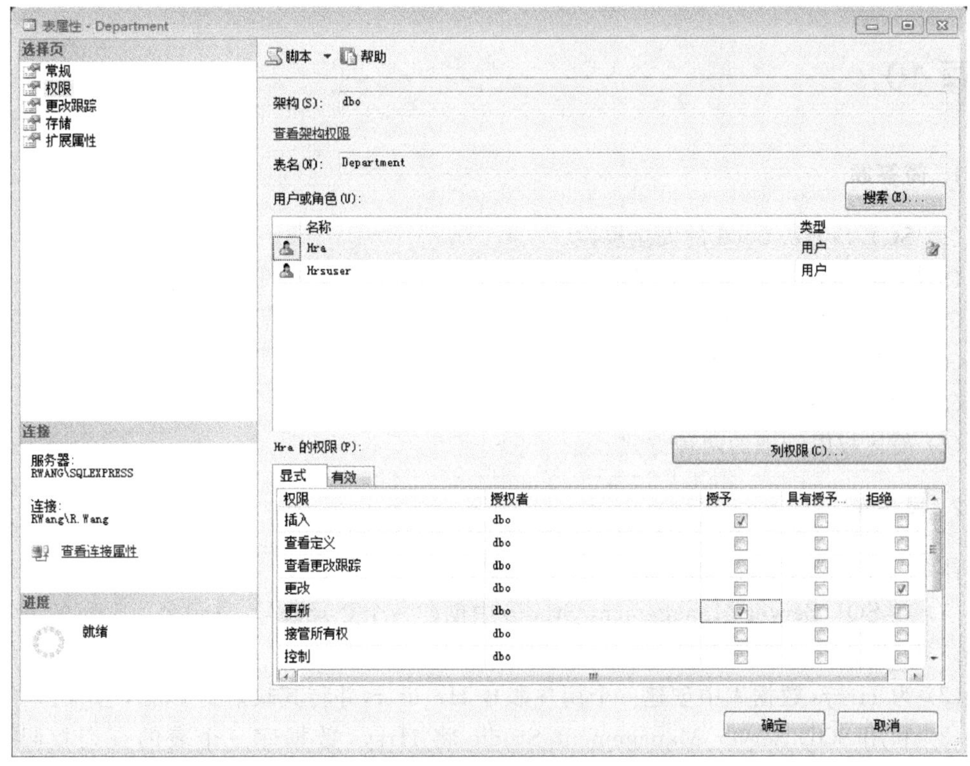

图 10-9　表属性窗口

图 10-10　数据库角色属性窗口

习题 10

1. 简答题

(1) SQL Server 2008 的安全层次。

(2) SQL Server 2008 的两种身份验证方式。

(3) 登录、用户及角色之间的关系。

(4) 服务器角色和数据库角色定义及其分类。

(5) 对象权限及语句权限。

(6) 简述权限管理的两种方式。

2. 操作题

针对员工工资管理数据库(Hrsys)完成以下操作：

(1) 在 SQL Server Management Studio 中创建一个登录账号，登录名为 LogA，密码为 123456，SQL Server 验证方式。

(2) 为 Hrsys 数据库中创建一个用户账号 Hr_user，并将其映射到 LogA 登录。

(3) 利用 SQL Server Management Studio 将 Hrsys 数据库三个表的查询权限授予 Hr_user。

(4) 利用 T-SQL 语句将 Salary 表的 Base 和 Bonus 列的修改权限授予 Hr_user。

第11章 SQL Server 2008 数据库维护

【本章简介】

数据库维护是 SQL Server 2008 数据库管理的重要内容，本章主要介绍数据库的压缩、数据库分离与附加、数据库备份与还原等内容。上述操作都可以通过 SQL Server Management Studio 和 T-SQL 两种方式实现。

【学习目标】

- 掌握数据库收缩的操作方法；
- 学会如何分离和附加数据库；
- 了解备份、还原、恢复模式、备份类型的基本概念；
- 熟练掌握备份设备、数据备份、数据库还原的操作方式；
- 能够根据数据库应用场景设计备份策略。

11.1 数据库的收缩

如果数据库设计的容量过大，或删除了的大量数据，这时数据库就会无谓地耗费大量的存储资源。这时，可以对数据库进行收缩以释放占用的多余的磁盘空间。数据和事务日志文件都可以收缩。数据库可以手动收缩，也可设置为按设定的时间进行自动收缩。

11.1.1 自动收缩

下面以 Hrsys 数据库为例说明自动收缩的设置。

(1) 启动 SQL Server Management Studio(SSMS)，在对象资源管理器中右击数据库 Hrsys，在弹出的快捷菜单中选择“属性”命令，打开“数据库属性”对话框，如图 11-1 所示。

(2) 在“选项页”列表中选择“选项”，在“其他选项”栏的下方找到“自动收缩”栏，在其下拉列表框中选择 True 选项。

(3) 单击“确定”按钮，完成数据库自动收缩设置。

除了使用 SSMS 设置自动收缩数据库外，T-SQL 提供了 ALTER DATABASE 语句进行这项操作。其基本语法结构如下：

```
ALTER DATABASE database_name SET AUTO_SHRINK ON
```

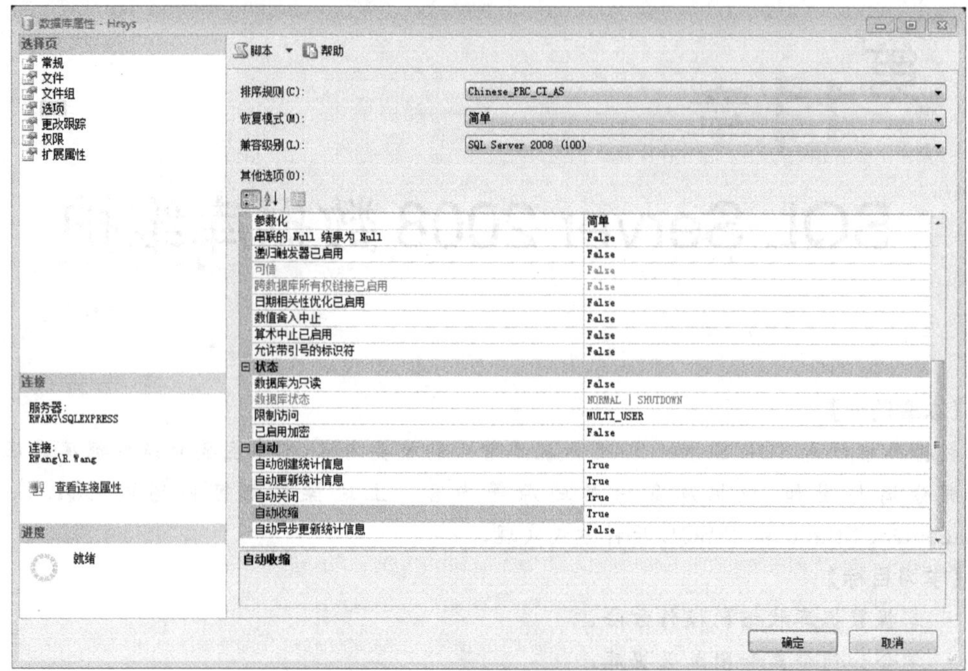

图 11-1 设置数据库自动收缩

【例 11-1】 设定 Hrsys 数据库为自动收缩。

```
ALTER DATABASE Hrsys SET AUTO_SHRINK ON
```

11.1.2 手动收缩

手动收缩就是在数据库用户自已认为必要的时候进行数据库的收缩操作。下面仍以 Hrsys 数据库为例。

(1) 在 SSMS 的对象资源管理器中右击数据库 Hrsys，在弹出的快捷菜单中选择“任务”→“收缩”→“数据库”命令，弹出“收缩数据库”对话框，如图 11-2 所示。

(2) 输入收缩数据库后数据库文件中剩下的最大可用空间的百分比，允许的值 0～99。

(3) 可以勾选“在释放未使用的空间前重新组织文件”复选框。如果勾选该复选框，必须为“收缩后文件中的最大可用空间”指定值。

(4) 单击“确认”按钮完成收缩数据库操作。

除了用对象资源管理器收缩数据库外，SQL 语法提供了 SHRINKDATABASE 语句进行这项操作，其基本语法结构如下：

```
DBCC SHRINKDATABASE('database_name'|0 [,target_percent])
    [WITH NO_INFOMSGS]
```

其中：

- database_name：要收缩的数据库的名称，如果指定为 0，则压缩当前数据库。
- target_percent：数据库收缩后的数据文件中所需的剩余可用空间百分比，省略此参数，将数据库压缩至最小容量。

- WITH NO_INFOMSGS：取消严重级别从 0～10 的所有信息性消息。

对于本节要收缩的数据库，可以使用以下语句：

```
DBCC SHRINKDATABASE (Hrsys)
```

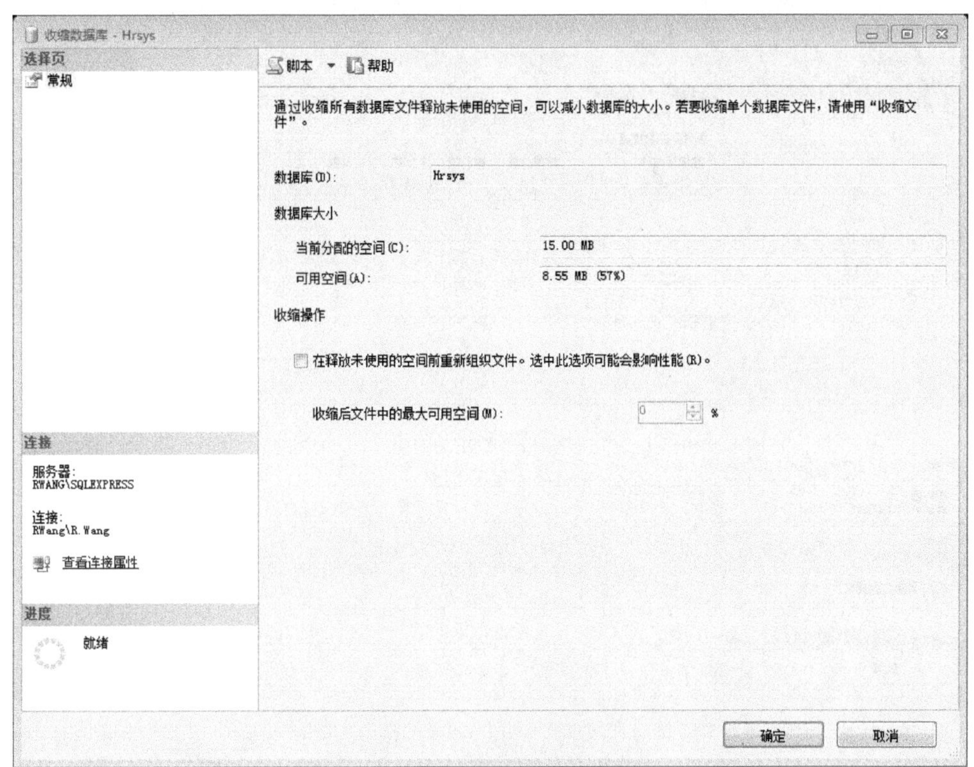

图 11-2 "收缩数据库"窗口

11.2 数据库的分离与附加

在实际应用当中，可能会需要在同一计算机的不同 SQL Server 实例之间，或在不同的计算机之间转移数据库，这时简单的文件复制不能满足此要求，需要用到 SQL Server 2008 的分离与附加数据库功能。

11.2.1 分离数据库

下面以 Hrsys 数据库为例，介绍分离数据库的方法。

(1) 在 SSMS 的对象资源管理器中右击数据库 Hrsys，在弹出的快捷菜单中选择"任务"→"分离"命令，弹出"分离数据库"对话框，如图 11-3 所示。

(2)"要分离的数据库"列表框中的"数据库名称"栏中列出了所选数据库的名称。其他的几项功能如下：

- "删除连接"：如果"消息"列中显示有活动连接，则必须勾选该复选框，用来断开与所有活动的连接。

- “更新统计信息”：默认情况下，分离操作将在分离数据库时保留过期的优化统计信息，如果需要更新现有的优化统计信息，勾选该复选框。
- “状态”：显示当前数据库的状态，即“就绪”或“未就绪”。
- “消息”：数据库有活动连接时，“消息”栏将显示活动连接的个数。

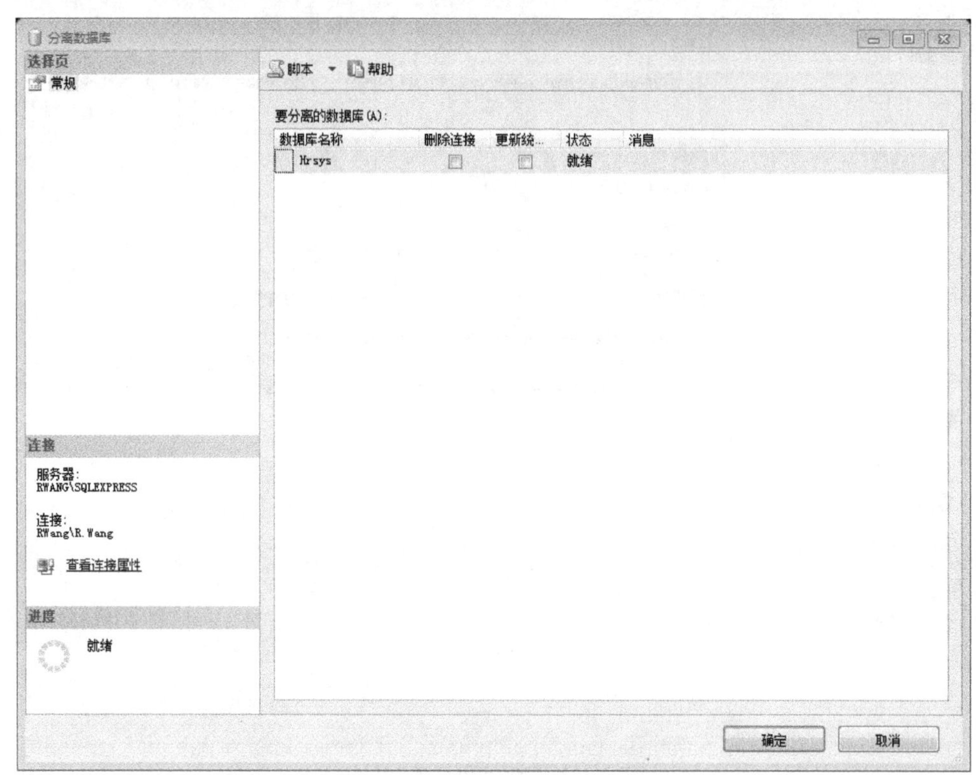

图 11-3　分离数据库窗口

(3) 设置完毕后，“状态”列显示“就绪”，代表可以正常分离，单击“确定”按钮，完成分离操作。

此时，刷新“对象资源管理器”面板中的内容，会发现 Hrsys 已经不存在了，这表示分离成功。数据库分离后，可以将数据库文件复制到其他服务器或实例上进行附加操作，以实现数据库的整体转移。

11.2.2 附加数据库

当数据库成功分离后，将数据库文件(含日志文件)复制到目标计算机中，通过附加操作可以使数据库重新在 SQL Server 服务器中建立起来，原来的所有表和存储过程等对象都可以继续使用。

下面仍以 Hrsys 数据库为例，介绍附加数据库的方法。

(1) 在 SSMS 的“对象资源管理器”中右击“数据库”，在弹出的快捷菜单中选择“附加”命令，弹出如图 11-4 所示的“附加数据库”对话框。

(2) 单击“添加”按钮，弹出“定位数据库文件”对话框，在该对话框中选择要附加的数据库的数据文件(.mdf)，然后单击“确定”按钮。

(3) 返回到“附加数据库”对话窗口。如果需要为附加的数据库指定不同的名称，可以在“附加为”栏中输入新名称；如果需要更改所有者，可以在“所有者”栏中选择其他项。

(4) 设置完毕后，单击“确定”按钮，完成附加操作。操作完成后，可以在“对象资源管理器”中观察到新附加的数据库 Hrsys。

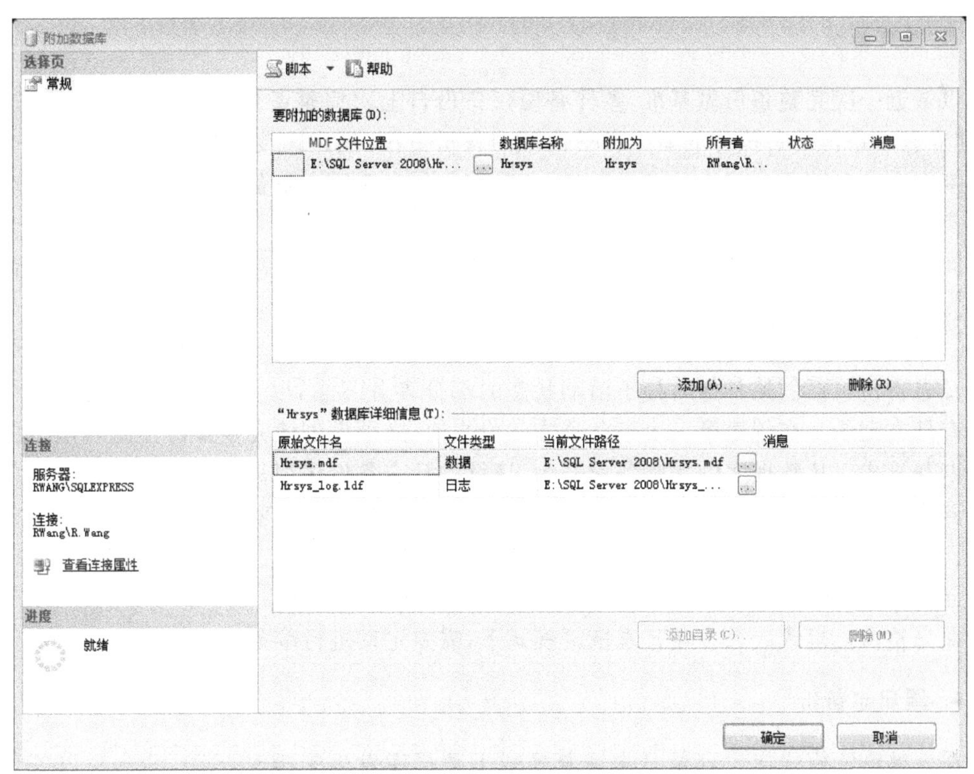

图 11-4　附加数据库窗口

11.3　数据库备份与还原

尽管数据库系统采取了各种保护措施来保证数据库的安全性和完整性，但计算机系统的硬件故障、软件错误、操作人员的失误以及恶意破坏等仍然是不可避免的。这些故障轻则造成事务中断，影响数据库中数据的正确性，重则破坏数据库直至系统崩溃。因此数据库管理系统必须具备把数据库从错误状态恢复到某一已知正确状态的功能，这就是数据库的备份与还原机制。

11.3.1　数据备份类型

数据库备份与还原操作的前提是首先要建立数据库的备份，也就是现行数据库的安全副本。根据备份方式和备份对象的不同，SQL Server 2008 提供了多种数据库备份类型。

1. 完整备份

完整备份会备份数据库中的所有数据，以及可以恢复这些数据的足够的日志。它为差异备份、事务日志备份创建基准备份。不管采用何种备份类型或备份策略，在对数据库进行备份之前，必须首先对其进行完整备份。

2. 差异备份

以最近一次完整备份做基准，差异备份仅备份自上次完整备份后发生更改的数据。通常，建立基准备份之后执行的差异备份比基准备份更小，创建速度也更快。通常，基于一个差异基准会创建若干个相继的差异备份。还原时，首先还原完整备份，然后再还原最后一个差异备份。

同样，差异备份和完整备份类似，也会备份恢复数据的足够日志，这是由数据库系统控制的。

3. 事务日志备份

日志备份包括创建备份时处于活动状态的部分事务日志，以及前次日志备份中未备份的所有日志记录。在创建第一个事务日志备份之前，必须先创建完整备份。此后，必须定期备份事务日志。从数据库的完整备份开始，连续的日志备份序列称为"日志链"。

若要将数据库还原到故障点，必须保证日志链是完整的。也就是说，事务日志备份的连续序列必须能够延续到故障点。如果日志备份丢失或损坏，则可通过创建完整数据库备份或差异数据库备份并随后备份事务日志来开始一个新的日志链。

在完整恢复模式或大容量日志恢复模式下，需要定期进行事务日志备份。

4. 尾日志备份

在完整恢复模式或大容量日志恢复模式下数据库发生灾难时，SQL Server 2008 可以备份日志结尾以捕获尚未备份的活动日志记录，把还原数据库操作之前对日志尾部执行的日志备份称为尾日志备份。

在完整恢复模式或大容量日志恢复模式下一旦数据库发生灾难，还原数据库时，进行的第一步操作是尾日志备份，这样才不会丢失自上一次日志备份(也可能是完整或差异备份，主要是看用什么备份策略)后的数据。

5. 文件或文件组备份

文件备份包含一个或多个文件(或文件组)中的所有数据。文件备份包括完整文件备份和差异文件备份。使用文件备份可以使用户仅还原已损坏的文件，而不必还原数据库的其余部分，从而提高恢复速度，减少恢复时间。文件备份或文件组备份适用于大型数据库和对备份性能要求比较高的场合。

11.3.2 恢复模式

恢复模式决定了 SQL Server 所能采取的备份与还原策略。在介绍数据库的备份与还原操作之前，首先介绍 SQL Server 的恢复模式。

1. SQL Server 2008 的恢复模式

1) 简单恢复模式

在简单恢复模式下，只支持完整备份和差异备份，不支持事务日志备份。在简单恢复模式下还原数据库时只能还原到上一次数据库备份的状态，而上一次数据库备份以后的数据将无法进行还原。所以，简单恢复模式并不适用于生产性的数据库系统。对于小型的不经常更新数据的数据库，一般可使用简单恢复模式。

简单恢复模式的优点在于日志的存储空间较小，能够提高磁盘的可用空间，而且也是最容易实现的模式。但是，使用简单恢复模式无法将数据库还原到故障点或特定的时间点。如果要还原到这些时间点，则必须使用完整恢复模式或大容量日志恢复模式。

2) 完整恢复模式

完整恢复模式是 SQL Server 2008 数据库恢复模式中提供最全面保护的模式。该模式使用数据库的备份和所有日志信息来还原数据库。在完整恢复模式中，所有的事务都被记录下来，所以可以将数据库还原到任意时间点。完整恢复模式是适用于生产环境的恢复模式。

在完整恢复模式下，用户可以进行“完整”、“差异”、“事务日志”以及“尾日志”等类型的备份操作。

3) 大容量日志恢复模式

大容量日志恢复模式简单地记录了大多数大容量操作日志(如 Bulk INSERT、CREATE INDEX、SELECT INTO 等)，而不是记录全部大容量操作日志，所以这些大容量操作比在完整恢复模式下执行要快很多，同时大容量日志恢复模式完整记录了其他事务日志。大容量日志恢复模式是一种特殊用途的恢复模式，应用于提高某些大规模大容量操作(如大量数据的大容量导入)的性能。完整恢复模式下有关备份的许多说明也适用于大容量日志恢复模式。

在大容量日志恢复模式下，用户可以进行“完整备份”、“差异备份”、“事务日志”等类型的备份操作。

2. 设置恢复模式

1) 使用 T-SQL 命令

```
ALTER DATABASE <database_name> SET RECOVERY {FULL|SIMPLE|BULK_LOGGED}
```

2) 使用对象资源管理器

在 SSMS 的对象资源管理器中，右击要修改恢复模式的数据库，在快捷菜单中选择“属性”命令，在弹出的对话窗口的左侧“选择页”中单击“选项”，在右侧的定义窗口中即可修改恢复模式。

11.3.3 备份设备

备份设备就是用来存储数据库、事务日志或文件和文件组备份的存储介质。常见的备份设备有磁盘、磁带和命名管道。磁盘备份设备就是存储在硬盘或其他磁盘媒体上的文件，引用磁盘备份设备与引用任何其他操作系统文件一样。备份设备对应物理和逻辑两个名称。物理备份设备名称用来供操作系统对备份设备进行引用和管理；逻辑备份设备供数据库管理系统利用工具进行引用和管理，通常比物理备份设备更能简单、有效地描述备份设备的特征。

不要将数据库备份到数据库所在的同一物理磁盘上的文件中。如果包含数据库的磁盘设备发生故障，由于备份位于同一发生故障的磁盘上，因此无法恢复数据库。

进行备份操作之前首先要创建备份设备，在 SQL Server 2008 中主要通过两种方法创建备份设备，即使用 SSMS 的对象资源管理器和 T-SQL 的存储过程 sp_addumpdevice。

1. 使用对象资源管理器

【例 11-2】 创建 Hrsys 数据库的备份设备，步骤如下。

(1) 在 SSMS 的对象资源管理器中展开 SQL Server 服务器下的“服务器对象”节点。

(2) 右击“备份设备”节点，在弹出的快捷菜单中选择“新建备份设备”命令，打开备份设备窗口，如图 11-5 所示。

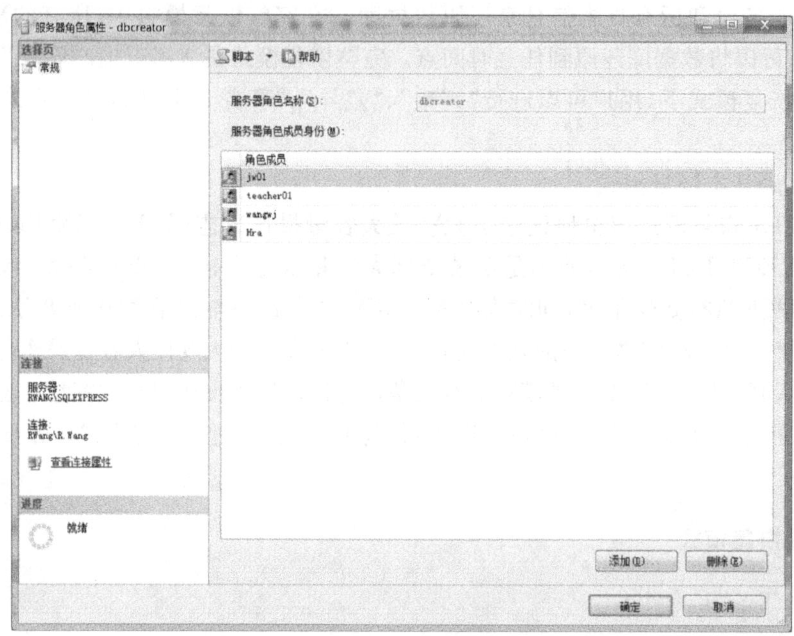

图 11-5 定义备份设备窗口

(3) 在“设备名称”文本框中输入逻辑设备名称 HrsysBackUp，在“文件”文本框中选择备份设备路径 E:\Backup\HrsysBACK，其中物理备份设备名称 HrsysBACK 可以和逻辑名称一致。

(4) 单击“确定”按钮完成备份设备的创建。

2. 使用存储过程 sp_addumpdevice 语句

创建备份设备完整的语法格式如下：

```
SP_ADDUMPDEVICE [@devtype = ] 'device_type',
                [@logicalname = ] 'logical_name',
                [@physicalname = ] 'physical_name'
```

语法说明如下：

- [@devtype=]'device_type'：指定备份设备的类型。
- [@logicalname=]'logical_name'：指定在 BACKUP 和 RESTORE 语句中使用的备份设备的逻辑名称。
- [@physicalname=]'physical_name'：指定备份设备的物理名称。警告：指定存放备份设备的物理路径必须真实存在，因为 SQL Server 2008 不会自动为用户创建文件夹。

【例 11-3】 使用 T-SQL 完成例 11-2 的备份设备创建。

```
USE Hrsys
GO
EXEC sp_addumpdevice 'disk','HrsysBackUp',E:\Backup\HrsysBACK.bak'
```

11.3.4 数据库备份

在了解了备份目的、类型之后，本节将详细介绍如何执行数据备份操作。

1. 数据库备份

数据库备份包括完整备份和差异备份两种，两者的操作方式基本一样，差别只在个别参数的设置。完整备份是其他各种数据库备份的基础，只有在执行了完整数据库备份之后，才可以执行差异备份或日志备份。可以通过对象资源管理器和 T-SQL 语句两种方法创建数据库备份。

1) 使用对象资源管理器

【例 11-4】 为 Hrsys 数据库建立完整备份。

具体步骤如下：

(1) 在 SSMS 的“对象资源管理器”窗口中展开“数据库”节点，右击 Hrsys 数据库，在弹出的快捷菜单中选择“任务”→“备份”命令，打开“备份数据库-Hrsys”窗口，如图 11-6 所示。

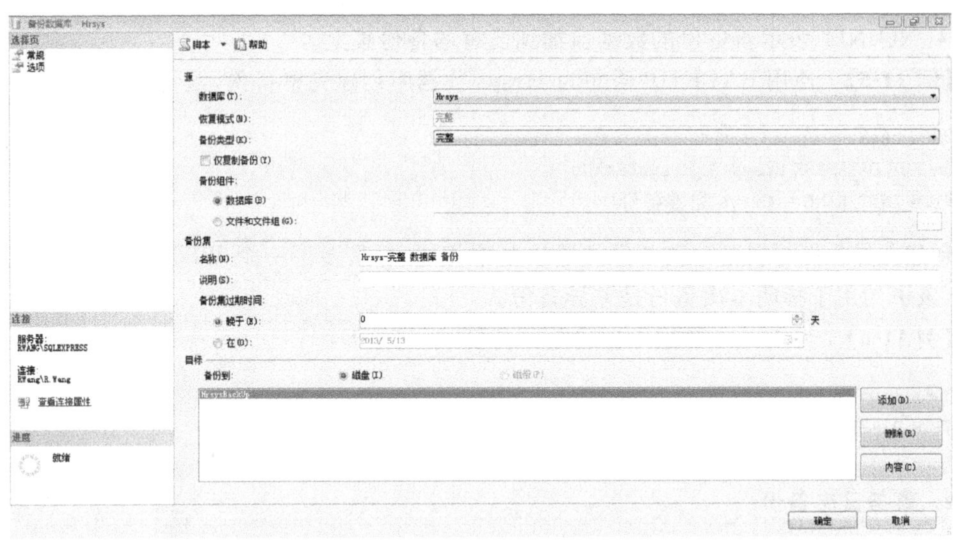

图 11-6 “备份数据库-Hrsys”窗口

(2) 在“备份类型”下拉列表框中选择“完整”选项；保留“备份集”的“名称”文本框的内容不变。

(3) 设置备份到磁盘的目标位置，通过单击“删除”按钮，删除已存在的目标；单击“添加”按钮，打开“选择备份目标”对话框选择备份设备。

(4) 打开“选项”页面，可以进行“追加到现有备份集”或“覆盖所有现有备份集”的设置；选中“覆盖所有现有备份集”单选按钮将初始化新的设备或覆盖备份设备中现存的备份集，一般用于完整备份。

(5) 单击“确定”按钮开始备份，完成备份将弹出备份完成提示窗口。

执行完完整备份后就可以进行差异备份，其步骤与创建完整备份相同，只需在“备份类型”中选择“差异”；在“选项”设置中选“追加到现有备份集”单选按钮。

2) 使用 T-SQL 语句备份数据库

使用 BACKUP 命令进行数据库备份的语法格式如下：

```
BACKUP DATABASE <database_name> TO <backup_device> [ …n]
[WITH [DIFFERENTIAL]
       [ [,] NAME = backup_set_name]
       [ [,] DESCRIPTION = 'TEXT']
       [ [,] {INIT|NOINIT} ]
]
```

语法说明如下：

- database_name：指定备份的数据库名称。
- backup_device：指定备份设备名称。
- WITH 子句：指定备份选项。
- DIFFERENTIAL：差异化备份。
- NAME＝backup_set_name：指定备份的名称。
- DESCRIPTION＝'TEXT'：指定备份的描述。
- INIT：INIT 表示新备份的数据覆盖当前备份设备上的备份集。
- NOINIT 表示新备份的数据追加到已有的备份集上。

【例 11-5】 使用 BACKUP 语句为 Hrsys 数据库创建完整备份，语句如下：

```
USE Hrsys
BACKUP DATABASE Hrsys TO HrsysBackUp
WITH INIT,NAME = 'Hrsys 完整备份'
```

创建差异备份与创建完整备份的语法基本相同，只是多了一个 WITH DIFFERENTIAL 子句，该子句用于指明本次备份是差异备份。

【例 11-6】 为 Hrsys 数据库创建差异备份，语句如下：

```
BACKUP DATABASE Hrsys TO HrsysBackUp
WITH DIFFERENTIONAL,NOINIT,NAME = 'Hrsys 差异备份'
```

2. 事务日志备份

事务日志备份依赖于完整备份，但它并不备份数据库本身。在 SQL Server 2008 系统中日志备份有三种类型：纯日志备份、大容量操作日志备份和尾日志备份。具体情况如表 11-1 所示。

表 11-1 事务日志备份类型

日志备份类型	说 明
纯日志备份	包含一定间隔的事务日志记录
大容量操作日志备份	包含日志记录以及由大容量操作更改的数据页的备份
尾日志备份	尾日志备份在出现故障时进行，用于捕获尚未备份的日志记录，用于防止丢失工作，可以包含纯日志记录或大容量操作日志记录

除非已经执行了至少一次完整数据库备份，否则不应该备份事务日志。另外，使用简单恢复模式时，不能备份事务日志。

1）使用对象资源管理器

【例 11-7】 在前面完整备份的基础上为 Hrsys 数据库执行事务日志备份。

操作过程与数据库备份类似，具体步骤如下：

(1) 在 SSMS 的“对象资源管理器”窗口中展开“数据库”节点，右击 Hrsys 数据库，在弹出的快捷菜单中选择“任务”→“备份”命令，打开如图 11-6 所示的“备份数据库-Hrsys”窗口。

(2) 在“备份类型”选择“事务日志”。

(3) 打开“选项”页面，选择“追加到现有备份集”单选按钮，并且选择“截断事务日志”单选按钮，如图 11-7 所示。

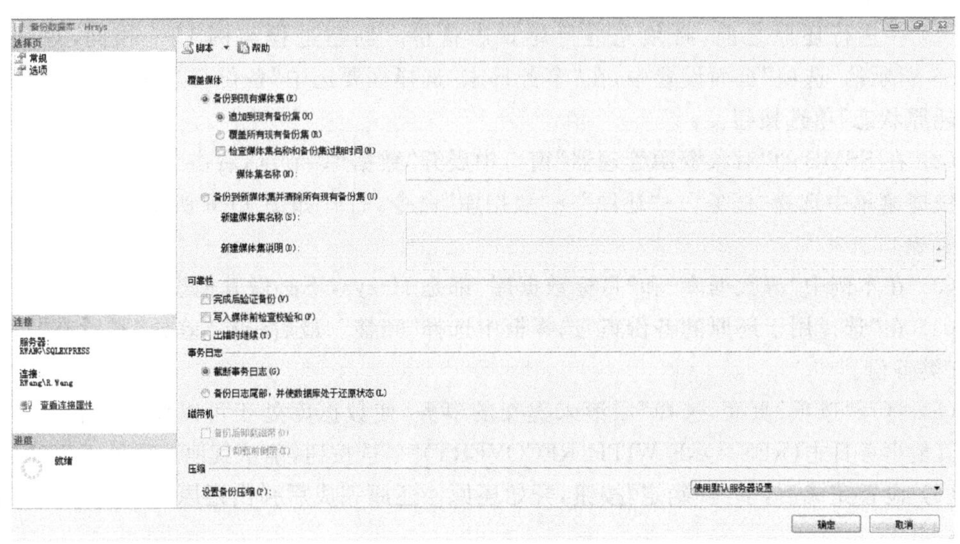

图 11-7 设置“选项”窗口

(4) 单击“确定”按钮开始备份，完成备份将弹出备份完成窗口。

做尾日志备份时，在图 11-7 的窗口中选择“备份日志尾部”。

2）使用 T-SQL 语句

T-SQL 使用 BACKUP LOG 语句创建事务日志备份，基本语法格式如下：

```
BACKUP LOG database_name TO <backup_device>
WITH[[NO_TRUNCATE]
    [,] NAME = backup_set_name]
    [[,]DESCRIPTION = 'TEXT']
    [[,] {INIT|NOINIT}]
```

其中,NO_TRUNCATE 选项用于尾日志备份。

【例 11-8】 使用 BACKUP LOG 语句创建 Hrsys 数据库的事务日志备份,语句如下:

```
BACKUP LOG Hrsys TO HrsysBackUp WITH NOINIT,NAME = 'Hrsys 日志备份'
```

在上述语句中,将 Hrsys 数据库的事务日志备份到 HrsysBackUp 备份设备中,并且使用 NOINIT 选项追加到现有备份集中。

11.3.5 还原数据库

还原数据库就是将数据库根据备份的数据恢复到备份时的状态。当还原数据库时,SQL Server 会自动将备份文件中的数据全部复制到数据库,并回滚任何未完成的事务,以保证数据库中的数据的完整性和一致性。

1. 使用对象资源管理器

【例 11-9】 假定在备份设备 HrsysBackUp 上为 Hrsys 数据库已经建立了一个完整备份、两个差异备份和一个事务日志备份,现执行数据库还原操作。

操作步骤如下:

(1) 在进行还原之前,必须先进行尾日志备份。创建过程与例 11-7 相同,只是在如图 11-7 所示的"选项"页面设置中,在"事务日志"选择框要选中"备份日志尾部,并使数据库处于还原状态"单选按钮。

(2) 在 SSMS 的"对象资源管理器"窗口中展开"数据库"节点,右击 Hrsys 数据库,在弹出的快捷菜单中选择"任务"→"还原"→"数据库"命令,打开如图 11-8 所示的"还原数据库-Hrsys"窗口。

(3) 在本例中"源数据库"和"目标数据库"都是 Hrsys,不必做其他设置。

(4) 在"选择用于还原的备份集"选择框中选择"完整"、最后一次"差异"和所有"事务日志"三类备份。

(5) 打开"选项"页面,选择"回滚未提交的事务,使数据库处于可以使用的状态。无法还原其他事务日志(RESTORE WITH RECOVERY)"单选按钮,确认其他选项处于正确状态。

(6) 设置完成后,单击"确定"按钮,开始还原。还原完成后弹出还原成功消息对话框。

2. 使用 T-SQL 语句

RESTORE 语句用于还原 BACKUP 语句创建的数据库备份,其语法格式如下:

```
RESTORE DATABASE <database_name> [FROM <backup_device>]
[WITH[ RECOVERY|NORECOVERY]
    [[,]FILE = <file_number>]
]
```

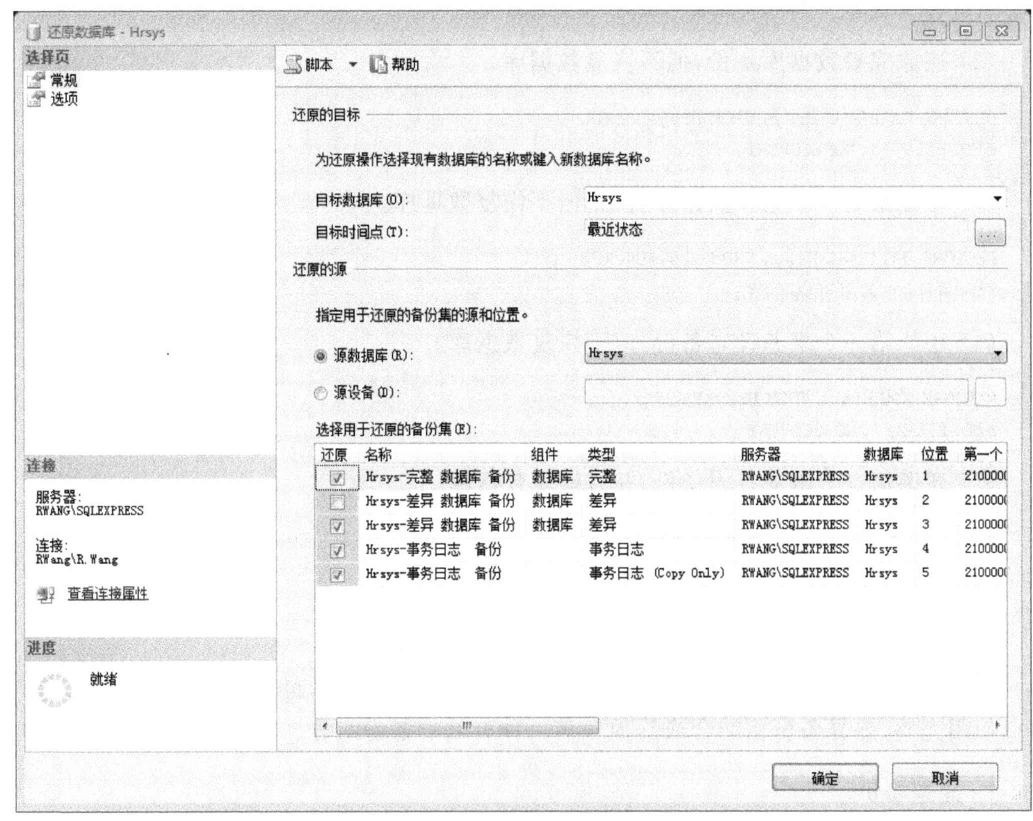

图 11-8　还原数据库窗口

语法说明如下：

- database_name：指定还原的数据库名称。
- backup_device：指定还原操作要使用的逻辑或物理备份设备。
- WITH 子句：指定备份选项。
- FILE：指定备份集在备份设备中的序号。
- RECOVERY|NORECOVERY：当还有备份需要还原时，应指定 NORECOVERY，如果所有的备份都已还原，则指定 RECOVERY。

另外，还可以使用 RESTORE 语句还原 BACKUP 语句创建的事务日志备份，其语法格式如下：

```
RESTORE LOG <database_name> [FROM <backup_device>]
[WITH[ RECOVERY|NORECOVERY]
    [[,]FILE = <file_number>]
]
```

【例 11-10】 针对例 11-9 的备份，利用 T-SQL 实现 Hrsys 数据库的还原。

语句序列如下：

(1) 备份尾事务日志。

```
BACKUP LOG Hrsys TO HrsysBackUp
```

```
WITH NOINIT,NO_TRUNCATE,NAME = 'Hrsys 事务日志备份'
```

(2) 还原完整数据库备份,但不恢复数据库。

```
RESTORE DATABASE Hrsys FROM HrsysBackUp
WITH FILE = 1,NORECOVERY
```

(3) 还原最后一个差异数据库备份,但不恢复数据库。

```
RESTORE DATABASE Hrsys FROM HrsysBackUp
WITH FILE = 3,NORECOVERY
```

(4) 还原第一个事务日志备份,但不恢复数据库。

```
RESTORE LOG Hrsys FROM HrsysBackUp
WITH FILE = 4,NORECOVERY
```

(5) 还原第二个事务日志备份,并且恢复数据库。

```
RESTORE LOG Hrsys FROM HrsysBackUp WITH FILE = 5,RECOVERY
```

11.3.6 备份策略

备份策略是用于描述何时使用何种备份类型的计划。例如,可以单独使用完整备份,也可以使用完整、差异备份相结合或其他任何一种有效的备份组合。

1. 完整备份

如果数据库规模较小,则可以使用单独的完整备份。

完整备份策略的优点是:还原过程比使用其他策略快。例如,每天执行一次完整备份,当星期五数据库出现故障时,则只需利用星期四的完整备份即可还原数据库。

完整备份策略的缺点:首先与其他备份策略相比,它提供了一个相对较慢的备份;其次完整备份涉及事务日志。由于事务日志只在执行事务日志备份时才被清除,因此使用完整备份会发生事务日志的逐步膨胀。

2. 完整兼差异备份

如果数据库的规模太大,则仅仅使用完整备份是不现实的,此时可以使用完整兼差异备份策略。相对于完整备份,它提供了一个更快的备份。使用完整兼差异备份策略,执行备份时,只需要执行一次完整备份,然后在完整备份基础上备份数据库中只发生改变的部分,也就是执行差异备份。这样执行速度要比备份整个数据库快得多。

完整兼差异备份的缺点:首先是还原过程比单独的完整备份慢,因为完整兼差异备份策略要求还原多个备份。例如,星期一执行完整备份,星期二至星期日执行差异备份,如果数据库在星期五发生故障,则需要还原星期一的完整备份和星期四的差异备份。其次,完整兼差异备份策略也不清除事务日志。

3. 完整兼事务日志备份

由于事务日志文件一般比数据库文件小,且事务日志备份会清除旧的事务,因此,完整兼事务日志备份策略提供了一个非常快的备份过程，适用于大规模的数据库。

其缺点是还原过程要比以上两种策略慢。因为有较多要还原的备份，而且给还原过程增加的工作量越多，速度就越慢。

4. 完整、差异兼事务日志备份

完整、差异兼事务日志备份策略可以说是比较完美的备份策略，可以得到最佳效果。备份与还原的速度都比较快。但以上所有的备份策略都不适合超大型的数据库，对于超大型数据库，则需要文件组备份。

简单恢复模式下只能使用完整备份策略和完整备份兼差异备份策略。只有在完整恢复模式下才能使用涉及日志备份的策略。

根据业务系统级别的不同，一般可以一周进行一次完整数据库备份，一天进行一次差异数据库备份，30 分钟或 1 小时进行一次日志备份。

习题 11

1. 简答题

(1) 数据库收缩的作用。

(2) 数据库分离与附加的功能。

(3) 导致数据库损坏的原因。

(4) SQL Server 2008 数据库恢复模式。

(5) SQL Server 2008 备份类型及其应用中的相互关系。

(6) 备份策略及其适应场景。

2. 操作题

在备份数据库时，可以根据不同的需求应用不同的备份策略，从而提高数据库的应用效率。设有企业进销存数据库(JXC)，根据要求完成以下操作：

(1) 利用 SQL Server Management Studio 将数据库设置为“完整恢复”模式。

(2) 利用 SQL Server Management Studio 和 T-SQL 分别完成下述备份和还原操作。

① 一次用完整备份。

② 两次差异备份。

③ 一次事务日志备份。

④ 还原数据库。

第三篇

基于C#.NET的数据库应用系统开发

本书前两篇较系统、全面地介绍了数据库系统原理及 MS SQL Server 2008 的使用，相信读者已经较深刻地理解了 SQL Server 2008 数据库设计的相关概念和原理，熟练掌握了 SQL 语句的编写等操作。但数据库技术不仅可以在数据库管理系统软件中使用，更多情况下被应用于信息管理系统开发中，也就是通过应用程序完成数据的插入、查询、删除、修改等操作，以及事务处理、数据备份与还原等数据库的管理。

软件开发语言，如.NET、Java 等语言，都提供了数据库开发技术，本书选择基于.NET 的 C#语言和 SQL Server 2008 进行数据库应用系统的开发。C#语言配合 Visual Studio 2008（简称为 VS 2008）强大的集成开发平台，开发数据库的过程可以让读者充分体会到编程的乐趣和数据库在实际信息管理系统中的重要作用。

本篇分为 4 章：

第 12 章为 Visual Studio 2008 入门，使读者快速地熟悉 VS 2008 开发环境和流程。

第 13 章是 C#编程基础，将对该语言的基本要素进行介绍，为读者在 VS 2008 下使用 C#编写数据库应用程序打下良好的基础。

第 14 章讲解 Visual Studio 2008 中的数据库开发技术，包括 ADO.NET 相关类库、访问数据库的两种模式和利用可视化组件完成访问数据库的操作等。

第 15 章讲解实战技术，通过编写一个进销存管理系统的实例，将学到的数据库开发知识应用到实际项目中。

本教程不是专门的 C#编程教程，本篇关于 C#和 VS 2008 的讲述是为了帮助读者学好本教程的主题—数据库系统的原理与应用。但我们对 C#和 VS 2008 功能、操作和技术的介绍仍然是很专业的，我们将对使用 C#编写专业的数据库应用系统，进行有深度的探讨。其中的许多内容是笔者多年使用 C#开发应用系统所积累的宝贵经验。只要读者认真仔细地学习篇中的内容，并进行相应的练习，一定会得到专业的编程收获。

第12章 Visual Studio 2008入门

【本章简介】

本章是C#的入门章，共分为三节。第一节为C#概述，将对C#和.NET框架及C#特点进行扼要介绍。第二节为Visual Studio 2008(简称为VS 2008)集成开发环境IDE(Integrated Development Environment)的介绍，将对VS 2008 IDE中最常用的组成部分进行介绍，使读者建立VS 2008开发C#程序的初步印象。第三节为轻松编写专业的C# Windows窗体应用程序，将在不系统化介绍VS 2008和C#语言的具体操作过程和方法的情况下，带领读者编写一个具有一定专业性的C# Windows窗体应用程序示例。虽然仅是一个示例程序，但是尽量保持应用程序的完整性，将给读者一个切身的体会，即使用C#开发Windows上专业的应用程序的确非常简单和快捷。

【学习目标】

- 了解C#语言的特点和.NET框架；
- 熟悉VS 2008开发环境；
- 掌握C#程序的基本结构；
- 掌握开发Windows Form应用程序的步骤，掌握TextBox、Button、菜单和工具栏等控件的应用及相关属性的设置。

12.1 C#概述

12.1.1 C#与.NET

.NET Framework是微软公司推出的新一代应用程序开发框架，该框架是以一种类似于Java虚拟机方式运行和管理的编程平台。它提供跨平台和跨语言的特性，及一些类库供各种应用程序调用。该平台主要包括三部分，即公共语言运行库、框架类和ASP.NET。以公共语言运行库为基础，支持多种编程语言，可以是C#、VB.NET和C++等。但C#是其主要开发语言。使用.NET框架，配合微软公司推出的VS开发环境，开发人员可以比以往更轻松地创建功能强大的应用程序。

微软公司从发布第一个.NET Framework以来，已经发布了1.0版、1.1版、2.0版、3.0版、3.5版、4.0版。通过不断的更新和升级，.NET Framework 4.5版是目前最新的版本，也是功能最强大和最完善的一个版本。开发人员可以使用.NET Framework创建Web

网站、Web服务应用程序、Windows以及智能设备应用程序等。

C#(读作C sharp)是微软公司基于.NET平台推出的一种全新的、面向对象的高级程序设计语言。它源于C语言家族,它充分吸收了C/C++的优点,具备了C++语言的强大功能,又继承了Visual Basic的高效开发特性,与其他语言相比,C#具备如下优势:

(1) 学习过C语言语法的初学者,可以轻松入门。

(2) 拥有.NET底层框架的支持,可以调用丰富的类库,轻松完成常用模块的制作。

(3) 不仅支持Windows桌面应用程序开发,也支持Web应用程序开发。

(4) C#语言的快速开发能力,主要依靠其强大的开发工具VS。VS的智能提示、控件拖放等功能,为快速开发应用程序奠定了基础。

但是,C#的局限性在于它必须依靠微软公司的.NET Framework,而此框架又基于微软公司的操作系统上,Linux、UNIX、IOS等其他常用操作系统并不支持。所以从移植性方面,它不如Java语言。

12.1.2 C#的特点

C#之所以在推出后短时间内就成为世界上最流行的开发语言之一,除了微软公司的大力推广外,主要在于其自身的特点。

(1) 语法简洁。C#语法与C/C++类似,但抛弃了指针类型,淘汰了容易错误使用的操作符等。

(2) 完全的面向对象程序开发。C#语言具有面向对象思想一切机制,包括继承、封装、多态等。C#中的全部代码都属于类和对象中的代码,不存在全局变量等概念。在继承方面,C#只允许单继承,即一个类不会有多个基类,从而避免了类型定义的混乱。

(3) 强大的Web应用支持。.NET平台集成了Web应用开发模型和Web服务模型,从而利用C#不但可以开发Windows应用程序,而且也可以开发Web应用程序,如ASP.NET。

(4) 支持跨平台。用C#编写的程序可以在不同类型的客户端上运行,包括移动设备等。

(5) 对XML的高度支持。

12.2 用C#创建.NET应用程序

12.2.1 配置和认识Visual Studio 2008开发环境

VS 2008是微软公司开发的软件开发集成环境(IDE),能够进行包括C#、VB.NET等多种语言在内的多种应用程序开发。VS系列IDE具有非常久的历史,也经历了许多版本的改进,以良好的用户界面、高效的代码产出率和强大的调试功能著称,是Windows下开发软件必不可少的利器。

VS产品系列共用一个集成开发环境,此环境由下面的若干元素组成:菜单栏、标准工具栏以及停靠或自动隐藏在左侧、右侧、底部和编辑器空间中的各种工具窗口(当鼠标放上去就会显示出来)。可用的工具窗口、菜单和工具栏取决于所处理的项目或文件类型。

图 12-1 所示为使用 VS 2008 开发 Windows 程序的典型界面。该界面包括如下一些主要的组成部分。

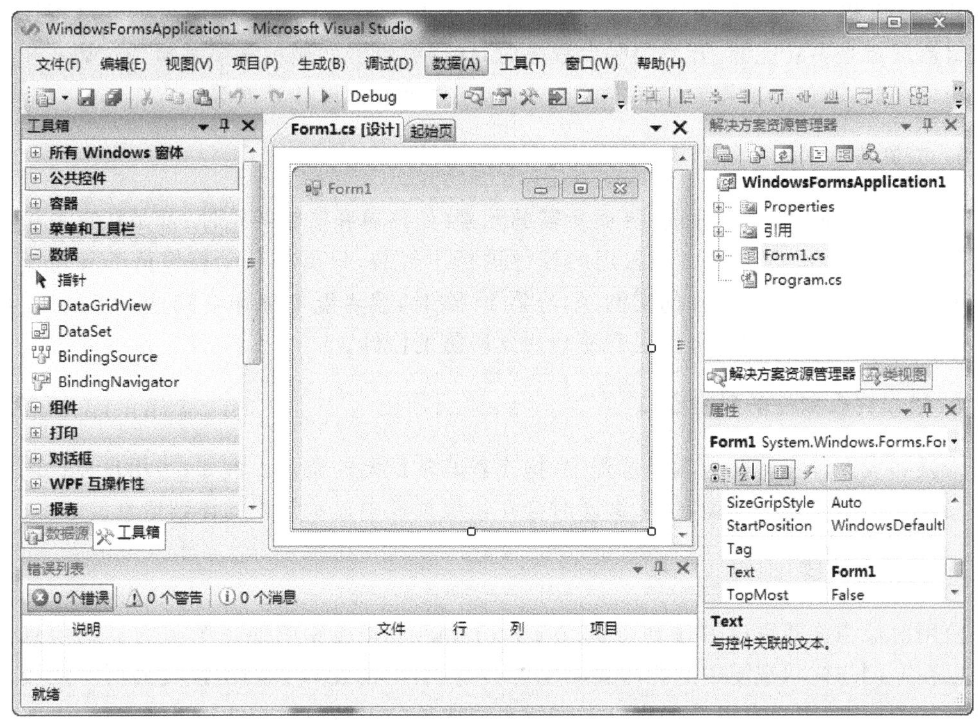

图 12-1 VS 2008 开发环境

1. 解决方案资源管理器

VS 2008 以解决方案(Solution)来组织程序的全部资源。解决方案资源管理器是最常用的窗口之一，例如当打开示例程序项目后，可以看到在解决方案资源管理器中列出了项目中的所有文件夹和文件，其下部是一个“属性”窗口。点击不同的文件夹或文件，属性窗口将自动显示出相应的属性信息。

一个 C# 应用程序包含两个基本概念：解决方案和工程。解决方案可以理解为解决问题的一整套方案，它包含一个或多个相互关联的工程。最简单的情况下，一个解决方案只包含一个工程。因为本书的解决方案只包含一个工程，因此可以认为解决方案等同于工程。解决方案和工程的关系也表现在应用程序的目录结构上。

解决方案目录：该目录下会包含一个解决方案文件(*.sln)，它是一个 XML 文件，记录了当前解决方案中所包含的所有工程名称、相对路径等。在创建应用程序时可以指定是否创建独立的解决方案目录。

工程目录：在该目录下会包含一个工程文件(*.csproj)，该文件也是一个 XML 文件，记录了一个工程的名称、编译调试等配置信息。该目录下还包含一个 bin 和 obj 目录，分别是默认的目标文件和中间文件输出路径；还包含一个 Properties 目录。

2. 代码编辑器

VS 2008 提供了功能强大的代码编辑器，具有自动格式化和关键词高亮显示特性。代码编辑器区域是多功能的，开发控制台程序时，代码编辑器就显示需要编辑的代码；开发窗体应用程序时，不仅显示需要编写的后台代码，还显示窗体设计界面等。

3. 工具箱

开发 Windows 应用程序时，界面所需的元素(如菜单和按钮等控件)都是从工具箱中拖曳到程序界面上的。VS 2008 对常用的控件进行了封装，只要将某个控件从工具箱拖放到设计视图中，就会创建该控件的实例(学习第 14 章时，读者能更加体会到这一点)。工具箱以选项卡对控件进行分类，可以很容易地找到所需的控件。

4. 错误列表和任务列表窗口

错误列表窗口在开发与编译过程中，担当着非常重要的角色。例如，当用户在代码编辑器中输入了错误的语法或关键字，编译时会在错误列表中显示错误的详细信息。

5. 对象浏览器

使用对象浏览器可以方便地浏览.NET Framework 类库中的各个类的详细信息。用户可以在左侧的树状视图中选择所要浏览的类，在右上的窗口会列出该类的所有成员。如果选择某项成员，则在右下角的窗口中显示出该成员的完整信息与注释。

6. VS 2008 支持的项目类型

VS 2008 是个综合性很强的开发环境，可以支持多种类型的项目开发。单击“文件”菜单，选择“项目”，会出现如图 12-2 所示的窗口。在模板区，列出了 C# 可以创建的程序类型，如 Windows 窗体应用程序、控制台应用程序等。

需要注意的是，当创建一个项目并保存时，会默认地存放到“我的文档”目下的 VS 2008\Projects 子目录中。如果要更改默认保存路径，可以选择“工具”→“选项”命令，打开“选项”对话框，在对话框的左边的方框中选择“项目和解决方案”，在右边的文本框中设置指定路径即可。

12.2.2 C# 程序的基本结构

学习程序设计基本上总是从“Hello world”开始。在详细讲述 C# 之前，先编写一个 Hello world 程序，以便了解 C# 程序的基本结构。这里将通过创建一个控制台应用程序来讲解，需要如下几个简单步骤。

(1) 打开 VS 2008，进入初始界面。

(2) 通过菜单“新建”→“项目”，打开创建项目对话框，如图 12-2 所示。在模板中选择“控制台应用程序”，在名称文本框中设置应用程序的名称 Helloworld。

(3) 输入相关参数后，单击“确定”按钮，VS 2008 会根据所选的模板自动创建应用程序的基本结构，并生成了许多文件和目录。

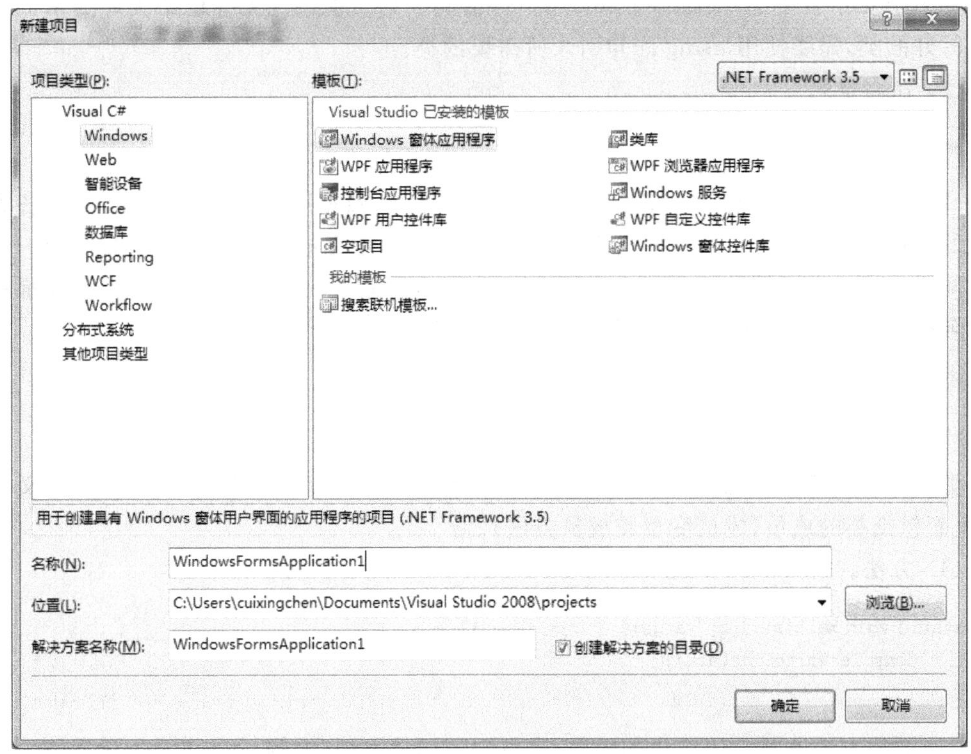

图 12-2 VS 2008 支持的项目类型

通过以上三个步骤就成功地创建了一个最基本的控制台 C# 应用程序。当然该程序还没有实际的功能。代码文件 Program.cs 是应用程序真正的主体，它定义了应用程序的入口函数 Main()，你可以在这里添加代码来实现应用程序的功能，Helloworld 程序代码如下：

```
using System;
namespace Hellloworld
{
    class Program
    {
    ///< summary>
    ///C# 版本的 Hello world 基本程序
    //</summary>
    static string str = "Hello world!";
    static void Main(string[] args)
    {
        Console.WriteLine(str);
        Console.ReadLine();
    }
    }
}
```

上面的程序虽然简单，但包含了很多 C# 的基础知识，下面逐一介绍。

(1) 引用命名空间。

```
using System;
```

相当于C语言中的include<stdio.h>等语句。为了能使用C#框架类库提供的类或别人写好的类,需要使用using语句引入所需要的类。

(2) 命名空间。

```
namespace Hellloworld
```

.NET框架包含了数以千计的类,提供了窗体界面、数据库访问和多线程访问等各方面开发的支持。这些类由命名空间组织成层次结构,通常把完成相关功能的类放在同一个命名空间里。命名空间用关键字namespace来表示,在C#中,一个项目下的所有程序都在一个命名空间下,默认的命名空间就是项目名。

(3) 类。

```
class Program
```

类是面向对象的概念,类用关键字class表示,Program是类的名称,类的内容定义在{}中,里面包括类的成员(成员变量和成员方法)。

(4) 方法。

```
static void Main(string[] args){
    Console.WriteLine(str);
}
```

C#中的方法类同C语言中的函数,有方法返回值类型(本例void表示无返回值),有函数调用参数。与C语言类似,任何一个可执行的C#程序都有唯一的主函数Main。Main是程序的入口,其框架由系统自动生成,其中static、void和string都是C#的关键字。

Console类是表示控制台程序的标准输入输出流。Console类中输入数据的方法是Read和ReadLine,输出方法是Write和WriteLine。输入和输出数据时,可以不用像C语言那样指定数据的格式,这一点C#比C语言更简洁。

VS 2008中有两个重要的特性,即"智能感知"和"方法提示",可以帮助开发人员更方便地完成程序设计。"智能感知"可以自动完成代码的输入,当在代码编辑区输入关键词或变量的开始字母后,VS 2008会弹出一个列表框,其中列出了系统中以此开头的所有标识符(变量、属性或方法),选择相应的条目,按回车键可快速完成输入。程序中有时可能输入难以拼写或记忆模糊的类或方法,利用"智能感知"功能可以准确地找到所需的类,这样既能节约时间,也能减少输入错误。

在代码区输入方法名和左括号后,会出现"方法提示"的窗口,其中列出了该方法所有的重载形式及方法各个参数类型和意义。

(5) 注释。

注释虽然不是程序的可执行代码,但它是关于程序设计最直接和最原始的说明,是现代程序设计语言的必备要素,是程序设计文化的重要构成部分。C#中,注释有三种:

单行注释://。

多行注释:/* … */。

程序说明:///。

注意:C#代码严格区分大小写;C#的源代码文件的扩展名为cs。

在这个示例中，遵循了“缩格”式程序书写风格，即程序应该在书写形式上反映出其语句间的逻辑结构，程序应该“错落有致，层次分明”。出于印刷篇幅方面的考虑，本教材后面的代码并未严格遵循上述规范。

12.3 开发 Windows Form 应用程序

在本节中，用 C＃编写一个示例性窗体应用程序。初学者可先不必全面理解有关的编程知识，只要跟着示例完成程序即可，目的是使初学者切身体会 C＃的易学易用，引起大家学习 C＃的兴趣。

1. 实例说明

本示例的目标是实现两个数求和与求积的运算功能。将使用按钮、主菜单、工具栏、快捷菜单、组合热键这 5 种方法实现这两种运算。

单击“文件”菜单，选择“项目”，在弹出的“新建项目”窗口的“模板”区域，选择 Windows 窗体应用程序，在名称中输入 Calculate，在位置文本框中选择程序存放的路径。为每一个工程建立一个新的目录是专业程序员良好的习惯，为此示例新建 ch012 目录(这个操作在标准 Windows 保存对话框中就能做到)，并进入该目录。

单击“确定”按钮后创建了一个窗体。在创建窗体的过程中，VS 2008 已经自动生成了相关的代码，分别放在 Form1. cs 和 Form1. Designer. cs 文件中。Form1. cs 为窗体文件，它包括两部分：窗体的设计界面和窗体的后台代码。设计界面就是一个灰色的窗口，开发人员可以将“工具箱”中的控件拖放到该窗体中。后台代码是用户自己编写真正实际实现程序交互的代码，可以在“解决方案资源管理器”中查看后台代码，或在窗体设计视图下右键选择“查看代码”。Form1. Designer. cs 是 VS 2008 自动生成的代码，一般用户不用修改。

C＃窗体应用程序的设计工作在很大程度上是向窗体增加并排放控件的操作。向 C＃窗体增加控件操作非常简单，只要在工具箱中选中控件，再在窗体上适当的位置单击，也可拖放到窗体。注意，当向窗体增加一个控件时，会自动为其取一个名字。名字由控件的类别名后加一个序号，如 button1、button2、textBox1 等。在属性列表的 Name 后会显示出上述名字，专业的程序员都会自己对此名字进行修改，以使名字能够表达控件的功能和方便记忆。本书建议以控件名称的简写开头来命名，如文本框以 txt 开头命名，按钮以 btn 开头命名，复选框以 cmb 开头等。

2. 向窗体加入控件并设置其属性

在工具箱的“公共控件”分组中找到 Label 控件，在窗体上增加两个 Label 标签控件：Name 属性为 label1 和 label2，如果想修改其属性，可以在属性窗口中进行。例如，修改 Name 属性、Text 属性。这里我们将 Text 属性分别修改为“第一个数：”和“第二个数：”。然后，找到 TextBox 控件，在窗体中添加四个 TextBox 控件，即用于文本输入的控件，分别表示运算的第一个数、第二个数、求和结果和求积结果，将 Name 属性分别设置为 txtNumber1、txtNumber2、txtSum、txtProduct。另外，在窗体中添加两个按钮控件，用于求和和求积操作，将 Name 属性设置为：btnAdd 和 btnMul。属性设置窗口如图 12-3(a)所示。

(a)

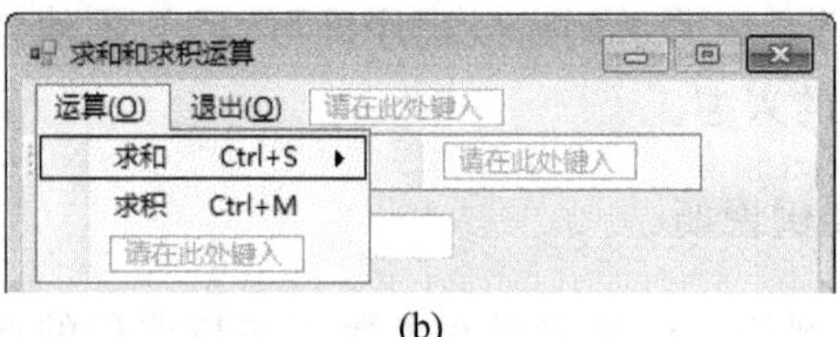

(b)

图 12-3 属性设置窗口和创建菜单窗口

注意：不要混淆 Name 属性和 Text 属性。Name 属性用来在 C# 代码中引用控件，Text 属性决定用户将在窗体上看到的内容。C# 默认把这两个属性设置为相同的值，初学者容易混淆。

在工具箱的"菜单和工具栏"分组中，找到 MenuStrip 控件，为窗体添加菜单栏，默认显示在窗体的最上方。菜单栏的使用也非常简单，在控件输入提示下即可键入菜单项：运算(&O)(下拉菜单包括：求和、求积)、退出(&Q)。为菜单项添加快捷键也是应用软件设计必有的功能之一，选择"求和"菜单项，在相应的属性窗口中，将 ShortcutKeys 属性设置为 Ctrl＋S 键，这就完成了"求和"功能的快捷键设置。接下来设置菜单的图标。修改 Image 属性，指定菜单项前面要显示的图片。同理，为"求积"设置属性为 Ctrl＋M 键，并指定图片。注意，当一个字符前加上符号 & 时，该字符就成为对应菜单的快捷键，字符下将显示一条下划线。如图 12-3(b)所示。

为窗体添加快捷菜单 ContextMenuStrip，快捷菜单的设计和编辑都与主菜单相同，只是它被当作右键弹出菜单使用。在 VS 中，将该控件添加到窗体后，在其他地方单击，控件就消失了。其实这个控件已经存在了，如果大家想找添加的控件，单击窗体下方以 ContextMenuStrip1 命名的控件，就会在 form 中看到。任何控件都具有一个 ContextMenuStrip 属性，用来表示在控件上发生鼠标右击事件时要弹出的快捷菜单。我们想右击窗体时出现该快捷菜单，所以需要将窗体 Form1 的 ContextMenuStrip 属性设置为刚才添加的快捷菜单(Name 属性为 ContextMenuStrip1)。

为窗体添加工具栏控件可以实现程序功能的另一种快捷操作。添加工具栏控件 ToolStrip，再单击"添加 ToolStripButton"图标两次，添加两个工具栏按钮。然后设置工具栏按钮属性：在 Image 中选择合适的图片来装饰工具栏按钮；Text 属性分别设置为"求和"、"求积"，运行时，把鼠标放在工具栏按钮上将显示 Text 属性信息。

最后添加状态栏控件 StatusStrip，然后添加一个 toolStripStatusLabel1，相当于划出一块区域用于显示某种信息，Text 属性可用于显示状态性信息。先将 Text 属性置空。

将窗体 Form1 的 Text 属性设置为"求和和求积运算"；将 MaximizeBox 设置为 false，

不允许运行时最大化窗口；将 StartPosition 设置为 CenterScreen 使窗体初始时位于屏幕的中央。

控件摆放到窗体上后，需要对窗体上的控件进行排列和改变大小，在 VS 2008 中，拖放控件时会显示对齐线，这大大方便了控件的排列和布局操作。VS 2008 还有专门的布局工具栏提供功能完善的布局功能。上述调整完成后，所设计的窗体应该如图 12-4 所示。

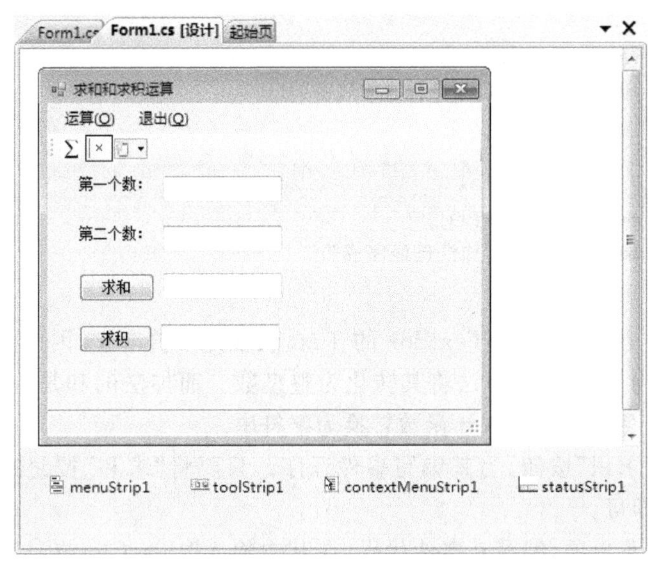

图 12-4 设计完之后的窗体

3. 编写事件驱动程序

Windows 应用程序的核心，也是其最具吸引力和最具挑战性的部分，是编写事件驱动程序。对于添加到窗体中的控件(如按钮)，如果不给它编写事件响应代码，那么无论对控件执行何种操作(单击、双击、右击)，控件都不会做出任何反应。所以说，与用户的交互操作需要为控件创建各种事件并编写响应事件的代码。针对本节的示例，介绍简单的事件程序概念和编写方法。

从按钮事件做起。双击“求和”(即 btnAdd)按钮，系统将转到为该按钮编写事件的代码窗口，即进入 Form1.cs 后台代码编辑窗口，自动生成按钮单击事件方法，并且光标自动跳转到按钮单击事件程序块中。编写的程序放在大括号之间，如图 12-5 所示。

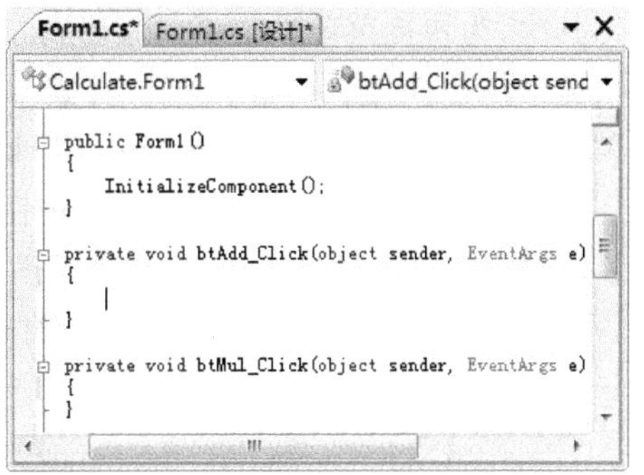

图 12-5 新开始的按钮单击事件程序

注意：选中任何一个控件，单击属性窗口中的事件按钮页，可以看到该控件可以响应的各种事件，在一个事件后面双击，即可转到相应的代码窗口。在此关心的是单击事件，即 OnClick。

“加法”按钮的单击处理事件程序中要实现加法逻辑，代码如下：

```
private void btnAdd_Click(object sender,EventArgs e) {
  int i1,i2;
  if (int.TryParse(txtNumber1.Text,out i1) == false) {
        MessageBox.Show("第一个数不是合法的数字");
        return;
  }
  if (int.TryParse(txtNumber2.Text,out i2) == false){
    MessageBox.Show("第二个数不是合法的数字");
    return;
    }
int i3 = i1 + i2;
txtSum.Text = Convert.ToString(i3);
toolStripStatusLabel1.Text = "加法已经完成";
}
```

其中用到了两个方法，控件 TextBox 的 Text 属性是字符串型，因此要对其中的内容进行算术运算，需要用 TryParse 方法将其转化为整型数。而加法的和是一个整型数，要将它赋给 txtSum.Text 需要用 Convert 函数转换为字符串。

接下来，双击“求积”按钮，为其编写事件程序。只要将“求和”按钮的事件程序复制过来，进行简单修改即可。

双击“退出”主菜单项，编写其事件代码，在其中输入“this.Close();”，这就能保证单击“退出”主菜单项时关闭窗口并结束程序。至此，程序就全部编完了。

接下来为工具栏按钮、菜单、快捷菜单编写程序。由于这些控件的功能与 btnAdd 和 btnMul 相同，不需要重复书写那些代码，VS 2008 提供了很方便的操作。

首先，为主菜单项设定事件程序。在主菜单设计窗口，选中“求和”项，单击“属性”窗口中的“事件”按钮，在 Click 操作属性后的下拉框中选择 btnAdd_Click(这就使“求和”菜单项与 btnAdd 共用同一个事件程序)，同样设置“求积”菜单项的 Click 属性为 btnMul_Click。

其次，为快捷菜单设定事件程序，在窗体下方选中 contextMenuStrip1，在窗体上便会出现快捷菜单控件，选中“求和”项，将其 Click 事件属性设置为 btnAdd_Click，同样设置“求积”菜单项的 Click 属性为 btnMul_Click。

同理，也可为工具栏按钮的功能按钮设置设定事件程序。

注意：*在编写程序的过程中，程序员应该有随时存盘的习惯，使用 Save All 命令保存工程，每当工程编译或运行时，文件也会自动保存。*

4. 运行程序

单击 VS 2008 工具栏的“启动调试”绿色箭头图标，VS 2008 将对当前程序进行编译生成并运行，系统应该给出编译信息窗，编译完成后，如果有错误，将在“错误列表”窗口中显示错误、警告或一般信息。

如果读者完全按照前面的介绍进行操作和键入代码，则编译过程不应有错误。如有错误，应仔细检查并改正。当然有一定编程经验或对错误信息有一定理解能力的读者应能很快找到错误所在，并改正。关于在 VS 2008 下如何调试和排错，将在第 13 章进行介绍。

程序正确后，应该出现图 12-6(a)所示的窗口。它是一个非常标准的 Windows 程序。输入两个数，单击"求和"和"求积"按钮，应该看到期望的结果。

现在在窗体上右击，可以发现如图 12-6(b)所示的右键快捷菜单。单击其中的"求积"菜单，效果与单击"求积"按钮效果完全一样。还可以试试工具栏和主菜单，功能运行是否正常。

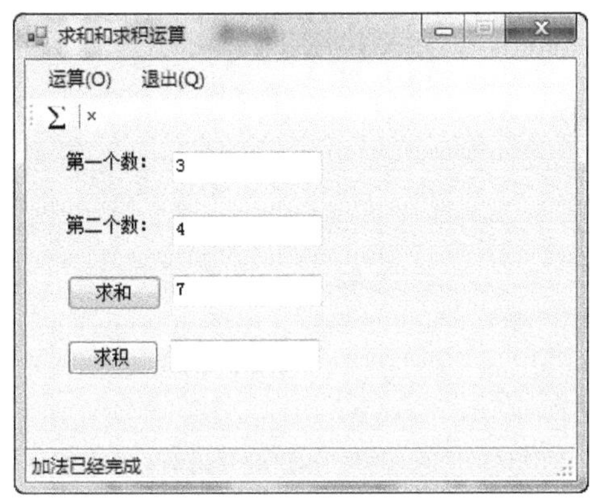

(a)运行程序并单击"求和"按钮

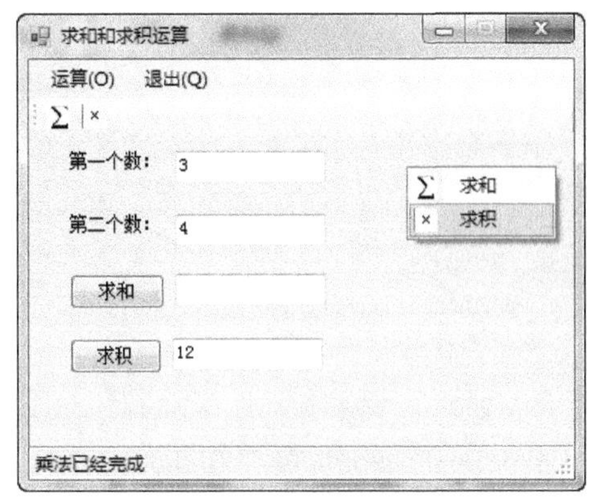

(b)运行程序并单击右键"求积"菜单

图 12-6　求和与求积

习题 12

1. 简答题

(1) C#语言的特点是什么？

(2) 叙述 VS 2008 集成开发环境的主要组成部分。

(3) 简要说明解决方案和工程之间的关系。

(4) sln、suo 和 cs 文件类型的用途分别是什么？

(5) 列出 VS 2008 工具箱面板"公共控件"中所有控件的名称。

(6) 执行"文件"→"新建"→"项目"命令后，VS 2008 会新建哪些类型的项目？

(7) 如何创建工具栏按钮？如何使它与某个菜单项关联起来？如何设置其快捷提示？

(8) 如何为一个窗体设置主菜单项和子菜单项？如何为各菜单项设置热键、快捷键和图标？

(9) 如何创建一个快捷菜单中的各菜单项？如何为各菜单项设置热键和图标？如何将快捷菜单与一个控件(包括窗体)关联起来？

(10) 如何使用 PictureBox 控件装入图片？

(11) 解释 TryParse 方法和 Convert 方法的功能，并给出使用示例。

2. 编程练习题

(1) 为 Calculate 工程增加减法功能，要求增加减法按钮、存放差的 TextBox 控件、减法图标、减法子菜单项、减法工具栏按钮、减法快捷菜单项，设置相应的热键和快捷键，编写相应的事件程序。

(2) 为 Calculate 工程增加整数除法功能，要求增加除法按钮、存放商和余数的两个 TextBox 控件、除法图标、除法子菜单项、除法工具栏按钮、除法快捷菜单项，设置相应的热键和快捷键，编写相应的事件程序。提示：使用/和%运算符可获得两整数相除的商和余数。

第13章 C#编程基础

【本章简介】

从本章开始，将进入C#的编程世界，了解更多的C#编程细节。本章将对该语言的基本要素进行介绍，为读者在VS 2008下使用C#编写数据库应用程序打下良好的基础。

本章的前三节是C#基本编程要素的介绍，构成了C#的编程基础。我们致力于使读者掌握在VS 2008下进行C#程序设计练习的方法，毕竟VS 2008和C#的功能太多了，任何一本教程都不可能写全，因而期望读者能够掌握方法，举一反三。本章的最后一节将介绍VS 2008下调试和错误纠正的方法，包括编译时错误、运行时错误调试方法和异常的概念。

【学习目标】

- 掌握C#的基本数据类型、运算符和表达式的使用；
- 掌握控制语句的使用；
- 掌握类、对象、方法、继承、封装和多态等概念及使用；
- 掌握编译时错误、运行时错误的概念及处理方法；
- 掌握异常处理机制和VS 2008调试技术。

13.1 C#的基本语言元素

13.1.1 数据类型

数据类型是开发语言的基础，C#数据类型主要分为两大类：值类型和引用类型，它们均由System.Object类派生。C#中的数据类型实际上是类，而变量是类的对象。C#数据类型分支如图13-1所示，下面分别作简要介绍。

1. 整数型和实数型

整数类型的数据值只能是整数。计算机的存储单元是有限的，因此计算机语言所提供的数据类型都是有一定范围的。C#中提供了8种整数类型，它们的取值范围如表13-1所示。

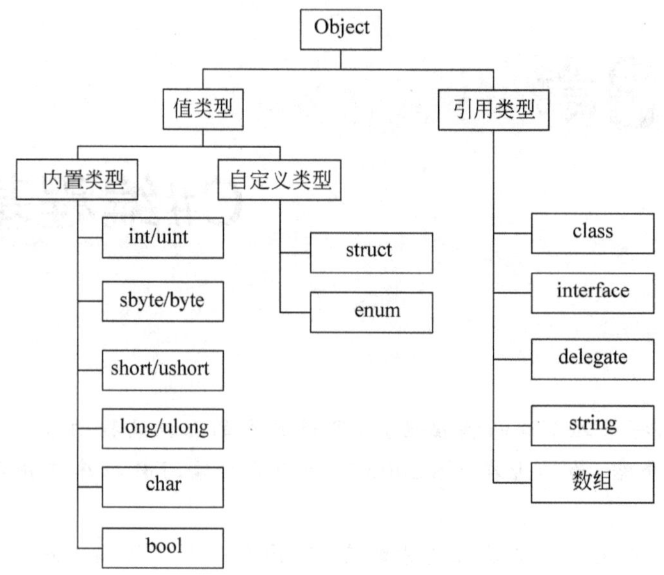

图 13-1 C#数据类型

表 13-1 C#整数类型取值范围

数据类型	字节数	表 示 范 围	说明
byte	1	0～255	8 位无符号整数
sbyte	1	－128～127	8 位带符号整数
ushort	2	0～65 535	16 位无符号整数
short	2	－32 768～32 767	16 位带符号整数
uint	4	$0 \sim 2^{32}-1$	32 位无符号整数
int	4	－2 147 483 648～2 147 483 647	32 位带符号整数
ulong	8	$0 \sim 2^{64}-1$	64 位无符号整数
long	8	－9 223 372 036 854 775 808～ 9 223 372 036 854 775 807	64 位带符号整数

实数型数包括浮点类型和小数型(decimal)。浮点类型的数据包含两种：单精度浮点型(float)和双精度浮点型(double)，其区别在于取值范围和精度的不同，float 型占用 4 个字节，double 型占用 8 个字节。decimal 是 128 位高精度小数类型，适合财务计算等需要高精度数值的领域。

2. 字符类型

所有 Unicode 字符的集合构成字符类型。一个 Unicode 字符的长度为 16 位，它可以用来表示世界上大部分语言种类。字符类型的类型标识符是 char，用英文单引号括起来。例如，按以下方法给字符变量赋值：

```
char c1 = 'A';
char 2 = '\x0047';           //通过十六进制转义符(前缀\x)来给字符创赋值
int I = 'a';                 //字符型 a 隐式转换成整型，表示合法
char ch = I;                 //不合法，不允许直接将整型数据赋值给字符型变量
```

注意：char 类型常量不能通过其他整数类型隐式转换，但是可以运用显式转换。

3. 布尔类型

布尔类型用关键字 bool 表示，有且仅有两个值：true(代表“真”)和 false(代表“假”)，而不能是其他值，这一点与 C/C++不同。

4. 枚举类型

枚举类型是由一组类型相同、表达固定含义的常量构成的一种新的结构类型，用关键字 enum 声明，按如下格式进行定义。

```
访问修辞符 enum 枚举名:基础类型{
    枚举成员
}
```

枚举成员中的基础类型必须能够表示该枚举中定义的所有枚举数值。枚举声明可以显式地声明 byte、sbyte、short、ushort、int、uint、long 或 ulong 类型作为对应的基础类型。如果没有显式地声明基础类型，默认的基础类型是 int。枚举成员规定了相应类型的枚举变量的取值范围。

假设必须定义一个变量，该变量的值表示一周中的一天。该变量只能存储 7 个有意义的值，若要定义这些值，可以使用枚举类型。定义如下：

```
public enum Days {
        Sunday = 0,Monday = 1,Tuesday = 2,Wednesday = 3,Thursday = 4,Friday = 5,Saturday = 6};
```

访问枚举元素的方法，如定义一个 Days 类型的变量 day：

```
Days day = Days. Monday    //day = 1
```

5. 结构体类型

枚举类型中的枚举成员要求必须是同一类型，有时，需要将不同数据类型的相关数据放在一起组织成为一个单一的实体。这在 C# 中可以采用结构体和类来定义自己所需要的数据类型。这里仅简单介绍结构体。形成的单一实体类型就是结构体类型，里面的每一个变量被称为结构成员。

结构体采用 struct 来声明。下面定义了一个学生记录类型。

```
struct student {
  int stuId;
  string stuName;
  float score[40];
};
```

对结构体的使用和成员调用按照如下方法：

```
Student stu; stu. stuId = 1; stu.stuName = "张三";
```

注意：除非为了兼容，一般不要使用结构体类型，而要使用类类型。

6. 字符串类型

一个字符串是被双引号包含的一系列字符。C#支持以下两种形式的字符串类型。

1) 常规字符串

放在双引号间的一串字符,如“hello world”。

除了普通的字符,一个字符串常数也能包含一个或多个转义符。

例如,

```
Console.WriteLine("First\0line\nSecond\0line");
```

2) 逐字字符串

逐字字符串常数以@开头,后跟常规字符串,如@“How are you!”

逐字字符串和常规字符串的区别在于,在逐字字符串的双引号中,每个字符都代表其最原始的意义。也就是说,用户定义成什么样,逐字字符串显示结果就是什么样,并且可以跨越多行。唯一的例外是,如果要包含双引号("),就必须在一行中使用两个双引号("")。

例如:

```
string str4 = "hello \t world";      //hello world
string str5 = @ "hello \t world";    //hello \t world
```

字符串在实际应用中非常广泛,字符串之间的运算也是非常方便的。例如,C#允许使用“+”运算符连接两个字符串。

例如:

```
string str1 = "hello"; string str2 = "world";
string str3 = s1 + s2;                   //s3 = "hello world"
char c = str3[0];                        //取出 str3 的第一个字符,即"h"字符
```

System.String 类是专门用于对字符串进行操作的。其中定义了很多字符串操作方法。如字符串的拆分用 Split 方法,所谓拆分就是以指定的字符作为分隔符,将字符串分解成子字符串的过程。如字符串“abc@163.com”,如果以“@”为分隔符,则拆分后得到由“abc”和“163.com”组成的字符串数组;如果以“@”和“.”为分割符,则拆分后可得到“abc”、“163”和“com”组成的字符串数组,代码如下:

```
string str = "abc@163.com"; string[] sep = str.Split(new char[]{'@','.'});
```

7. 数组

数组使用连续的内存空间存储同种数据类型的数据。当对这些数据进行循环处理时,它有很高的效率。一维数组的定义格式为:

```
类型标识符[] 数组名 = new 类型标识符[非负的整型表达式];
```

或分开写:

```
类型标识符[] 数组名; 数组名 = new 类型标识符[非负的整型表达式];
```

例如,“int[] arr1=new int[10];”表示定义了一个一维整型数组,arr1 为数组名,此数

组有 10 个元素，其下标从 0 开始，一直到 9。等价于“int[] arr1; arr1=new int[10];”。

一般地，数组以元素的方式使用，且多数时候在循环中使用。

例如：

```
for (int i = 0; i < arr1.Length; i++){
    arr1 [i] = 0;
}
```

数组也可以是多维的，在同一个语句中创建、设置并初始化多维数组的方法如下：

```
int[,] arr1 = new int [2,3] {{1,2,3},{4,5,6}};
int[,] arr1 = new int [,] {{1,2,3},{4,5,6}};
```

下面是二维数组的使用示例：

```
foreach (object o in arr1) {          //13.2 节将讲到 foreach 循环
        Console.WriteLine(o.ToString());
}
for (int i = 0; i < arr1.GetLength(0); i++) {
        for (int j = 0; j < arr1.GetLength(1); j++){
        Console.WriteLine(arr1[i,j]);
    }
}
```

13.1.2 数据类型转换

和其他程序设计语言类似，有时需要将变量从一种预定义类型转换成另一种预定义类型。如将 int 型数据转换成 double 型数据。C# 允许使用两种转换方式：隐式转换(Implicit Conversions)和显式转换(Explicit Conversions)。

1. 隐式转换

隐式转换是系统默认的、不需要加以声明就可以进行的转换。当一种类型的数据赋值给另一种类型的数据时，如果满足以下条件，编译器不需要对转换进行详细的检查就能安全地执行转换。

(1) 两种类型相互兼容。

(2) 目标类型的取值范围大于源类型。

注意：如果隐式转换失败，会在编译时指出错误。

2. 显式转换

显式转换也称强制转换，与隐式转换相反，显式转换需要用户明确地指定转换类型，一般在不存在该类型的隐式转换的时候才使用。基本形式为：

```
(目标类型标识符) 表达式
```

意义为将表达式的值的类型转换为目标类型标识符的类型。

例如：

```
double op1 = 100d;double op2 = 30d; int result = (int)(op1/op2);
```

此时 result 的值为 3,自动截断了小数部分。可见强制转换可能会丢失数据。

注意：显式转换失败,会在运行时抛出异常。

3. .NET 类库支持的方法转换

1) ToString 方法

在 C# 中,如果想把某种数据类型转化为 string 类型,用隐式转换和显式转换都无法实现。但是 C# 的每一个类都有 ToString 方法,可以利用此方法将原数据类型转换为 string 类型数据。

例如：

```
int iage = 25; string strage = iage.ToString();
```

2) 使用 Parse 方法

Parse 方法支持将字符串类型转化为其他类型。以转换为整型为例,例如。“int iAge=Int32.Parse("25");”表示将数字的字符串转换为 32 位有符号整数。Parse(string s)中的参数需要注意：如果 s 为 null,则抛出 ArgumentNullException 异常；如果 s 格式不正确,则抛出 FormatException 异常。如果参数的值超出目标类型的界限,则抛出 OverflowException 异常。

3) 使用 Convert 类转换

Convert 类包含若干静态方法,支持多种数据类型转换为布尔、字符串、日期、整数等类型,但不提供到 float 类型的转换。

例如：

```
int iAge = Convert.ToInt32("25");
```

注意：如果参数格式不正确,如 Convert.ToInt32("abc"),则抛出 FormatException 异常。如果参数的值超出目标类型的界限,则抛出 OverflowException 异常。

13.1.3 变量和常量

1. 标记符与命名规则

标记符是程序有关量的名字,这些量包括变量、常量、属性、类、对象、类型、方法等的名字。C# 标记符命名必须遵守这些规则：由字母 A～Z、a～z、数字 0～9 及下划线“_”组成,并且必须以字母或下划线开头；不能用关键字。

C# 中的标记符是严格区别大小写的,因此,SumOfOrders 和 sumOfOrders 被认为是不同的变量。

注意：合法性(正确性)是标记符的最基本要求,必须满足。此外标记符还应该反映其所表示对象的实际含义,具有知名见义的效果,以提高程序可读性。可以使用汉语拼音(主要是声母)的简写作为标记符,如 Fsqh(分数求和)、Jhsl(进货数量)等,即使专业程序员也经常这样做。通常使用 Camel(驼峰)风格书写标记符,如 SumOfOrders、CalCost 等。

2. 关键字

关键字是程序设计语言中赋予了特别意义的单词或标记符，这些标记符是系统保留的，只有系统才能使用，程序员不能将关键字定义新的用途。C# 中的关键字如表 13-2 所示。VS 2008 代码编辑器会高亮地显示这些关键字。

表 13-2 C#关键字

abstract	event	new	struct	as	explicit
null	switch	base	extern	object	this
bool	false	operator	throw	break	finally
out	true	byte	fixed	override	try
case	float	params	typeof	catch	for
private	uint	char	foreach	protected	ulong
checked	goto	public	unchecked	class	if
readonly	unsafe	const	implicit	ref	ushort
continue	in	return	using	decimal	int
sbyte	virtual	default	interface	sealed	volatile
delegate	internal	short	void	do	is
sizeof	while	double	lock	stackalloc	else
long	static	enum	namespace	string	

上下文关键字

get	set	partial	value	where
yield				

3. 常量

常量是程序运行期间保持不变的量，即在定义后其值不能被重新赋值，只能被引用。常量用 const 关键字声明，可以定义成任何一种值类型或者引用类型，并且要求在声明时必须为其赋值。习惯上，常量标识符的字母全部大写。

例如：

```
const double PI = 3.14159;
```

如果试图对该符号常量赋值“PI=3.14;”，是非法的。

4. 变量

变量是程序运行过程中用于存放数据的存储单元。变量的值在程序的运行过程中是可以改变的。在定义变量的时候，首先必须给每一个变量起名，称为变量名，以便区分不同的变量，在计算机中，变量名代表存储地址。

例如：

```
int StudentNum,TeacherNum; bool IsCorrect;
```

正如所看到的那样，同一类型的变量可以用逗号分开一起声明。C# 规定，变量必须先定义(声明)后使用，否则会产生语法错误。

变量的赋值，就是将数据保存到变量中的过程。变量可以在定义的同时赋值，也可以在定义后赋初值。

例如：

```
double nScore = 98.5;
```

13.1.4 运算符和表达式

运算符是对数据进行运算的符号。本节先对 C# 中最常用的算术运算符、关系运算符和逻辑运算符进行介绍，然后再给出由它们构成的表达式中运算的优先级规则。

1. 算术运算符

算术运算符是指对整型数和实型数进行运算的符号，C# 中的算术运算符有加法(＋)、减法(－)、乘法(*)、除法(/)、取余(%)、递增(＋＋)、递减(－－)。

注意：

(1) 加法如果两个操作数是字符串，则运算符用作字符串连接运算符。

(2) 递增和递减操作为一元操作符，其余为二元操作符。

(3) 整数和小数都通过"/"运算符完成，但是整数除法只能获得整数，且不能四舍五入，如 5/8 的值都是 0。小数的除法则返回小数的值，如 5.0/10.0 为 0.5。如果除数和被除数之间任何一个元素为小数类型，则都按照小数除法进行运算。

(4) 递增(＋＋)和递减(－－)运算符是一元操作符，分别将操作数的值增加 1 或减少 1，根据前缀和后缀不同，表达式的值会有所变化。

前缀：表达式的值是增加或减少后操作数的值。

后缀：表达式的值是增加或减少前操作数的值。

2. 关系运算符

关系运算符用于对两个表达式进行比较，返回值为布尔类型。比较运算符的两个操作数可以是常数、表达式、数值类型，也可以是字符、字符串类型和布尔类型等。C# 提供了 6 个运算符：等于(＝＝)、不等于(！＝)、小于(＜)、小于等于(＜＝)、大于(＞)、大于等于(＞＝)。

3. 逻辑运算

逻辑运算符用于表示两个布尔值之间的逻辑关系，逻辑运算结果也是布尔类型。C# 提供了三种逻辑运算符，与(&&)、或(||)、非(!)。

4. 其他运算符

除了上述运算符之外，还有其他一些运算符，这里简单作一介绍。

(1) is 运算符：动态的检查运行时操作符类型是否和给定的类型兼容。如果是，结果为 true，否则结果为 false。

例如：

```
int k = 2; bool isTest = k is int;    //isTest = true
```

（2）as 运算符：将操作数显式地转换成指定的引用类型。as 转换不同于显式转换，不会发生任何异常。如果转换不可以进行，则结果为 null。

（3）typeof 运算符：typeof 运算符用于获得一个对象的类型。

13.1.5 表达式与运算的优先级

前面介绍了许多种数据类型和相应的运算。在实际的程序设计中，往往需要将很多运算对象通过运算符连接起来构成一个有意义的式子，这样的式子称为表达式。

注意：表达式的“有意义”是很重要的，要求参与运算的对象必须与相应的运算符相容，即运算是可继续下去的。

每个表达式最终都会得到一个运算结果，该结果的数据类型称为表达式的数据类型。表达式也经常以其结果类型相称，如一个运算结果为逻辑型值（即布尔值）的表达式经常被称为逻辑表达式（或布尔表达式）。

当上述介绍的各种运算出现在同一个表达式中时，C＃规定了如表 13-3 所示的运算优先级。

当这些运算出现在同一个表达式中时，它们按照从高到低的优先级顺序进行运算；同一级别的运算按照从左到右的顺序进行运算；使用括号可以改变优先级的顺序，因为括号内运算的优先级高于括号外；当括号有嵌套时，内层括号的优先级高于外层括号。

注意：在关系或逻辑表达式中，适当加括号可以有效地提高程序的可读性。

表 13-3　C＃中的运算和优先级

运算符类别	运　算　符
一元运算符	＋（取正）、－（取负）、＋＋、－－、!、类型转换
乘、除、取余	*、/、%
加减	＋、－
关系运算符	＜、＜＝、＞、＞＝
关系运算符	＝＝、!＝
与运算	&&
或	||
赋值运算符	＝、＋＝、－＝、*＝、/＝

13.2 C＃语言的基本语句

13.2.1 条件语句

if 条件语句用于控制程序执行或不执行某个语句或语句组，其格式有如下三种：

（1）格式一。

```
if (A) B
```

(2) 格式二。

```
if (A)
    B
else
    C
```

(3) 格式三。

```
if (条件 1)
  {满足条件 1 时执行的语句; }
else if (条件 2)
  {满足条件 2 时执行的语句; }
else if (条件 3)
  {满足条件 3 时执行的语句; }
else
  {不满足以上任何条件时执行的语句; }
```

其中,A 是一个布尔表达式;B 和 C 都是程序语句块。

在第一种格式中,如果 A 的值为 true,则执行后面的语句块,再执行 if 语句的下一条语句,否则,直接执行 if 语句的下一条语句。如果语句块只有一条语句组成,那么大括号{}可以省略。注意:if 后面的布尔表达式必须返回 true 或 false,这一点与 C 和 C++不同(在 C/C++中,非 0 表示 true,0 表示 false)。

在第二种格式中,如果 A 成立,则执行 B,再执行 if…else…语句的下一条语句,否则,执行 C,再执行 if…else…语句的下一条语句,即 B 和 C 在某次运行中只能有一个被执行。

第三种格式可以视为 if…else…语句进行语法嵌套的结果,从而实现多条件、多分支的选择功能。

下面是 if 语句的示例:

(1) 示例一。

```
if (Age > 40)
  Salary = Salary + 100
else
  Salary = Salary + 50;
```

(2) 示例二。

```
if (score >= 90)    grade = "优秀";
else if(score >= 80)  grade = "良好";
else if(score >= 70)  grade = "中等";
else if(score >= 60)
        grade = "及格";
else
        grade = "不及格";
```

13.2.2 switch 多分支选择语句

如果要实现多分支(三个或三个以上)的选择结构,虽然也可以利用嵌套的 if…else…语句来完成,但编写多个条件表达式进行多次判断,其代码结构将比较复杂。如果使用 switch

语句，就会很方便。其语法格式为：

```
switch(表达式){
case 常量表达式 1:
        代码块 1;
        break;
case 常量表达式 2:
        代码块 2;
        break;
 ⋮
case 常量表达式 n:
        代码块 n;
        break;
default:
        代码块 n+1;
        break;
}
```

switch 语句的工作原理：先计算 switch 后面的表达式的值，然后从上到下依次判断该值是否等于 case 后面的常量表达式的值，如果等于某个表达式的值，则执行对应的代码块，代码块必须以 break 或 return 语句结束；执行后，如果碰到 break 语句，则跳出 switch 语句。default 语句是在没有任何匹配时执行，default 部分可以省略。

表达式的类型必须是整型，字符型、字符串型或者枚举类型以及能够隐式转换为上述类型的任何一种数据类型。

下面是 case 语句的使用示例，完成功能：将学生成绩从百分制成绩转化为等级制成绩。

```
switch ((int)(score /10)) {
        case 10:
        case 9:
        grade = "优秀";break;
        case 8:
        grade = "良好";break;
        case 7:
        grade = "中等";break;
        case 6:
        grade = "及格";break;
        default:
        grade = "不及格";break;
}
```

switch 语句的功能完全可以用 if…else 语句来实现，但是 switch 语句具有更好的可读性。switch 任何分支的代码块不需要用大括号“{}”。

13.2.3 循环语句

C# 提供了 4 种循环语句，下面分别给予介绍。

1. while 语句

```
while (条件表达式)
{
```

```
        循环体;
}
```

其中,"条件表达式"是一个布尔表达式;循环体是一个语句单位,可以是单条语句或复合语句。先计算条件表达式的值,值为 true 时,会执行循环体中的语句;然后再计算表达式的值,如果仍为 true,则继续执行循环体中的语句;不断重复这个过程,直到条件表达式的值为 false 才退出 while 循环,即,循环体中必须有改变循环条件的语句,以使在循环体执行若干次后能够终止,否则就成了无限次执行的"死循环",而这不是正确的程序,初学者一定要注意这一点。

下面是 while 循环的示例,完成功能:求满足 $1^2+2^2+\cdots+j^2 \geqslant num$ 的最小 j。

```
int num = 1000, sum = 0, j = 0;
while (sum < num)
{//
        j++; sum = sum + j * j;
}
```

2. do…while 语句

```
do{
    循环体;
}while(条件表达式)
```

do…while 语句具有 while 语句类似的功能,不同的是 do…while 循环语句先无条件地执行一次循环体,再计算条件表达式的值,即 do…while 循环语句中的循环体最少执行一次。

3. for 循环

for 语句多用于循环次数已经确定的循环结构中,特别是结合数组使用,也称为计数循环。for 语句使用方法十分灵活,功能也十分强大,使用频率很高。for 语句的语法格式如下:

```
for(<循环变量赋初值>;<循环条件>;<循环条件增值/减值>)
{  <循环语句块>  }
```

执行过程如下:

(1) for 循环开始时,先将循环初值赋给循环变量。

(2) 判断<循环条件>表达式,若值为 true,则执行<循环语句块>,然后执行步骤(3);若值为 false,执行步骤(4)。

(3) 执行<循环条件增值/减值>表达式,然后转回步骤(2)继续执行。

(4) 结束 for 循环,执行 for 循环后面的语句。

下面是 for 循环的示例,完成功能:求 1+2+3+…+100 的和。

```
int sum = 0;
for (int i = 1; i <= 100; i++){
        sum += i;
}
```

4. foreach 循环

foreach 是在 C# 中新引入的循环，可以在循环语句块中依次遍历数组或集合中的每一个元素。其语法格式如下：

```
foreach(<数据类型><变量> in <数组或集合对象>){
        <循环语句块>
}
```

该语句的作用是：首先要求<数据类型>是<数组或集合对象>中元素的数据类型。取出<数组或集合对象>中的每一个元素并保存到变量中。每保存一次变量后执行一次循环体，数组或集合中有多少个元素就有多少次变量保存和循环体执行操作。

下面是 foreach 循环的示例，完成功能：利用 foreach 循环统计用户输入的字符串中的字母个数和数字的个数。

```
int countLetters = 0,countDigits = 0;
string input = Console.ReadLine();
foreach (char chr in input){
 if (char.IsLetter(chr)) {
        countLetters++;
 }
 if (char.IsDigit(chr)){
        countDigits++;
 }
}
Console.WriteLine("字母的个数为：{0}",countLetters);
Console.WriteLine("数字的个数为：{0}",countDigits);
```

13.2.4　跳转语句

在上面的 4 种循环流程控制中，当循环条件不满足时，立刻跳出循环。有时，即使循环条件满足，在循环体中遇到特别的情况也需要终止循环。此时需要用到中断循环语句 break、continue、return。下面逐一进行介绍。

break 和 continue 必须出现在 4 种循环的循环体中。当循环遇到 break 时，便不再转去判断循环条件是否满足，而是直接跳出循环，去执行循环语句后面的语句。当循环遇到 continue 时，从 continue 到循环体末的语句不再执行，而提前进入下一轮循环，整个循环语句仍在执行。这是两者的区别。一般来说，使用 break 和 continue 时，总是将它们放在 if 语句中，实现有条件的跳转。

return 语句将控制权返回给方法的调用者，可以用来返回值。如果 return 语句放在循环体内，当满足条件时执行 return 语句，循环自动结束。

下面是使用 break、continue 和 return 语句的示例，完成功能：求 1～100 中的所有偶数之和。

```
static int add() {
        int i = 0;
```

```
        int sum = 0;
        while (true) {              //行 a
        i++;
        if (i > 100) break;         //行 b
        if (i % 2 != 0) continue;   //行 c
        else sum += i;
        }
        return sum;                 //行 d
}
```

该段程序的功能是求 1～100 中的所有偶数之和。行 a 的 while 语句的条件是常量 true，因此循环体中一定有 break 语句结束循环，否则它就是一个死循环。行 b 判断当前 i 的值是否超出 100，如果是则结束循环，如果不是，则由行 c 判断 i 是不是偶数，如果不是，则不需要执行后面的语句，利用 continue 返回提前进入下一轮循环，如果是，则进行累加求和。当 i 的值大于 100 就跳出循环，执行循环之后的语句，这里是 return 语句，返回累加结果。

13.3 C＃面向对象程序设计

13.3.1 类和对象

类是对一系列具有相同性质对象的抽象，是对对象共性的描述。

对象是符合某一类共性的具体事物(实例)，一个类可以产生很多对象，否则就没有共性可言。例如，人可以抽象成一个类 Person，其中实体存在的每一个人，如张三、李四等都是 Person 类的对象。但同一实体，从不同的角度来看，它将属于不同的类。如张三可能属于教师类的实例，李四属于学生类的实例。具体属于哪一个，就需要在实际的应用场合中区分。

在 C＃中使用关键字 class 定义类，类的定义格式如下：

```
[访问修饰符] class <类名>{
    成员变量;
    成员方法;
}
```

声明类的修饰符更常被用于声明类的成员，下面会详细介绍。

例如，定义一个 Person 类，类中有两个成员变量 name 和 age，包含两个成员方法。

```
class Person{
        private string name;
        private int age;
        public void PrintName(){Console.WriteLine("姓名: " + name); }
        public int getAge(){return age; }
}
```

创建了类之后，可以使用 new 操作符来创建一个实例。声明和创建对象的语法格式分别如下：

```
类名　对象名;
对象名 = new 类名();
```

也可以在声明的同时创建对象：

```
类名　对象名 = new 类名();
```

例如，对 Person 类实例化一个 zhangsan 对象：

```
Person zhangsan = new Person();
```

对象被创建之后就可以访问对象中提供的成员了。访问对象成员的方法通过使用“.”运算符来实现。

```
zhangsan.name = "张三";              //对 name 成员变量赋值
```

13.3.2 类的成员变量

类的成员变量表示类中所包含的数据(通常称为字段)，这些数据可以完整地描述这一类事物的共同特性，如人的姓名、年龄等。格式为：

```
[访问修饰符] [static] [readonly] 数据类型　字段名字;
```

从 13.3.1 节可以看出，如果将类的字段声明为 public，外部代码就可以直接访问并修改，那么内部的数据将得不到保护，实际上这就是面向对象编程要求的封装性。所以，要提供一种间接修改字段的方式。在 C# 中，属性是一种解决这个问题的机制。类的属性和字段在使用上是相同的，但定义不同，格式如下：

```
[访问修饰符] [static] [readonly] 数据类型　字段名字{
    get{读取属性代码}
    set{设置属性代码}
}
```

get 和 set 关键字分别表示读取和设置，必须至少存在一个。

例如：

```
class Person{
        private string _name = "张三";
        private int age;
        public string name{
                get{return this._name; }
                set{this._name = value; }
        }
        public string getPersonName() {
            return string.Format("姓名是: {0}",this._name);
        }
    }
class Program {
        static void Main(string[] args) {
        Person p = new Person();
        Console.WriteLine("姓名是: {0}",p.name);
```

```
        p.name = "李四";
        Console.WriteLine(p.getPersonName());
        }
}
```

程序输出为：

```
姓名是：张三
姓名是：李四
```

从以上实例代码可以看出，除了对字段数据进行保护外，类的属性还将内部实现和外部接口独立。另外，属性实质上也是类的方法，只是语法变得特殊罢了。所以它不仅用来封装数据，也可以添加其他逻辑操作。

建议将类的字段都设置为私有，将字段的访问通过属性来封装，这样会让代码更具有扩展性。

13.3.3 类的成员方法

1. 方法的定义和调用

类的成员方法用于实现特定功能的代码段，有时也称为函数。使用之前一定要先定义，定义格式如下：

```
[访问修饰符] 返回值类型 <方法名>([参数列表])
{方法体}
```

方法执行完成后，如果有返回值，一般通过 return 语句返回。返回值的数据类型应该与方法定义的方法返回值类型一致。

定义好之后，就可以通过方法名进行调用了。调用方法需要满足一个基本条件，就是需要有被调用方法的可见性。

例如：

```
zhangsan.PrintName();                //调用 zhangsan 对象的 PrintName 方法
```

在 C# 程序中，Main 方法是唯一的程序入口方法，C# 中一切都是类，Main 方法也是类的一个成员方法，但 Main 方法必须是静态(Static)和公开(Public)的。

C# 中，函数有两种传递方式：值传递和引用传递。在 C# 中默认情况下是按照值传递方式。对于引用传递需要通过 ref 和 out 修饰符指明，在调用函数时也用 ref 和 out 指明。ref 和 out 修饰符表示参数是引用传递，区别在于：ref 要求参数传入之前需要进行初始化，而 out 则不需要初始化。

例如：

```
public static void RefParaFunc(float val,ref float refval){
        float val2 = refval * val;          //refval 进入方法前已经赋值，可以直接使用
        refval = val2;
}
public static void OutParaFunc(float val,out float outval){
        //float val2 = outval * val;
```

```
        //outval 进入方法前可能没有赋值，不能直接使用
        outval = 2.0f;
        outval = outval * val;
}
```

2. 成员的访问控制

面向对象的特点之一是对数据和行为的封装和隐藏，C#可以通过对类、类成员进行可访问性控制来实现数据的隐藏。访问修饰符用于控制类或类中成员变量和成员方法的访问权限。C#提供了以下几种访问修饰符。

private：用这种修饰符修饰的成员成为私有成员。私有成员只能被该类的其他成员访问，其他类(包括子类)中的成员是不能访问的。

public：用这种修饰符修饰的成员称为公有成员。公有成员允许该类和其他类中的所有成员访问。

protected：用这种修饰符修饰的成员称为保护成员。保护成员可以被该类和其子类中的成员访问，而其他类中的成员则不能访问。

internal：用这种修饰符修饰的成员称为内部访问成员。通过 internal 关键字声明的类成员，可以被同一个命名空间下的类或成员访问。

注意：*在声明类时如果不指定访问修饰符，则默认是 internal，但类中成员变量和成员方法默认的修饰符为 private。*

3. 构造方法

类的构造方法是类的一个特殊成员方法。用来完成类成员变量的自动初始化，C#每次创建类的实例时都会调用该类的构造方法。

如果一个类中不包含任何构造方法的声明，系统会为其自动提供一个默认的构造方法，这个默认构造方法不带任何参数；反之，如果为类定义了构造方法，那么C#将不会为该类提供默认的构造方法，所以此时如果不想使用任何参数来创建类的实例，那么必须在类中声明默认的构造方法。

构造方法特殊在于：

(1) 构造方法的名称必须与类同名；构造方法不允许有返回值；要用 public 修饰符修饰。

(2) 默认构造方法的作用是为成员变量设置默认值。例如，数值类型初始化为0，字符串类型被初始化为 null(空值)，字符类型被初始化为空格等。

(3) 构造函数不能被其他成员显式调用，而是创建对象实例的时候由系统自动调用。

此外，C#还提供了析构方法(在类名前加上符号"～"来定义)，在撤销对象时自动调用。由于C#提供了垃圾自动回收机制来完成对象在内存中的回收工作，因此一般情况下并不需要定义析构方法。

4. 方法的重载

方法的重载(Overload)是指在同一类中，存在方法名相同但参数类型和个数不完全相

同的多个方法。但是仅返回值类型不同的同名方法不是方法重载。

例如：

```
class Person{
        private string name;
        private int age;
        public Person(){name = "zhangsan";age = 0; }
        public Person(string name,int age){this.name = name;this.age = age; }
        public void PrintPersonInfo(){Console.WriteLine("姓名: " + name + "年龄:" + age); }
}
```

这样实例化对象的时候，可以根据需要调用不同版本的构造方法来创建对象。

例如：

```
Person person1 = new Person();
Person person2 = new Person("xiaoming",21);
person1. PrintPersonInfo();                    //输出"姓名: zhangsan 年龄: 0"
person2. PrintPersonInfo();                    //输出"姓名: xiaoming 年龄: 21"
```

注意：上面的例子中，用到了关键字 this，this 表示当前使用对象本身。

13.3.4 类的继承、封装和多态

在面向对象程序设计中，封装、继承和多态为面向对象的三大特性。

封装就是把对象的属性和行为结合成一个独立的单位，并尽可能隐蔽对象的内部细节，对外提供接口，与外部的联系只能通过外部接口实现。C＃中实现封装的措施有使用访问控制符、属性和索引器(目的是封装一个类的细节和对外提供一个公共的接口)。这些内容在前面的内容中已经给予介绍，这里就不再介绍了。下面详细介绍类的继承和多态。

1. 继承

类重要特征之一就是继承。继承是指一个类可以继承另外一个类中的相关成员，被继承的类称为父类或基类，继承而形成的类称为子类或派生类。通过继承可以更好地实现代码重用。

在 C＃中，通过冒号“:”运算符定义类的继承关系，语法格式如下：

```
class SubClassName : SuperClassName
```

其中，SubClassName 是子类的名称；SuperClassName 是父类的名称；冒号表示子类 SubClassName 从父类 SuperClassName 继承。

说明：

(1) 当一个子类从父类继承之后，子类就具有了父类的所有 public 和 protected 成员，但是 private 成员是父类专有的。例如在下面定义的类 A 和 B 中，A 是父类，B 是子类，B 虽然没有显式声明任何成员，但它继承了 A 中的保护成员 y 和公有成员 z，即 y 和 z 分别变成了类 B 中的保护成员和公有成员。

```
class A {
```

```
        private int x = 1;
        protected int y = 2;
        public int z = 3;
}
class B : A{
        //B有两个成员: y和 z
}
```

(2) 如果在子类中定义了与父类成员同名的新成员，则需要用关键字 base 才能实现对父类中同名成员的访问。例如，将子类改写成如下：

```
class B : A{
        int y = 200;
        public void test(){
        base.y = 20;
        Console.WriteLine("父类中的 y = {0},子类中的 y = {1}",base.y,y);
        }
}
```

在 main 方法中进行代码测试：

```
B b = new B(); b.test();
```

执行结果输出信息“父类中的 y=20，子类中的 y=100”。

(3) 一个类最多只有一个父类，这点和 C++不同，不允许多重继承。注意，在 C# 中 Object 类是所有类的基类。

(4) 子类不能继承父类的构造方法和析构方法。

(5) 如果父类中定义了一个或多个构造方法，则子类中也必须定义至少一个构造方法，且子类必须在构造方法中调用父类的构造方法。分为显式调用和隐式调用。

隐式调用：如果父类有无参数的构造方法，则可以不调用(也可以调用)父类的构造方法。若不显式调用，编辑器会在子类构造方法中添加 base 方法。

显式调用：如果父类不存在无参数构造方法，则必须通过 base 方法调用父类中的某一个构造方法。已知构造方法是用于初始化新对象的数据成员的，而派生类不仅要初始化本类中的数据成员，还要初始化从基类继承而来的数据成员。这是因为，在创建派生类的实例时，编辑器会根据类的继承层次逐一向上找整个上级类，找到最顶层的基类，首先调用最顶层基类的构造方法，然后再依次向下调用各级派生类的构造方法。

例如，下面的基类 C 中定义了两个构造方法，子类 D 中也定义两个构造方法，且它们中的 base 方法分别调用了基类 C 中的构造方法。如果类 D 定义的构造方法不调用基类 C 中的任何构造方法，都将出现编译错误。

```
class C {
        private int x;
        private int y;
        public C(int x) {this.x = x; }
        public C(int x, int y) {this.x = x; this.y = y; }

    }
```

```
    class D:C {
        private int z;
        public D(int z):base(z) {this.z = z; }
        public D(int x,int y,int z):base(x,y) {this.z = z; }
        public D() {}                           //此构造方法是错误的,因为它缺少 base()方法
}
```

2. 类的多态

在了解多态之前,先了解虚函数重写(override)的概念。

从 13.3.4 节得知,当一个子类从父类继承之后,子类就直接具有父类的所有可访问权限的成员方法,但不同的子类实现可能有所变化,即父类的实现有时并不能满足所有子类的要求。这时,就需要一种机制可以让子类重写父类提供的方法,并且通过父类引用能够正确调用子类的实现。在 C# 中重写方法采用虚函数来实现。

用 virtual 关键字修饰的成员方法(函数)称为虚函数,一个虚函数可以被子类重载,子类中的重写方法用 override 关键字修饰。

子类重写父类的方法,子类中的重写方法和它在父类中的原型必须在定义上相同,包括方法的返回类型、参数类型、参数个数和顺序。

当虚函数被重写之后,通过父类可以引用虚函数,实际上调用的是与该引用所指向对象的类型最近的一个实现。另外,在子类中还可以通过 base 关键字显式调用父类的方法实现。子类还可以通过 new 关键字隐藏父类定义的方法(new 关键字另外最常用的功能是创建对象),隐藏之后就不能通过父类引用调用到子类对这个方法的具体实现。

例如,定义一个动物类 Animal 的程序如下。

```
class Animal {
        public virtual void Shout() {Console.WriteLine("Animal.Shout()..."); }
        public virtual void Run() {Console.WriteLine("Animal.Run()..."); }
        public virtual void Walk() {Console.WriteLine("Animal.Walk()..."); }
    }
//定义一个狗类,继承于动物类 Animal:
    class Dog : Animal {
        public override void Shout() {Console.WriteLine("Dog.Shout()"); }
        public override void Run() {Console.WriteLine("Dog.Run()"); }
        public new void Walk() {
            Console.WriteLine("Dog.Walk()");
            base.Walk();                        //显式调用父类的实现
        }
    }
//定义一个哈巴狗类 HabaDog,继承自狗类 Dog:
    class HabaDog : Dog {
        public override void Shout() {
            Console.WriteLine("HabaDog.Shout()");
        }
    }
class Program{
        static void Main(string[] args) {
            Console.WriteLine("-------演示 Animal 虚函数的使用-------");
            Animal aml1 = new Animal();
```

```
                aml1.Shout();
                aml1.Run();
                Console.WriteLine("-------演示 Dog 虚函数的使用-------");
                Animal dog = new Dog();
                dog.Shout();
                dog.Run();
                Console.WriteLine("-------演示 HabaDog 虚函数的使用-------");
                Animal habaDog = new HabaDog();
                habaDog.Shout();
                habaDog.Run();
                Console.WriteLine("-------演示 base 在虚函数的使用-------");
                dog.Walk();
                Dog aDog = (Dog)dog;
                aDog.Walk();
                Console.WriteLine(dog is Animal);
        }
}
```

运行结果：

```
-------演示 Animal 虚函数的使用-------
Animal.Shout()...
Animal.Run()...
-------演示 Dog 虚函数的使用-------
Dog.Shout()
Dog.Run()
-------演示 HabaDog 虚函数的使用-------
HabaDog.Shout()
Dog.Run()
-------演示 base 在虚函数的使用-------
Animal.Walk()...
Dog.Walk()
Animal.Walk()...
True
```

可以看出，dog 本身是 Dog 对象，所以通过 dog 调用虚函数调用的都是 Dog 类的实现。habaDog 对象本身是 HabaDog 对象，通过 habaDog 调用虚函数 Shout() 调用的是 HabaDog.shout()，但是由于 HabaDog 类没有重写虚函数 Run()，所以通过 habaDog 调用 Run()会调用离 HabaDog 类最近的父类的 Speak()的实现，即调用 Dog.Run()。另外，Dog 类隐藏了 Walk()的实现，所以通过 dog 调用 walk()只能调用到 Animal.Walk()，因为 dog 只是 Animal 类引用。同一对象，转成 Dog 引用后，才可以访问 Dog.Work 方法。

在 C# 中，多态定义为：同一操作作用于不同类的实例，不同类将进行不同的解释，最后产生不同的执行结果。要实现多态，需要满足以下三个条件：

(1) 父类引用指向子类对象。

(2) 类要有继承。

(3) 方法要有重写。

多个类继承同一个类，每个子类可根据需要重写基类成员以提供不同的功能，调用时向上转型，即父类引用指向子类对象。

注意：实现多态机制后，如果想知道引用的某个具体类型，可以使用 is 关键字进行判断，返回值为布尔型。例如，表达式 dog is Animal 返回 True。

13.4 C#在 VS 2008 环境下调试及排错方法

程序设计过程中出现错误是不可避免的，没有程序员可以避免程序中的错误，不管他是一位新手，还是一位天才的老手。但是，能够根据错误现象快速准确地找到发生错误的位置，找出错误的原因并改正，却是程序员必须掌握的。

程序设计中发生错误的情况多种多样，无法计数和穷尽，程序员必须在实践中逐渐积累识别和改正错误的能力，总结和掌握相关的方法。

期望读者掌握这样一些原则：查找和纠正程序中的错误是有章可循的，尽管很难用几条规则说明这种规律性；程序中的错误具有客观性，即发生错误总是有原因的，而且总是可以改正的；程序员应当本着认真仔细的态度查找和纠正错误，对程序一个语句一个语句地，一个单词一个单词地，一个字符一个字符地进行检查，一个空格一个引号都不能错过，切忌浮躁和想当然；程序设计需要严格按照语法规则进行，接近 90%的错误是因为程序员没有吃透语法规则或代码没有完全表达语法规则而造成的，因此出现了错误首先要考虑程序是否合乎语法规则，包括是否正确地理解了语法规则和输入的代码是否出现了偏差。

总的来讲，程序设计中的错误可分为两大类，一类是编译时错误；另一类是运行时错误。编译时错误指的是程序设计中的语法错误，这些错误导致编译器无法生成目标代码；运行时错误一般是程序设计中的逻辑性错误，有关的语句本身合乎语法要求，但在运行时导致程序出错不能执行下去，或虽然能够执行但得出了错误的结果。

13.4.1 编译时错误及纠正方法

VS 2008 的“错误列表”窗口中给出了三种编译信息工具栏，第一种是错误信息，这是由于语句的语法错误导致无法编译而引起的，只有纠正它才能编译下去；第二种是警告性信息，这是由于程序语句本身没有语法问题，但编译器认为这种用法不严谨，有可能导致程序出错；第三种是一般性消息。

例如：求 1～x 中的所有偶数之和（x 是由用户输入的整数）。

新建一个 Windows Form 窗体程序，添加两个 TextBox 控件，分别将 Name 属性改为 txtInput 和 txtResult。添加一个按钮，在按钮的单击事件下输入以下代码：

```
int i = 0, j, x;                           //行 a
x = Convert.ToInt32(txtInput.Text);        //行 b
int sum ;                                  //行 c
while (true) {
        i++;
        if (i > x) break;
        if (i % 2 != 0) continue;
        else sum + = i;                    //行 d
        }
txtResult.Text = sum;                      //行 e
```

在上面的程序中设置了一些错误，以演示 VS 2008 的编译错误信息。单击 VS 2008“生成”菜单进行编译。可以在编辑窗口看出,不正确或可能导致问题的代码下会出现波浪线。这些线有时称做“标记”,代码标记与 Microsoft Word 中的拼写检查标记类似。

红色标记标出的是语法错误。更正代码编辑器中带标记的代码后,这些红色标记就会消失。

蓝色标记标出的是由编译器检测到的语义错误,如错误键入了在当前上下文中不曾出现过的类名等。更正并重新编译带标记的代码后,这些蓝色标记就会消失。

绿色标记标出的是警告。请查看这些消息,确定是否需要对代码进行修改。

在“错误列表”窗口中也会指出相关错误信息,如图 13-2 所示。

错误列表

1 个错误 | 1 个警告 | 0 个消息

	说明	文件	行	列	项目
1	声明了变量“j”,但从未使用过	Form1.cs	21	23	ExceptionText
2	使用了未赋值的局部变量“sum”	Form1.cs	30	30	ExceptionText

图 13-2 错误列表

每条信息都由说明、文件、行、列和项目组成。通过以上信息可以明确定位错误发生的位置,如果双击对应的提示项,还可以自动跳转到对应文件的特定行。注意,可以在源代码中显示行号,方法是选择“工具”→“选项”→“文本编辑器”→C#→“常规”→“显示”→“行号”命令。

下面对照上面的程序对这些错误信息进行解释。

在出现这两个提示之前,程序会首先提示一个错误“无法将'int'隐式转换为'string'。”这是由第 e 行引起的。因为 TextBox 控件的 Text 属性为 string 类型,所以需要把整型 sum 变量显式转化成 string 类型,修改为“txtResult.Text=sum.ToString();”即可。重新生成项目,又出现图 13-2 中的提示信息。

第 1 行是警告性编译信息:变量'j'被声明但未被使用。去掉 a 行中这两个变量的声明就可改正。但在某些情况下,这也预示程序可能存在潜在的严重错误,如应该在某个地方使用 j 变量,但是却使用了 i 变量。

第 2 行是错误性编译信息:使用了未赋值的局部变量'sum'。它将错误所指的行数定位在了第 e 行上面,但实际上它是由第 c 行程序引起的,由于 sum 在没有赋予有意义的值时,程序就累加求和,这是不合理的,需要改正。

13.4.2 运行时错误及处理方法

上面的实例,经过改正,已经通过了编译。运行程序,输入一个整数,如 100,显示结果也是正确的。但在运行时,如果输入一个不合法的字符,如“abc”,运行程序时将产生错误,会出现异常情况。VS 2008 进入调试模式下,定位到第 b 行代码,提示为“未处理的 FormatException 异常:输入字符串的格式不正确”。由 13.1.2 节可知,使用 Convert 方法时如果参数格式不正确,则会产生 FormatException 异常,说明不能将字符串“abc”正常转化为整数。不能正确执行的语句导致运行时错误。这些语句通过语法检查构成了正确的 C#语句,但是,这些语句由于某种严重的问题而未能执行。试图执行不可能的运算,如被 0 除,都可能导致运行时错误。

解决这类问题的方式之一是使用C#提供的异常处理机制。

异常,它是指在程序运行过程(而非编译过程)中产生的错误。编译过程中的错误可以通过代码来避免,而对于一个中大规模的程序来说,异常处理是不能避免的。异常和错误严格来讲是有区别的,异常是可预见和可接受的,程序通过对异常的捕获和处理,可以将异常带来的影响减到最小。而错误通常是程序代码的错误,设计漏洞。异常的合理处理,可以大大提高软件的友好性和稳定性。C#语言提供了完善的异常处理机制,异常处理的语法格式为:

```
try{
        //可能产生异常的代码
}catch[(异常类 对象名)]{
        //处理异常的代码
}finally{
        //完成清理工作的代码
}
```

说明:

(1) 在try块中编写可能产生异常的代码;在catch块中编写用于处理异常的代码。一旦在try块中有某一条语句执行时出现异常,程序立即转向执行catch块中的代码,而不会再执行该语句后面的其他语句。当然,如果try块中的语句都不产生异常,那么就不会有任何的catch块被执行。

(2) "异常类"用于决定要捕获的异常类型,不同的异常类能捕获和处理不同的异常。这里列举部分.NET提供的常用内部异常类:

- IndexOutOfException类:用于处理下标超出了数组长度所引发的异常。
- FormatException类:用于处理参数格式错误的异常。
- InvalidCastException类:不正确的转型异常,如string转Decimal操作。
- ArithmeticException类:用于处理与算术有关的异常。
- NullReferenceException类:空引用对象类型。
- IOException类:用于处理进行文件输入输出操作时所引发的异常。
- ArgumentException类:用于处理参数无效的异常。
- Exception类是所有异常类的基类,所以Exception类可以捕获所有类型的异常。该类有一个常用的属性Message,它是一个string类型的只读属性,包含了异常原因的描述。

(3) 根据需要,可以写一个或多个catch,用于捕获不同的异常。try-catch-finally也可以进行嵌套,因为不同类型的异常可以在代码的不同地方处理。

(4) 不管try块中是否产生异常,finally块中的代码都会执行。也就是说,不管catch块是否被执行,finally块都被执行。哪怕在执行catch块中遇到return语句,也会执行finally块中的语句。

(5) 因为出现异常后程序会立即转向catch块中的语句,执行完后接着执行try-catch结构后面的语句。所以finally语句一般用来释放异常之前程序所申请和占用的资源,如关闭打开的文件、数据连接的关闭等。

所以,对13.4.1节的示例程序,只需把程序块放在try语句块中作为被检测的代码,接着用 catch 语句块捕获类型为 FormatException 或 Exception 类型的异常，如果捕获到异常则将异常的信息打印出来即可。

```
try{
        //示例代码
}catch (Exception ex) {MessageBox.Show(ex.Message);}
```

再运行程序实验，当输入不合法的数据时，会弹出比较友好的对话框，提示用户错误信息。

在程序开发中，会遇到各种错误和异常处理，正确合理地运用异常需要丰富的开发经验。异常处理是程序设计中的高级内容，读者如果希望进一步学习这方面的知识，则应需要参考其他资料，进行更多的练习操作。

13.4.3 VS 2008 调试技术

有些运行时错误可以通过程序设计来避免，包括限制特定数据项的输入字符；以及在适当的执行流程中进行数据有效性检查等。这些处理方法只能当已经知道了错误发生的原因和位置时才可运用。然而发现程序的错误所在却是一件异常艰难的任务，特别是当程序规模达到成千上万行的时候。除了导致程序不能执行下去的运行时错误外，程序设计中还经常遇到另外的错误，即程序运行过程中没有故障，但是结果不正确，如逻辑错误。

最简单的情况下，可以使用输出语句，把要跟踪的对象(如某个参数变量)，在输出目的地打印出来，这样可以查看变量的值，以确定程序的出错原因和位置。与其他方法相比，这种方法优点是不必中断程序的执行，可以用作简单的调试。

VS 2008 提供了强大的调试功能，下面通过上一个示例来说明如何使用"调试"工具栏和菜单提供的调试工具。注意，"调试"工具栏是选择"启动调试"命令时自动弹出的。

(1) 设置断点：将光标定位在程序行"sum＋＝i"上，在该行左侧的编辑区域外的灰色区域中单击，则该行变为红色，且左侧有一个红点，这就表示该行已经设置了断点。再次单击红点，可以取消断点设置。

(2) 使程序执行到断点。运行工程，输入一个数值后，单击按钮，可看到 VS 2008 显示代码窗口，并将光标停留在断点行上。

(3) 检查变量的当前值。将鼠标移到断点行上的 i 变量上，可看到 i 运行时刻值的快捷提示。

(4) 单步执行。调试工程的最佳方法是彻底了解工程在执行的每一个步骤所做的事情。可以使用单步执行方式跟踪程序的执行过程。提供的三个单步命令为"逐语句"、"逐过程"和"跳出"。按 F11 键(或单击调试工具栏上的"逐语句"图标，或执行"调试"→"逐语句"命令)，下一步代码执行，如果代码这行是对另一个方法的调用，则被调用的方法的第一行代码将显示出。当前执行到的行用黄色标识。此时可以查看变量 sum 的值。

逐过程(按 F10 键)，同样每次执行一行代码，和逐语句不同的是，如果现有代码包含对其他方法的调用之时。"逐过程"仅显示被分析的当前方法中的代码行，而不显示被调用方法中的代码行。

(5) "局部变量"窗口和"自动"窗口。"局部变量"窗口显示调试时间所有在作用域之内的对象和变量。还可以展开 this 项，以查看窗体控件的状态和类级变量的值。另外一个有用的调试窗口是“自动”窗口，它自动的显示当前语句及其两边的若干条语句所引用的所有变量和控件的内容。注意，醒目显示的是即将执行的语句。当前语句是醒目显示的语句之前的第一条语句。

习题 13

1. 简答题

(1) C# 提供了哪些数据类型？

(2) sbyte、short、int、long 类型变量分别占用多大的存储空间？

(3) 什么是字符类型和字符串类型，两者有何区别和联系？

(4) 标识符的命名规则是什么？

(5) 对于语句“float f＝89.5;”，请问该代码中有无错误？

(6) 什么是数据类型转换？有哪几种方法？

(7) 枚举类型有什么优势？在程序中是怎么使用的？

(8) 如何使用 while 循环实现 for 循环的功能？

(9) 叙述 Break 和 Continue 语句的功能和用法。

(10) 简要说明 public、private、internal 和 protected 修饰符的访问权限。

(11) 简要说明面向对象程序设计的三大特征。

(12) 在声明构造方法时，应注意哪些事项，并说明一下 this 在构造方法中的用法？

(13) 你认为派生类中能继承基类中的构造方法吗？如果不能将如何在派生类中使用基类的构造方法？

(14) 在 C# 中，举例说明 new 关键字可用于哪些方面？

(15) 什么是运行时错误？运行时错误发生在什么时间？导致运行时错误的可能原因是什么？

2. 编程练习题

(1) 编写一个方法计算当参数为 N 的值：1－2＋3－4＋5－6＋7－…＋N。

(2) 求一个数组的最大值，最小值和平均值。

(3) 设长方形的高为 1.5，宽为 2.3，用面向对象的方法编程求该长方形的周长和面积。

(4) 编写一个能够进行加、减、乘、除运算的计算器程序(窗体应用程序)，并能够处理可能发生的异常。

第14章 Visual Studio 2008中的数据库开发技术

【本章简介】

本章为C#编程的进阶章。本章将在前两章的基础上，对 VS 2008 数据库开发的基本技术进行介绍。

ADO.NET 是支持数据库应用程序开发的数据访问中间件，是.NET 为实现数据库操作而提供的一些类库的集合。ADO.NET 提供两种模式来访问数据库：连接模式和无连接模式。连接模式时，ADO.NET 可以直接执行数据库命令、处理检索结果，实时操作数据库，期间一直保持连接状态，是一种独占式访问，效率不高。非连接模式下，它把检索结果存放在内存中，在内存中对数据进行操作，处理速度快且不占用数据库连接，而内存数据和数据库服务器的交互需要用数据适配器的支持。C#不仅可以在后台中编写大量的代码访问数据库，也可以通过可视化控件来操作数据库，本章将给予详细介绍。

本章共 6 节，前 4 节介绍 ADO.NET 的相关类库等理论基础，读者可以通过编码的方式灵活地操作数据库，使读者对 ADO.NET 的机理有个初步的印象。第 5 节将带领用户快速地开发一个"职工数据编辑"窗口，以使用户体会 VS 2008 在数据库开发方面的快捷性；第 6 节将对可视化控件的技术进行解释，并介绍一些较高级的数据库技术。

【学习目标】

- 了解 ADO.NET 相关类库；
- 掌握 DataSet 对象和 DataTable 对象的结构及使用；
- 掌握 Connection、Command、DataReader 和 DataAdapter 对象的作用，掌握它们常用的属性和方法，熟练掌握使用这些对象对数据库进行访问和操作；
- 掌握利用可视化控件实现数据访问的方法，掌握利用向导配置数据源的方法；
- 了解数据绑定技术，掌握 DataGridView、BindingSource 等组件的使用；
- 掌握使用 TableAdapter 组件进行带参数的多表查询的操作方法。

14.1 ADO.NET 概述

14.1.1 ADO.NET 相关类库

ADO.NET 是.NET 框架的一部分，是一组向.NET 开发人员公开数据访问服务的接口，提供了应用程序与数据源之间的通信和管理功能。进行.NET数据库开发，就必须使用ADO.NET提供的一些类库和接口来对数据源进行操作。

从.NET Framework类库的组成结构（如图14-1所示）可以看出，ADO.NET就是.NET Framework类库中用于实现对数据库的数据进行操作的一些类的集合。它分为两个部分：数据集(DataSet)和数据提供者，DataSet对象在内存中以“表格的形式”保存一批的数据，也可以理解为若干张数据表(DataTable)的集合。数据提供者包含许多针对数据源的组件，应用程序主要通过这些组件来完成针对指定数据源的连接、提取数据、操作数据、执行数据命令的。这些组件主要包括Connection、Command、DataReader和DataAdapter。

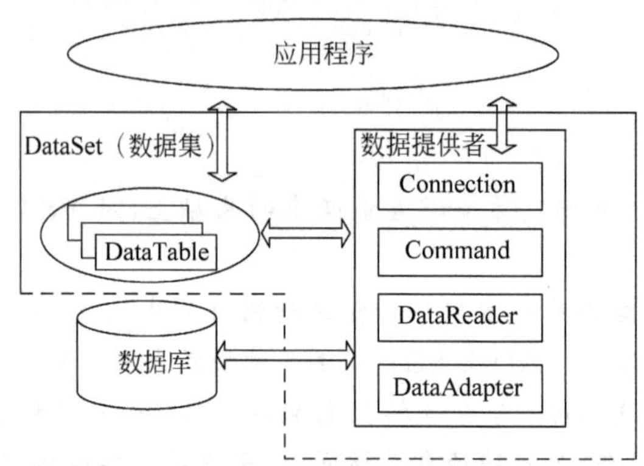

图14-1 ADO.NET体系结构(虚线部分)

在ADO.NET中，.NET类库对目前最流行的数据库都提供了各自的数据提供程序。不同数据库的数据提供程序封装在不同的.NET类库中。提供对SQL Server数据访问的ADO.NET数据提供程序位于命名空间System.Data.SqlClient中。

在ADO.NET数据提供程序中，不管使用哪种数据源(SQL Server、OLEDB等)，数据提供程序都由一系列的类来提供核心功能，每个核心类都表示一个独立的功能抽象。每个核心类都具有一个唯一的基类，而且这些基类都以Db为前缀进行命名。核心类一般包括：

(1) Connection：建立与特定数据源的连接，是数据源访问者和数据源之间的对话通道。

(2) Command：对数据源执行各种SQL命令。

(3) DataReader：从数据源以只读向前的方式获取数据流。

(4) DataAdapter：用数据源中的数据填充到DataSet数据集中，它在DataSet对象和数据源之间架起了一座“桥梁”。

(5) Transaction：在数据库服务器处理事务。

(6) CommandBuilder：自动为DataAdapter生成需要执行的数据库命令，并指定命令的参数。

(7) ConnectionStringBuilder：自动产生与Connection对象相对应的数据库连接字符串文本。

(8) Parameter：定义数据库命令的输入、输出、返回值等参数。

其中，.NET Framework数据提供程序的Connection对象通过连接字符串，负责连接数据源；Command对象通过参数去筛选所需要的数据，此时可以通过两种方式将数据传递给应用程序。

(1) 使用 DataReader 对象将数据记录一行一行地取出来，供应用程序使用，此时和数据库保持连接。

(2) 使用 DataAdapter，将检索到的数据一次性填充到 DataSet 中的表，然后断开数据库连接；然后应用程序再去 DataSet 中取数据。当然，应用程序对 DataSet 的操作还可以通过 DataAdapter 对象更新至数据源中。

这个过程类似于打电话询问事情：知道了电话号码(Connection 对象连接字符串)，打通电话(相当于建立了 Connection 连接)，然后阐述打电话要做什么(Command 对象)，比如要求对方告诉 1～5 号同学的期末成绩(Parameter 对象提供学号参数)。此时分两种取数据方法：

(1) 电话那端的人一个成绩、一个成绩地念给你听(相当于 DataReader 对象的行为)，此时电话为连接状态。

(2) 电话那端的人给你发了一封邮件告诉这 5 个人成绩(DataAdapter 一次性将数据取出)，成绩在你邮箱中(数据放入 DataSet 中)，此时电话断开(DataSet 实现断开式连接)。

14.1.2 两种 ADO.NET 访问数据库的模式

ADO.NET 提供两种模式来访问数据库：连接模式和无连接模式。ADO.NET 在连接模式下访问数据库时，在取得数据库连接后，保持数据库的连接，通过向数据库服务器发送 SQL 命令等方式实时更新数据库，在连接模式下访问数据库服务器需要以下几个步骤：

(1) 通过数据库连接类连接到数据库服务器。

(2) 通过数据库命令类在数据库上执行 SQL 命令。

(3) 如果是查询语句，可以通过数据读取器类读取数据记录，并对数据记录进行处理。

(4) 数据库操作完成后，通过数据库连接来关闭数据库连接，释放占用资源。

在连接模式下，客户端和数据库服务器之间一直保持连接，这样会导致数据库连接被长期占用，影响其他客户端连接到数据库服务器。建议使用之前打开数据库连接，使用完成后马上关闭数据库连接。

需要对数据进行长时间处理时，通常采用无连接模式进行数据访问。在无连接模式下，需要处理的数据库中的数据在本地有一个副本，通常保存在 Dataset 中，ADO.NET 通过数据适配器(DbDataAdapter 类)将内存数据集(DataSet)和数据库服务器的数据关联起来。从数据库服务器取得数据后，数据适配器断开与服务器的连接，对数据的更改都通过内存 DataSet 完成，然后再通过数据适配器更新到服务器。步骤如下：

(1) 通过数据库连接类连接数据库。

(2) 创建基于该数据库连接的数据适配器，并指定访问数据库的 SQL 命令，包括插入(INSERT)、更新(UPDATE)、查询(SELECT)和删除(DELETE)4 个命令。数据库适配器通过这几个命令从数据库获取数据，也将本地的数据更改到数据库服务器。

(3) 通过数据适配器从数据服务器获取数据到 DataSet 或 DataTable 中。

(4) 使用或更改 DataSet 或 DataTable 中的数据。

(5) 通过数据适配器将 DataSet 数据的更改提交到数据库服务器，并关闭数据库连接。

后面几节将介绍如何通过 ADO.NET 提供的 SQL Server 数据提供程序来访问 SQL Server 2008 数据库。

14.2 数据集 DataSet 和 DataTable

一般情况下，ADO.NET 访问数据库时，应用程序并不直接与数据库进行交互，而是首先从数据库中获取数据到内存，然后再对内存中的数据进行处理，最后再把内存数据更新到数据库中。这样做是有很多优点的：把数据加载到内存后，数据在内存中用数据集 DataSet 或 DataTable 表示，此时就不必始终保持与数据库的连接，节省资源。而且无论哪种类型数据源，都提供一致的编程模型 DataSet。下面讲解 DataSet 和 DataTable 的内部结构等相关概念，掌握了这些，就能灵活处理内存中的数据了。

14.2.1 数据表 DataTable

类 DataTable 是 ADO.NET 中主要的类之一，是一个数据表在内存中的表示形式，类似于数据库中的表，包括字段(DataColumn 对象)、记录(DataRow 对象)和约束(Constraint 对象)等集合。数据提供程序可以自动从数据库服务器获取该信息，也可以通过代码的形式创建该信息。当以代码的方式创建 DataTable 时，需要先创建必需的 DataColumn 对象，然后把它们添加到 DataColumnConnection 中。只有获得了 DataTable 的列定义后才能添加它的数据记录。

通过如下步骤可以创建一个 DataTable 的内存表。

(1) 创建 DataTable 类的一个实例，可以通过以下两种构造方法：

```
DataTable dt = new DataTable();                    //使用默认函数构造
//为 DataTable 指定一个表名，通过 dt.TableName 可以访问表名
DataTable dt = new DataTable("表名");
```

(2) 通过 DataColumn 对象为 DataTable 设置列字段信息，并依次添加到 DataTable 的 Columns 属性中。

DataTable 提供了 Add 和 AddRange 方法。Add 方法可以添加一个 DataColumn 对象实例。AddRange 方法可以添加一个 DataColumn 对象数组。DataColumn 对象通常直接通过它的构造函数来创建。其中一个版本的构造函数为 DataColumn(String name,Type ty)，表示创建一个列名为 name、类型为 ty 的数据列。

(3) 通过 DataTable.NewRow 方法获取符合当前表结构的 DataRow 对象，并为它设置对应字段的数据，然后将 DataRow 对象添加到 DataTable 类的 Rows 属性中。

例如，下面的代码：

```
DataColumn column;
DataRow row;
column = new DataColumn();       //生成一个列，并放入 DataTable 中
column.DataType = System.Type.GetType("System.Int32");
column.ColumnName = "ID";
column.Unique = true;
dt.Columns.Add(column);
column = new DataColumn();       //生成第二个列，并放入 DataTable 中
column.DataType.System.Type.GetType("System.String");
column.ColumnName = "StuName";
dt.Columns.Add(column);
```

```
row = table.NewRow();      //创建一个新行,并放入 DataTable 中
row["ID"] = 20;
row["StuName"] = "zhangsan";
dt.Rows.Add(row);
```

注意：对于单个 DataTable 对象，通常不需要为它指定关系信息(Constraint 属性)，如果是多个具有依赖关系的 DataTable 对象，则需要为它们都指定对应的关系信息。

14.2.2 数据集 DataSet

在 ADO.NET 中，DataSet 就好比一个内存中的数据库，记录了所有关系型数据库正常工作所需要的信息，由一组 DataTable 对象组成，每个 DataTable 对象又由行和列组成，它和物理数据表是一样的结构。本节介绍 DataSet 类的具体使用。

1. 了解 DataSet 类成员

DataSet 类用来表示内存中的数据集合，可以看作一个简单的小型内存数据库，一个 DataSet 可以包含多个 DataTable，并且可以包含 DataTable 之间的关系、约束等信息。DataSet 中的所有数据表都可以通过它的 Tables 属性访问，DataSet 中的数据的存储实际是通过 DataTable 来实现的，所以 DataSet 类的一些成员函数从名称上到功能上都与 DataTable 相似，如 AcceptChanges()、RejectChanges()等，这些方法都是主要通过 DataSet 中的各个 DataTable 执行相应的函数完成。

DataSet 中的所有数据表都保存在 Tables 属性中，通过该属性可以遍历、添加、删除和管理 DataSet 中所有的 DataTable，而数据表之间的关系保存在 Relation 属性中。

2. 获取 DataSet 对象中所有数据表(DataTable 对象)

下列代码可获取 DataSet 对象中的所有数据表。

```
for(int i = 0; i < dataset.Tables.Count; i++)
{
        DataTable dt = dataset.Table[i];              //获取所有的数据表
        listbox1.items.Add(dt.ToString());         //将表名输出到 listbox1 中
}
```

其中，dataset.Tables.Count 返回 dataset 中表的数量；dataset.Table[i]返回索引 i 的数据表(DataTable 对象)。

3. 获取指定数据表下的所有字段名

下面代码获取数据表 t2 中的所有字段名。

```
for (int i = 0; i < dataset.Tables["t2"].Columns.Count; i++)
{
        listBox1.Items.Add(dataset. Tables["t2"].Columns[i].ToString())
}
```

4. 获取指定数据表中的所有数据项

```
for (int i = 0; i < dataset.Tables["t2"].Rows.Count; i++)
```

```
{
        DataRow dr = dataset. Tables["t2"].Rows[i];
        String s = "";
        for (int j = 0; j < dataset.Tables["t2"].Columns.Count; j++){
        s += dr[j].ToString() + "\t";
        }
        listBox1.Items.Add(s);
}
```

14.3 ADO.NET 连接模式访问数据库

ADO.NET除了直接处理内存数据，还可以直接执行SQL命令，对数据库进行更新到物理服务器。在ADO中，数据访问被分解成多个独立的部分，每个部分都用一个独立的类封装起来，各个部分完成各自的功能，如数据库连接、数据查询、数据读取器等，在ADO.NET中，所有的核心类都包含在命名空间System.Data.Common中，包含以下主要的类。

- DbConnection类：表示与一个数据库服务器的连接，它是所有数据库连接类的基类。
- DbCommand类：表示一个可以执行的SQL命令，可以是SELECT、DELETE、UPDATE等SQL命令，也可以是存储过程。
- DbParameter类：表示SQL命令的一个参数，包括参数名、参数类型等信息。DbCommand类通过DbParameter类表示SQL命令中的参数，并且将参数的值组合到SQL命令中，从而正确执行。
- DbDataReader类：表示一个只读的向前的数据读取器，通过它可以从第一条记录开始，读取SQL命令产生的所有记录。
- DbDataAdapter类：表示一个数据库适配器，通过DbCommand类执行SELECT命令，从数据库获取查询结果，并填充到内存数据集DataSet中。当内存DataSet中的数据更新后，提交这些更新到数据库。

不同的数据库提供程序需要继承和实现这些基类，完成与目标数据库进行交互的功能。针对SQL Server数据提供程序，也继承和实现了以上基类，放在命名空间System.Data.SqlClient中。

14.3.1 SqlConnection 对象

SqlConnection类完成对SQL Server数据库的连接操作，通过指定的数据库连接字符串，连接到数据库，并打开数据库。数据库连接字符串包含有服务器的地址、目标数据库、登录账户等信息，在进行数据库连接之前，必须指定正确的连接字符串。连接字符串的关键参数如下：

- Server或DataSource：要连接的SQL Server实例的名称或网络地址。如果是本地实例，该参数值用“.”表示。
- Database或Initial Catalog：数据库的名称。
- Password或Pwd：SQL Server账号登录的密码。
- Uid：SQL Server登录账号。

例如：

```
string conStr = "Server = .;Database = jxc;Uid = sa;Pwd = 123456";
```

SqlConnection数据库连接管理具体执行步骤如下：

(1) 通过构造函数创建一个 SqlConnection 对象,可以同时指定连接字符串。

(2) 如果在第一步中没有设置连接字符串,则要设置正确的连接字符串属性。

(3) 通过 Open 方法打开数据库连接。

(4) 操作完成后,通过 Close 方法关闭数据库连接。

注意:

(1) ADO.NET 相关的类都保存在 System.Data 命名空间下,而 SQL Server 数据库访问的类库放在 System.Data.SqlClient 命名空间下,所以编写数据库访问代码中必须引用这两个命名空间。

(2) 为了保证数据库在任何情况下都要关闭,通常使用 try…finally 语句,在 try 语句块中打开并使用 SqlConnection,在 finally 语句块中关闭 SqlConnection。

14.3.2 SqlCommand 对象

ADO.NET 在连接模式下访问数据库,通过 SqlCommand 对象在 SQL Server 数据库上执行 SQL 命令,如查询、添加、修改、删除数据以及操作存储过程等。该对象建立在 Connection 对象之上,所以 Connection 对象连接到哪个数据库,SqlCommand 对象就对哪个数据库进行操作。一般把数据的操作分成两种。

第一种是不返回记录集的命令。通常执行添加 INSERT、删除 DELETE 和修改 UPDATE 操作的 SQL 语句。

第二种是返回记录集的命令。通常是执行查询语句 SELECT 获取记录集。

1. SqlCommand 对象的构造方法

(1) 连接对象 Connection 的 CreateCommand 方法可以返回一个 Command 对象。

```
SqlConnection Conn = new SqlConnection(@"server = .\;database = jxc;uid = sa;pwd = 123456");
SqlCommand Cmd = conn.CreateCommand();
```

(2) 通过无参数构造函数构造。

用这种方法构造 SqlCommand 对象后,需要指定 SqlCommand 的 Connection 属性(对象的连接)及 CommandText 属性(SQL 语句命令)。

例如:

```
string strConn = @"server = .\;database = jxc;uid = sa;pwd = 123456";
strSQL = "SELECT * FROM t_zg";
SqlConnection conn = new SqlConnection(strConn);  //创建连接对象
conn.Open();
SqlCommand cmd = new SqlCommand();                //创建命令对象
cmd.Connection = conn;                            //指定命令对象的连接
cmd.CommandText = strSQL;                         //指定命令对象的命令文本
```

(3) 通过带参数构造函数构造。

带参数的构造函数构造 SqlCommand 对象,需要的参数是 SQL 命令的文本以及连接对象。

例如:

```
SqlCommand Cmd = new SqlCommand (strSQL,conn);
```

2. SqlCommand 对象的主要属性

SqlCommand 对象有三个重要的属性是经常使用的，分别是 Connection 属性、CommandType 属性和 CommandText 属性。使用任何一个 SqlCommand 对象之前，必须对这三个属性进行设置。

Connection：表示 Command 对象中要使用的数据库连接。

CommandText：表示要对数据源指定的 Transact-SQL 语句或存储过程。

CommandType：用于指定 CommandText 的类型，其值是枚举类型，枚举值分别为：

① Command. Text：SQL 命令。

② Command. StoredProcedure：存储过程名称。

③ Command. TableDirect：表的名称。

SqlCommand 对象默认的 CommandType 类型为 Command. Text。SqlCommand 对象执行 SQL Server 数据库存储过程，将在本书后面的章节介绍。

3. SqlCommand 对象主要方法

(1) ExecuteNoQuery()：同步执行 Transact-SQL 语句或存储过程指定操作，通常为不返回数据集的操作，如 UPDATE、INSERT、DELETE，返回被影响数据记录的条数。

(2) ExecuteReader()：同步执行 Transact-SQL 语句或存储过程指定的查询操作，如 SELECT 语句，返回只读只向前的数据读取器。

(3) ExecuteScalar()：执行 SELECT 查询，返回结果集第一行第一列的数据。常用于计算单个值的聚合 SELECT 语句。

4. SqlCommand 对象参数化查询

在登录模块中，需要将用户输入的用户名、密码字符串作为数据库 SQL 语句的一部分进行查询操作，命令字符串可以这样写：

```
string ConnStr = " select  *  from t _ zg where bh = ' " + txtUserName. Text + " ' and kl =
'" + txtPassWord. Text + "'";
```

可以看到，组合 SQL 语句时，两个字符串的写法就很复杂，如果是有更多个输入的字符串，那么 SQL 命令写起来非常容易错。有没有比较好的解决方法呢？ADO. NET 中的 Command 对象有一个 Parameters 属性，可以设置查询的参数化，使复杂的 SQL 语句写起来变得简单，在后面的章节中调用 SQL Server 数据库存储过程时，Parameters 属性用得更广泛。

下面的代码演示了登录模块中，如果采用指定 Command 对象查询参数时的写法。"@用户编号"和"@密码"相当于定义了临时变量，需要指定其数据类型和数据来源。

```
string ConnStr = "select * from t_zg where bh = @用户编号 and kl = @密码";
cmd.Parameters.Add("@用户编号",SqlDbType.VarChar).Value = txtUserName.Text;
cmd.Parameters.Add("@密码",SqlDbType.VarChar).Value = txtPassWord.Text;
```

```
cmd.CommandText = ConnStr;
```

用 SqlCommand 类执行 SQL 命令有查询类操作和更新类操作，主要包括以下几个步骤：

(1) 通过 SqlConnection 类创建可用的数据库连接。

(2) 在可用的数据库连接基础上创建一个 SqlCommand 对象。

(3) 打开数据库。

(4) 通过 SqlCommand. CommandText 属性设置要执行的 SQL 命令。

(5) 使用 SqlCommand. ExecuteNoQuery()方法执行非 SQL 查询命令，返回受影响的行数；或使用 ExecuteReader()方法执行查询操作，返回数据结果集。

(6) 如果需要，则重复步骤(4)和步骤(5)，执行更多 SQL 命令。

(7) 关闭数据库。

14.3.3 SqlDataReader 对象

利用 SqlCommand 执行查询数据操作需要结合 SqlDataReader 类来完成。通过 SqlCommand. ExecuteReader 方法执行查询 SQL 命令，执行完成后返回一个可以获取查询结果的 SqlDataReader 对象。开始时 SqlDataReader 指向第一条记录之前，不能读取，通过 SqlDataReader. Read 方法可以读取下一条记录，重复执行，直到全部记录读取完成。SqlDataReader 对象的常用属性和方法如下：

(1) HasRows 属性：获取对象中是否包含了数据行，值为 bool 类型。当需要确定对象中是否有行时，可以使用该属性。

(2) IsClosed 属性：获取一个值，指示该数据读取器是否已关闭。

(3) FieldCount 属性：获取当前行中的列数。

(4) Read()方法：读取下一数据记录，若存在数据行，则返回 true，否则返回 false。

为了方便获取数据记录的各个字段的值，SqlDataReader 类还提供 GetXXXX()系列方法，将指定字段的数据按照特定数据类型读取，如 int、string、DateTime 等。

14.4 ADO. NET 无连接模式访问数据库

14.4.1 了解 SqlDataAdapter 对象

已知，无连接模式下，SQL Server 查询命令获得到的数据放入 DataSet 或 DataTable 中，在内存中对数据经过处理后，需要将数据的更改提交到服务器，这就用到 SqlDataAdapter 类，在 ADO. NET 中，通过 SqlDataAdapter 和 DataSet 联合使用实现基于无连接的数据访问。SqlDataAdapter 对象是 DataSet 和 SQL Server 数据源之间的连接器，提供用于填充 DataSet 和更新 SQL Server 数据库的一组数据命令和一个数据库连接。为了与数据源进行交互，SqlDataAdapter 提供了 4 种 DbCommand 类型的属性：SelectCommand、DeleteCommand、InsertCommand 和 UpdateCommand，分别表示向数据源发送查询、删除、插入、更新 SQL 语句。

构建 SqlDataAdapter 对象的构造方法包括以下 3 种常用的形式：

- SqlDataAdapter()：创建一个默认的 SqlDataAdapter 对象，它的任何参数都在后期指定。
- SqlDataAdapter(SqlCommand cmd)：创建一个具有指定查询命令的 SqlDataAdapter 对象。
- SqlDataAdapter(String selectcmd,SqlConnection con)：创建一个具有指定查询命令和数据连接的 SqlDataAdapter 对象。

下面对 SqlDataAdapter 的其他几个重要的方法进行扼要说明。

1. Fill 方法

其作用是执行 SelectCommand 属性中设置的查询语句，将查询返回的数据填充到本地的数据集(DataSet)或数据表(DataTable)中。该方法常用的构造方法有两种重载形式：

- Fill(DataSet dataset)：根据 SQL 查询命令从数据库获取数据，并自动创建一个名为"Table"的 DataTable 对象来保存数据，然后将 DataTable 对象添加到 DataSet 中。
- Fill(DataSet dataset,string srcTable)。

当调用这些构造方法的时候，一般都会将 DataAdapter 产生的结果集填充到紧跟最后一个数据表后面的数据表(空表)中，其中 srcTable 用于设置所填充的数据表名称。通常情况下，使用第一种构造方法即可。

例如：

```
SqlDataAdapter dataAdapter = new SqlDataAdapter("select * from t_zg ",conn);
DataSet ds = new DataSet();
dataAdapter.Fill(ds);
dataGridView1.DataSource = ds;
dataGridView1.DataMember = ds.Tables[0].ToString();
```

2. Update 方法

该方法向数据库提交存储在 DataSet(或 DataTable)中的更改，该方法会返回一个整数值，表示成功更新的记录数量。执行该方法前，至少要指定它的 SelectCommand 属性，Update 方法会根据数据的更改自动调用 DeleteCommand、InsertCommand 和 UpdateCommand 中的某一个提交数据。

Update 方法具有多个重载形式，可以根据需要提交指定的数据。

- int Update(DataRow[] rows)：只提交指定的行的数据到服务器，其中 rows 表示要提交的数据记录的数组。
- int Update(DataSet ds)：提交指定数据集合中所有被更改的数据记录，其中参数 ds 表示要提交的数据集。
- int Update(DataTable dt)：提交指定数据表中所有被更改的数据记录，其中参数 dt 表示要提交的 DataTable。

14.4.2　使用 SqlDataAdapter 操作数据

1. 用 SqlDataAdapter 获取数据

使用 DataAdapter 类从数据库服务器获取数据记录到本地通常需要以下几个步骤：

(1) 通过 SqlDataAdapter 类的构造函数创建一个 SqlDataAdapter 对象，同时为它指定数据库连接、查询命令等基本参数。

(2) 通过 SqlDataAdapter 类的 SelectCommand 属性设置或修改查询命令，同时自动产生 DeleteCommand、InsertCommand 和 UpdateCommand。

(3) 通过 SqlDataAdapter 类的 Fill 方法从数据库服务器获取数据到本地 DataSet 或 DataTable。

2. 用 SqlDataAdapter 修改数据

要通过 SqlDataAdapter 修改数据，并将修改提交到数据库服务器，这就需要使用到 SqlDataAdapter 的 DeleteCommand、InsertCommand 和 UpdateCommand 三个属性，它们分别表示插入记录、删除记录和更新记录要调用的 SQL 命令。值得庆幸的是，通常开发人员不需要明确为 SqlDataAdapter 指定这三个属性，可以通过 SqlCommandBuilder 类自动创建它们。SqlCommandBuilder 可以根据 SqlDataAdapter 的 SelectCommand 命令自动生成用于更新数据的其他三个命令。

通过 SqlDataAdapter 提交数据更改到数据库，通常需要以下几个步骤：

(1) 通过 SqlDataAdapter 类构造方法创建对象，同时为其指定数据库连接、查询命令等参数。

(2) 创建一个和 SqlDataAdapter 类相关的 SqlCommandBuilder 对象，并通过 SqlCommandBuilder 类的 GetInsertCommand()、GetUpdateCommand()、GetDeleteCommand 方法获取与 SqlDataAdapter 类的 Select 命令相对应的插入、更新和删除命令。

(3) 通过 SqlDataAdapter 类的 Fill 方法，从数据库服务器获取数据记录到数据集 DataSet 或 DataTable 中。

(4) 通过 DataSet 或 DataTable 的属性和方法进行数据添加、修改、删除内存中的数据记录。

(5) 通过 SqlDataAdapter 类的 Update()方法将本地数据记录的修改提交到数据库服务器。

14.5　开发职工数据编辑窗口

通过前几节的学习，已经了解了如何通过 ADO. NET 访问数据库的方法。编写代码实现数据访问，可以做到最大的灵活性，但编写过多的代码，可能会使一些初学者感到头痛，VS 2008 中提供了可视化控件实现数据访问的方法，可以通过设置向导，快速实现向项目中添加数据源，以及查询、添加、删除和修改数据等功能。本节将采用可视化控件来设计一个职工表的数据编辑窗口，完成进销存管理系统中的职工数据管理功能。先按照以下讲述的步骤一步一步地把界面设计出来，稍后介绍设计中涉及的一些技术。

14.5.1 职工与专业数据表设计

本示例将用到如下两个表：

```
t_zg(职工表)：编号,姓名,性别,婚否,出生日期,专业编号,口令
t_zy(专业表)：编号,名称
```

在 SQL Server 2008 中建立一个名为 jxc(进销存)的数据库，并在其中建立如下所示的两个表：

```
t_zg: bh char(4),xm varchar(8),xb char(2),hf bit,csrq datetime,zybh char(4),kl varchar(10)
t_zy: bh char(4),mc varchar(10)
```

其中，t_zg 表和 t_zy 表的主键都是其 bh 字段；t_zg 表中的 zybh 是对应 t_zy.bh 的外键；t_zg.xm 不能为空；t_zy.mc 不能为空；t_zy.mc 具有唯一索引。

t_zy 中预先加入如下数据：

```
1001,市场营销；1002,物流管理；1101,信息管理；1201,会计学；1301,电子商务
```

读者应该在 SQL Server 2008 的 SQL Server Management Studio 中完成上述工作，以便继续进行下面的练习。

14.5.2 职工数据编辑窗口的设计

职工表的数据编辑窗口效果如图 14-2 所示。顶部有个导航菜单，完成数据的导航、添加、删除和保存等操作；左侧是以表格形式表示所有职工的部分信息；右侧显示职工表各个字段的详细信息。单击左侧的某条职工记录，右侧会显示相应的详细信息。

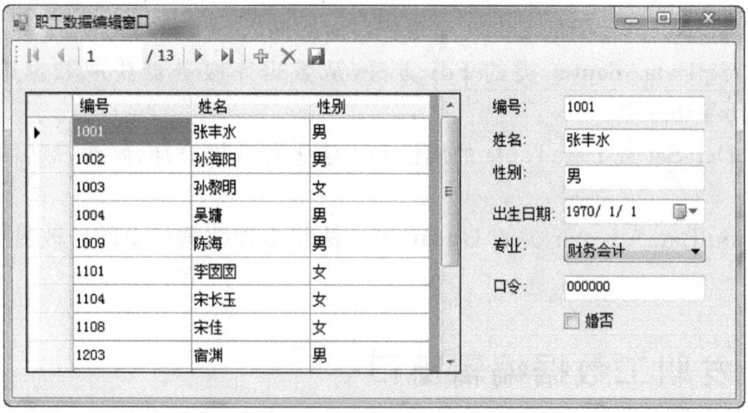

图 14-2 职工表的数据编辑窗口

下面逐步介绍此职工数据编辑窗口的设计过程。

(1) 创建一个新的 Windows 窗体应用程序，名称为 FrmZG，选择存储位置后，单击“确定”按钮。将新建的窗体 Form1 的 name 改为 frm_zgInfo；Text 属性改为“职工数据编辑窗口”。

(2) 利用向导配置数据源。在 VS 2008 中，通过菜单“数据源”→“显示数据源”命令打开“数据源”面板，其中显示项目中已经关联的数据源。单击“添加新数据源”按钮，弹出“选择数据源类型”窗口，这里我们选择“数据库”，单击“下一步”按钮，设置数据连接。单击“新建连接”按钮，弹出如图 14-3(a)所示的界面。

在图 14-3(a)中，选择数据库服务器的名称，设置登录服务器的用户名和密码，选择所连接的数据库(这里选择进销存数据库 jxc)，单击“测试连接”按钮，若提示连接成功，表示连接正常。单击“确定”按钮，返回到刚才的选择数据连接窗体。窗体中显示刚才设置的连接字符串，可能有 sa 用户的密码，所以提示在连接字符串中是否包含敏感数据。这里选择“是”，单击“下一步”按钮，将连接字符串保存到应用程序配置文件中。单击“下一步”按钮，进行数据库对象的选择，可以根据需要选择数据库中的表或存储过程等，DataSet 名称为“zgzyDataSet”，如图 14-3(b)所示。

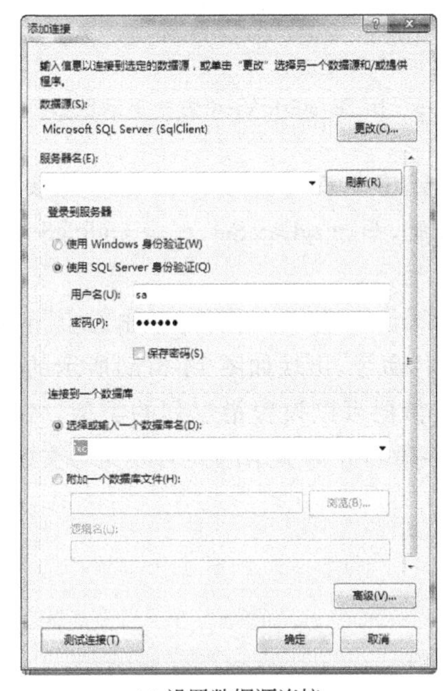

(a) 设置数据源连接

(b)设置数据库连接对象

图 14-3　数据资源配置

数据源添加完成后，在解决方案资源管理器中，将会增加 zgzyDataSet. xsd 文件。此时，在数据源面板中，包含了前面选择的两个数据表，如图 14-4 所示，查看 t_zg 表中有哪些列。

数据源配置完成后，数据源连接信息被保存在 Properties 文件夹下的 Settings. settings 配置文件中，可以在解决方案资源管理器找到并打开它，可以看到存在名为 jxcConnectionString 的连接字符串，如果数据库连接参数发生变化(如项目迁移到别的机器)，请在这里进行修改。

(3) 以 DataGridView 方式显示数据。激活 frm_zgInfo 窗体的设计视图，选中数据源面板中的 zgzyDataSet 数据集下的 t_zg 项，用鼠标拖曳到 frm_zgInfo 窗体中。可以看到，窗体中自动添加了一个 DataGridView 控件，并设置好了刚才指定的数据源，且在窗体顶部还自动添加了一个BindingNavigator控件，用于导航操作数据。如图14-5所示。默认情况下，t_zg表会以DataGridView的方式显示，也可以切换成“详细信息”形式(在数据源面板中，单击t_zg表的下拉列表)。

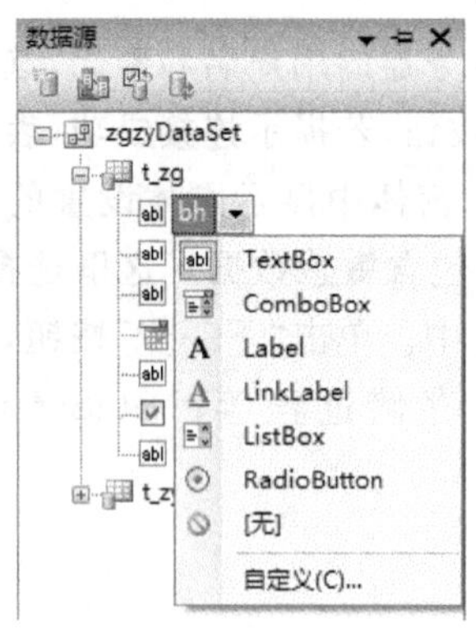

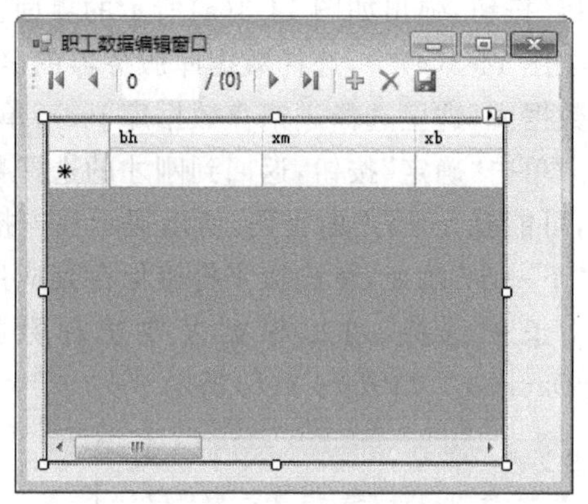

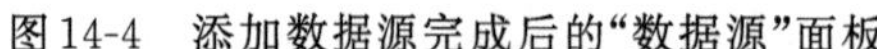

图14-4 添加数据源完成后的“数据源”面板　　　　图14-5 用DataGridView方式显示数据

注意：当把数据源以DataGridView添加到窗体后，窗体设计器的下方，增加的很多控件，这些控件就是用来完成数据编辑和显示的基本功能，如zgzyDataSet、t_zgBindingSource、t_zgTableAdapterManager和t_zgBindingNavigator。

(4) 编辑DataGridView列信息。在窗体上选择DataGridView控件，单击右上角的箭头图标，打开“DataGridView任务”窗口。选择“编辑列”命令，出现如图14-6(a)所示的编辑列窗口，左侧列表给出目前所有的列信息，右边属性编辑器可以设置指定列的类型、名称等信息。这里我们调整需要显示的列(保留bh、xm、xb字段)，并为显示的列名改为中文(设置HeaderText属性)。

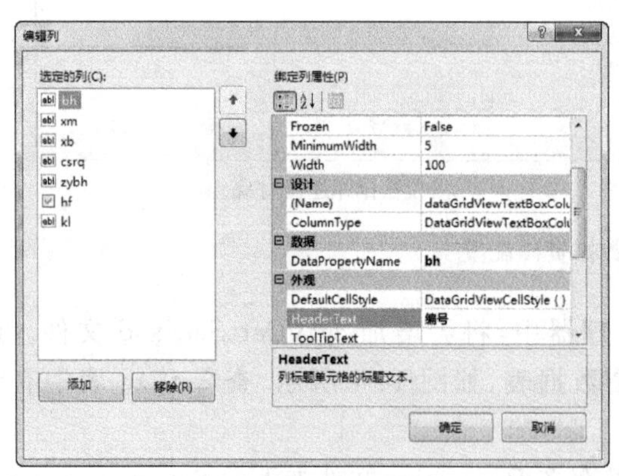

(a) 编辑DataGridView的列

(b) 显示t_zg表各字段的详细信息

图14-6 编辑DataGridView及显示t_zg表各字段的详细信息

(5) 将“数据源”面板中的zgzyDataSet数据集下的z_zg表修改为“详细信息”模式，并为t_zg表中的各个字段修改为合适的控件，控件表示如何显示这些字段的值。例如，bh字段的内容用TextBox控件显示，csrq字段的内容用DateTimePicker控件显示。

(6) 用鼠标将 zgzyDataSet 数据集下的 z_zg 表项托放到 frm_zgInfo 窗体的右侧。如图 14-6(b)所示,可以看出数据表各字段的信息以给定的控件显示出来,每一字段的左侧都有相应的 Label 控件,用于标记字段的名字,右侧的控件已经绑定到数据源。

此时,运行工程基本完成了界面的设计,但发现还有很多问题需要改进。例如,职工信息中的专业信息显示的不够直观,因为在 t_zg 表中存储的是专业编号。如果显示专业名称将更直观、合理些。所以可以做如下处理。

(7) 把专业序号对应的 Label 和 TextBox 控件去掉。在数据源面板中,首先单击 zybh 字段右侧下拉箭头,显示可用控件类型的列表,把 zybh 字段控件改为 ComboBox。然后用鼠标拖曳到窗体中。注意,职工数据信息和专业信息是两张表,如果用户单击某条职工信息时,ComboBox 中应该显示相应的专业名称,需要设置 ComboBox 的数据源。

(8) 设置 ComboBox 数据源。单击 ComboBox 右上角的箭头,打开 ComboBox 任务设置界面。选中"使用数据绑定项",数据源设置为 zgzyDataSet 数据集下的 t_zy 表、显示成员设置为 mc、值成员设置为 bh、选定值设置为 t_zgBindingSource 数据源中的 zybh 字段。通过"选定值"的设置就把职工表和专业表这两个数据源联系起来了。此外,还需要在属性面板中把这 ComboBox 控件的 dataBindings 下的 Text 属性设置为空。

(9) 设置各控件属性。将各个 Label 字段修改为中文; DateTimePicker 控件显示日期的格式需要和数据库中设置的约束一致,将其 Format 属性设置为 Short; ComboBox 的 DropDownStyle 属性设置为 DropDownList。

(10) 最终的控件调整。对窗体上各控件的大小和位置进行适当调整,并调整正确的 Tab 顺序(修改各控件的 TabIndex 属性),同时调整窗体的大小。

(11) 运行工程。在左侧的表格中单击某一行数据,右侧会同步显示相关信息。因为给它们绑定的是同一个数据源。在窗口右侧的各字段中输入数据,单击导航栏上的"保存"按钮,可保存一条记录; 单击"插入"按钮插入一条新记录,输入内容再"保存",可以多输入几条记录,查看效果,同时为后面的实验做好准备; 单击"删除"按钮,可删除当前的一条记录。

14.5.3 运行时错误及处理方法

健壮性是优秀程序的一个基本要求。对于 FrmZG 工程,虽然能完成要求的功能,但是如果输入的数据不合法,程序便会出错。本节对 FrmZG 工程运行时产生错误进行分析,通过对它们的解释让读者明白运行时错误的基本概念。

1. 不能插入空行错误

在 VS 2008 中运行 FrmZG 工程,打开"职工数据编辑"窗口,新增一条记录,什么也不输入,单击"保存"按钮,则 VS 2008 会进入调试模式,出现如图 14-7 所示的提示框。

发生这个错误的真正原因是向 t_zg 表中插入了所有字段都为空的一条记录,而这对于设定了主键(这也是关系数据库必须满足的实体完整性约束)的 t_zg 表是不允许的。

2. 不能插入空值列错误

保持新增记录中只有"编号"输入 1005,其他框保持为空,单击"保存"按钮,则 VS 2008 会出现类似图 14-7 所示中的错误提示: 列 xm 不允许空值。回想一下,在建立 t_zg 表时,曾经要求该表的 xm 字段不能为空，这是一种用户自定义的数据库约束，而要插入的记录"xm"字段为空，因而违反了此约束，所以出错。

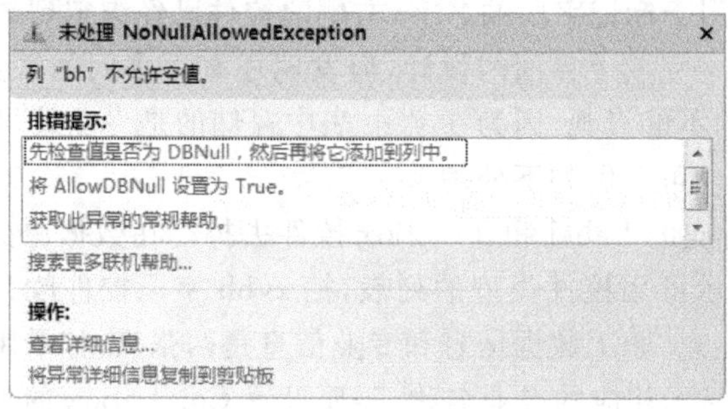

图 14-7 异常信息

3. 违反数据表中唯一键的错误

在"职工数据编辑"窗口中随便选中一条记录，修改其"编号"字段的值，使之与另一条记录"编号"字段的值相同，这将违反关于主键的完整性约束。单击"保存"按钮，则 VS 2008 会出现类似图 14-7 中的错误提示：列 bh 被约束为是唯一的。值 1001 已存在。这是一个 ConstraintException 异常。

可以看出，在没有异常处理的情况下，当程序发生错误时，就会意外终止，弹出异常错误信息，给用户的感觉非常不友好。以上这几个错误，在调试模式下，都定位到"保存"按钮事件中。对数据库的操作一般都要进行异常的处理，所以把事件中的代码写到 try 块中，具体如下：

```
try{
        this.Validate();
        this.t_zgBindingSource.EndEdit();
        this.tableAdapterManager.UpdateAll(this.zgzyDataSet);
        MessageBox.Show("操作成功","提示");
}catch (Exception ex) {
        MessageBox.Show(ex.Message);
}
```

this.Validate()的作用是顺序引发各个控件的 Validated 和 Validating 事件，验证失去焦点的控件值。这是系统自动生成的代码。运行后发现，虽然能以消息框的形式友好的给出异常提示，但是提示信息比较专业。例如，"列 bh 不允许空值"，像是给程序员调试用的，况且软件不该暴露给用户设计中的细节(如 bh 字段)。

前面介绍了如何使用 try-catch 语句，if 语句和消息框来验证用户的输入，除了这些技术外，还可以使用 ErrorProvider 控件和 MaskedTextBox 等控件技术，结合 Validating 事件完成字段级验证，当用户输入无效数据时，马上就会显示出错消息。

下面限制"编号"字段，要求必须输入 4 位整数作为职工编号，如果不够 4 位则给出提示信息。

VS 2008 工具箱提供了 MaskedTextBox 控件，可以限制用户输入字符时，只能输入特定的字符。将编号字段换成 MaskedTextBox 控件显示，将其 Mask 属性设置为 0000，表示只能输入 4 个数字。但是，掩码文本只是限制用户只能输入哪些字符，并不能强制用户必须全部输入。必须结合相应的验证事件，以及其他一些属性，如 MaskComplete 属性可以判断所有必要输入是否都已经完成。此外，在窗体中增加一个 ErrorProvider 控件，用于显示提示错误信息，通常把单个 ErrorProvider 控件应用到所有的控件，如果输入的值无效，那么 ErrorProvider 将在出错字段的旁边显示一个闪烁的图标，并在弹出的提示框中显示一条信息。

当用户在每一个控件中输入数据时，将按照下列顺序发生多个事件：Enter、GotFocus、Leave、Validating、Validated 和 LostFocus 事件，虽然可认为这些事件中的任意一个都可以写验证事件处理程序，但是 Validating 事件是编写验证代码的最佳位置。它用于在值存入之前检验某个先决条件，当用户完成输入，或按 Tab 键或单击另外一个控件时，针对刚刚离开的控件将发生一个 Validating 事件（前提是该控件的 CauseValidation 属性为真，窗体上每个控件都有这一属性，默认情况下该属性被设置为真）。Validating 事件处理程序有个 CancelEventArgs 参数，可以使用这个参数取消事件，并将焦点返回到正在验证的控件上。“编号”字段的 Validating 事件处理代码如下：

```
private void bhMaskedTextBox_Validating(object sender,CancelEventArgs e) {
        if (!bhMaskedTextBox.MaskCompleted)            //是否已经完成所有必须输入
        {                                              //没有完成,显示错误信息,不接受输入
        errorProvider1.SetError(bhMaskedTextBox,"编号要求是四位数字!");
        e.Cancel = true;
        }else{
        errorProvider1.SetError(bhMaskedTextBox,""); //清除错误信息
        }
}
```

注意：如果窗体是第一次显示，那么接收焦点的字段上使用 Validating 事件时，且文本框中没有输入有效数据的情况下，用户不能关闭窗体。在窗体的 FormClosing 事件处理程序中，设置 e.Cancel=false；即可解决这个问题。

其他字段的验证，请读者自己来完成。

14.6　可视化控件实现数据访问的相关技术

相信读者已经按照以上步骤完成了职工编辑窗体的设计，下面对可视化控件实现数据访问用到的一些技术和原理进行解释，以便读者更加深刻的掌握设计机理。

14.6.1　.NET 数据绑定技术

在 14.5 节中，读者已经体会到了使用控件进行数据绑定的快捷性，避免了为了实现这些操作需要在后台中编写大量代码的麻烦。数据绑定技术是一种自动将数据按照指定格式显示到界面上的技术。通过数据绑定，可以很轻松地从数据库提取数据，并将数据显示到界

面，.NET数据绑定可以绑定数据到Windows Form中。.NET数据绑定主要包括三个主要的层次：数据显示控件、数据绑定管道和数据访问组件，分别完成不同的功能，如图14-8所示。

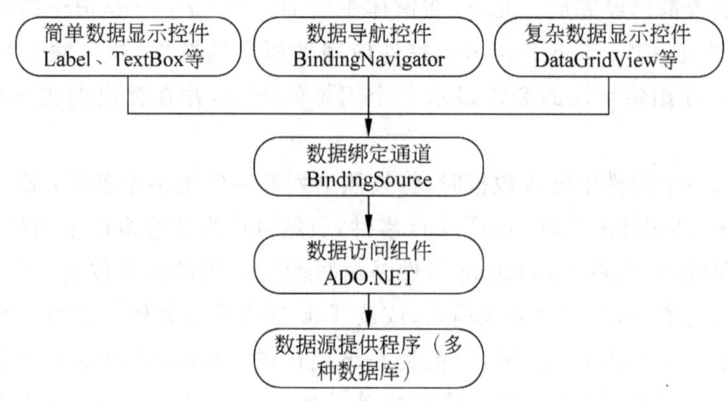

图14-8 .NET数据绑定结构图

(1) 数据显示控件：是一些界面元素，如TextBox等Windows Form控件。

(2) 数据绑定通道：通常是BindingSource类，是数据源和数据显示控件之间的纽带，将数据从数据源传递到显示控件，也包括从控件读取数据并对数据进行必要的处理。

(3) 数据访问组件：负责从数据源获取数据，并将数据保存到内存中。数据源可以是任意类型的数据，如数组、对象等，但通常为数据库，需要ADO.NET组件。

在VS 2008窗体应用程序开发中，用于数据绑定相关的控件，位于"工具箱"的"数据"分组中。下面介绍BindingSource控件、DataGridView控件和BindingNavigator控件的使用。

1. 使用BindingSource绑定数据源

BindingSource组件提供一种将窗体上的控件绑定到数据的中间层。通过BindingSource组件绑定到数据源，然后将窗体上的控件绑定到BindingSource组件来完成。界面与数据库的所有进一步交互(包括导航、排序、筛选)，都是通过BindingSource组件来完成。在VS 2008中，可以通过控件(如TextBox)的DataBindings属性将BindingSource绑定到控件。

BindingSource组件可以绑定到两种数据源：一个是简单数据源，包括对象的单个属性或ArrayList集合；14.5节窗体设计的步骤6就属于简单数据绑定。二是复杂数据源，如数据库表。在设计和运行时，通过将BindingSource组件的DataSource和DataMember属性分别设置为数据库和表，就可以将该组件绑定到复杂数据源。14.5节窗体设计的步骤3就属于复杂数据绑定。

注意：通过配置数据源的向导来完成的数据绑定，虽然没有详细设置BindingSource组件的DataSource和DataMember属性，还有各个TextBox等控件的DataBindings属性，配置向导已经帮助完成了，读者可以验证。

虽然 BindingSource 类是数据绑定的核心，是绑定数据源和控件之间的纽带，但是它本身是个后台辅助类，通常不会直接使用。

2. DataGridView 控件

在.NET 4.0 中，以表格形式存储的数据通常是通过 DataGridView 控件来显示和编辑，提供了一种强大而灵活的、以表格形式显示数据的方式。如果想在 DataGridView 控件中显示数据源数据，只需为 DataGridView 控件指定绑定的数据源，可以自动从数据源读取数据并显示数据。

DataGridView 控件提供了大量用于表格显示和操作的属性和方法，同时也提供了便于数据绑定的成员和方法。例如，DataSource 属性用于设置 DataGridView 中要显示的数据源；Rows 属性用于获取当前表格中的所有行信息；CurrentCell 属性用于获取当前处于活动状态的单元格；CurrentRow 属性获取当前选中的行(返回 DataGridViewRow 类的对象)；DataGridViewRow 类的 Cells 属性可以获取当前行所有单元格的信息。当选中某一行时触发 CellClick 事件，此事件可以获取当前行和列的数据。

3. 用 BindingNavigator 控件进行导航

在很多和数据相关的软件中，数据导航是常见的功能。Windows Form 控件库也提供了此功能的控件 BindingNavigator。它本质上是一个包含多个内置工具栏项的工具栏控件。从该控件的结构上看出，BindingNavigator 控件一共包含一个输入框、一个 Label 控件和若干个按钮，分别有不同的图标和功能，集成在一起完成数据导航的功能。

BindingNavigator 控件通常与 BindingSource 成对出现，通过将 BindingSource 对象绑定到 BindingNavigator 控件的 BindingSource 属性来联系这两个控件。

14.6.2 使用 TableAdapter 组件进行带参数的多表查询

通过设计根据专业名称查询职工信息的示例窗体来讲解带参数多表查询的实现方法。t_zg 表中未包含专业名称字段，所以需要采用多表查询，界面如图 14-9(a)所示。实现过程中用到 TableAdapter 组件。这个组件正好满足要求。

TableAdapter 组件用于程序和数据库之间的通信，更具体地说，TableAdapter 连接到数据库，执行查询或存储过程，并返回新数据表或用返回的数据填充到现有的 TableAdapter。TableAdapter 组件和前面讲到的 DataAdapter 功能类似。DataAdapter 是通过编写代码实现数据库的访问，而 TableAdapter 仅需要编写少量代码。

数据库中的每一个表都有一个特定的 TableAdapter 对象。例如，职工表为 t_zg，则对应的 TableAdapter 对象名为 t_zgTableAdapter。

下面分步骤介绍采用 TableAdapter 组件实现按专业查询职工信息的功能。

(1) 打开 14.5 节中创建的解决方案 FrmZG。在 VS 2008 下打开 ch13 目录下的 FrmZG\FrmZG.sln 文件。

(2) 添加窗体。在 FrmZG 解决方案中，右击项目，在弹出的菜单中选择“添加”→“Windows 窗体”选项。输入窗体名称 Frm_SearchByZymc，单击“添加”按钮，一个新的窗体被加至到当前项目中。

(3) 在数据集设计器中添加 TableAdapter。

打开数据源面板，在数据集面板顶部，单击"使用设计器编辑数据集"按钮，打开数据集设计器 zgzyDataSet. xsd。右击数据集设计器的空白处，在弹出的菜单中选择"添加"→TableAdapter…项，打开 TableAdapter 配置向导，选择数据库连接字符串后单击"下一步"按钮，弹出命令类型窗口，这里选择"使用 SQL 命令"，输入如下的 SQL 命令：

```
select t_zg.bh,t_zg.xm,t_zg.xb,hfms = CASE hf WHEN 1 THEN '是' WHEN 0 THEN '否' ELSE '--' END,
t_zy.mc from t_zg,t_zy
where t_zg.zybh = t_zy.bh and mc = @专业名称
```

其中，"@专业名称"是需要输入的查询参数。

(4) 单击"下一步"按钮，填充 TableAdapter 的方法名设置为 FillByZymc，单击"下一步"按钮直到完成查询的配置。TableAdapter 查询配置完成后，在数据集设计器中会增加一个新的 TableAdapter，将其命名为 SearchByZymcTable。

(5) 将数据源面板中的 SearchByZymcTable 项拖曳到窗体 Frm_SearchByZymc 中，如图 14-9(b)所示。

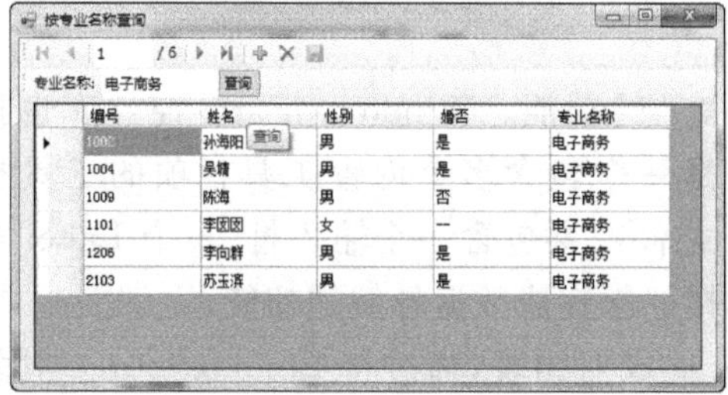

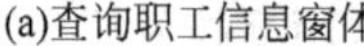

(a)查询职工信息窗体

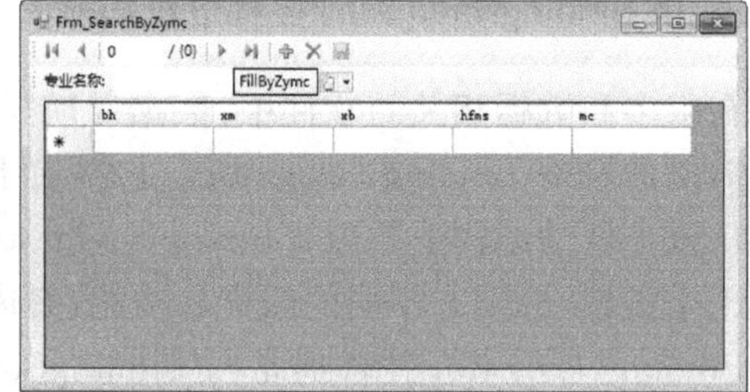

(b) 窗体设计

图 14-9 查询窗体及其设计

(6) 属性设置。将 FillByZymc 按钮的 Text 属性改为"查询"；打开"DataGridView 任务"，编辑各列字段显示为中文，取消启用编辑、启用添加、启用删除的多选项选择状态。其他设置自行设置即可。

右击窗体，查看代码，可以看到查询按钮的单击事件里，VS 2008 自动生成了实现代码：

```
this.searchByZymcTableTableAdapter.FillByZymc(this.zgzyDataSet.SearchByZymcTable,专业名称
ToolStripTextBox.Text);
```

FillByZymc 有两个参数：第一个是 TableAdapter 对象；第二个是专业名称字符串变量，即窗体文本框中输入的值。

(7) 在 frm_zgInfo 窗体中，添加按钮"按专业查询"，添加单击事件，显示查询窗体 Frm_SearchByZymc，代码如下：

```
Frm_SearchByZymc serarchForm = new Frm_SearchByZymc();
serarchForm.Show();
```

(8) 运行工程。

14.6.3 用 TableAdapter 实现主表/明细表关系

主表/明细表(Master/Detail)是关系数据库中常见和常用的一对多关系，下面以 t_zy 和 t_zg 表来说明这种关系，并进行设计和编程练习。

t_zy 表和 t_zg 表之间是一对多的关系，因为可以有多个职工毕业于同一个专业，但同一个职工不能属于多个专业。通常将一对多关系的"一"称为"主表"，"多"称为"明细表"。

VS 2008 允许使用带参数的 TableAdapter 在主表和明细表间建立联系，这时改变主表中的当前记录，将使明细表中的记录随之变化，效果如图 14-10 所示。

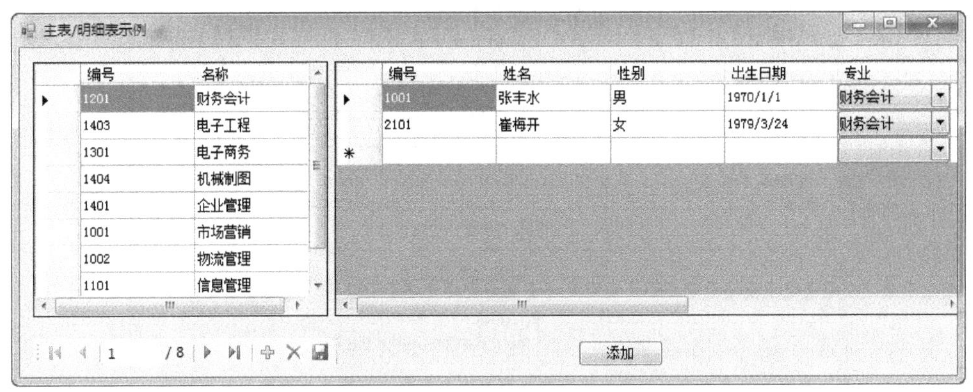

图 14-10 主表/明细表示例

下面继续在 FrmZG 解决方案中给出实现主表/明细表示例的步骤。

(1) 打开 14.5 节中创建的解决方案 FrmZG。

(2) 添加窗体。操作步骤如同 14.5 节中的步骤 2。窗体名称为 Frm_MD，窗体的 Text 属性设置为"主表/明细表示例"。

(3) 在数据集设计器中添加 TableAdapter。操作步骤如同 14.6.2 节中的第 3 步，SQL 语句为：

```
SELECT * FROM dbo.t_zg where zybh = @bh
```

其中，@bh 参数是用来实现主表/明细表关系的关键。在数据源面板中将出现新增加的 t_zg1 表。

(4) 将 t_zy 表和 t_zg1 表拖曳到窗体中。拖曳 t_zg1 时将生成 fillToolStrip 查询工具栏，在后台代码中也生成了用于查询功能的事件 fillToolStripButton_Click。

(5) 增加 t_zyDataGridView 的 CurrentCellChanged 事件，将 fillToolStripButton_Click 事件中的代码拷贝到其中，并修改 Fill 方法的第二个参数为：t_zyDataGridView. CurrentRow. Cells[0]. Value. ToString()，即 t_zy 表的 bh 字段的值。这个参数用于向@bh 传递参数，实现主表/明细表关系。最后删除窗体中 fillToolStrip 查询工具栏和 fillToolStripButton_Click 事件。

(6) 控件属性设置、排列各控件位置。将导航栏的 Dock 属性设置为 None，并放至专业表的下方。注意，除了 Name 属性、Enable 和 Visible 属性外，Dock 属性也是控件常用的公共属性，用于确定子空间和父控件的边缘依赖关系（即停靠在父控件的位置）。

(7) 在 frm_zgInfo 窗体中，添加按钮“主表/明细表示例”，添加单击事件显示该窗体。

(8) 运行工程。

可能看到，窗体右侧职工信息中，专业在 DataGridView 中以 ComboBox 列表的形式显示，这是为了显示直观并利于添加职工信息。实现方式的大致思路是，在“编辑列”窗口中，可以设置 ColumnType 属性，并设置数据源，如图 14-11 所示。

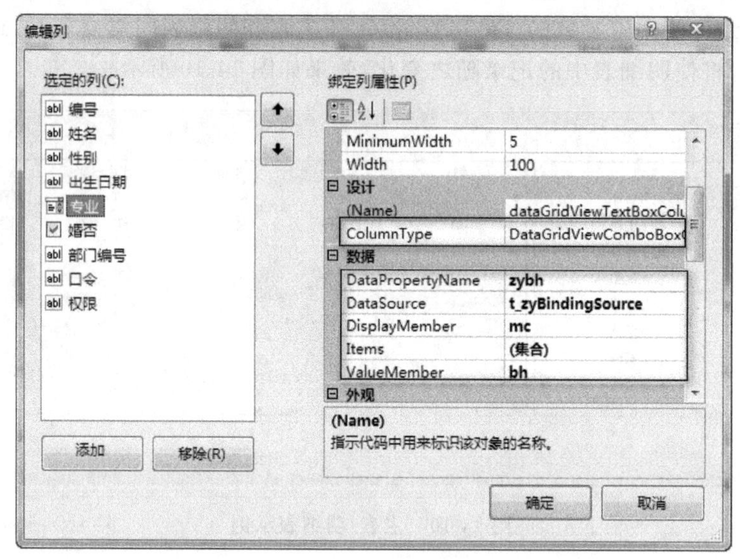

图 14-11 设置 ColumnType 属性和数据源

习题 14

1. 简答题

(1) 简要说明 ADO.NET 的组成。

(2) 教材中提到 Connection 和 SqlConnection，两者有何区别与联系？

(3) ADO.NET 有哪些数据库访问模式？并简述之。

(4) 简述 DataSet 和 DataTable 之间的关系。

(5) 如何通过 SqlConnection 类创建、打开、关闭数据库连接？

(6) 如何通过 SqlCommand 类创建和执行 SQL 语句？

(7) 如何通过 SqlDataReader 从数据库服务器读取数据？

(8) 简述.NET 数据绑定技术。

(9) 简述简单绑定和复杂绑定的区别。

(10) 如何为 DataGridView 控件添加数据绑定？

2. 程序设计题

(1) 实现 t_zg 表数据的添加功能。要求：

① 采用 ADO.NET 访问数据库的对象进行编码实现该功能。

② 界面设计要求以 DataGridView 显示当前 t_zg 表数据，下方增加若干 TextBox 控件用于用户输入添加信息，增加一个“添加”按钮，完成数据添加功能。

(2) 实现 t_zg 表数据的修改、删除功能。

(3) 在“职工数据编辑”项目中，增加“性别”字段的有效性验证，要求只能输入“男”或“女”。

(4) 在 SQL Server 中设计一个职工工资数据库，其中包括三个表：部门表(部门编号、部门名称、负责人)、职务表(职务编号、职务名称)、职工工资表(编号、姓名、性别、部门号、职务号、基本工资)。建立一个 VS 2008 工程，实现如下功能。

① 职工工资数据编辑窗口(要求显示部门名称和职务名称)。

② 部门表编辑窗口。

③ 职务表编辑窗口。

④ 以主表/明细表方式将部门表和职工工资表显示在同一个窗口中。

⑤ 实现一个查询窗口，根据输入的姓名(可以是名字的一部分)查询有关职工的数据(允许查出多条数据)。

第15章 SQL Server 2008数据库应用系统开发实例

【本章简介】

本章是 VS 2008 环境下 C#及 SQL Server 的实战技术章，选择了一个有代表性的数据库系统——进销存(Jxc)数据库系统作为一个完整的应用系统实例。本章共 5 节，15.1 节介绍了 Jxc 数据库的设计，包括 E-R 图、数据表设计、表间关系的设计以及系统功能设计。15.2 节介绍了 Jxc 数据库应用系统基本框架的搭建，包括主窗体设计、登录窗体设计及用户权限设计等。15.3 节详细介绍了职工管理功能的设计与实现。15.4 节详细介绍了进货功能和进货查询功能的设计与实现。15.5 节对其他功能的实现进行了提示性说明。

期望读者通过本章的学习，能够体会到只有将 C#技术和 SQL Server 技术进行有机、合理的运用，才能实现良好的数据库应用系统。限于篇幅，本章并未实现全部的进销存管理系统，但确信学生能够运用所学的知识实现系统的其他功能。

【学习目标】

- 掌握数据库管理系统的数据库设计过程；
- 掌握数据库管理系统的综合开发技术及过程。

15.1 进销存数据库的设计

本节描述了一个简化版本的进销存模型，以避免因过多地纠缠于细节而使读者抓不到重点。这里将给出其 E-R 图、数据表设计和表间关系的设计。

1. 进销存数据库的需求

设想有一家计算机提供商，它包括许多部门，如财务部、采购部、销售部、办公室等。每个部门有若干职工，职工的基本信息可参考第 14 章中的 t_zg 表。

该企业需要从供货商那里采购商品，每批商品到货之后要存入库存。商品采购工作由采购部的职工完成，每位职工对自己的一笔采购业务负责，该采购业务由一个进货单和相应的进货明细项组成。

该企业通过向客户销售商品产生利润。销售工作由销售部的职工完成，每位职工对自己的一笔销售业务负责，该销售业务由一个销售单和相应的销售明细项组成。每笔销售业务需要通过出库完成真正的销售任务。

该企业要求对其库存量设报警限，以避免因库存量过少而影响销售业务，也要避免因库存量过高而造成资金积压。

这里的目标是实现一个“进销存数据库管理系统”（简称为 Jxc）。显然其中要有实现其主体业务的操作，包括进货业务（含累加库存）、销售业务（含减少库存）、进货查询统计、销售查询统计、库存查询、库存量超限报警等。

Jxc 还应包括一些辅助性功能，如职工管理、部门管理、专业管理、客户与供应商管理、商品管理等。此外，Jxc 还应包括一些系统安全性方面的管理功能，如职工权限管理以及根据权限执行或不执行某些功能等。

2. 进销存数据库的 E-R 图

根据上面的描述，给出该进销存模型的 E-R 图，如图 15-1 所示。

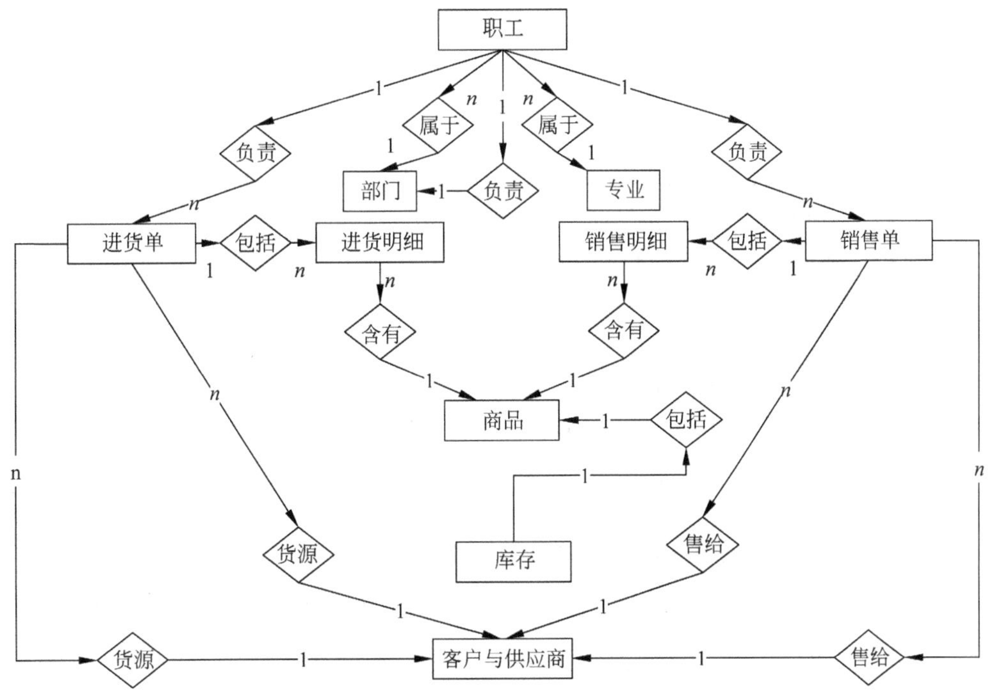

图 15-1　进销存数据库的 E-R 图

可以看出，该 E-R 图中包括如下的 10 个表：职工、部门、专业、进货单、进货明细、销售单、销售明细、商品、库存和客户与供应商。

该图为了表示表间的联系，即棱形框中动词的主体和客体，使用了带箭头的连接线，虽然标准的 E-R 图不要求带箭头的连接线，但是这里的箭头能够清楚地表达表之间的关系。图中联系（即棱形框）两侧连线上的数字表示了联系的类型，即“1 对 1”型或“1 对 n”型。

职工和部门之间存在两种联系，多个职工“属于”一个部门（当然也可以说一个部门“包括”多个职工），一个部门需要一个职工来“负责”。

这里将供应商和客户合并在一个表中，因为它们有相同的数据项。

3. 进销存数据库中各数据表的设计

根据图 15-1 中进销存数据库的 E-R 图，经过对各表中数据项的细化，特别是数据库的实体完整性、参照完整性和用户自定义的完整性约束分析，就可以建立进销存数据库 Jxc。

Jxc 中各表的设计如下所示。表的设计包括为表确定名字、确定表中各字段的名字、确定表的主键(实体完整性约束)、表之间的联系(外键约束，即参照完整性约束)，以及各种必要的用户自定义完整性约束条件。为方便今后引用，这里将各种约束的名称也列了出来。

(1) t_zg(职工表)：bh(编号) char(4) NOT NULL，xm(姓名) varchar(8) NOT NULL，xb(性别) char(2) NULL，csrq(出生日期) datetime NULL，zybh(专业编号) char(4) NULL，hf(婚否) bit NULL，bmbh(部门编号) char(2) NULL，kl(口令) varchar(10) NULL，qx(权限) tinyint NOT NULL

DF_t_zg_kl(口令默认约束)：'000000'

DF_t_zg_qx(权限默认约束)：2

PK_t_zg(主键约束)：bh

FK_t_zg_t_bm(外键约束)：bmbh，t_bm. bh，级联更新

FK_t_zg_t_zy(外键约束)：zybh，t_zy. bh，级联更新

CK_t_zg_csrq(出生日期约束)：datepart(year，getdate())-datepart(year，csrq)>=18

(2) t_bm(部门表)：bh(编号) char(2) NOT NULL，mc(名称) varchar(10) NOT NULL，fzrbh(负责人编号) char(4) NOT NULL

PK_t_bm(主键约束)：bh

FK_t_bm_t_zg(外键约束)：fzrbh，t_zg. bh

(3) t_zy(专业表)：bh(编号) char(4) NOT NULL，mc(名称) varchar(10) NOT NULL，

PK_t_zy(主键约束)：bh

(4) t_jhd(进货单表)：jhrq(进货日期) datetime NOT NULL，xh(序号) smallint NOT NULL，gysbh(供应商编号) varchar(10) NOT NULL，jhrbh(进货人编号) char(4) NOT NULL，

PK_t_jhd(主键约束)：jhrq，xh

FK_t_jhd_t_khgys(外键约束)：gysbh，t_khgys. bh，级联更新

FK_t_jhd_t_zg(外键约束)：jhrbh，t_zg. bh，级联更新

(5) t_jhmx(进货明细表)：jhrq(进货日期) datetime NOT NULL，xh(序号) smallint NOT NULL，spbh(商品编号) varchar(10) NOT NULL，sl(数量) smallint NOT NULL，dj(单价) decimal(12，2) NOT NULL

PK_t_jhmx(主键约束)：jhrq，xh，spbh

FK_t_jhmx_t_jhd(外键约束)：(jhrq，xh)，t_jhd (jhrq，xh)，级联删除，级联更新

FK_t_jhmx_t_sp(外键约束)：spbh，t_sp. bh，级联更新

CK_t_jhmx_dj(单价约束)：dj>0

CK_t_jhmx_sl(数量约束)：sl>0

(6) t_xsd(销售单表): xsrq(销售日期) datetime NOT NULL, xh(序号) smallint NOT NULL, khbh(客户编号) varchar(10) NOT NULL, xsrbh(销售人编号) char(4) NOT NULL,

PK_t_xsd(主键约束): xsrq, xh

FK_t_xsd_t_khkh(外键约束): khbh, t_khkh.bh,级联更新

FK_t_xsd_t_zg(外键约束): xsrbh, t_zg.bh,级联更新

(7) t_xsmx(销售明细表): xsrq(销售日期) datetime NOT NULL, xh(序号) smallint NOT NULL, spbh(商品编号) varchar(10) NOT NULL, sl(数量) smallint NOT NULL, dj(单价) decimal(12,2) NOT NULL

PK_t_xsmx(主键约束): xsrq, xh, spbh

FK_t_xsmx_t_xsd(外键约束): (xsrq, xh), t_xsd (xsrq, xh),级联删除,级联更新

FK_t_xsmx_t_sp(外键约束): spbh, t_sp.bh,级联更新

CK_t_xsmx_dj(单价约束): dj>0

CK_t_xsmx_sl(数量约束): sl>0

(8) t_sp(商品表): bh(编号) varchar(10) NOT NULL, mc(名称) varchar(20) NOT NULL, xh(型号) varchar(16) NOT NULL, gg(规格) varchar(16) NULL, dw(单位) varchar(2) NOT NULL, kcxx(库存下限) smallint NULL, kcsx(库存上限) smallint NULL

PK_t_sp(主键约束): bh

CK_t_sp_kcx(库存限约束): kcxx>=0 and kcxx <kcsx

(9) t_kc(库存表): spbh(商品编号) varchar(10) NOT NULL, sl(数量) smallint NOT NULL, dj(单价) decimal(12,2) NULL

PK_t_kc(主键约束): spbh

FK_t_kc_t_sp(外键约束): spbh, t_sp.bh

CK_t_kc_dj(单价约束): dj>0

CK_t_kc_sl(数量约束): sl>0

(10) t_khgys(客户与供应商表): bh(编号) varchar(10) NOT NULL, mc(名称) varchar(20) NOT NULL, lxr(联系人) varchar(8) NOT NULL, lxdh(联系电话) varchar(12) NOT NULL

PK_t_gys(主键约束): bh

(11) t_cs(参数表): mc(名称) varchar(10) NOT NULL, nr(内容) varchar(20) NULL

PK_t_cs(主键约束): mc

这些表使用 SQL Server 2008 建立。SQL Server 中的用户自定义完整性约束条件包括三种情况:是否允许取 NULL 值、是否有默认值和 Check 约束。其中前两种约束在表设计窗口中设置,Check 约束需要在打开表设计器时,单击工具栏中的"表设计器"→"CHECK 约束…"按钮,在打开的"CHECK 约束"窗口中完成。上面的表设计中这三种约束都用到了。

最后一个表 t_cs(参数表)用于存放程序运行过程中的各种参数,以实现系统的可配置性。该表与其他表间没有联系。

4. 进销存数据库中各表间的关系设计

数据库中各表间的联系，即外键关系或“参照完整性”，可以使用 SQL Serve 的数据库关系图窗口完成。相信读者已经学习过此窗口的操作方法了。

注意：建立外键关系时，要仔细地设置其“级联更新”和“级联删除”属性。

Jxc 数据库中各表间的关系已经在图 15-1 的 E-R 图中给出，前面表设计中已经详细定义了各种外键关系及其级联属性。

最终在 SQL Server 2008 中得到的 Jxc 数据库关系图如图 15-2 所示。

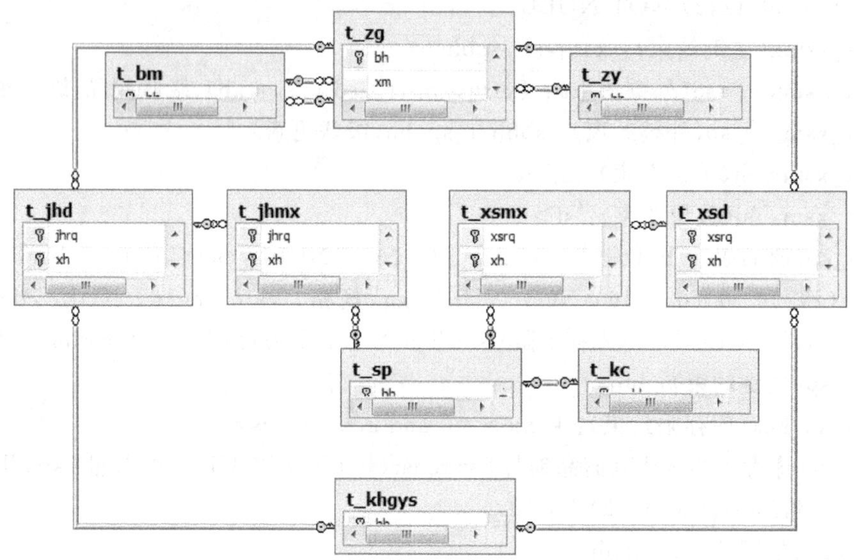

图 15-2 进销存数据库的关系图

5. 数据库应用系统的功能设计

大部分数据库应用系统的功能都可分为三大组成部分，即辅助功能、核心业务功能和系统管理功能。当然，每一个组成部分下的子功能是由具体的应用系统决定的。图 15-3 所示是进销存数据库应用系统的功能框图。

1) 核心业务功能

显然，进销存管理系统的核心业务功能应该包括进货管理、销售管理和库存管理三个模块。在进货管理下设置两个子功能：进货与进货查询统计。其中，进货功能实现进货数据的录入和入库工作。进货查询统计功能包括按时间段、按供应商和按进货职工的查询统计。

销售功能实现销售数据的录入和出库工作，其过程与进货功能类似。销售查询统计功能包括按时间段、按客户和按销售职工的查询统计。

库存管理功能包括现有库存商品种类、数量和单价的查询统计和库存超限查询统计功能。

2) 辅助功能

辅助功能包括辅助数据的录入、编辑、修改与查询等功能。在进销存系统中这些辅助数据包括：职工表、部门表、专业表、客户与供应商表和商品表等。

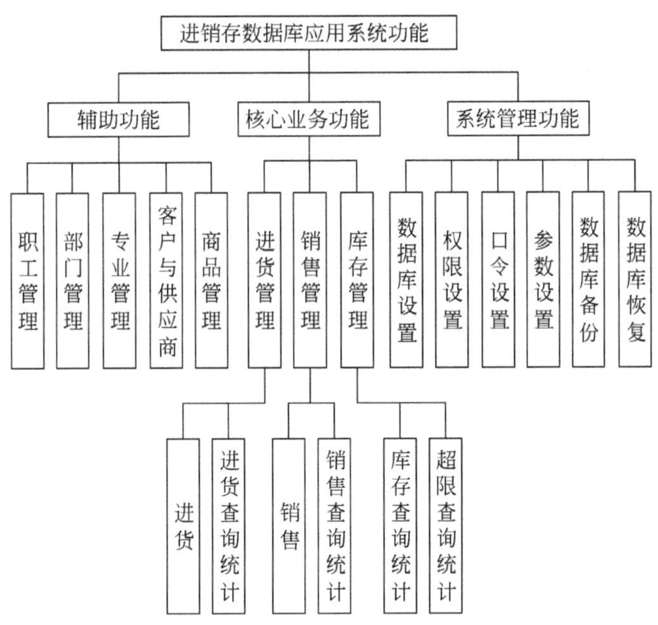

图 15-3　进销存数据库应用系统功能框图

3）系统管理功能

系统管理包括保证系统正确和安全运行的一些软件意义上的功能，它们是各种应用系统都应该具有的功能。进销存系统的系统管理功能包括下列子功能：

(1) 数据库设置：这是允许用户自己设置数据库服务器和数据库账户和口令的功能。

(2) 权限设置：管理员用来为各个职工分配权限的功能。

(3) 口令设置：允许管理员和各个职工自己设置登录系统的口令。

(4) 参数设置：对系统进行定制的功能。

(5) 数据库备份与恢复：允许对整个数据库进行备份和恢复以实现数据安全性的功能。

15.2　进销存数据库应用系统基本框架的搭建

在程序设计和开发的前期工作都完成的情况下，接下来就是具体的实施阶段，即软件编码。软件编码就是将上一阶段的详细设计到的对处理过程的描述，转化为基于某种计算机语言(这里采用 C#)的程序。在进行编码之前，首先将 15.1 节分析得到的进销存系统里应该具备的操作界面，在解决方案中先设计好，通俗地说就是画界面，然后再写具体实现代码。本节介绍 Jxc 数据库应用系统基本框架的搭建思路、方法和技术，将介绍主窗体和主菜单的设计、用户登录窗体的设计，以及操作员权限处理等。

15.2.1　创建 Jxc 工程和设计主窗体

下面分步骤介绍 Jxc 工程及其主窗体的设计过程。

(1) 创建 Windows 窗体应用程序。打开 VS 2008，新建一个项目，名称命名为 Jxc，位置处在 projects 目录下创建 ch15 目录并进入，单击“确定”按钮。

(2) 设置主窗体的属性。回到 Form1 窗体，将其 Caption 设为“进销存数据库管理系统”；将 Name 设为 Frm_Main。

(3) 为主窗体增加可视化控件。增加三个 Label 控件；将 Label1. Text 设为“进销存数据库管理系统”，Font 设为“黑体”、“粗斜体”、“小初”；将 Label2. Text 设为“《数据库原理与应用 SQL Server 2008》教学示例”，Font 设为“宋体”、“粗体”、“小三”；将 Label3. Text 设为 Ver 1. 00，Font 设为 Times New Roman、“粗体”、“小三”；添加状态栏 StatusStrip1 控件，并增加两个 StatusLabel，用于显示时间和当前用户信息。增加一个 PictureBox 控件，将 xs. jpg 导入，并修改 SizeMode 属性为 StretchImage。

(4) 为主窗体添加主菜单。在 Frm_Main 中增加主菜单 menuStrip1，根据图 15-3 中的功能框图对其设置，其中主菜单设为 6 项(括号内是相应菜单项的对象名)，即辅助管理(&F) (MnuFz)、进货管理(&J) (MnuJh)、销售管理(&X) (MnuXs)、库存管理(&K) (MnuKc)、系统管理(&S) (MnuXt)、退出(&T) (MnuTc)。

各主菜单下的子菜单与图 15-3 一致，它们对应的菜单项名字如下：

- 辅助管理(MnuFz)：职工管理(MnuZg)、部门管理(MnuBm)、专业管理(MnuZy)、客户与供应商管理(MnuKhGys)、商品管理(MnuSp)。
- 进货管理(MnuJh)：进货(MnuJhLr)、进货查询与统计(MnuJhCxTj)。
- 销售管理(MnuXs)：销售(MnuXsLr)、销售查询与统计(MnuXsCxTj)。
- 库存管理(MnuKc)：库存查询与统计(MnuKcCxTj)、库存超限报警(MnuCxBj)。
- 系统管理(MnuXt)：设置数据库(MnuSzSjk)、设置权限(MnuSzQx)、设置口令(MnuSzKl)、设置系统运行参数(MnuSzCs)、数据库备份(MnuSjkBf)、数据库恢复(MnuSjkHf)。

为“退出”菜单项增加关闭窗体(也即关闭工程)的单击事件程序“this. Close()；”。

对窗体及其上各控件进行适当的调整，可得到如图 15-4 所示的主窗体。

图 15-4 进销存数据库系统的主窗体设计

(5) 编写关闭窗体的事件。一旦用户试图关闭窗体，那么在实际关闭之前，应该询问用户是否真正的关闭该窗体，以防止误操作。单击"属性"窗口中的事件按钮，选择 FormClosing 事件(该事件在窗体即将关闭前触发)，编写如下代码：

```
private void Frm_Main_FormClosing(object sender,FormClosingEventArgs e) {
        DialogResult key = MessageBox.Show("确定要关闭窗体吗?","确定",
        MessageBoxButtons.YesNo,MessageBoxIcon.Question);
        e.Cancel = (key == DialogResult.No);
}
```

注意事件的第二个参数：FormClosingEventArgs 类包含一个名为 Cancel 的布尔变量。如果在事件处理过程中将 Cancel 设为 true，窗体就不会关闭；如果将 Cancel 设为 false，那么事件处理程序结束的时候，窗体就会关闭。MessageBox.Show 方法会返回一个枚举型变量 DialogResult，其中列举了用户可能的操作意向。

至此，工程和主窗体有关的设计工作完成。读者可以运行此工程，虽然尚未编写核心的事件程序，但应该看到菜单系统已经建立。单击窗体的"关闭"按钮，会出现一个询问的消息框。

15.2.2 用户登录窗体设计

用户登录系统时，系统会对其身份进行验证。如果系统中不存在该用户，会提示用户名或密码错误；否则系统会根据不同用户拥有的权限拥有不同的对系统访问的权限。具体步骤设计如下：

(1) 添加新窗体。在 Jxc 解决方案中，新建一个名为 FrmLogin.cs 的窗体文件。

(2) 在窗体上添加可视化控件。4 个 Label 控件、两个 TextBox 控件和两个按钮。

(3) 排列窗体上的控件。对窗体及其上的控件进行排列，使其如图 15-5(a)所示。

(4) 定义辅助类。

用户验证操作需要访问数据库，所以需要导入两个类库 using System；和 using System.Windows.Forms。用户登录后，需要把用户的信息保存起来，供应用程序使用，如根据当前用户具有的权限进行操作数据。因为 C# 中没有全局变量，一般采用类封装属性的方式来保存全局变量。所以定义一个 LoginInfo 类，代码如下：

```
class LoginInfo {
private static string _bh;
        public static string Bh
        {
            get {return _bh; }
            set {_bh = value; }
        }
        //其他 xm、qx 等字段代码在此省略
    }
```

设置数据库连接时，如果每次用到数据库时，都需要重写一遍连接字符串，这样不但麻烦而且当系统一旦数据库访问参数改变，就需要对每一段连接字符串进行改写。所以定义一个 DBHelp 类来存储连接字符串。

```
class DBHelper {
        public static readonly string conStr = " Server = .; Database = jxc; Uid = sa; Pwd =
sasasa";
}
```

(5) 编写“确定”按钮验证事件,编写验证方法,示例代码如下:

```
public void loginValidate() {
        if (txtUserName.Text.Trim() == ""||string.IsNullOrEmpty(txtUserName.Text)) {
        MessageBox.Show("用户名不能为空!","登录提示");
        txtUserName.Focus();
        }else if (txtPassword.Text.Trim() == ""||string.IsNullOrEmpty(txtPassword.Text)){
        MessageBox.Show("密码不能为空!","登录提示");
        txtPassword.Focus();
        }else{
        SqlConnection con = new SqlConnection(DBHelper.conStr);
        try{
        con.Open();
        if ("admin".Equals(txtUserName.Text.Trim())){
                                                        //高级管理员验证
            }else {                                     //非高级管理员
            string sql = string.Format("select * from t_zg where " + "bh = '{0}' and kl =
'{1}'",txtUserName.Text,txtPassword.Text);
                  SqlCommand cmd = new SqlCommand(sql,con);
              SqlDataReader dr = cmd.ExecuteReader();
              if (dr.Read()){
                LoginInfo.Bh = Convert.ToString(dr["bh"]);
                  …//其他省略
                  bResult = true;
            }else{
                loginCount++;
                tips.ForeColor = Color.Red;
                tips.Text = "第" + loginCount + "次输入密码错误";
            }
            dr.Close();
        }
        }catch(Exception ex) {MessageBox.Show(ex.Message); }
     finally{con.Close(); }
     if (bResult) {
        this.Visible = false;                           //显示主窗体
        Frm_Main fm = new Frm_Main();
        fm.Show();
        }
        if (loginCount == 3) {
        MessageBox.Show("登录错误次数超出限制,程序退出!","登录提示");
        Application.Exit();
        }
}
}
```

为了方便用户操作,在用户输入完密码后直接按 Enter 键,则可以直接跳转到主操作界面，实现这一操作可以在密码框控件的 KeyDown 事件中完成，代码如下。

```
private void txtPassword_KeyDown(object sender,KeyEventArgs e){
        if (e.KeyCode == Keys.Enter) {
        if (txtUserName.Text != "" && txtPassword.Text != "")
            loginValidate();                    //如果用户的输入完整则验证登录
        else
            SendKeys.Send("{TAB}");             //否则让按 Enter 键的效果相当于按下 Tab 键
        }
}
```

15.2.3 账户及权限设计

本节介绍应用系统登录账户的一般设计策略，并针对 Jxc 系统，给出在菜单级上实现权限的示例程序。

1. 管理员账户

每个系统都应该有一个管理员账户，如 Windows 系统的 Administrator、SQL Server 的 sa 等。该账户具有最高的权限，负责设置其他账户并为它们分配权限。

这里也为 Jxc 系统设置一个管理员账户，名字取"管理员"，将其口令保存在 t_cs 表中，mc 取为 adminpass，口令(即 nr 字段的值)预设为 000000。

2. 业务操作人员账户

将 t_zg 表同时用作业务操作人员账户表，并在该表中增加了口令 kl 和权限 qx 字段。由于该表允许重复的姓名，使用编号确定账户的唯一性。

kl 字段的默认值为 000000，每个操作员可以使用"系统管理"主菜单下的"设置口令"功能修改自己的口令。各操作员 qx 字段的值只能由管理员设置。

注意：这里将口令直接以明码的方式保存在数据库中，专业的程序员都采用加密技术保存各种口令。

3. 权限策略

这里为 Jxc 设计了如下的简单权限策略模型。

系统管理员具有最高权限(权限值为 0)，负责职工账户的管理和权限设置，负责数据库参数和系统运行参数的设置，以及数据库的备份与恢复功能。系统管理员不具有进销存业务操作功能，当然管理员如果要处理进销存业务，可以给自己增加有关的账户。

部门负责人具有本部门(采购部负责人权限值为 20，销售部负责人权限值为 30)的全部权限和库存管理工作。采购部的普通职工(权限值为 21)具有进货和自己以往进货单的查询等功能，而销售部的普通职工(权限值为 31)具有销售和自己以往销售单的查询等功能。

4. 权限的菜单级实现

每个账户在登录后，根据其权限将其可用的菜单项置为活动状态，而不可用的菜单项置

为非活动状态(即变灰)。这些操作需要在窗体加载的时候完成,所以,窗体加载时事件代码如下:

```
private void Frm_Main_Load(object sender,EventArgs e) {
        setRight();                                    //设置权限
        tslb_name.Text = "登录信息: 欢迎您!" + LoginInfo.Xm;
        tslb_time.Text = DateTime.Now.ToString("yyyy 年 MM 月 dd 日");
}
private void setRight() {
        if ("20".Equals(LoginInfo.Qx)) {
        MnuXs.Enabled = false;                         //销售菜单不可用
        MnuXt.Enabled = false;                         //系统设置菜单不可用
        }
        …                                              //其他权限设置
}
```

15.3 职工管理等辅助数据管理功能的实现

第 14 章中已经介绍了职工信息编辑窗体的设计,本节将以此为基础完成 Jxc 系统中职工管理窗体的设计。

15.3.1 职工管理窗体的权限控制

期望当系统管理员打开职工数据管理窗口时,其上的所有功能都可用,而当其他用户打开此窗口时,他只能编辑和修改自己的信息,且不能改变自己的编号和所属的部门。实现这个权限控制功能的步骤如下:

(1) 在 FrmZG 窗体中,已经创建了数据集 zgzyDataSet,打开该数据集设计编辑器。

(2) 在 t_zg 表中右击,选择“添加”→Query…命令,命令类型选择“使用 SQL 语句”;单击“下一步”按钮,选择生成的查询类型中选择“SELECT(返回行)”;单击“下一步”按钮,填写如下 SQL 语句:

```
SELECT bh,xm,xb,csrq,zybh,hf,bmbh,kl,qx FROM dbo.t_zg where bh = @bh
```

其中,@bh 是根据编号进行筛选数据记录的条件。单击“下一步”按钮,将填充 DataTable 的方法名设置为 FillBybh,返回 DataTable 的方法名设置为 GetDataBybh,单击“下一步”按钮直至完成。

(3) 修改 FrmZG 窗体的加载事件。打开 Frm.cs,查看窗体加载事件代码,目前内部的代码是系统自动生成的三行代码,作用是将 t_zg、t_zy 和 t_bm 表中的信息填充到数据集。如果想实现根据不同用户的权限来显示 t_zg 表中的数据信息,只需用 if 语句判断权限用不同的查询填充 t_zgTableAdapter 即可。示例代码如下:

```
//TODO: 这行代码将数据加载到表 zgzyDataSet.t_zg 中.可以根据需要移动或删除它
if ("0".Equals(jxc.BasicDataInfo.LoginInfo.Qx)) {
```

```
        this.t_zgTableAdapter.Fill(this.zgzyDataSet.t_zg);
}else{
        this.t_zgTableAdapter.FillBybh(this.zgzyDataSet.t_zg,jxc.BasicDataInfo.LoginInfo.Bh);
        bindingNavigatorAddNewItem.Enabled = false;
        bindingNavigatorDeleteItem.Enabled = false;
        bhMaskedTextBox.Enabled = false;
        bmbhComboBox.Enabled = false;
          …
}
```

可以看出，如果非系统管理员，使用前面新建的数据填充方法 FillBybh 填充即可，它要求两个参数，其中第一个参数是数据集，第二个参数是数据源中设置的查询条件，这里为职工编号(登录后已被保存在 LoginInfo 类的 Bh 属性中)。

(4) 运行程序。以非管理员身份登录，单击"辅助管理"下的"职工管理"菜单项，则窗口应该如图 15-5(b)所示。可以看出，没有权限的控件均变成了灰色，且 BindingNavigator 控件只保留了"保存"按钮，DataGridView 控件中已不允许添加、删除等操作。

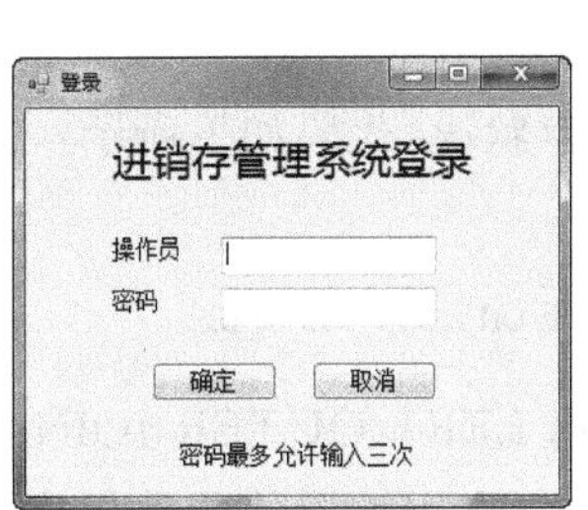

(a) 登录窗体

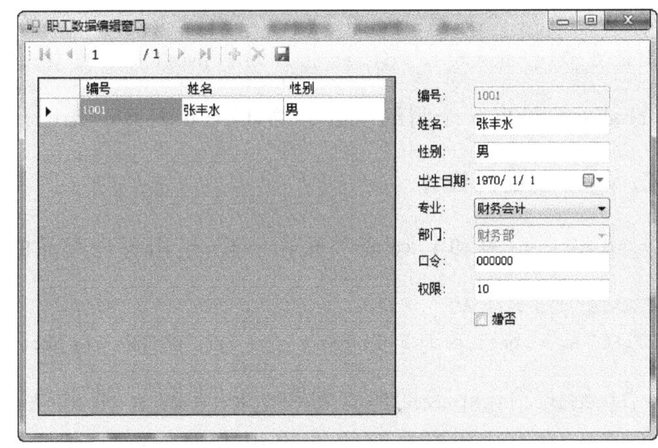

(b) 职工数据编辑窗体设计

图 15-5 窗体设计

15.3.2 其他辅助数据管理窗体的设计

"辅助管理"主菜单下还需要完成对部门表、专业表、客户与供应商表和商品表的管理功能。这些窗体可参考职工表窗体进行设计，它们作为练习留给读者。

注意：如果项目中有多个窗体，可以通过 Main 方法控制运行时启动的窗体。在 Program.cs 中，Main 方法的典型代码如下：

```
static void Main(){
        Application.Run(new FrmLogin());       //此处可以修改启动窗体
}
```

15.4 进货功能的实现

本节实现进货和进货查询统计窗体的设计。先介绍有关视图及存储过程的设计再介绍窗体设计。本节将 SQL Server 中的数据库技术与 C# 程序设计技术有机地结合在一起，希望读者认真体会这其中的奥妙。

15.4.1 进货有关的视图及存储过程设计

本节设计了三个视图 v_jhdje、v_jhd 与 v_sp 和两个存储过程 p_insjhd 与 p_rk 实现进货功能，还设计了两个自定义函数。它们可用 SQL Server 2008 实现。

1. v_jhdje 视图的设计

v_jhdje 给出 t_jhmx 表中对应于每个进货单的各个明细项的总金额：

```
CREATE VIEW v_jhdje AS
SELECT jhrq,xh,sum(sl * dj) as je FROM t_jhmx GROUP BY jhrq,xh
```

其中的 sl * dj 给出一个明细项的金额，GROUP BY jhrq，xh 实现按进货单的分组合计。

2. v_sp 视图的设计

v_sp 将 t_sp 表和 t_kc 表关联在一起，给出每种商品的库存状况，代码如下所示：

```
CREATE VIEW v_sp AS
SELECT a.*,b.sl,b.dj FROM dbo.t_sp a LEFT OUTER JOIN dbo.t_kc b ON a.bh = b.spbh
```

v_sp 给出了 t_sp 表的所有列和 t_kc 表的 sl 和 dj 列，使用 LEFT OUTER JOIN 列出全部的商品，库存中没有的商品 sl 和 dj 列取 NULL 值。代码中的 dbo 指的是数据库所有者 db owner，严格地讲引用每一个数据库对象都应该表明其所有者，为节省篇幅和避免繁琐，在后文中并没有这样做。

3. v_jhd 视图的设计

v_jhd 除给出 t_jhd 表中的全部信息外，还给出了供应商和进货人的名称、进货单的金额及进货单的编号，代码如下所示：

```
CREATE VIEW v_jhd AS
SELECT a.jhrq,a.xh,a.gysbh,b.mc AS gysmc,a.jhrbh,c.xm AS jhrxm,d.je,
  bh = dbo.BuildBhFromDateAndXh(a.jhrq,a.xh,default)
FROM t_jhd a
  LEFT JOIN t_khgys b ON a.gysbh = b.bh
  LEFT JOIN t_zg c ON a.jhrbh = c.bh
  LEFT JOIN v_jhdje d ON a.jhrq = d.jhrq AND a.xh = d.xh
```

其中用 3 个 LEFT JOIN 将 t_jhd 与 t_khgys、t_zg 和 v_jhdje 联结起来，bh 列使用了自

定义的 BuildBhFromDateAndXh 函数(使用自定义函数必须加上 dbo)产生 yyyymmddnnnn 式的进货单编号,函数中的 default 表示使用默认参数。

4. BuildBhFromDateAndXh 自定义函数的设计

BuildBhFromDateAndXh 函数用一个日期参数和两个整数参数构造 yyyymmddnnnn 式的编号字符串,其中@Num 是用来构造 nnnn 部分的数,@Length 是 nnnn 部分的宽度,代码如下所示:

```
CREATE FUNCTION BuildBhFromDateAndXh(@Date datetime,@Num int,@Length int = 4)
RETURNS varchar(14) AS
BEGIN
  DECLARE @s char(10)
  SET @s = convert(char(10),@Date,102)        //行 a
  RETURN left(@s,4) + substring(@s,6,2) + right(@s,2) + dbo.BuildLeadingZeroStr(@Num,
@Length)                                      //行 b
END
```

函数定义@Length 为默认形参。行 a 将日期参数转换为 yyyy.mm.dd 形式,行 b 用取子字符串的 left、substring 和 right 函数用日期构造 yyyymmdd 形式的串,函数又调用 BuildLeadingZeroStr 函数将@Num 转换为带前置 0 的串。

5. BuildLeadingZeroStr 自定义函数的设计

BuildLeadingZeroStr 函数将一个整数参数@Num 转换为宽度为@Length 的前置 0 的串,代码如下所示:

```
CREATE FUNCTION BuildLeadingZeroStr(@Num int,@Length int = 4)
RETURNS varchar(6) AS
BEGIN
  RETURN Right(convert(varchar(7),1000000 + @Num),@Length)
END
```

函数将参数@Length 定义为默认形参。函数先产生首位为 1 的 7 位长的数字串,然后再从右侧截取需要的位数。

6. p_insjhd 存储过程的设计

p_insjhd 用于在 t_jhd 表中产生唯一进货单号的进货单记录:

```
CREATE PROCEDURE p_insjhd
  @gysbh varchar(10),@jhrbh char(4),@jhrq datetime OUTPUT,@xh int OUTPUT
AS
  SET @jhrq = convert(datetime,convert(char(10),getdate(),101))                  --行 a
  SET @xh = (SELECT max(xh) FROM t_jhd WHERE jhrq = @jhrq)                       --行 b
  IF @xh is null SET @xh = 0                                                     --行 c
  SET @xh = @xh + 1                                                              --行 d
  INSERT INTO t_jhd (jhrq,xh,gysbh,jhrbh) VALUES (@jhrq,@xh,@gysbh,@jhrbh)     --行 e
```

该存储过程有 4 个参数,其中两个输入参数分别为供应商编号@gysbh 和进货人编号

@jhrbh,两个输出参数@jhrq和@xh唯一地决定了所产生的临时进货单。

行a(注意Transact-SQL中使用连续的两个减号"——"开始注释)用getdate函数取数据库服务器的系统日期,内层的convert将其日期部分转换为只含年月日部分的字符串,外层的convert再将此字符串转换为日期型数据,这样最终的@jhrq就只包括日期数据了(时间被截为0)。行b取出当前日期的最大进货单序号值,行c判断如果当前日期中尚未保存进货单,则置"@xh"为0,行d产生新的进货单号,最后行e向t_jhd插入一个新的进货单。

注意:在多用户环境中,可能有两个或多个用户同时产生相同的进货单号,但只会有一个成功地生成进货单,因为t_jhd的主键由jhrq和xh组成。这时其他用户会发现重复错误,他们只要再次尝试产生新进货单即可。

7. p_rk存储过程的设计

p_rk实现将当前批次的进货单对应的所有商品明细入库的功能。步骤是,对于当前批次进货单(由进货日期和序号决定),查询相应的进货明细(t_jhmx表),循环遍历该批次进货明细中所有的商品信息,如果库存中有当前商品信息,则修改相应的库存量。如果库存中没有该商品信息则插入新数据。它是一个使用了事务处理的较为复杂的存储过程,其代码如下所示:

```
CREATE PROCEDURE p_rk
  @jhrqtmp datetime,@xhtmp int
AS
--生成 t_jhmxtmp 对应的 CURSOR
  DECLARE @spbh varchar(10),@sl smallint,@dj decimal(12,2)                    --行 d1
  DECLARE jhmxtmp CURSOR FOR                                                  --行 d2
  SELECT spbh,sl,dj FROM t_jhmx WHERE jhrq = @jhrqtmp AND xh = @xhtmp ORDER BY spbh
  OPEN jhmxtmp                                                                --行 d3
  --将入库过程作为一个事务进行处理
  BEGIN TRANSACTION                                                           --行 e
    FETCH NEXT FROM jhmxtmp INTO @spbh,@sl,@dj                                --行 i
    --循环更新库存或向库存加入新商品
    DECLARE @error_var int,@rowcount_var int
    WHILE @@FETCH_STATUS = 0                                                  --行 j
    BEGIN                                                                     --行 k
      UPDATE t_kc SET dj = (sl * dj + @sl * @dj)/(sl + @sl),sl = sl + @sl WHERE spbh = @spbh -行 l
      SELECT @error_var = @@ERROR,@rowcount_var = @@ROWCOUNT --行 m
      IF @error_var <> 0                                                      --行 n
      BEGIN
        RAISERROR('更新库存错误',16,1)
        GOTO ERROR_HANDLER
      END
      IF @rowcount_var = 0                                                    --行 o
      BEGIN
        INSERT INTO t_kc (spbh,sl,dj) VALUES (@spbh,@sl,@dj) -行 p
        IF @@ERROR <> 0                                                       --行 q
          BEGIN
          RAISERROR('插入库存商品错误',16,1)
          GOTO ERROR_HANDLER
```

```
      END
    END
    FETCH NEXT FROM jhmxtmp INTO @spbh,@sl,@dj                    --行 r
  END                                                              --行 r1

  CLOSE jhmxtmp                                                    --行 w1
  DEALLOCATE jhmxtmp                                               --行 w2
COMMIT TRANSACTION                                                 --行 x
RETURN 0                                                           --行 x1
ERROR_HANDLER:                                                     --行 y
  CLOSE jhmxtmp                                                    --行 y1
  DEALLOCATE jhmxtmp                                               --行 y2
ROLLBACK TRANSACTION                                               --行 z
RETURN 1                                                           --行 z1
```

该存储过程有两个参数，这两个输入参数@jhrqtmp 和@xhtmp 唯一地决定了一个临时进货单。

行 d1 定义了明细进货项的变量，行 d2 定义了关于进货明细表的游标 jhmxtmp，行 d3 打开该游标。

行 e 开始一个事务。行 i 取一个明细进货行，行 j 开始对明细行的循环，循环体为行 k 到行 r1 间的代码。行 l 更新库存中的商品，其中数量为库存数量与当前明细项数量的和，而单价取均价(在现实中，有时不能取均价)。行 m 将行 l 执行所产生的错误号和影响的记录数记在变量中，因为只要任意再执行一条语句，@@ERROR 和@@ROWCOUNT 的值就会改变。行 n 判断如果行 l 遇到了错误，则转错误处理。行 o 判断如果行 l 没有找到要更新的记录，则为库存增加一种商品，这由行 p 完成。行 q 判断如果行 p 遇到了错误，则转错误处理。行 r 取下一条明细记录。行 w1 和 w2 关闭并释放游标。

行 x 提交整个事务，行 x1 返回 0 表示存储过程成功执行。行 y 是一个带冒号的标签，它与前面的 GOTO 语句配合，此行下面为错误处理程序。行 y1 与 y2 关闭和释放游标，行 z 回滚事务，行 z1 返回 1 表示存储过程未能成功执行。

15.4.2　进货窗体及有关的 ADO.NET 控件和程序代码设计

下面分步骤介绍进货窗体、ADO 控件和程序代码的设计。

(1) 在 Jxc 工程中添加新窗体，命名为 FrmJH.cs。FrmJH 窗体的 Text 属性设置为“进货”。

(2) 创建数据源，按照前面讲解的步骤，创建名为 jhdDataSet 的数据集，数据集中包含 t_jhmx、t_khgys、t_zg 基本表(包含 bh 和 mc 字段)和 v_jhd、v_sp 视图。

(3) 进货明细数据展示。

① 利用设计器编辑数据集 jhdDataSet。选择 t_jhmx 表，右击最下方的 Fill 方法，选择“配置”命令，修改 SQL 命令如下：

```
SELECT a.*,b.mc+'('+b.xh+')' AS mcxh FROM dbo.t_jhmx a,dbo.t_sp b
WHERE a.spbh=b.bh and a.jhrq=@jhrq and a.xh=@bh
```

填充和返回 DataTable 方法名分别命名为 FillByJhrqXh 和 GetDataByJhrqXh。

② 将 t_jhmx 表拖曳到窗体中，生成的 DataGridView 被自动命名为 t_jhmxDataGridView。删除生成的导航控件、工具栏（Name 属性为 fillByJhrqXhToolStrip）和后台代码生成的相应事件 fillByJhrqXhToolStripButton_Click 等。注意，如果控件的命名和本书不一样，生成的相应事件等的命名会有区别。

(4) 进货单数据展示。将 v_jhd 拖到窗体中，生成的 DataGridView 被自动命名为 v_jhdDataGridView。

(5) 实现订货单和订货明细的数据联动显示。v_jhdDataGridView 触发 CurrentCellChanged 事件，在该事件中填写如下代码（可以参考 fillByJhrqXhToolStripButton_Click 事件代码）：

```
this.t_jhmxTableAdapter.FillByJhrqXh(this.jhdDataSet.t_jhmx, Convert.ToDateTime(v_jhdDataGridView.CurrentRow.Cells[0].Value),Convert.ToInt16(v_jhdDataGridView.CurrentRow.Cells[1].Value));
```

FillByJhrqXh 方法的第二个和第三个参数就是订货单 SQL 语句中的查询条件参数。

(6) 编辑 DataGridView 控件。编辑 v_jhdDataGridView 控件，筛选各列字段并改成中文显示，取消"启动添加"、"启用编辑"和"启用删除"的选择。编辑 t_jhmxDataGridView 控件，去掉 jhrq 和 xh 列，调整字段列并改成中文。

(7) 商品信息的展示。

① 按照步骤(3)的操作方法，为 v_sp 添加查询条件 where bh=@spbh，填充和返回 DataTable 方法名分别命名为 FillBySpbh 和 GetDataBySpbh。

② 将 v_sp 表拖曳到窗体中，生成的 DataGridView 被命名为 v_spDataGridView。去掉字段添加的工具栏和后台生成的查询方法。

③ 为实现进货明细和商品信息的联动，为 t_jhmxDataGridView 控件触发 CellClick 事件，填写如下代码：

```
this.v_spTableAdapter.FillBySpbh(this.jhdDataSet.v_sp,t_jhmxDataGridView.CurrentRow.Cells[0].Value.ToString());
```

④ 编辑 v_spDataGridView 控件，参考步骤(6)。

(8) 编写"添加进货单"事件。

① 添加可视化控件。添加两个 ComboBox，分别将 Name 属性设置为 cbgysbh 和 cbjhrbh，修改 DropDownStyle 为 DropDownList，分别设置数据源为 t_khgys 和 t_zg，并设置显示成员和值成员。添加两个 Label 控件。添加一个按钮，Name 属性设置为 btJhdInsert，Text 属性设置为"添加进货单"。

② 编写按钮单击事件。调用存储过程 p_insjhd 来实现添加进货单的功能。示例代码如下：

```
private void btJhdInsert_Click(object sender,EventArgs e) {
SqlCommand cmd = null;
try{
    if (MessageBox.Show("确定要添加进货单?","进货",MessageBoxButtons.YesNo,MessageBoxIcon.
Question) == DialogResult.Yes){
            cmd = new SqlCommand("dbo.p_insjhd",conn);
            cmd.Connection = conn;
```

```
            cmd.CommandType = CommandType.StoredProcedure;
            SqlParameter sqlParme;
            sqlParme = cmd.Parameters.Add("@gysbh",SqlDbType.Char);
            sqlParme.Direction = ParameterDirection.Input;
            sqlParme.Value = cbgysbh.SelectedValue.ToString();
            sqlParme = cmd.Parameters.Add("@jhrbh",SqlDbType.Char);
            sqlParme.Direction = ParameterDirection.Input;
            sqlParme.Value = cbjhrbh.SelectedValue.ToString();
            conn.Open();
            int n = cmd.ExecuteNonQuery();
            if (n > 0) {   MessageBox.Show("成功插入数据!");   }
        }
    }catch (Exception ex) {MessageBox.Show(ex.ToString()); }
    finally{
        if (conn != null) conn.Close();
        if(cmd!= null) cmd.Dispose();
    }
}
```

这里采用编码的方式调用存储过程，当然也可以采用可视化的方式调用，和配置数据表与视图对象一样，使用向导配置数据集时选择指定的存储过程即可，15.4.3节将采用这种方式。

(9) 编写“添加进货明细”事件。

① 添加可视化控件。添加4个文本框，Name属性分别设置为txtJhrq、txtXh、txtSpbh和txtJhdj；添加一个NumericUpDown控件，Name属性设置为numJhsl，Value属性设置为1；添加三个Label控件和一个按钮btJhmxInsert。因为添加进货明细是针对某一个进货单的(用进货日期和序号确定)，所以txtJhrq和txtXh用于联动显示当前进货单的进货日期和序号的，所以把其ReadOnly属性设置为true。

② 编写事件。示例代码如下：

```
    string strSQL = "insert into t_jhmx values('" + txtJhrq.Text + "','" + txtXh.Text + "',
'" + txtSpbh.Text;
    strSQL + = "'," + Convert.ToInt16(numJhsl.Value);
    strSQL + = "," + Convert.ToInt16(txtJhdj.Text) + ")";
    SqlCommand cmd = null;                                                   //行a
    cmd = new SqlCommand();
    cmd.Connection = conn;
    cmd.CommandText = strSQL;
    conn.Open();
    int n = cmd.ExecuteNonQuery();
    if (n > 0) {
      MessageBox.Show("成功插入数据!");
    }                                                                        //行b
this.t_jhmxTableAdapter.FillByJhrqXh(this.jhdDataSet.t_jhmx, Convert.ToDateTime(v_
jhdDataGridView.CurrentRow.Cells[0].Value), Convert.ToInt16(v_jhdDataGridView.CurrentRow.
Cells[1].Value));                                                            //行c
```

注意：行a～行c之间应该进行异常处理，由于篇幅原因，这里就给出示例代码。行c

的作用是重写加载订单明细数据方法,使得添加的数据能够实时的显示在窗体中。

(10) 编写入库按钮事件。这里仅仅编写调用 p_rk 存储过程的代码即可。代码类似"添加进货单"功能,这里省略,请读者自己完成。

(11) 组织"添加进货"和"添加进货明细"功能项。使用 TabControl 控件将两项功能相关控件组织起来,分别放在 tabPage 里面。TabControl 由若干 tabPage 组成,把希望放在 tabPage 里的控件托到其中即可,如图 15-6 所示。

图 15-6 进货窗体设计

(12) 使用菜单打开 FrmJH 窗口。在主窗体 Frm_Main 中引用 FrmJH 窗体;在 MnuJhlr 单击事件程序中编写如下代码,以便在运行时打开"进货"窗口。

```
FrmJH frm_jh = new FrmJH(); frm_jh.Show();
```

(13) 编译运行。以非管理员身份登录,单击"进货管理"主菜单下的"进货"菜单项,则可打开图 15-6 中的窗口。在左侧窗口中单击某一条进货单,右侧列出相应的商品明细,最下方显示对应某一商品的详细信息。添加进货明细和入库功能都是针对某一进货单进行的操作,进货单由进货日期和序号决定。

注意:设计完成后,FrmJH 窗体下方会多出很多控件。

15.4.3 进货查询统计有关的视图及存储过程设计

为实现进货查询统计功能,除了 15.4.1 节讲到的视图和两个自定义函数外,还需要设计一个视图 v_jhmx 和一个存储过程 p_jhd。

1. v_jhmx 视图的设计

v_jhmx 视图除包括 t_jhmx 表中的全部信息外,还包括 t_sp 表中的 mc、xh、gg、dw 等信息,同时还通过计算得出金额(je)信息,代码如下:

```
CREATE VIEW v_jhmx AS
```

```
SELECT a.jhrq,a.xh,a.spbh,b.mc,b.xh AS spxh,b.gg,b.dw,a.sl,a.dj,je=a.sl*a.dj
FROM t_jhmx a LEFT JOIN t_sp b ON a.spbh=b.bh
```

2. p_jhd 存储过程的设计

p_jhd 存储过程用于根据日期范围、供应商和进货人从 v_jhd 中选择需要的记录，代码如下：

```
CREATE PROCEDURE p_jhd
  @jhrqfrom datetime,@jhrqto datetime,@gysbh varchar(10),@jhrbh varchar(4)
AS
  IF @jhrqfrom is null
    SELECT jhrq,xh,bh,gysbh,gysmc,jhrbh,jhrxm,je FROM v_jhd
    WHERE gysbh LIKE @gysbh and jhrbh LIKE @jhrbh
    UNION
    SELECT jhrq = null,xh = null,bh = '999999999999',gysbh = null,gysmc = null,jhrbh = null,
jhrxm = null,
      je = sum(je) FROM v_jhd
    WHERE gysbh LIKE @gysbh and jhrbh LIKE @jhrbh
    ORDER BY bh
  ELSE
    SELECT jhrq,xh,bh,gysbh,gysmc,jhrbh,jhrxm,je FROM v_jhd
    WHERE jhrq>=@jhrqfrom and jhrq<=@jhrqto and gysbh LIKE @gysbh and jhrbh LIKE @jhrbh
    UNION
    SELECT jhrq = null,xh = null,bh = '999999999999',gysbh = null,gysmc = null,jhrbh = null,
jhrxm = null,
      je = sum(je) FROM v_jhd
    WHERE jhrq>=@jhrqfrom and jhrq<=@jhrqto and gysbh LIKE @gysbh and jhrbh LIKE @jhrbh
    ORDER BY bh
```

该存储过程接收 4 个参数，即表示日期范围的@jhrqfrom 和@jhrqto，表示供应商范围的@gysbh 和表示进货人范围的@jhrbh。这里约定如果@jhrqfrom 为 null，则不限制日期范围，代码中的 IF 语句用于实现这项约定。IF 部分和 ELSE 部分的 SELECT 语句都是 UNION 连接的两个 SELECT 语句，其中 UNION 前的 SELECT 语句列出指定范围内的各进货单，UNION 后的 SELECT 语句给出该范围内所有进货单金额的合计值，它取 bh 值为 12 个 9，因而使用 ORDER BY 排序后合计记录出现在末尾。对供应商和进货人的范围限制使用 LIKE 运算实现。

15.4.4 进货查询统计窗体及程序代码设计

下面介绍进货查询统计功能的窗体和有关程序代码的设计。

(1) 在 Jxc 工程中添加新窗体，命名为 FrmCX.cs。Text 属性设置为“进货查询统计”。

(2) 为 FrmCX 窗体增加作为容器的控件。增加一个 Panel 控件，Name 属性设置为 PnlUp，将 BorderStyle 设置为 FixedSingle；在 FrmCX 窗体上增加一个 GroupBox 控件，将其 Text 设为“进货单(&J)”，Name 设为 GrpJhd。

(3) 为 FrmCX 窗体确定查询范围控件，这些控件要全部放在 PnlUp 上。

① 增加一个 CheckBox 控件，将其 Caption 设为“日期不限(&Q)”，Name 设为 ChBRqbx，

Checked 属性设为 True。

② 增加两个 DateTimePicker 控件，将其 Name 分别设为 DTPFrom 和 DTPTo，其 DateFormat 均设为 Short；增加两个 Label 控件，将其 Caption 分别设为“从”和“到”。

③ 增加两个 ComboBox 控件，将其 Name 分别设为 cbGys 和 cbJhr，DropDownStyle 均设为 DropDownList；增加两个 Label 控件，将其 Caption 分别设为“供应商”和“进货人”。

④ 增加一个 Button 控件，将其 Caption 设为“查询(&C)”，Name 设为 btnSelect。

(4) 设计窗体的 OnLoad 事件程序。在 OnLoad 事件中，要完成向 cbGys 和 cbJhr 下拉框中增加有关的记录，同时还要考虑权限问题，代码如下：

```
conn = new SqlConnection(DBHelper.conStr);
try{
        conn.Open();
        cbGys.Items.Add("(000000)全部");                                          //行 a
    string sql = "SELECT '(' + bh + ')' + mc as bhmc FROM t_khgys ORDER BY bh";    //行 b
        cmd = new SqlCommand(sql,conn);
        SqlDataReader dr = cmd.ExecuteReader();
        while (dr.Read()){
        cbGys.Items.Add(Convert.ToString(dr["bhmc"]));                            //行 c
}
if (cmd != null) cmd.Dispose();                                                   //行 d
if(dr!= null) dr.Dispose();                                                       //行 e
cbJhr.Items.Add("(0000)全部");                                                    //行 f
string sql2 = "SELECT '(' + bh + ')' + xm as bhxm FROM t_zg where qx in (20,21) ORDER BY bh";
                                                                                  //行 g
cmd = new SqlCommand(sql2,conn);
dr = cmd.ExecuteReader();
while (dr.Read()){
        cbJhr.Items.Add(Convert.ToString(dr["bhxm"]));                            //行 h
}
if (dr != null) dr.Dispose();
cbGys.SelectedIndex = 0;                                                          //行 i
if ("21".Equals(jxc.BasicDataInfo.LoginInfo.Qx)) {                                //行 j
        cbJhr.SelectedIndex = cbJhr.Items.IndexOf('(' + jxc.BasicDataInfo.LoginInfo.Bh + ')' +
jxc.BasicDataInfo.LoginInfo.Xm);                                                  //行 k1
        cbJhr.Enabled = false;                                                    //行 k2
}else {
        cbJhr.SelectedIndex = 0;                                                  //行 l
}
DateTime dt = DateTime.Now; DTPFrom.Value = dt.AddMonths(-1);                     //行 m
}catch (Exception ex) {MessageBox.Show(ex.Message); }
finally{
        if (conn != null) conn.Close();
        if (cmd != null) cmd.Dispose();
}
```

因为 ComboBox 等控件设置 DataSource 属性后无法修改项集合(无法增加“全部”项)。所以这里没有采用数据绑定技术来填充供应商和进货人。

行 a 先向 cbGys 中增加了一行表示“全部”的记录，行 b 建立了取得供应商信息的

SELECT 语句，行 c 的循环将全部的供应商加入到 cbGys 下拉框中。行 d 是释放 Command 对象占用内存。行 e 是释放数据阅读器 DataReader 对象。行 f 先向 cbJhr 中增加了一行表示“全部”的记录，行 g 建立了取得进货人信息的 SELECT 语句，注意，这里使用 in 操作实现只取权限为 20 和 21(即采购部的成员)的职工记录，行 h 的循环将全部的供应商加入到 cbJhr 下拉框中。

行 i 为 cbGys 设初值，即“全部”。行 j 根据权限设置 cbJhr 的初值，如果是普通进货人员，则用行 k1 将他自身设为 cbJhr 的初值，用行 k2 确保他只能查询自己的进货单，行 l 为采购部负责人设置 cbJhr 的初值为“全部”。行 m 将 DTPFrom 设置为一个月前的日期，其中使用了 DateTime 类的 AddMonths 方法。

(5) 在 jhdDataSet 中增加 p_jhd 存储过程。打开数据源面板，选中 jhdDataSet 数据集，单击“使用向导配置数据集”按钮，找到 p_jhd 存储过程，单击“完成”按钮。

(6) 将 p_jhd 托到 FrmCx 窗体的 GrpJhd 中。生成了一个名为 p_jhdDataGridView 的 DataGridView 控件。删除自动生成的查询工具栏控件、导航控件和后台代码相关的事件(注意：生成的 fillToolStripButton_Click 方法内的代码可供我们编写“查询”按钮事件作参考)。修改 p_jhdDataGridView 各列字段名字为中文。

(7) 设计“查询”按钮的单击事件程序。在该事件中，要将用户输入的查询条件转换为 p_jhd 存储过程需要输入的参数，代码如下：

```
private void btnSelect_Click(object sender,EventArgs e) {
    try{
            string gysbh = cbGys.Text.Substring(1,6);            //取得选定供应商的编号
            string jhrbh = cbJhr.Text.Substring(1,4);            //取得选定进货人的编号
            if ("000000".Equals(gysbh)) gysbh = " % ";           //行 a
            if("0000".Equals(jhrbh)) jhrbh = " % ";              //行 b
            if (cbRqbx.Checked) {
            this.p_jhdTableAdapter.Fill(this.jhdDataSet.p_jhd,null,null,gysbh,jhrbh);
                                                                 //行 c
            }else {
            if (Convert.ToDateTime(DTPFrom.Text) > Convert.ToDateTime(DTPTo.Text)){
            MessageBox.Show("日期范围不正确!","进货查询",MessageBoxButtons.OK,MessageBoxIcon.
Error);
            }else {
            this.p_jhdTableAdapter.Fill(this.jhdDataSet.p_jhd,Convert.ToDateTime(DTPFrom.
Text),Convert.ToDateTime(DTPTo.Text),gysbh,jhrbh);
            }
            }
    }catch (Exception ex) {  MessageBox.Show(ex.Message);     }
}
```

行 a 保证如果选择了“全部”则查询全部供应商，行 b 保证如果选择了“全部”则查询全部进货人的进货单。如果选择了“日期不限”，则用行 c 将@jhrqfrom 和@jhrqto 参数设置为 null 值将结果填充到数据集。如果未选择“日期不限”，则执行后面的 if 语句。该语句首先判定如果输入了错误的日期范围，则给出提示。如果日期范围正确，则将选定的日期范围赋给 p_jhd 存储过程的@jhrqfrom 和@jhrqto 参数。

(8) 使用菜单打开 FrmCX 窗口。在主窗体 Frm_Main 中引用 FrmCX 窗体；在 MnuJhCxTj

单击事件程序中编写如下代码,以便在运行时打开“进货”窗口。

```
FrmCX frm_cx = new FrmCX(); frm_cx.Show();
```

(9) 编译运行。以普通权限的采购员身份登录(确保该采购员有进货记录),单击“进货管理”主菜单下的“进货查询与统计”菜单项,可打开如图 15-7 所示的窗口。单击“查询”按钮,则应该查到期望的记录。注意,图 15-7 中的进货人下拉框变灰,说明这里的权限设置起了作用,进货单列表中的最后一行是期望的合计行。

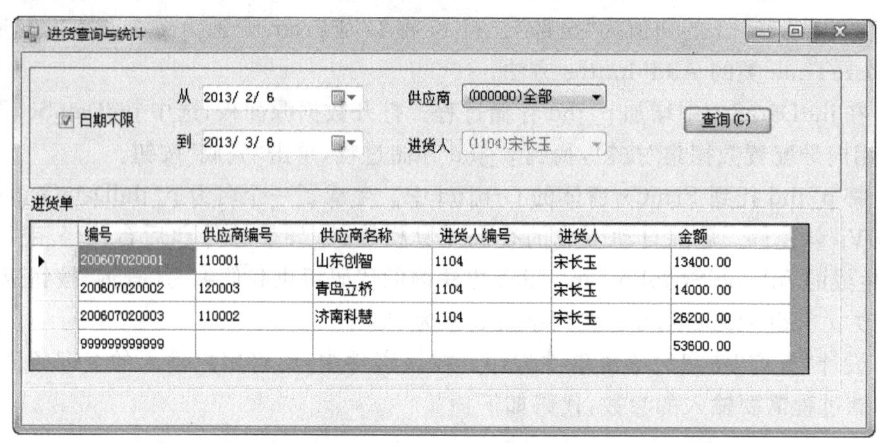

图 15-7 进货查询与统计

15.5 其他功能设计概要

前面各节已经对应用系统基本框架、职工管理功能、进货及进货查询功能进行了详细的介绍,作为一本教材,不可能对一个系统的全部实现环节进行介绍。促使学生运用学过的知识自己去解决问题是教学的本质之一。可以说,进销存系统其余各功能的基本实现技术已经包括在前面的内容中了。本节给出其他功能的设计概要。

1. 其他进销存业务功能的设计概要

本节给出进货统计、销售管理、库存管理等核心业务功能的设计概要。

1) 进货统计功能

虽然在 15.4.4 节实现了“进货查询统计”功能,但严格地说,那主要是“查询”功能,统计功能还需要专门考虑。例如,给出某段时间范围内某个进货人从各供应商的进货金额汇总值是一个典型的统计问题,它可以使用如下的 SELECT 语句实现:

```
SELECT gysbh,gysmc,sum(je) as je FROM v_jhd
WHERE jhrq>=@jhrqfrom and jhrq<=@jhrqto and jhrbh LIKE @jhrbh
GROUP BY gysbh,gysmc ORDER BY gysbh
```

读者可以尝试将上述 SELECT 语句编写为存储过程,并设计 Windows Form 窗口实现该项功能。读者还可以考虑设计某段时间范围内各进货人从某个供应商的进货金额汇总存储过程。另一个富有挑战性的问题是给出某段时间范围内按年度、季度、月份、旬或周的进货统计。

2）销售管理功能

销售功能可以通过与进货功能的类比来实现。其中与进货的“入库”功能对应的是“出库”功能，而“出库”时需要从库存中减去各销售明细项中的数量，这时要注意处理由于库存中商品数量不足而出现的异常。而库存量为0的商品应该将其从库存表t_kc中清除。在销售功能中，还有一个很重要的问题是销售定价问题，企业只有产生利润才能生存，因此销售价格应该要高于进货价格，而有些积压商品可能需要用低于进货价的方式销售出去以避免其继续跌价，同时也可减少仓储费用。

3）库存管理功能

要进行库存管理，首先应该建立如下所示的库存视图v_kc：

```
CREATE view v_kc AS
SELECT a. * ,b.mc,b.xh,b.gg,b.dw,b.kcxx,b.kcsx
FROM dbo.t_kc a LEFT OUTER JOIN dbo.t_sp b ON a.spbh = b.bh
```

它对t_kc表中的所有商品从t_sp表中找出其全部的信息项。这样对库存的查询与统计操作可以针对v_kc视图进行。

这里也可用如下所示的库存超限视图v_kccx进行超限管理：

```
CREATE view v_kccx AS
SELECT * FROM dbo.v_kc WHERE sl < kcxx or sl > kcsx
```

实际的库存管理远比这里的模型复杂，如商品可能有多级分类，不同类别的商品有不同的存放要求，商品需要标识批次以实现“先入先出”等。

2. 系统管理功能设计概要

“设置用户权限”功能可参考“职工管理”窗口进行实现。当然，现实中数据库应用系统的权限设置要复杂得多，一是因为系统的功能可能有几十项，而且也会不只两个层次；二是要考虑分级的权限设置和管理，如部门领导可以有权为其所辖的职员赋予权限，而部门也可能有多个层次。

“设置口令”是一个非常简单的窗口，只要保证登录用户只能修改自己的口令就可以了，当然可以增加系统管理员查看或修改任何操作员口令的功能。

“设置系统运行参数”是一项非常重要的功能，可以对系统的运行方式进行一定程度的定制。例如，可以限制每个进货单的最大明细行数和最大金额数，并将这种限制定义为参数以允许用户为其确定大小。注意，这里专门设计了t_cs表存放系统运行参数。

“数据库备份”与“数据库恢复”功能是保证数据安全的手段之一，Transact-SQL为此提供了BACKUP DATABASE和RESTORE DATABASE命令，下面的命令将Jxc数据库备份到数据库服务器的C盘根目录下并取名为Jxc.BAK：

```
BACKUP DATABASE Jxc TO DISK = 'c:\Jxc.bak'
```

“数据库恢复”的命令虽然不麻烦，但是在执行时要考虑目标路径、恢复后的路径、恢复后的登录账户和权限等问题。

习题 15

1. 简答题

(1) 数据库的 E-R 图具有什么功能? 它由哪些元素组成?

(2) 表的设计包括哪些内容?

(3) 说明外键关系中的"级联更新"和"级联删除"的意义,它们在 SQL 语言中是如何实现的?

(4) 举例说明 Transact-SQL 中函数的定义和使用。

(5) 在 C# 窗体应用程序开发中,怎么保存全局变量使得在各窗体中都能访问?

2. 编程练习题

(1) 设计"辅助管理"主菜单下的部门表、专业表、客户与供应商表和商品表的编辑录入窗体。

(2) 参考进货功能的设计完成销售功能,包括有关的视图、存储过程、窗体、控件及程序代码(提示:销售单价可以取库存单价的 1.2 倍)。

(3) 参考进货查询统计功能的设计完成销售查询统计功能,包括有关的视图、存储过程、窗体、控件及程序代码。

(4) 实现库存查询功能,要求根据输入的字符串,列出所有名称或型号中含有该字符串的商品的库存状况。

(5) 设计视图和窗体,实现库存超限报警报表。

(6) 将第 15.5.1 节中的进货统计功能代码编写为一个存储过程,并设计相应的窗体。

(7) 完成系统管理主菜单下的设置用户权限和设置口令功能。

参考文献

1. 王珊,萨师煊. 数据库系统概论. 第 4 版. 北京:高等教育出版社,2006.
2. 姚春龙. 数据库技术及应用教程. 北京:高等教育出版社,2011.
3. 黄德才. 数据库原理及应用教程. 北京:科学出版社,2010.
4. 祝红涛,李玺. SQL Server 2008 数据库应用简明教程. 北京:清华大学出版社,2010.
5. 祝锡永. 数据库:原理、技术与应用. 北京:机械工业出版社,2011.
6. 吴秀丽,丁文英. 数据库技术与应用 SQL Server 2008. 北京:清华大学出版社,2010.
7. 郑诚. 数据库管理、开发与实践. 北京:人民邮电出版社,2012.
8. 王瑞金. 数据库系统原理与应用. 济南:山东人民出版社,2006.
9. Julia Case Bradley,Anita C. Millspaugh . Visual C# 2008 程序设计教程. 杨继萍,马海军译. 北京:清华大学出版社,2010.
10. 蒙祖强. C# 程序设计教程. 北京:清华大学出版社,2010.
11. 秦婧,石叶平. 精通 C# 与. NET 4.0 数据库开发——基础、数据库核心技术、项目实战. 北京:清华大学出版社,2011.
12. Microsoft SQL Server 2008 联机教程.

教学资源支持

敬爱的教师：

感谢您一直以来对清华版计算机教材的支持和爱护。为了配合本课程的教学需要，本教材配有配套的电子教案（素材），有需求的教师请到清华大学出版社主页（http://www.tup.com.cn）上查询和下载，也可以拨打电话或发送电子邮件咨询。

如果您在使用本教材的过程中遇到了什么问题，或者有相关教材出版计划，也请您发邮件告诉我们，以便我们更好地为您服务。

我们的联系方式：

地　　址：北京海淀区双清路学研大厦 A 座 707

邮　　编：100084

电　　话：010－62770175－4604

课件下载：http://www.tup.com.cn

电子邮件：weijj@tup.tsinghua.edu.cn

教师交流 QQ 群：136490705

教师服务微信：itbook8

教师服务 QQ：883604

（申请加入时，请写明您的学校名称和姓名）

用微信扫一扫右边的二维码，即可关注计算机教材公众号。

扫一扫

课件下载、样书申请

教材推荐、技术交流